国家出版基金项目
新一代信息技术前沿系列丛书
（通信卷/雷达卷/电磁卷/光电集成卷）

目标智能跟踪与识别

◇ 崔亚奇　熊　伟　彭　煊　唐田田　编著

电子工业出版社
Publishing House of Electronics Industry
北京·BEIJING

内容简介

本书聚焦于复杂信息环境（信息海量、模糊、冲突、不确定、缺损等）下，智能信息融合处理的最新发展趋势与研究方向，总结创新成果，将人工智能运用到信息融合技术中。本书除了理论讲解，更注重人工智能在具体场景中的落地应用。本书采用机器学习、深度学习等人工智能技术，围绕信息融合中的多源信息关联、目标跟踪、目标识别等核心关键问题，应用在中断航迹智能关联、多源航迹智能关联、跨域信息统一表示、跨域信息关联、目标智能跟踪、目标智能滤波、基于航行大数据的目标识别等方面，可为实际工程应用提供重要技术支撑。

本书可作为电子信息处理专业研究生的教学参考用书，也可供从事激光、机器人、遥感遥测等领域工程人员参考。

未经许可，不得以任何方式复制或抄袭本书之部分或全部内容。
版权所有，侵权必究。

图书在版编目（CIP）数据

目标智能跟踪与识别 / 崔亚奇等编著. -- 北京：电子工业出版社，2025.1. -- （新一代信息技术前沿系列丛书）. -- ISBN 978-7-121-49526-7

Ⅰ. TN953

中国国家版本馆 CIP 数据核字第 2025VR0735 号

责任编辑：曲　昕　　　　特约编辑：田学清
印　　刷：涿州市京南印刷厂
装　　订：涿州市京南印刷厂
出版发行：电子工业出版社
　　　　　北京市海淀区万寿路 173 信箱　　邮编：100036
开　　本：720×1000　1/16　印张：26　字数：490 千字
版　　次：2025 年 1 月第 1 版
印　　次：2025 年 1 月第 1 次印刷
定　　价：138.00 元

凡所购买电子工业出版社图书有缺损问题，请向购买书店调换。若书店售缺，请与本社发行部联系，联系及邮购电话：(010) 88254888，88258888。
质量投诉请发邮件至 zlts@phei.com.cn，盗版侵权举报请发邮件至 dbqq@phei.com.cn。
本书咨询联系方式：(010) 88254468，quxin@phei.com.cn。

丛书编委会

丛书主编：

王金龙　何　友　崔铁军　祝宁华

丛书编委（按照姓氏拼音排序）：

艾小锋　陈　瑾　陈志伟　崔亚奇　段　敏　高永胜
黄永篯　李建峰　李　婕　林丰涵　林　强　林　涛
沙　威　王　鼎　王咸鹏　吴　边　吴癸周　武俊杰
夏伟杰　杨　宾　尹洁昕　悦亚星　张建照　张小飞
周福辉　朱义君

前　言

目标监视主要是确定"目标在哪里、目标去哪里、目标是什么、目标干什么",进而形成连续、稳定、要素齐全的目标态势,为后续的决策行动提供信息支持。目标跟踪与识别主要是解决"目标去哪里、目标是什么",具有承上启下的作用,基于"在哪里"目标检测结果,给出目标"去哪里、是什么",为"干什么"意图分析提供依据。近年来,随着人类活动空间的不断拓展、相互对抗的日益加剧,以及无人控制、传感器感知技术的快速进步与普及,新型无人艇、无人舰、无人机、无人集群等低成本、高威胁目标不断涌现,给目标跟踪与识别带来了新的挑战,传统的目标跟踪与识别方法已难以有效应对,迫切需要采用新理论、新技术对目标跟踪与识别的重点、难点问题进行研究,构筑目标跟踪与识别新质能力。

在 2012 年前后,AlexNet、ResNet 等深度神经网络先后出现,人工智能迎来了第三次发展浪潮。当前,大数据、云计算、物联网等信息技术的快速发展,推动着人工智能技术跨越科学与应用之间的"技术鸿沟",实现了从"不能用、不好用"到"可以用"的技术突破,迎来了人工智能技术在各行各业的快速落地,呈现出了爆发式增长的新高潮。除了常见的图像、视频、文本、语音等日常生活应用,人工智能技术在数学、物理、化学、气象、算法设计等基础科学领域也取得了突破性进展。编著者在何友院士的指导下,在初次接触机器学习等人工智能技术后,发现机器学习具有科学完善的研究框架,通过数据集构建、模型选择、模型训练、模型评估等步骤,可实现"从问题中来、到问题中去"的应用闭环。为此,从 2014 年开始,在详细研读 *Pattern Recognition and Machine Learning*、*The Elements of Statistical Learning*、*Deep Learning* 等人工智能经典著作的基础上,编著者开展了人工智能与跟踪识别交叉应用的研究。本书是编著者多年来对目标智能跟踪与识别研究的总结,较全面、系统地向读者介绍了目标智能跟踪与识别技术的发展情况与最新研究成果,以期为国内同行进一步研究和应用提供帮助。

全书共 15 章。第 1 章主要介绍了目标跟踪与识别的研究历程、主要挑战、人工智能时代下的发展新机遇、本书的范围和概貌等内容,以便读者对目标智能跟踪与识别技术有一个全面、基本的了解。第 2 章主要对机器学习基础、机器学习步骤、机器学习典型算法、深度学习和强化学习等人工智能基础进行介绍，目的是为读者提供理论知识。第 3~5 章分别对不同智能化程度的跟踪滤波技术进行研讨，其中第 3 章主要对以模型驱动型滤波算法为主导的结合式智能滤波方法进行研讨，第 4 章主要对以数据驱动型神经网络为主导的替换式智能滤波方法进行研讨，第 5 章主要对完全采用神经网络实现跟踪滤波的重构式智能滤波方法进行研讨。第 6 章主要对基于强化学习的数据智能关联方法进行研讨。第 7 章主要对端到端目标智能跟踪方法进行研讨，通过神经网络整体实现数据关联和跟踪滤波。第 8 章在无人艇快速发展的背景下，主要对无人艇平台光学手段海上多目标跟踪技术（无人艇平台视频多目标跟踪技术）进行研讨。第 9 章和第 10 章主要对基于航行特征的目标识别方法进行研讨，其中第 9 章主要介绍了航行特征机器学习目标识别方法，第 10 章主要介绍了一种基于贝叶斯-Transformer 神经网络模型的目标识别方法和融合情境信息的海面目标识别方法，以进一步提高舰船目标识别能力。第 11~14 章主要对多源信息融合的重要方向——多模态信息关联技术进行介绍，以综合利用 SAR 图像、可见光、AIS、文本等多源信息，提高目标跟踪的连续性和目标识别的准确性，其中第 11 章主要对可见光遥感图像与 SAR 图像关联技术进行介绍，第 12 章主要对可见光遥感图像与文本信息关联进行介绍，第 13 章主要对遥感 SAR 图像与 AIS 信息关联技术进行介绍，第 14 章主要对遥感图像与文本间通用跨模态关联技术进行介绍。第 15 章为航迹光电相关开源数据集。

本书由烟台海军航空大学崔亚奇、姚力波、熊伟、唐田田编著。当前以 ChatGPT、DeepSeek 为代表的大型预训练语言大模型技术正引领人工智能技术的发展，根据"预训练基础模型+下游任务微调"的研究思路，未来目标跟踪与识别技术有望朝着领域通用基础模型的方向发展，由于编著者能力、时间、精力十分有限，相关研究在书中尚未涉及，这也将是编著者今后的研究重点。此外，书中也难免存在一些缺点，殷切希望广大读者批评指正。

目 录

第 1 章 概述 1
1.1 引言 1
1.2 目标跟踪的研究历程 2
1.3 目标识别的研究历程 13
1.4 目标跟踪与识别的主要挑战 15
1.5 人工智能时代下的发展新机遇 19
1.6 本书的范围和概貌 25
参考文献 29

第 2 章 人工智能基础 32
2.1 引言 32
2.2 机器学习基础 32
    2.2.1 定义与历程 32
    2.2.2 分类与术语 34
2.3 机器学习步骤 36
    2.3.1 数据集构建 36
    2.3.2 模型选择 37
    2.3.3 模型训练 38
    2.3.4 模型运用 40
2.4 机器学习典型算法 41
    2.4.1 感知机 41
    2.4.2 支持向量机 43
    2.4.3 神经网络 46
    2.4.4 集成学习 47

2.5 深度学习 51
2.5.1 概述 51
2.5.2 卷积神经网络 51
2.5.3 循环神经网络 54
2.5.4 图神经网络 56
2.5.5 生成对抗网络 57
2.5.6 扩散模型 57
2.5.7 Transformer 模型 60
2.5.8 网络优化与正则化 64
2.5.9 迁移学习 65
2.5.10 注意力机制 65
2.5.11 神经网络的可视化 66
2.6 强化学习 66
2.6.1 概述 66
2.6.2 基本术语 67
2.6.3 Q-Learning 算法 67
2.6.4 策略梯度算法 68
2.6.5 演员-评论家算法 70
2.7 小结 71
参考文献 71

第3章 结合式智能滤波方法 73
3.1 引言 73
3.2 目标跟踪的基础理论和模型 75
3.2.1 状态空间模型 75
3.2.2 贝叶斯滤波器 75
3.3 Kalman 和深度学习混合驱动的目标跟踪算法 76
3.3.1 Kalman 滤波器 76
3.3.2 端到端学习的推导 78
3.3.3 端到端学习的循环 Kalman 目标跟踪算法 82
3.3.4 数据集生成与算法训练 84

   3.3.5 仿真实验与结果分析 88
 3.4 IMM 和深度学习混合驱动的目标跟踪算法 95
   3.4.1 IMM 算法 96
   3.4.2 端到端学习的自适应 IMM 算法原理 97
   3.4.3 数据集生成与算法训练 100
   3.4.4 仿真实验与结果分析 101
 3.5 算法性能综合对比分析 108
 3.6 小结 113
 参考文献 113

第 4 章 替换式智能滤波方法 116

 4.1 引言 116
 4.2 基于神经微分方程的单模型混合驱动目标跟踪算法 117
   4.2.1 目标运动的随机微分方程 117
   4.2.2 单模型混合驱动目标跟踪算法 119
   4.2.3 数据集生成与算法训练 123
   4.2.4 仿真实验与结果分析 125
 4.3 基于神经微分方程的多模型混合驱动目标跟踪算法 133
   4.3.1 单模型混合驱动目标跟踪算法的专一性 133
   4.3.2 算法结构设计与训练 135
   4.3.3 仿真实验与结果分析 136
 4.4 算法性能综合对比分析 141
 4.5 小结 145
 参考文献 145

第 5 章 重构式智能滤波方法 148

 5.1 引言 148
 5.2 典型滤波计算结构分析 148
   5.2.1 α-β 滤波计算结构分析 149
   5.2.2 Kalman 滤波计算结构分析 150
 5.3 重构式智能滤波 151

5.3.1　典型神经网络结构 151
　　5.3.2　重构式智能滤波网络结构设计 154
　　5.3.3　重构式智能滤波网络简单实现 154
5.4　实验验证 156
　　5.4.1　仿真设置 156
　　5.4.2　仿真结果 159
5.5　小结 166
参考文献 167

第6章　基于强化学习的数据智能关联方法 169

6.1　引言 169
6.2　网络集成学习的数据关联网络架构 170
　　6.2.1　模型组成 170
　　6.2.2　USMA网络架构 173
　　6.2.3　训练网络与测试网络 176
　　6.2.4　仿真实验与结果分析 179
6.3　基于LSTM-RL网络的数据关联网络架构 191
　　6.3.1　网络架构 191
　　6.3.2　智能体设计 192
　　6.3.3　动作选择 193
　　6.3.4　奖励函数的定义 195
　　6.3.5　自适应调整机制 196
　　6.3.6　仿真实验与结果分析 197
6.4　小结 205
参考文献 205

第7章　端到端目标智能跟踪方法 208

7.1　引言 208
7.2　问题描述与算法分析 209
　　7.2.1　多目标跟踪问题描述 210
　　7.2.2　关联类目标跟踪框架 210

7.2.3　数据关联与跟踪滤波 211
　　　7.2.4　DeepSTT 网络设计原则 213
　7.3　DeepSTT-B 网络设计 214
　　　7.3.1　DeepSTT-B 网络 214
　　　7.3.2　DeepSTT 网络 216
　　　7.3.3　跟踪实现 218
　7.4　实验验证 219
　　　7.4.1　仿真设置 220
　　　7.4.2　仿真结果 221
　7.5　小结 228
　参考文献 229

第 8 章　无人艇平台视频多目标跟踪 231
　8.1　引言 231
　8.2　现有研究基础 232
　　　8.2.1　基于检测的视频多目标跟踪 232
　　　8.2.2　SORT 算法 232
　　　8.2.3　SIFT 图像配准与 RANSAC 算法 235
　8.3　无人艇视频多目标跟踪改进算法 235
　　　8.3.1　基于图像配准的运动补偿算法 S-R 补偿 235
　　　8.3.2　引入加速度参数的 Kalman 滤波 238
　　　8.3.3　多级级联匹配 240
　8.4　实验对比及分析 241
　　　8.4.1　数据集构建 241
　　　8.4.2　评估指标 242
　　　8.4.3　消融实验 243
　　　8.4.4　与其他 SOTA 算法的对比及分析 244
　　　8.4.5　"杰瑞杯"海面 RGB-T 目标跟踪竞赛情况 245
　8.5　小结 250
　参考文献 250

第 9 章　航行特征机器学习目标识别方法 253

9.1　引言 253
9.2　航迹特征建模 254
9.2.1　平均航速 254
9.2.2　最大航速 254
9.2.3　高速航行比例 255
9.2.4　低速航行比例 255
9.2.5　加速机动因子 255
9.2.6　航向累计变化量 256
9.2.7　转向机动因子 257
9.3　航迹数据集构建 257
9.3.1　AIS 数据 258
9.3.2　数据集构建流程 260
9.3.3　数据分析 263
9.4　分类器设计 264
9.5　实验对比及分析 265
9.5.1　特征量筛选 265
9.5.2　特征可视化分析 265
9.5.3　实验结果 266
9.6　小结 268
参考文献 268

第 10 章　航行特征深度学习目标识别方法 271

10.1　引言 271
10.2　基于贝叶斯-Transformer 神经网络模型的目标识别方法 271
10.2.1　贝叶斯-Transformer 神经网络模型 271
10.2.2　实验对比及分析 276
10.2.3　本节小结 282
10.3　融合情境信息的海面目标识别方法 283
10.3.1　情境信息建模 284

10.3.2 基于情境增强的航迹识别方法 288
　　10.3.3 实验对比及分析 290
　　10.3.4 本节小结 296
 10.4 小结 297
 参考文献 297

第11章 可见光遥感图像与SAR图像关联 300

 11.1 引言 300
 11.2 研究基础 301
　　11.2.1 SAR图像关联学习算法 301
　　11.2.2 有监督多源哈希关联算法 302
 11.3 深度多源哈希算法DCMHN 303
　　11.3.1 图像变换机制 303
　　11.3.2 图像对训练策略 304
　　11.3.3 三元组哈希损失结构 306
 11.4 实验对比及分析 307
　　11.4.1 SAR-可见光双模态遥感图像数据集 307
　　11.4.2 实验设置和评估标准 308
　　11.4.3 DCMHN算法有效性实验 309
　　11.4.4 参数分析 313
　　11.4.5 对比实验 315
 11.5 小结 316
 参考文献 317

第12章 可见光遥感图像与文本信息关联 320

 12.1 引言 320
 12.2 遥感图像与英文文本跨模态关联 320
　　12.2.1 研究基础 321
　　12.2.2 基于深度哈希的相似度矩阵辅助遥感图像跨模态关联
　　　　　方法 322
　　12.2.3 实验对比及分析 326

12.3 遥感图像与中文文本跨模态关联 332
　　12.3.1 研究基础 334
　　12.3.2 基于多粒度特征的遥感图像跨模态关联方法 335
　　12.3.3 实验对比及分析 339
12.4 小结 345
参考文献 345

第 13 章　遥感 SAR 图像与 AIS 信息关联 348

13.1 引言 348
13.2 研究基础 349
　　13.2.1 SAR 图像与 AIS 信息关联方法 349
　　13.2.2 特征融合 350
13.3 基于深度特征融合的遥感图像与 AIS 信息关联方法 350
　　13.3.1 SAR 图像特征表示 351
　　13.3.2 AIS 信息特征表示 353
　　13.3.3 特征融合设计 354
13.4 实验对比及分析 356
　　13.4.1 数据集构建 356
　　13.4.2 实验设置 357
　　13.4.3 对比实验结果与分析 357
　　13.4.4 模型简化实验 359
13.5 小结 360
参考文献 361

第 14 章　遥感图像与文本间通用跨模态关联 363

14.1 引言 363
14.2 研究基础 364
　　14.2.1 Transformer 相关介绍 364
　　14.2.2 对比学习方法 364
14.3 基于融合对比的遥感图像跨模态关联方法 365
　　14.3.1 遥感图像视觉特征表示 366

14.3.2 序列文本特征表示 367
14.3.3 跨模态信息融合 368
14.3.4 目标函数 369
14.4 实验对比及分析 371
14.4.1 实验设置及评价指标 371
14.4.2 对比实验结果与分析 371
14.4.3 模型有效性验证实验 375
14.4.4 关联检索结果展示与分析 378
14.5 小结 382
参考文献 382

第15章 航迹光电相关开源数据集 385

15.1 引言 385
15.2 基于全球AIS的多源航迹关联数据集 385
15.2.1 数据集构建 385
15.2.2 数据集展示 390
15.3 海上船舶目标多源数据集可见光图像部分 391
15.3.1 数据集构建 392
15.3.2 数据集展示 394
15.4 小结 399

第1章 概述

1.1 引言

目标监视是国防军事领域和民用安防领域中的一项重要任务，主要是利用雷达、电子侦察、声呐等传感设备，运用目标检测、目标跟踪、目标识别、意图分析等典型技术，对所关注的舰船、飞机等重要目标进行严密监视，确定目标"在哪里、去哪里、是什么、干什么"，形成连续、稳定、要素齐全的目标态势，为后续的决策行动提供信息支持。目标跟踪与识别作为目标监视的技术核心，具有承上启下的作用，基于"在哪里"目标检测结果，给出目标"去哪里、是什么"，为"干什么"意图分析提供依据。

根据目标跟踪与识别的应用场景和作用效能，目标跟踪可定义为对不同目标在多个相邻时间点的位置等相关信息，围绕同一目标进行关联，生成各个目标的时序位置信息，并经滤波估计，进一步得到目标位置、速度、航向等运动状态信息的精确估计。而目标识别则可定义为提取并利用目标身份特征相关信息，对大小、军民、敌我、国家地区、类型、型号、机舰名等目标属性类别进行分辨和确认。

鉴于目标跟踪与识别的重要作用，早在19世纪60年代，研究人员就开始了目标跟踪与识别相关研究，取得了大量成果。然而随着人类活动空间的不断拓展、相互对抗的日益加剧，以及无人控制、传感器感知技术的快速进步与普及，新型无人艇、无人舰、无人机、无人集群等低成本、高威胁目标不断涌现，给目标跟踪与识别带来了新的挑战，传统的目标跟踪与识别方法，尤其是目标跟踪方法已难以适用，迫切需要采用新理论、新技术对目标跟踪与识别进行重新研究。与此同时，当前，以深度学习、机器学习为代表的人工智能技术发展迅速，已在视频图像处理、自然语言处理及控制决策等多个领域取得重大进展，部分领域甚至突破传统技术多年发展瓶颈，对经济、社会、生活、军事等多个方面产生了重大影响。以 ChatGPT 为典型的爆款应用，更是引起全世界关注，比尔·盖茨评价 ChatGPT 将改变我们的世界。我国在人工智能技术、科研数据和算力资源等方面有良好基础，2025年1月，DeepSeek的问世在全世界引起了广泛反响。为进一步促进人工智能与科学研究深度融合、推动资源开放汇聚、提升相关创新能力，科学技术部（简称科技部）会同自然科学基金委启动了"人工智能驱动的科学研究"（AI for Science）专项部署工作，紧密结合数学、物理、化学、天文等基础学科的关键问题，布局"人工智能驱动的科学研究"前沿科技研发体系。

在新型无人艇、无人舰、无人机、无人集群等低成本、高威胁目标不断涌现，人工智能技术高速发展，人工智能交叉研究全面启动的新形势下，基于人工智能的目标跟踪与识别已成为势在必行的研究领域和研究方向。

1.2 目标跟踪的研究历程

目标跟踪和目标识别是目标监视中的两项重要技术，在目标监视任务流程中是紧密结合的先后关系，从具体算法实现角度来看，由于采用的理论方法不同，除了输入有重叠或输入输出有交互，两者算法内部是比较独立的，因此先前的目标跟踪和目标识别研究呈现出独立发展的态势，下面首先介绍目标跟踪的研究历程。

1. 目标跟踪分类

根据传感器数量的不同，目标跟踪可分为单传感器目标跟踪和多传感器目标融合跟踪两大类别；根据所跟踪目标数量的不同，目标跟踪可分为单目标跟踪和多目标跟踪两大类别；根据传感器和输入数据的不同，目标跟踪可分为雷达目标跟踪、视觉目标跟踪和声呐水下目标跟踪等多个类别，除此之外，还有仅利用角测量信息的目标跟踪，如被动声呐目标跟踪、电子侦察方位线目标跟踪等。

（1）雷达目标跟踪。雷达目标跟踪是导航雷达、警戒雷达、火控雷达、毫米波雷达、激光雷达等各类型雷达数据处理技术的主要内容，其处理对象是雷达回波经信号处理输出的量测数据，至少包括时间、距离和方位信息，部分雷达量测还包括俯仰、多普勒频移和信号强度等部分或全部信息，处理任务是跨雷达扫描帧关联目标对象，以获得目标整个运动轨迹，实现目标状态的估计，广泛应用于民用空中交通管制、海上监视和军用防空、火力控制和拦截制导等领域。雷达目标跟踪中目标一般用英文Target表示，相应的单目标跟踪和多目标跟踪一般称为 STT（Single Target Tracking，STT）和 MTT（Multiple Target Tracking，MTT）。

（2）视觉目标跟踪。视觉目标跟踪是计算机视觉领域的一个重要问题，其处理对象是视频数据，处理任务是跨视频帧关联目标对象，以获得整个运动轨迹，实现目标状态的估计，可用于实现车辆追踪、交通流分析、人类姿势估计、自主驾驶辅助、水下动物数量估计等，广泛应用于体育赛事转播、安防监控和无人机、无人车、机器人等领域。视觉目标跟踪中目标一般用英文 Object 表示，相应的单目标跟踪和多目标跟踪一般称为 SOT（Single Object Tracking，SOT）和 MOT（Multiple Object Tracking，MOT）。

（3）声呐水下目标跟踪。声呐水下目标跟踪是海洋水下目标探测领域的一个重要问题，其处理对象是声呐回波经目标检测处理后输出的时间、距离、方位和目标特征等信息，处理任务同样是跨声波帧关联目标对象，以获得整个运动轨迹，实现目标状态的估计。由于水声信道的复杂性及海水的多变性，不同于雷达目标检测，声呐回波一般看作一种图像，采用图像方法进行目标检测，但不同于光学图像的是，同一目标在不同帧声呐图像中呈现出的特征差别较大，因此声呐水下目标跟踪具有自身的特点和研究难点。总体而言，现有声呐水下目标跟踪主要思路是选择合理适当的目标特征并找到适用的搜索关联算法。

雷达目标跟踪和视觉目标跟踪研究广泛、历程较长、体系性强，而声呐水下目标跟踪主要结合自身问题特点，运用雷达目标跟踪和视觉目标跟踪中的相关技术进行研究，与雷达目标跟踪和视觉目标跟踪研究相关性较强。因此，这里主要介绍雷达目标跟踪和视觉目标跟踪的典型技术框架、主要技术内容及技术发展趋势。

2．雷达目标跟踪

雷达目标跟踪的任务是通过建立雷达每帧量测数据与不同真实目标间的对应关系，把源于同一目标的不同时刻探测信息连接起来，并经滤波估计，得到准确可靠的位置、速度等目标状态信息，从而最终实现对目标个体实时、连续、准确的掌握。雷达目标跟踪的输入是不同时刻目标探测数据，雷达目标跟踪的输出是多条目标航迹，分别对应实际不同的目标。

根据是否需要进行数据关联，现有雷达目标跟踪技术框架可分为关联类目标跟踪框架和非关联类目标跟踪框架两大类别。关联类目标跟踪框架如图 1.1 所示，主要由航迹起始、数据关联、航迹滤波和航迹管理 4 个处理部分组成，早在 20 世纪 60 年代就开始了相关研究。非关联类目标跟踪框架以有限集统计理论（RFS）为基础，通过采用随机有限集对多目标状态和量测信息进行描述和滤波，进而把多目标跟踪问题转换为单目标状态估计问题，有效避免了难以解决的数据关联问题，实现了多目标状态的准确估计。非关联类目标跟踪框架研究起始于 21 世纪初，开始于 2003 年 Mahler 基于 RFS 框架提出的概率假设密度（PHD）滤波算法，典型算法有高斯混合概率假设密度（GM-PHD）滤波器、序贯蒙特卡罗概率假设密度（SMC-PHD）滤波器、多伯努利（MeMBer）滤波器、相应的带标签算法及采用不同滤波方法得到的衍生算法。原始的概率假设密度滤波器或多伯努利滤波器仅能输出当前时刻的目标数量估计和多目标状态估计，缺乏航迹批号信息输出，无法输出时序航迹信息，而带标签算法可输出目标航迹，但计算消耗较大。目前，实际工程中具有广泛应用的仍然是关联类目标跟踪框架，非关联类目标跟踪框架由于计算量大、性能提升有限等，作为潜力方向，主要还是停留在理论研究阶段。这里对关联类目标跟踪框架进行详细介绍，首先介绍雷达量测、目标航迹、波门等相关名词，然后介绍航迹起始、数据关联、航迹滤波和航迹管理等重要处理环节，最后对整个目标跟踪过程进行介绍。

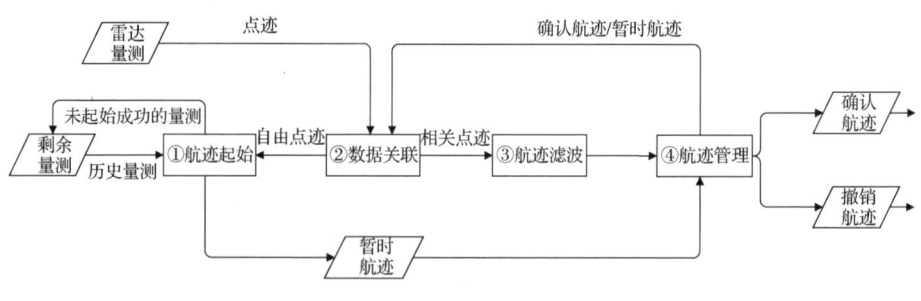

图 1.1　关联类目标跟踪框架

下面对图 1.1 中的相关名词、重要处理过程进行介绍。

1）雷达量测

量测是指与目标状态有关的受噪声污染的观测值，量测通常并不是雷达的原始数据点，而是经过信号处理后的数据录取器输出的点迹，主要包括时间、距离、方位角、俯仰角、多普勒频移、信号强度等信息。点迹按是否与已建立的目标航迹发生互联，可分为自由点迹和相关点迹，其中，与已知目标航迹互联的点迹称为相关点迹，而与已建立的目标航迹不互联的点迹称为自由点迹。另外，初始时刻到的点迹均为自由点迹。在当前复杂探测环境中，由于虚假反射体或辐射体所产生的杂波、压制干扰、欺骗干扰等多种因素的影响，量测有可能是来自目标的正确量测，也有可能是来自杂波、虚假目标、干扰目标的错误量测，而且还有可能存在漏检情况，也就是说，量测通常具有不确定性，量测并不等同于目标回波。

2）目标航迹

航迹是由来自同一个目标的量测集合所估计的目标状态形成的轨迹，即跟踪轨迹。雷达在对多目标进行数据处理时，要对每个跟踪轨迹规定一个编号，即航迹批号，与一个给定航迹相联系的所有参数都以其航迹批号作为参考，航迹可靠性程度可用航迹质量来度量。在关联类目标跟踪框架中，主要有暂时航迹、确认航迹和撤销航迹三类目标航迹。

（1）暂时航迹。由两个或多个量测点组成的并且航迹质量数较低的航迹统称为暂时航迹，它可能是目标航迹，也可能是随机干扰，即虚假航迹。航迹起始后得到的航迹为暂时航迹，如果该航迹进行几个周期的更新，达到确认航迹的条件要求，则转化为确认航迹；如果长时间未更新，则转化为撤销航迹，直接删除。

（2）确认航迹。确认航迹是具有稳定输出或航迹质量数超过某一定值的航迹，也称为可靠航迹或稳定航迹。它是目标跟踪建立的正式航迹，通常被认为真实目标航迹，是目标跟踪的正式输出航迹。

（3）撤销航迹。当航迹质量数低于某一定值，或者航迹由孤立的随机干扰点组成时，该航迹称为撤销航迹，而这一过程称为航迹撤销或航迹终结。航迹撤销就是在该航迹不满足某种准则时，将其从航迹记录中抹去，这就意味着该航迹不是一个真实目标的航迹，或者已经不在雷达威力范围内。也就是说，如果某个航迹在某次扫描中没有与任何点迹关联上，则要按最新的速度估计进行外推，在一定次数的相继扫描中没有关联点迹的航迹就要被撤销。关于航迹撤销，一般的规则是：对于暂时航迹，如果连续3个扫描周期没有航迹更新，则撤销该航迹；对于确认航迹，一般会慎重撤销，如果连续4~6个扫描周期没有航迹更新，可考虑撤销该航迹，需要注意的是，航迹没更新后，应扩大关联波门以对丢失目标进行再捕获。

3）波门

目标跟踪通常要利用波门解决当前时刻与上一时刻的关系问题，根据场景的不同，波门一般主要包括初始波门和相关波门两类波门。

（1）初始波门：以自由点迹为中心的一块区域，用来确定该目标观测值可能出现的范围，其大小与所跟踪目标的最大速度、最小速度、最大加速度、最小加速度等因素有关，典型的初始波门为环形波门。

（2）相关波门：以被跟踪目标当前时刻预测位置为中心的一块区域，用来确定该目标观测值可能出现的范围[1]。其大小表示所预测的目标位置和速度，与目标真实位置和速度的误差，该误差与跟踪方法、雷达量测误差等因素有关,典型的相关波门有椭圆波门、矩形波门和扇形波门。在确定波门的形状和大小时,应使真实量测以很高的概率落入波门,同时应尽量减少无关点迹的数量。落入相关波门的回波称为候选回波。相关波门的大小在跟踪过程中并不是一成不变的,而是应根据跟踪的情况在大波门、中波门和小波门之间自适应调整。

例如,在自动雷达标绘仪(Automatic Radar Plotting Aid,ARPA)中,对于舰船目标跟踪,当目标被首次捕获时,会设置一个较大的初始波门,因为不能确定目标将向什么方向运动。随着目标连续位置的获得,一般通过如图1.2所示的变率辅助法,可显著改善目标下一个预期位置的预测准确度,其中波门的半径用来度量跟踪置信度,半径越小,预测就越精确。然而随着波门尺寸的减小,将会带来新的问题。如果目标机动,则计算机有可能会在预测位置上没有发现目标,如果继续在预测的方向上跟踪和寻找,则最后仍无法发现目标,直至目标航迹完全消失。为了避免此种情况,目标一旦丢失,即在预测的位置上没有发现目标,则应尽快地增大波门尺寸,同时减少平滑周期。波门放大后,如果仍能检测到目标并接连发现目标,则跟踪将会恢复,新的轨迹也将逐渐稳定。

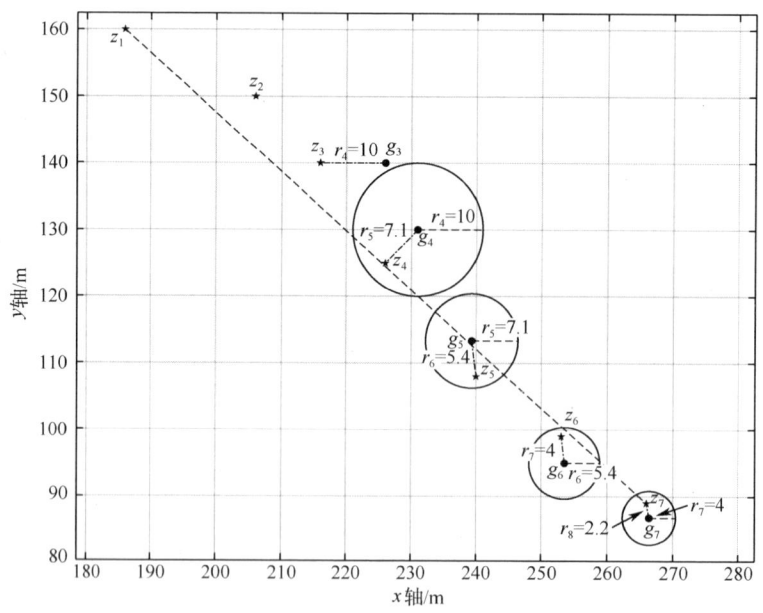

图 1.2 变率辅助法的实际效果

4)航迹起始

航迹起始用于起始航迹,输入是连续几个周期的量测,输出为暂时航迹,是航迹整个生命周期的开始。在国际海事组织（IMO）术语中，用录取来描述目标跟踪过程的开始，并分为手动录取和自动录取两种情况，其中自动录取与航迹起始概念是一致的。对于前两个点迹，一般采用初始波门，同时为了更好地对目标进行捕获，初始波门一般要稍大一些，后续会采用相关波门。现有的航迹起始算法可分为顺序处理技术和批处理技术两大类。其中顺序处理技术包括直观法、逻辑法和修正的逻辑法等，适用于在相对弱杂波背景中起始目标的航迹，而批处理技术包括基于 Hough 变换的方法、修正的 Hough 变换法、基于 Hough 变换和逻辑的航迹起始法等，在强杂波环境下具有良好的目标航迹起始效果。

5）数据关联

数据关联有时也被称为点迹相关，它是目标跟踪的关键问题。在单目标无杂波环境下，目标相关波门只有一个点迹，此时只涉及目标状态估计问题，即航迹滤波。在多目标情况下，经常会出现单个点迹落入多个波门相交区域内，即同一个点迹落入多个不同波门，或者多个点迹落入单个目标相关波门的情况，此时就会涉及数据关联问题，即建立某时刻雷达量测数据与航迹间的关系，以确定这些量测数据是否来自同一个目标。现有数据关联算法可以划分为极大似然类数据关联算法和贝叶斯类数据关联算法两大类别。其中极大似然类数据关联算法以量测序列的似然比为基础，包括航迹分叉算法、联合极大似然算法、0-1 整数规划算法、广义相关算法等，而贝叶斯类数据关联算法则以贝叶斯准则为基础，包括最近邻域（NNSF）算法、概率最近邻域（PNNF）算法、概率数据关联（PDA）算法、综合概率数据关联（IPDA）算法、联合概率数据关联（JPDA）算法、全邻模糊聚类数据关联（ANFC）算法、最优贝叶斯算法和多假设跟踪算法。

6）航迹滤波

航迹滤波有时也被称为目标运动状态估计，简称目标状态估计，利用数据关联得到的当前实时量测信息和目标历史状态信息，对当前目标状态进行平滑估计，以显著消除随机量测误差对目标状态估计的影响，提高目标状态估计的精度，其中目标运动状态包括时间、位置、航速、航向、加速度等。典型航迹滤波方法包括 $\alpha\text{-}\beta$ 滤波、$\alpha\text{-}\beta\text{-}\gamma$ 滤波、Kalman（卡尔曼）滤波及各种 Kalman 扩展方法（见图 1.3）等。

7）航迹管理

航迹管理就是根据实际情况，实现各个航迹在暂时、确认和撤销 3 种航迹状态间进行及时高效的转换。其中暂时航迹向确认航迹转换要确保真实（目标对应的）暂时航迹能及早地转换为确认航迹，同时应减少虚假（目标对应的）

暂时航迹转换为确认航迹的概率。同样道理，确认航迹向撤销航迹转换要确保已消失（目标对应的）确认航迹能及早地转换为撤销航迹，同时应减少因为目标机动而导致的目标撤销。航迹管理可以根据设定的一个启发式规则进行处理，也可以采用一定的算法进行处理，如航迹撤销可采用序列概率比检验算法、跟踪波门算法、代价函数算法、Bayes算法及全邻Bayes算法等来实现。

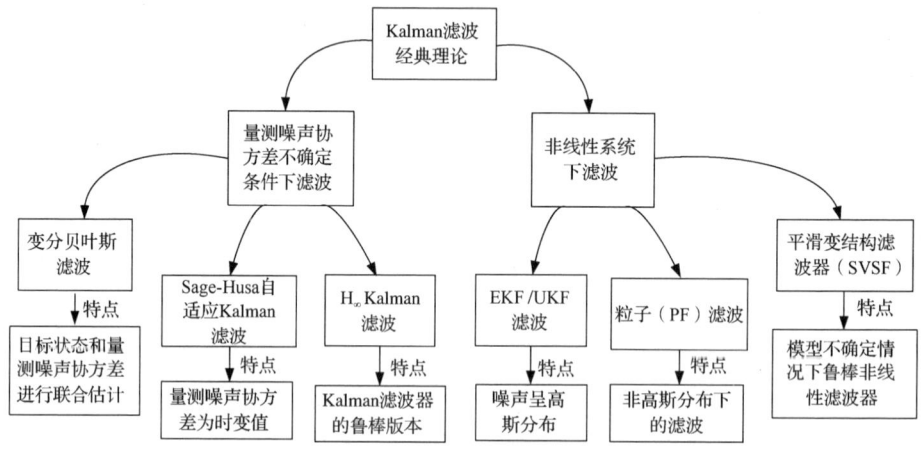

图 1.3　Kalman 扩展方法

8）目标跟踪过程

在关联类目标跟踪框架下，对周期性获取的雷达量测进行数据关联、航迹滤波、航迹起始、航迹管理等循环处理，循环周期与雷达探测周期一致。需要说明的是，按照航迹的生命周期，航迹起始早于数据关联步骤、航迹滤波步骤，但对于新获取的雷达量测，处理顺序是有所不同的，具体如下：

（1）依次进行已有确认航迹和暂时航迹的数据关联处理，即对上一时刻的确认航迹和暂时航迹与当前时刻新获取的雷达量测进行关联，确认航迹的数据关联优先于暂时航迹的数据关联，即先进行确认航迹的数据关联，再进行暂时航迹的数据关联，如果当前确认航迹和暂时航迹为空，即还没有跟踪得到目标确认航迹，则跳过该步骤。

（2）如果确认航迹或暂时航迹与雷达量测关联成功，则进行航迹滤波处理，即利用所关联的雷达量测，采用航迹滤波方法，对目标航迹进行更新。

（3）根据确认航迹、暂时航迹的更新情况，进行航迹管理，如果暂时航迹得到了更新，达到了确认航迹的质量要求，则把该暂时航迹转换为确认航迹；如果确认航迹此次又没有进行更新，并且满足了航迹撤销的条件，则把该确认航迹转换为撤销航迹；如果确认航迹进行了更新，则维持不变。

（4）对当前未关联量测，联合多个历史周期的剩余量测，进行航迹起始，如果起始成功,则为该量测序列建立航迹批号,并经航迹滤波处理后,作为暂时航迹进行后续处理,对于未起始成功的量测,在后续处理周期中作为历史剩余量测继续参与航迹起始。

3. 视觉目标跟踪

不同于雷达量测,视频图像包含的目标信息更加丰富,不仅包含目标位置二维信息(目标在整个图像中的位置),还包含含义丰富的目标外观高维信息(目标像素矩阵)。因此,与雷达目标跟踪相比,视觉目标跟踪可以利用的信息内容更丰富、信息维度更高,可运用的算法也相应更多。但视觉目标跟踪并不是一个简单易解决的问题,面临遮挡、变形、运动模糊、拥挤场景、快速运动、光照变化、尺度变化、相似目标干扰等诸多难点,当前仍然是一个极具挑战性的方向。

视觉目标跟踪的发展时间相对较短,主要集中在近 20 年,分为单目标跟踪(SOT)和多目标跟踪(MOT)两大类别。单目标跟踪旨在只有目标初始状态可用时,估计未知的视觉目标轨迹,跟踪目标纯粹由第一帧确定,不依赖于任何类别。多目标跟踪中对象的初始状态未知,需要预定义类别进行跟踪。视觉目标跟踪研究前期主要侧重于单目标跟踪的研究,多目标跟踪通过分解为多个单目标来实现跟踪。直到近几年,随着深度学习技术的发展,多目标跟踪才得到研究者的密切关注,才出现了专门的多目标跟踪算法。下面分别进行介绍。

1)单目标跟踪

视觉单目标跟踪基础框架主要包括运动模型、特征抽取、观测模型及模型更新四大部分[2],如图 1.4 所示。其主要流程为:首先根据给定的目标位置对跟踪器进行初始化,一般由人工标定或者目标检测技术完成;然后运动模型利用时空信息来估计或采样当前图像中目标可能出现的候选区域,产生一系列目标候选;再对图像进行有效编码和特征抽取,并通过观测模型对候选样本进行判别或决策,确定所跟踪对象的位置和尺度信息;最后根据跟踪结果及算法的需求对模型有选择地进行更新。各个部分具体功能如下。

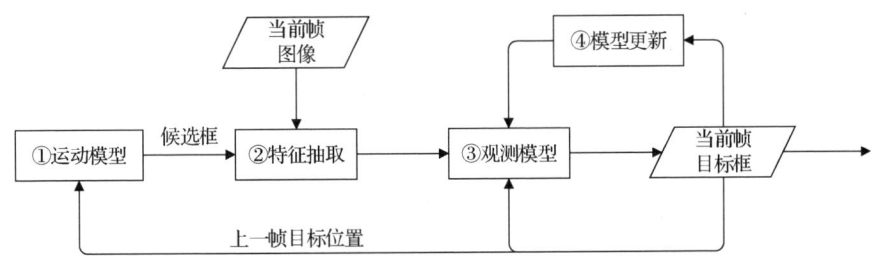

图 1.4 视觉单目标跟踪基础框架

（1）运动模型。运动模型主要利用不同的采样方法或搜索策略来估计图像中所跟踪物体可能存在的候选区域或目标框。如何生成众多有效的候选框？生成候选样本的速度与质量直接决定了跟踪系统表现的优劣。经典的方法有粒子滤波、均值漂移、密集采样等。

（2）特征抽取。特征抽取旨在从原始图像中提取有效的特征表示，从而为后续观测模型的判别提供依据，鉴别性的特征表示是目标跟踪的关键之一。常用的特征分为两种类型：手工设计的特征和深度特征。常用的手工设计的特征有灰度特征、方向梯度直方图、哈尔特征、尺度不变特征等。与手工设计的特征不同，深度特征是通过大量的训练样本学习出来的特征，比手工设计的特征更具有鉴别性。因此，利用深度特征的跟踪方法通常能够轻松实现良好的效果。

（3）观测模型。观测模型对候选框进行置信打分，输出当前帧目标框，是整个跟踪系统中的决策模块，对跟踪结果有着直接影响。观测模型主要可分为生成式方法和判别式方法。其中生成式方法的主要思想是在候选样本中搜索与目标模板最相似的候选作为跟踪结果，这一过程可以视为模板匹配，代表性方法有光流法、子空间学习、核密度估计和稀疏表示等。由于此类方法忽略了背景信息，因此很容易在混乱场景下发生模型漂移。而判别式方法则借鉴机器学习的思想理论，将目标跟踪视为一个分类问题，通过训练一个分类器来区分目标与背景，选择置信度最高的候选样本作为预测结果。这种方法也常被称为Tracking-By-Detection。由于可以直接运用大量的机器学习方法，判别式方法已经成为目标跟踪中的主流方法，代表性方法有基于检测学习、支持向量机、在线 Boosting、多实例学习等。

（4）模型更新。更新观测模型使其适应目标的变化，防止跟踪过程发生漂移。通常认为目标的表观连续变化，所以简单的更新方法是每一帧更新一次模型。连续更新可能会丢失过去的表观信息，引入过多的噪声，而目标过去的表观对跟踪可能更为重要，因此也有采用长短期相结合策略进行更新的。目前，模型更新没有一个统一的标准，如何设计可靠的更新策略是一个开放性的问题。

得益于相关滤波和深度学习技术的成功崛起，从 2010 年开始，目标跟踪的研究进入了快速发展阶段，尤其深度学习网络模型 AlexNet[3]被提出以来，视觉目标跟踪更是进入了黄金发展期。具体而言，目前主流的单目标跟踪算法可以大致分为两类。

第一类，基于相关滤波的深度目标跟踪算法。相关滤波旨在学习一个相关滤波器，通过对图像区域做相关运算，从而得到一个密集的响应图，其中最大值的位置即可用来定位目标。Bolme 等人于 2010 年首次将相关滤波引入视频跟踪，通过最小输出平方和误差（Minimum Output Sum of Squared Error, MOSSE）构建一个自适应相关滤波器，并将空间域的计算转换成频域中的点乘，实现了超过 600FPS 的跟踪速度。此后，Henriques 等人提出了基于核空间的循环结构检测跟踪器 CSK，主要利用核技巧和快速傅里叶变换，极大地提高了跟踪性能和计算效率。进一步地，Henriques 等人于 2015 年在 *TPAMI* 期刊上发表了核相关滤波算法 KCF，利用了岭回归、核方法、HOG 特征等技术成功地将非线性问题转化为高维空间中的线性问题，使得相关滤波类跟踪算法在速度和精度上都比较令人满意。此后，许多研究学者在特征选择、尺度估计、边界效应等多个方面对相关滤波类跟踪算法都做了改进工作。

第二类，基于孪生网络（Siamese Networks）的深度目标跟踪算法。孪生网络的特点是双路结构和共享权重，通常可以用于图像匹配、人脸验证等。2016 年，Tao 等人首次将孪生网络框架用于目标跟踪任务，提出了实例搜索跟踪器 SINT[4]，旨在通过完全离线训练学习一个有效的匹配函数，对候选目标与初始图像块进行匹配计算，获得最相似的目标位置。尽管没有在线更新，但 SINT 的速度还是很慢。进一步，SiameseFC[5]同样将视觉跟踪视为一个相似性匹配的问题，不同的是它采用了全卷积孪生网络结构，并采用互相关运算来度量模板图像与搜索区域特征之间的相似度。值得注意的是，SiameseFC 通过高效滑动窗口的方式使得最终的输出是一个稠密的响应图，而响应图中最高峰点则对应了所预测跟踪物体的空间位置。在线跟踪阶段，网络模型仅需要一次前向计算，因此 SiameseFC 的跟踪速度可达 86FPS。由于在精度和速度方面取得了较好的平衡，SiameseFC 得到了广泛关注，后续各种改进的版本层出不穷。

2）多目标跟踪

除了把多目标跟踪看作多个单目标跟踪，采用单目标跟踪技术解决问题，当前视觉多目标跟踪主要基于检测的多目标跟踪方法（Tracking-By-Detection，TBD），主要包括目标检测、外观建模、运动建模及数据关联四大部分，如图 1.5 所示。与雷达多目标跟踪相同之处是两者都通过数据关联模块实现同一目标信息的关联，不同的地方在于视觉多目标跟踪主要依靠目标特征信息进行关联，而雷达多目标跟踪则主要依靠目标运动信息进行关联。下面对视觉多目标跟踪各个部分分别进行介绍。

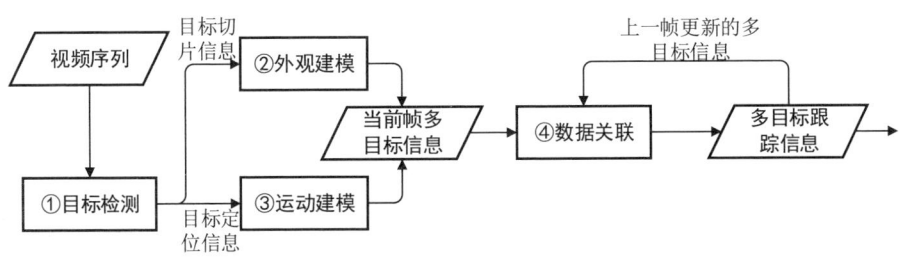

图 1.5 视觉多目标跟踪框架

（1）目标检测。在多目标跟踪系统中对场景中出现的目标进行定位与尺度预测，其结果往往对多目标跟踪性有决定性影响。当前较先进的方法均采用了基于深度学习的高性能检测框架，如 Faster R-CNN[6]、CenterNet[7]、YOLOX[8]等。

（2）外观建模。外观建模指的是利用目标的外观信息，通过某种算子或深度卷积神经网络提取获得具有区分度的特征，从而保证多目标跟踪算法可以稳定地跟踪每个目标，防止目标跳变和丢失。目前主流方法均采用了先进的重识别（Re-Identification，ReID）技术来实现外观建模，即使用精心设计的神经网络将每个目标抽象为一个具有高阶判别语义的匹配特征。在目标遮挡频繁的场景中，该技术有效地纠正了基于 IoU（交并比）的时空匹配方法所造成的错误匹配。

（3）运动建模。运动建模指的是通过已有的目标运动状态，建立相关的运动模型，以预测目标下一帧可能出现的位置。目前的研究根据运动建模的功能可以分为两类：一类利用时空信息来增强算法的匹配能力，以提高数据关联性能；另一类通过运动迁移预测目标在当前帧的位置以提高算法的目标定位能力，找回图像级检测器所遗漏的目标。

（4）数据关联。数据关联指的是利用目标的空间位置、运动、外观等具有判别性的信息来抽象建立不同对象之间的相似性，并构建一个近乎全连接的二分图，找到最优的两两匹配关系。目前很多已有方法都采用匈牙利算法和正则化策略的组合来获取总代价最小的两两匹配关系，作为数据关联最优解。虽然匈牙利算法在很多场景中性能出众，但是其策略较依赖于所提供的匹配信息的可靠性。如果所建立的目标相似性不那么可靠，则匈牙利算法往往会造成错误的匹配结果。因此，也有些工作引入了图神经网络来替代匈牙利算法，通过深度学习方法构建鲁棒的两两匹配关系生成器。

近年来，多目标跟踪算法研究正尝试通过把目标检测、外观建模、运动建模及数据关联 4 个模块中的两个或多个模块进行联合，来构建统一的网络，以进一步提高多目标跟踪性能，实现局部甚至整体的端到端处理。多目标跟踪主要有以下两类典型方法。

第一类，目标检测和外观建模一体化方法。目标检测和外观建模一体化方法的目标是构建一个一体化的网络，使其可以同时输出检测结果和用于匹配的外观判别信息。由于无须调用 ReID 模型对每一个目标单独进行外观建模，该类方法极大提高了多目标跟踪的处理速度。由于目标检测结果是否可靠对多目标跟踪性能起着决定性作用，因此该类方法均基于一些高性能的检测器进行改进。典型方法有以两阶段检测器 Faster RCNN 为框架的 JDIF（Joint

Detection and Identification Feature）方法和以一阶段检测器 YOLOv3 为基准进行改进的 JDE（Joint Detection and Embeddings）方法。

第二类，目标检测和运动建模一体化方法。该类方法的本质是赋予目标检测器运动建模能力，将其扩展为一体化跟踪器。在模型输入上，除了当前帧图像，还需要将已存在目标，即上一帧目标定位信息一起输入，通过模型的运动建模能力，实现已有目标的运动传播。对于新出现的目标，该类方法可通过目标检测器直接输出，而对于消失的目标，该类方法通常利用目标检测器对传播获得的目标框进行打分，滤除离开场景的目标。典型方法有 Tracktor 方法[9]和 CenterTrack 方法[10]。其中 Tracktor 方法巧妙地利用高性能两阶段检测器 Faster RCNN 对候选框的识别和回归能力，简单高效地实现运动建模，而 CenterTrack 方法则将目标假设为热图上的关键点，通过预测关键点的跨帧偏移量来实现匹配跟踪。

1.3 目标识别的研究历程

按照应用领域的不同，目标识别可分为军事领域目标识别和民用领域目标识别，其中军事领域目标识别主要关注舰船、飞机、导弹、坦克、军港等军事目标要素的识别，民用领域目标识别主要关注交通、医疗、安防等日常生活场景中交通标志、人脸、指纹等要素的识别。根据传感器的不同，目标识别可分为雷达目标识别（Radar Automatic Target Recognition，RATR）、图像目标识别、辐射源识别等类别。

（1）雷达目标识别。雷达目标识别是指基于雷达回波信号，提取目标特征，实现目标属性、类别或类型的自动判定。根据雷达类型和目标分辨能力，雷达目标识别又可具体分为雷达散射截面（Radar Cross Section，RCS）目标识别、高分辨距离像（High Resolution Range Profile，HRRP）目标识别、合成孔径雷达（Synthetic Aperture Radar，SAR）/逆合成孔径雷达（Inverse Synthetic Aperture Radar，ISAR）目标识别、点云目标识别等类型。

① RCS 目标识别。RCS 目标识别利用 RCS 及其统计特征、极化散射矩阵、散射中心分布等特性参数进行识别。由于 RCS 与目标形状、尺寸、材料的电磁参数，入射波的频率和波形，入射波和接收天线的极化形式，以及目标相对入射和散射方向的姿态角等多个方面的因素有关，RCS 数据一般起伏变化较大，单个 RCS 数据难以准确识别，因此常常利用 RCS 序列对目标进行识别。

② HRRP 目标识别。HRRP 是在雷达具备大发射带宽且目标尺寸远大于雷达距离分辨单元的条件下，目标散射点的子回波在雷达方向上投影的向量和，包含目标形状、结构、尺寸、散射中心分布等较为精细的信息。HRRP 具有目标信息丰富、易于获取、易于处理的特点，由于不同入射角、不同雷达获取的同一目标 HRRP 具有明显差异，因此 HRRP 目标识别面临小样本、跨雷达型号等识别难点。传统 HRRP 目标识别方法主要有自适应高斯分类器模型、K 近邻法（KNN）、因子分析模型、字典学习、支持向量机（SVM）等。基于深度学习的 HRRP 目标识别方法有卷积神经网络、堆栈自动编码器、循环神经网络、深度置信网络（DBN）等。

③ SAR/ISAR 目标识别。SAR 运用合成孔径原理，利用一根小天线沿着长线阵的轨迹等速移动并辐射相参信号，把在不同位置接收的回波进行相干处理，从而实现高分辨的微波成像，具备全天时、全天候、高分辨、大幅宽等多种特点。SAR 采用平台运动方式，目标不动或慢动，一般主要搭载在机载、星载、弹载、无人机平台。ISAR 原理与 SAR 原理基本相同，不同之处是，ISAR 通过目标运动来合成孔径，雷达是不动的，需要进行运动补偿，对非合作高机动目标，存在困难。传统的 SAR/ISAR 目标识别主要基于机器学习方法，通过特征提取、分类器分类来实现，如基于图像特征的模板匹配方法和支持向量机方法、基于字典学习和稀疏表示方法，以及改进后的径向积分特征分类器方法等。深度学习兴起后，AlexNet[3]、VGG[11]、GoogLeNet[12]、ResNet[13]等各种深度模型网络结构，正被逐渐运用到 SAR 图像自动目标识别上。

④ 点云目标识别。点云由 3D 激光雷达、4D 毫米波雷达等高精度雷达产生，是目标点信息的集合，每个目标点至少包括三维空间 x、y 和 z 坐标信息，还包括颜色、光照强度、类别标签、法向量、灰度值等信息，每个目标由多个目标点构成。按照特征提取方式的不同，点云目标识别可分为手动特征识别和深度学习识别两种类别。其中手动特征识别一般步骤是：首先从三维点的集合属性及形状属性等方面提取出三维空间特征，然后进行关键点检测、特征描述及特征匹配，最后输入 SVM 等分类器进行识别。而深度学习识别则按处理数据的类型分为基于投影多视图的方法、基于体素的方法和基于点的方法三种类别。基于投影多视图的方法首先将三维目标以不同视角投影到二维视图中，然后利用成熟的二维卷积神经网络（Convolutional Neural Network，CNN）对每个视图进行学习，最后对多视图学到的特征信息进行聚合得到目标识别结果。基于体素的方法将不规则的三维点转换成规则的体素网格，在网格上使用 3D CNN 进行三维形状的学习。基于点的方法使用深度学习技术直接对原始的三维点进行处理，从而能够完整地保留空间信息。

（2）图像目标识别。图像目标识别是指利用光电传感器、声呐传感器获取的红外光、可见光、遥感图像或声成像，对感兴趣目标进行识别。图像目标识别的发展主要经历了两个历史时期，以 2014 年为分割线，分为 2014 年前的传统时期和 2014 年后的深度学习时期。传统的目标识别方法首先从多个角度对目标样本进行多类图像特征的提取，形成"视觉单词袋"，然后对分类器进行设计与训练，分类器根据学习到的目标特征区分出待识别的目标与其他类型的目标。在传统的目标识别方法中，目标的先验信息是研究的重点，主要包括目标几何形状、辐射强度等不随时间空间变化的特征。深度学习目标识别方法主要是设计深度神经网络进行光电图像目标识别，典型网络包括 AlexNet、VGG、GoogLeNet、ResNet、ResNetXt 等。

（3）辐射源识别。辐射源识别主要是指雷达辐射源识别，其主要依据所截获的雷达信号的特征参数进行分类识别，并进一步判别雷达的工作模式、功能、型号和载体平台等信息。根据雷达辐射源识别技术的智能化水平，可以将其发展历程划分为两个阶段。第一阶段为 20 世纪后期，主要利用截获信号常规特征参数与数据库内信号进行特征参数匹配，实现雷达信号识别。随着人工智能技术的进一步发展，雷达辐射源识别技术逐步智能化，第二阶段主要采用人工智能技术与特征参数相结合的方式进行雷达辐射源识别。

综上可以看出，无论是雷达目标识别，还是图像目标识别，或者辐射源识别，目标识别技术的模式基本一致，传统的目标识别方法都是特征建模和分类器处理模式，雷达目标识别、图像目标识别等不同识别问题的差别主要体现在特征建模上，而当前研究比较多的深度学习目标识别方法则更趋于一致，不同识别问题的差别主要体现在深度网络输入层设计上，需要适配不同的输入数据。由于目标识别一般不涉及时序信息，因此与目标跟踪相比，目标识别相对比较简单，这里不再详细介绍。

1.4 目标跟踪与识别的主要挑战

无人艇、无人舰、无人机、无人蜂群和忠诚僚机等无人系统，高超声速、星链等非对称装备，多域战、联合全域战、决策中心战、马赛克战等作战新概念，均对目标跟踪与识别技术提出了新的要求，形成了新的挑战。一方面，目标跟踪与识别作为新型装备系统环境感知任务的核心关键技术，需要在分布、跨域、多源、异构等复杂信息环境下，实现目标连续跟踪和精准识别。另一方面，新型装备系统作为目标跟踪与识别需要面临的新对象，无人系统的低、慢、小特点，高超声速武器快速的特点，无人蜂群、决策中心战等模式概念的复杂、多变特点，给目标跟踪与识别带来了新的困难。

1. 无人系统

无人系统依据其作用的空间范围，可以划分为陆地无人系统、空中无人系统和海洋无人系统三大部分。其中，陆地无人系统主要包括侦察无人车、运输无人车、作战无人车、破障无人车、排爆无人车、无人车编队与指挥系统、机器狗、人形机器人等；空中无人系统主要包括侦察无人机、作战无人机、后勤运输无人机及无人机编队等；海洋无人系统主要包括侦察无人艇、作战无人艇、后勤运输无人艇、巡逻搜救无人艇、侦察无人潜航器、作战无人潜航器及岸基支持系统等。无人系统不仅提供了额外的作战能力和兵力，增强了传统的作战力量，由于伤亡代价小，还会促进指挥官愿意承担更大的作战风险，以保持战术和战略优势。与有人系统相比，无人系统具有以下七大作战优势：

（1）通过自动路线规划和回收，为关键作战人员减轻负担；

（2）能够在复杂危险环境中展开行动，降低部队面临的风险；

（3）强化对作战地域的态势感知与利用能力；

（4）具备超过人体极限的远距离、长航时持久能力；

（5）拓展活动范围，降低人身风险；

（6）人在指挥所中，方便提供快速与分布式决策；

（7）通过分布式的网络节点为部队提供强大、实时的网络连接能力。

无人系统的快速发展和大量应用，给目标跟踪与识别带来了严重挑战。以无人机为例，由于目标个体尺度小，跟踪易丢失，信号检测过程中目标信号容易淹没在环境背景噪声中，丢失点迹，造成航迹零碎断续，甚至丢失目标，无法准确判断是否存在威胁目标，使得传统防空系统防御漏洞百出，需要研究新的目标跟踪与识别技术。而对于更为复杂的无人机集群，由于其目标密集性高和队形频繁变换，其跟踪识别难度更大。此外无人系统自主化趋势明显，亟须加强复杂环境下自主感知理解。无人系统的发展趋势必然是从自动化走向自主化，其关键在于复杂场景的自主感知与理解，而目标跟踪与识别则是其基础。因此，提高目标跟踪与识别技术的智能化水平和复杂场景适应能力，势在必行。

2. 高超声速非对称装备

近些年，世界各军事大国争相研制临近空间高超声速武器。美国对其资源投入强度达到了近20年来之最,美国国防部高官曾公开表示:"高超声速和反高超声速武器是美国国防部技术现代化最高优先事项之一。"俄罗斯暗自发力,不动声色地亮出了"先锋""锆石""匕首"陆海空三型高超声速武器。

高超声速武器最引人注目的优势就是"快",其大于5马赫的机动速度,可以极大地改变时空关系,真正把战争带入"秒杀"时代。俄罗斯空射型高超声速导弹"匕首"最高飞行速度约为10马赫,射程达2000km,其速度大大缩短了对方陆基和机载传感器进行探测、跟踪反应时间。有研究表明,当飞行速度达到5马赫以上时,仅依靠速度就能达到97%以上的突防概率,可以有效洞穿现有各种作战防御体系。"快"的价值还不止于此,它还会使机动要素与信息要素及决策要素更加耦合,推动OODA杀伤链循环全程加速,充分释放信息和决策优势效能,从而形成"以快制慢"的降维打击效果。

不同于一般目标,高超声速目标在运动和电磁散射方面具有以下特点:

(1)飞行速度极快,最高速度接近20马赫,但理论上不会超过第一宇宙速度7.9km/s;

(2)巡航高度高,介于海拔20km和100km的空域之间;

(3)机动能力强,机动形式的不确定性较大;

(4)目标后向散射截面积小,一般为$0.01 \sim 0.1m^2$;

(5)飞行器达到高超声速时表面会产生等离子体,对接触到的电磁波信号进行吸收和折射。

临近空间空域内复杂的电磁环境和大气环境,以及高超声速飞行器的运动特性,使得临近空间高超声速飞行器拥有得天独厚的多重"保护伞",现有防空反导系统很难对其进行有效的探测、跟踪和拦截,这对于现有的防空反导系统是一个巨大的考验,需要针对性研究适配的目标跟踪和目标识别方法。

3. 马赛克战

在军事理论方面,多年来美军的作战概念创新从未间断。自20世纪90年代开始,美军陆续提出了网络中心战、空海一体战、多域战、算法战及决策中心战等,对美军的作战方式、技术变革及能力构建都具有重大而深远的影响。作为决策中心战的一种作战样式,马赛克战(Mosaic Warfare)无论从理论的原创性还是从实战的可操作性方面,都具有里程碑意义,将推动未来军事技术的发展,特别是对包含目标跟踪识别在内的情报、监视、侦察(Intelligence, Surveillance, and Reconnaissance,ISR)技术提出了更高的要求。

1)提出背景

自第二次世界大战结束以来,美军共提出过三次抵消战略。第一次抵消战略诞生于20世纪50年代，美军为了应对苏联常规军事力量的规模优势，提出了以核武器技术优势抵消常规军事力量优势的军事战略。第二次抵消战略诞生于20世纪70年代末期，美军总结越战中的经验教训，提出了以精确制导武器、隐形飞机等先进武器装备为标志的第二次抵消战略，并逐渐构建了以网络中心战为主导的作战体系。随着隐身能力、精确导航、网络化传感器等军事技术的不断扩散，美军逐步失去在第二次抵消战略中确立的技术优势。在此背景下，结合人工智能技术发展趋势，2015年前后，美军提出了以自主系统、人机协同及作战辅助系统等为依托的第三次抵消战略，改变传统以消耗为主的作战理念，依靠对抗环境下的决策优势提升己方的作战能力，以继续保持优势。

为推进决策中心战的研究，2017年8月，美国国防高级研究计划局（DARPA）首次提出了马赛克战概念，其核心理念是以决策为中心，将各种作战功能要素打散，利用自组织网络将其构建成一张高度分散、灵活机动、动态组合、自主协同的"杀伤网"，进而取得体系对抗的优势。2019年3月，DARPA开始大规模布局马赛克战使能技术项目研发，9月发布了报告《马赛克战：恢复美国的军事竞争力》，概述了马赛克战的内涵、组成和原则等，12月，DARPA等机构通过兵棋推演对马赛克战进行了评估，使其有效性得到了初步验证。2020年2月11日，美国战略与预算评估中心（CSBA）发布了报告《马赛克战：利用人工智能和自主系统实施决策中心战》，提出了以马赛克战为抓手，实施决策中心战的构想。

2）核心思想

马赛克战概念的核心思想是由人类指挥官负责指挥，由人工智能赋能的机器负责控制，对己方高度分散的部队快速组合和重组，使得战场态势复杂化，在提升己方适应性和灵活性的同时，让敌方难以判断战争形势，进而陷入决策困境。决定马赛克战成败的关键是给敌方造成困境的数量及施加困境的速度，其作战重点是扰乱敌方OODA环路的判断环节。

目前，美军的作战平台主要由有人驾驶的独立的或一体化集成的多任务单元（如飞机、舰艇、部队编队）组成，具备传感器、电子战系统、指挥控制系统及武器系统等。然而，独立的多任务作战平台和一体化集成系统配置不够灵活，限制了作战力量的可重组性，降低了部队的适应能力，使其行动更容易被预测，削弱了迷惑敌方的能力。马赛克战的军力设计思想是将多任务平台分解为数量更多、规模更小的作战单元，每个单元的功能更少，可组合性更强。通过作战单元临机、灵活的组合和重组，己方能更好地获取决策优势。例如，一艘护卫舰和几艘无人水面舰船可以取代由多艘驱逐舰组成的水面战斗群。一个空中战斗机群编队可以被一架攻击战斗机及几架搭载传感器和电子战装备的无人机取代。

马赛克战的指挥控制机制是基于实时可用通信网络而构建的，而不是预先设计指挥控制方式，然后为此构建特定的通信网络。分散的作战单元在保证一定程度的信息共享前提下，其相互之间的通信状态可能是断续和局部的，无法与所有其他作战单元保持持续的、全局的连通关系，由机器实现的控制系统将自动匹配当前可用的作战单元与指挥官，进而构建马赛克战特有的指挥控制机制。

基于可组合的军力设计和以情境为中心的 C3（Command、Control、Communication），可实现一种全新的作战方式，其特点在于比对手更快、更有效地做出决策。通过在作战前和作战中动态地组合和重组部队，提升部队的灵活性和适应性，同时给予对手更大的复杂性和不确定性。

综上所述，马赛克战的核心思想可总结如下：

（1）分散化的作战单元更易融入新技术和新战术；

（2）更多的组合方式可应对更多的威胁，提高部队的适应性；

（3）大量分布式作战单元使对手难以判断和应对战场态势，给对手增加复杂性和不确定性；

（4）适应不同作战任务，精准调配合适的作战单元，提高整体效能，扩大作战行动范围。

1.5 人工智能时代下的发展新机遇

如同蒸汽时代的蒸汽机、电气时代的发电机、信息时代的计算机和互联网，人工智能正成为推动人类进入智能时代的决定性力量。全球产业界充分认识到人工智能技术引领新一轮产业变革的重大意义，纷纷转型发展，抢滩布局人工智能创新生态。世界主要发达国家均把发展人工智能作为提升国家竞争力、维护国家安全的重大战略，力图在国际科技竞争中掌握主导权。与此同时，大数据、云计算、物联网等信息技术的发展，正快速推动人工智能技术跨越科学与应用之间的"技术鸿沟"，实现从"不能用、不好用"到"可以用"的技术突破，迎来人工智能技术在各行各业的快速落地应用，为应对当前甚至未来目标跟踪与识别面临的挑战提供重要解决途径。

1. 人工智能的概念与历程

1956 年夏，约翰·麦卡锡、马文·明斯基等科学家在美国达特茅斯学院开会研讨"如何用机器模拟人的智能",首次提出了"人工智能(Artificial Intelligence,AI)"这一概念,标志着人工智能学科的诞生。

人工智能是研究、开发用于模拟、延伸和扩展人类智能的理论、方法及应用系统的一门新的技术科学,研究目的是促使智能机器会听(语音识别、机器翻译等)、会看(图像识别、文字识别等)、会说(语音合成、人机对话等)、会思考(人机对弈、定理证明等)、会学习(机器学习、知识表示等)、会行动(机器人、自动驾驶汽车等)。

人工智能充满未知的探索道路曲折起伏,如何描述人工智能自1956年以来60余年的发展历程,学术界可谓仁者见仁、智者见智。我们将人工智能的发展历程划分为以下6个阶段。

(1)起步发展期。1956年—20世纪60年代初。人工智能概念提出后,相继取得了一批令人瞩目的研究成果,如机器定理证明、跳棋程序等,掀起了人工智能发展的第一个高潮。

(2)反思发展期。20世纪60年代—70年代初。人工智能发展初期的突破性进展大大提升了人们对人工智能的期望,人们开始尝试更具挑战性的任务,并提出了一些不切实际的研发目标。然而,接二连三的失败和预期目标的落空(无法用机器证明两个连续函数之和还是连续函数、机器翻译闹出笑话等),使人工智能的发展走入低谷。

(3)应用发展期。20世纪70年代初—80年代中期。20世纪70年代出现的专家系统模拟人类专家的知识和经验解决了特定领域的问题,实现了人工智能从理论研究走向实际应用、从一般推理策略探讨转向运用专门知识的重大突破。专家系统在医疗、化学、地质等领域取得了成功,推动着人工智能走入应用发展的新高潮。

(4)低迷发展期。20世纪80年代中期—90年代中期。随着人工智能的应用规模不断扩大,专家系统存在的应用领域狭窄、缺乏常识性知识、知识获取困难、推理方法单一、缺乏分布式功能、难以与现有数据库兼容等问题逐渐暴露出来。

(5)稳步发展期。20世纪90年代中期—2010年。由于网络技术特别是互联网技术的发展,加速了人工智能的创新研究,促使了人工智能技术进一步走向实用化。1997年,国际商业机器公司(简称IBM)深蓝超级计算机战胜了国际象棋世界冠军卡斯帕罗夫;2008年,IBM提出"智慧地球"的概念。

(6)蓬勃发展期。2011年至今。随着大数据、云计算、互联网、物联网等信息技术的发展,泛在感知数据和图形处理器等计算平台推动以深度神经网络为代表的人工智能技术飞速发展,大幅跨越了科学与应用之间的"技术鸿沟",如图像分类、语音识别、知识问答、人机对弈、无人驾驶等人工智能技术实现了从"不能用、不好用"到"可以用"的技术突破,迎来了爆发式增长的新高潮。

2. 专用人工智能的重要进展

从可应用性看,人工智能大体可分为专用人工智能和通用人工智能。面向特定任务的专用人工智能系统由于任务单一、需求明确、应用边界清晰、领域知识丰富、建模相对简单,形成了人工智能领域的单点突破,在局部智能水平的单项测试中可以超越人类智能。2022 年以前,人工智能的进展主要集中在专用智能领域,除了常见的人脸检测识别、目标检测、图像分割、姿态估计、图像生成、音乐合成、语言描述、视频解析、文本声音互转、人机对话等领域,也在更加专业的化学、物理学、气象学、软件工程等领域取得了突破。

1) 化学

1972 年,美国科学家 Christian Anfinsen 提出了一个著名的假设:蛋白质的氨基酸序列决定其结构。自此,根据蛋白质序列预测蛋白质结构的研究引起了人们广泛关注。被称为蛋白质结构预测领域的奥林匹克竞赛的 CASP(Critical Assessment of protein Structure Prediction)自 1994 年开始,每两年举办一次。自举办以来,蛋白质结构预测精度稳步前进,诞生了 I-TESSER、RaptorX、ROSETTA 等经典模型。

随着深度学习技术的快速发展,2018 年,谷歌 DeepMind 团队开发出的 AlphaFold 首次亮相便摘取了 CASP13 的桂冠[14]。而两年后的 AlphaFold2 版本更是在 CASP14 中,针对比赛中提供的蛋白,预测准确性达到了可以与实验解析结果接近的水平,有史以来首次把蛋白质结构预测任务做到了基本接近实用的水平。

2021 年 7 月 15 日,AlphaFold2 的开发团队 DeepMind 在 *Nature* 杂志发文详细描述了 AlphaFold2 的设计思路,并提供了可供运行的模型和代码[15]。在公布源代码一周后,DeepMind 团队再次在 *Nature* 杂志发文,公布了 AlphaFold2 预测的人类和其他 20 种重要物种的蛋白质组的所有结构,并通过欧洲生物信息研究所(EMBL-EBI)托管的公用数据库免费向公众开放[16]。

2) 物理学

在巨大的热量和重力下,太阳核心中的氢原子核相互碰撞,聚合成更重的氦原子,并在此过程中释放出大量能量。数十年来,科学家和工程师探索通过形似甜甜圈的托卡马克装置,约束等离子体,从而实现可控核聚变的目的。如何有效控制等离子体,是实现可控核聚变的关键。

要实现核聚变，必须满足三项条件：极高的温度、足够的等离子体粒子密度及足够的限制时间。在超过 1 亿℃的环境下，氢过热成为一种等离子体状态。没有任何材料可以控制这样温度的等离子体，但在托卡马克装置中，强大的磁场使等离子体悬浮并固定在托卡马克装置内部，迫使其保持形状并阻止其接触反应堆壁，因为接触反应堆壁将冷却等离子体并损坏反应堆。精准控制等离子体需要不断监测和操纵磁场，托卡马克装置越复杂，性能越高，就需要越来越高的可靠性和准确性来控制。

这正是人工智能的用武之地。要实现这个目标，人工智能需要解决两个问题：准确捕获真实托卡马克装置中存在的所有变量，以及在不到 50μs 时间内做出决定。DeepMind 和瑞士洛桑联邦理工学院等离子体中心的物理学家用一个大型神经网络每秒对 90 种等离子体的形状和位置完成一万次训练，从而不断对磁场变化如何塑造等离子体进行长程预测，并相应地调整 19 块磁铁的电压。然后用这个神经网络训练一个小的系统，学习执行第一个网络所推荐的最佳决策。这样就可以既准确又快速地对等离子体进行控制。2022 年 2 月，其研究团队把相关成果发表在 Nature 上，题目为 "Magnetic control of tokamak plasmas through deep reinforcement learning"，朝着人类实现可控核聚变迈出重要一步。

3）气象学

2022 年 12 月，DeepMind 和谷歌提出了一种天气预报器 GraphCast，它可以在 60s 内预测 10 天内的天气，以超过 99%的准确率优于世界上最准确的机器学习天气预报系统。GraphCast 是一个自回归模型，基于图神经网络和一种新的高分辨率多尺度网格表示，根据欧洲中期天气预报中心的 ERA5 再分析档案中的历史天气数据进行了训练。它可以在 0.25°经纬度网格上以 6h 的时间间隔对 5 个表面变量和 6 个大气变量进行 10 天的预测，每个变量在 37 个垂直压力水平下，该网格对应于赤道的区域的大小约为 25km×25km。在所评估的 2760 个变量和提前时间组合中，GraphCast 比欧洲中期天气预报中心的确定性操作预测系统 HRES 更准确。GraphCast 在报告的 252 个目标中，99.2%的表现优于之前最准确的基于机器学习的天气预报模型。GraphCast 可以在 Cloud TPUv4 硬件上在 60s 内生成 10 天的预测（35GB 数据）。与传统的预测方法不同，基于机器学习的预测方法可以很好地扩展数据，通过对更大、更高质量和更新的数据进行训练，可以提高预测技能。这些结果共同代表了在用机器学习补充和改进天气建模方面迈出的关键一步，为快速、准确的预测开辟了新的机会。

4）软件工程

2022 年 2 月，DeepMind 发布了竞赛级代码生成系统 AlphaCode。在编程竞赛平台 Codeforces 上，AlphaCode 击败了 45.7%的参赛者，总体排名位于前 54.3%，可与人类程序员竞争。令人惊讶的是，研究人员将 AlphaCode 产生的程序与训练数据库中的程序进行了比较，发现它并没有重复大段的代码或逻辑，而是产生了一些新的代码，自主编程向前迈出了重要的一步。AlphaCode 具体实现过程为：首先使用一个 Transformer 模型，根据编程题目的描述，生成百万份代码，这些生成的代码中 99%可能根本跑不通；然后使用编程题目中的 test cases，验证这些生成的代码，这个过程会过滤掉 99%的错误代码，经过过滤之后，仍然可能有上千份代码能跑通，而且这些能跑通题目给出的测试样例的代码中有很多非常相似；再使用第二个 Transformer 模型，根据编程题目中的文字描述自动生成一些 test cases，并将生成的 test cases 提供给那些代码，如果一些代码的生成结果近乎一样，则说明这些代码背后的算法或逻辑相似，可被归为一类；最后经过聚类之后，从数目较大的类中选出代码去提交。

3．通用人工智能的重要进展

人的大脑是一个通用的智能系统，能举一反三、融会贯通，可处理视觉、听觉、判断、推理、学习、思考、规划、设计等各类问题。真正意义上完备的人工智能系统应该是一个通用的智能系统。虽然目前通用人工智能尚处于起步阶段，但在 2022 年以后，以 ChatGPT 的提出为标志，以预训练大模型为突破方向，通用人工智能进入了发展快车道，未来可期。

1）ChatGPT

2022 年 11 月 30 日，OpenAI 推出了全新的对话式通用人工智能工具 ChatGPT。据报道，在其推出短短几天内，注册用户超过 100 万，2 个月活跃用户数已达 1 亿，引爆全网热议，成为历史上增长最快的消费者应用程序，掀起了人工智能领域的技术巨浪。ChatGPT 之所以有这么多活跃用户，是因为它可以通过学习和理解人类语言，以对话的形式与人类交流，交互形式更为自然和精准，极大地改变了普通大众对于聊天机器人的认知，完成了从"人工智障"到"有趣"的印象转变。除了聊天，ChatGPT 还能够根据用户提出的要求，进行机器翻译、文案撰写、代码撰写等工作。ChatGPT 拉响了大模型构建的红色警报，学术界和企业界纷纷迅速跟进启动研制自己的大模型。2023 年 2 月 24 日，科技部部长王志刚表示："ChatGPT 确实在自然语言理解、自然语言处理等方面有进步的地方，同时在算法、数据、算力上进行了有效结合。"科技部高新技术司司长陈家昌在回应 ChatGPT 相关提问时也表示，ChatGPT 最近形成了一种现象级的应用，表现出很高的人机交互水平，表现出自然语言的大模型已经具备了面向通用人工智能的一些特征，在众多行业领域有着广泛的应用潜力。

2）发展历程

大规模预训练语言模型作为 ChatGPT 的知识表示及存储基础，对系统效果表现至关重要。2018 年，OpenAI 提出了第一代 GPT（Generative Pretrained Transformer）模型[17]，包含 1.2 亿个参数，将自然语言处理带入"预训练"时代。然而，第一代 GPT 模型并没有引起人们的关注，反倒是谷歌随即提出的 BERT（Bidirectional Encoder Representations from Transformers）模型[18]产生了更大的轰动。不过，OpenAI 继续沿着初代 GPT 的技术思路，陆续发布了 GPT-2[19]和 GPT-3[20]。尤其是 GPT-3 模型，含有 1750 亿个参数。与相应参数量一同增长的还有 OpenAI 逐年积淀下来的恐怖数据量，可以说大规模的参数与海量的训练数据为 GPT 系列模型赋能，使其可以存储海量的知识、理解人类的自然语言并且具有良好的表达能力。

GPT-3 除了大规模参数，还提出了"提示词"（Prompt）概念，提供具体任务的提示词，即使不对模型进行调整，也可完成该任务。例如，输入"我太喜欢 ChatGPT 了，这句话的情感是__"，GPT-3 就能够直接输出结果"褒义"。如果在输入中再给一个或几个示例，那么任务完成的效果会更好，这也被称为语境学习（In-context Learning）[21-24]。

通过对 GPT-3 模型能力的仔细评估发现，大模型并不能真正解决深度学习模型鲁棒性差、可解释性弱、推理能力缺失的问题，在深层次语义理解和生成上与人类认知水平还相去甚远。直到 ChatGPT 的问世，才彻底改变了人们对于大模型的认知。

3）核心技术

GPT 模型家族的发展从 GPT-3 开始分成了两个技术路径并行发展，一个路径是以 Codex 为代表的代码预训练技术，另一个路径是以 InstructGPT 为代表的文本指令（Instruction）预训练技术。这两个技术路径不是始终并行发展的，而是到了一定阶段后进入融合式预训练过程，并通过指令微调（Instruction Tuning）、有监督微调（Supervised Fine-tuning），以及基于人类反馈的强化学习（Reinforcement Learning with Human Feedback，RLHF）等技术实现以自然语言对话为接口的 ChatGPT 模型。

RLHF 是实现 ChatGPT 的关键。RLHF 最早是在 2008 年"TAMER: training an agent manually via evaluative reinforcement"[25]一文中被提及的。在传统的强化学习框架下 Agent 代理提供动作给环境，环境输出奖励和状态给代理，而在 TAMER 框架下，引入人类标注人员作为系统的额外奖励。该文章中指出，引入人类进行评价的主要目的是加快模型收敛速度，降低训练成本，优化收敛方向。具体实现上，人类标注人员扮演用户和代理进行对话，产生对话样本并对回复进行排名打分，将更好的结果反馈给模型，让模型从两种反馈模式——人类评价奖励和环境奖励中学习策略，对模型进行持续迭代式微调。这一框架的提出成为后续 RLHF 相关工作的理论基础。

OpenAI 从 2020 年开始关注这一方向并陆续发表了一系列相关成果，如应用于文本摘要[26-27]，利用 RLHF 训练一个可以进行网页导航的代理[28]等。虽然 GPT-3 可以生成流畅的回复，但是有时候生成的回复并不符合人类的预期，OpenAI 认为符合人类预期的回复应该具有真实性、无害性和有用性。为了使生成的回复具有以上特征，OpenAI 在 2022 年初发表的文章"Training language models to follow instructions with human feedback"中提到引入人工反馈机制，并使用近端策略优化（PPO）算法对大模型进行训练，以减小大模型生成回复与人类回复之间的偏差。OpenAI 有效运用 RLHF 技术，以 GPT-3.5 作为基座，推出了惊艳四座 ChatGPT。与此同时，我国大模型技术也发展迅速，2025 年 1 月，我国深度求索公司推出了推理能力更强、训练成本更低的 DeepSeek-R1 大模型，在人工智能国家竞赛中，保持了优势。

1.6 本书的范围和概貌

综合上述分析可知，开展基于人工智能的目标跟踪与识别研究，是面对无人系统、非对称装备、作战新概念威胁的必然选择。在此形势下，目标跟踪技术一改传统以统计理论为基础、以问题建模为发展模式的知识驱动研究范式，进入数据驱动或数据-知识双驱动研究范式，而目标识别作为机器学习、人工智能领域中的基本问题，伴随人工智能技术的快速迭代而发展。本书主要聚焦海上目标监视，根据作者近年研究成果，对雷达目标智能跟踪、航迹识别、多模态信息关联等跟踪识别核心关键技术进行阐述。虽然作者早在 2014 年就开始了智能目标跟踪与识别研究，但毕竟个人能力、时间、精力十分有限，无法覆盖智能目标跟踪与识别领域内的所有问题，不足之处请多多海涵。本书主要内容和章节安排如下。

第 2 章：人工智能基础

本章主要对人工智能基础进行介绍，分为机器学习基础、机器学习步骤、机器学习典型算法、深度学习和强化学习五部分内容，从一般概念到具体技术，对以机器学习、深度学习、强化学习为代表的人工智能技术进行全面介绍。其中机器学习基础部分主要对机器学习的基本定义和发展历程、机器学习的分类与基本术语进行介绍,机器学习步骤部分主要对数据集构建、模型选择、模型训练和模型运用等机器学习实施步骤进行介绍。

第3章:结合式智能滤波方法

滤波估计是目标跟踪的核心技术。第3~5章分别对不同智能化程度的跟踪滤波技术进行研讨。第3章主要对以 Kalman 和交互式多模型(IMM)等模型驱动型滤波算法为主导,通过深度神经网络对模型参数进行优化估计的滤波方法,即结合式智能滤波方法,以解决现有单纯 Kalman 和 IMM 算法参数固定、无法及时调整带来的跟踪发散、跟踪不稳定问题。

第4章:替换式智能滤波方法

本章主要对基于深度神经网络和神经微分方程,结合匀速、加速、转弯等目标运动模型的智能滤波方法(以数据驱动型神经网络为主导的替换式智能滤波方法)进行研讨,其中深度神经网络主要用于运动变化量的估计,神经微分方程基于匀速、加速、转弯等确定的目标运动模型,求解输出目标状态估计。

第5章:重构式智能滤波方法

本章主要对完全采用神经网络实现跟踪滤波的重构式智能滤波方法进行研讨。通过对典型 $\alpha\text{-}\beta$ 滤波和 Kalman 滤波进行计算结构分析,发现延迟反馈结构是实现滤波的核心关键;通过构建更具一般性的延迟反馈神经网络结构可以得到形式统一、性能优良的滤波器;以多层前馈神经网络和循环神经网络为主要单元,引入注意力机制,构建了一种端到端滤波神经网络结构。

第6章:基于强化学习的数据智能关联方法

本章主要对基于强化学习的数据智能关联方法进行研讨,先后讨论了网络集成学习的数据关联网络架构和基于 LSTM-RL 网络的数据关联网络架构,为基于强化学习的目标跟踪技术研究提供有益探索。其中网络集成学习的数据关联网络架构融合了强化学习(RL)和传统数据关联框架,通过迁移不同模型的关联过程来简化学习网络,最终完成数据关联过程,可有效解决系统模型未知情况下数据关联过程易受环境杂波、目标强机动等因素干扰的问题。进一步,利用了 RL 的动态探索能力和 LSTM(长短期记忆网络)的长时记忆功能,设计了能够预测量测与其可能的各种源目标关联概率的策略网络,提出了基于 LSTM-RL 网络的数据关联网络架构,强化了系统模型未知情况下的数据关联能力。

第7章：端到端目标智能跟踪方法

本章主要研讨了一种端到端目标智能跟踪方法，通过神经网络整体实现数据关联和跟踪滤波。对于单目标跟踪，以 Transformer 网络为基础，通过对 PDA 点航关联算法和 $\alpha\text{-}\beta$ 滤波估计算法进行公式推导和分析，构建了由位置网络和速度网络联合构成的单目标跟踪深度神经网络，端到端实现数据关联和航迹滤波功能。对于多目标跟踪，在关联类目标跟踪框架下，首先采用传统航迹起始方法对多目标进行起始，然后为每个起始目标建立一个跟踪通道，在每个跟踪通道内，通过单目标跟踪深度神经网络对单目标进行跟踪，不同跟踪通道间并行处理，从而实现多目标跟踪。

第8章：无人艇平台视频多目标跟踪

无人艇具有隐蔽性强、机动性高、人员损失小的优点，在军民领域正快速兴起。第3～7章对与雷达目标跟踪相关的智能滤波方法、数据智能关联方法、端到端目标智能跟踪方法进行了研讨，本章重点对无人艇平台光学手段海上多目标跟踪技术（无人艇平台视频多目标跟踪技术）进行研讨，基于现有的视频多目标跟踪研究成果，以 YOLOv7 目标检测和 SORT 跟踪框架为基础，针对无人艇平台面临的海上环境复杂、尺度变化、摄像机抖动及目标频繁遮挡等跟踪难点，研讨了匹配的方法。

第9章：航行特征机器学习目标识别方法

当前目标识别主要围绕可见光图像、SAR 图像和一维距离像等包含目标外部轮廓特征比较丰富的信息进行算法研究，对基于航行特征的目标识别方法研究比较少。目标航迹是可以广泛获取的，更为重要的是可以远距离获取的，因此利用目标航迹信息，根据航行特征进行目标识别具有重要的应用价值。第9章和10章对此方面的主要进展与成果进行了介绍。第9章主要介绍了航行特征机器学习目标识别方法，包括航迹特征建模、航迹数据集构建和分类器设计等内容。实测数据验证表明，利用航行特征对舰船目标识别具有可行性，采用传统机器学习分类算法可实现渔船、搜索救援船及客船三类目标的分类识别。

第10章：航行特征深度学习目标识别方法

本章主要介绍了一种基于贝叶斯-Transformer 神经网络模型的目标识别方法和融合情境信息的海面目标识别方法，以进一步提高舰船目标识别能力。实测数据验证表明，基于贝叶斯-Transformer 神经网络模型的目标识别方法可对

9 类舰船目标进行识别，具有较高的识别精度，优于非贝叶斯神经网络，同时在高噪声环境下，基于贝叶斯-Transformer 神经网络模型的目标识别方法可以提供更可靠的识别结果概率，融合情境信息的海面目标识别方法可以进一步提高识别精度。

第 11 章：可见光遥感图像与 SAR 图像关联

近年来，陆、海、空、天平台观测技术和无人控制技术日新月异，可获取的预警探测信息日益丰富，综合利用多源信息，可提高目标跟踪的连续性和目标识别的准确性。多源信息关联对源于同一目标的多源多类信息进行关联判断，围绕目标，把源于不同手段的多角度多维度观测信息聚合在一起，是实现多源信息融合跟踪与识别的关键。为此，第 11~14 章对多源信息关联的重要方向——多模态信息关联技术进行了重点介绍。第 11 章主要介绍了一种深度多源哈希网络，可实现可见光遥感图像和 SAR 图像间的多源关联，并利用构建的 SAR 与光学双模态遥感数据集，对算法的有效性进行了验证。

第 12 章：可见光遥感图像与文本信息关联

本章主要介绍了一种基于多粒度特征的遥感图像跨模态关联方法，以构建遥感图像与中文文本间跨模态关联关系。该方法通过遥感多尺度特征融合模块及文本多粒度特征融合模块的设计，使得网络学习到的各模态表征信息更具判别性，并引入了注意力机制以充分挖掘不同模态的高层语义信息及潜在的相关关系，实现更准确的图文跨模态关联检索。本章在现有公开数据集的基础上构建了遥感图像与中文文本相匹配的数据集，进行了消融实验及与现有基准方法的对比实验，实验结果充分展现了本章所提方法的有效性。

第 13 章：遥感 SAR 图像与 AIS 信息关联

AIS（船舶自动识别系统）信息不同于一般的文本语句或音频等信息，AIS 信息中包含时空信息及目标属性等信息，其与通常句子的内容结构不同，文本信息中不再仅仅是单词的有序组合，而是名称词语和对应数值的组合，相对来说结构更加复杂，而且数据本身上下文间没有明显的逻辑性，特征信息挖掘难度大。传统跨模态模型主要利用语言模型来获得文本数据的语法结构及深层语义信息，但其结构不能完全适用于 AIS 信息，因此难以达到满意关联的效果，这使得遥感图像与 AIS 信息间关联模型的建立更具挑战性。本章主要介绍了一种基于深度特征融合的遥感 SAR 图像与 AIS 信息关联方法，对遥感 SAR 图像与 AIS 信息进行关联。

第14章：遥感图像与文本间通用跨模态关联

本章介绍了一种基于融合的对比学习模型，用于实现面向遥感图像的通用跨模态关联。该模型主要由单模态特征提取部分和跨模态信息融合部分组成，单模态特征提取部分用于获取各模态信息的特征表示，跨模态信息融合部分用于进一步挖掘不同模态之间潜在的关联关系，实现跨模态特征信息的交互。最后通过对比损失和匹配损失对不同模态的特征信息进行约束，增强跨模态信息间语义的一致性，以构建准确的关联关系。经多个公开数据集测试验证，本章所提方法具有适应性和有效性。

第15章：航迹光电相关开源数据集

在人工智能研究中，特别是在具体应用领域人工智能技术研究中，数据集的构建是第一位的工作，需要优先完成。作者团队近年在相关项目资助下，依靠烟台依山傍海的地理优势，重点构建并公开了基于全球AIS的多源航迹关联数据集和海上船舶目标多源数据集（目前仅发布可见光图像部分），以期为目标智能跟踪与识别技术研究提供基本的数据资源。在本书的最后，对作者团队所构建的两个典型数据集进行介绍，一方面共享优质数据资源，供大家使用；另一方面，交流数据集构建经验，方便大家根据自身需要，构建相关领域的数据集。

参考文献

[1] NICOLSON A, PALIWAL K K. Deep learning for minimum mean-square error approaches to speech enhancement[J]. Speech Communication, 2019, 111: 44-55.

[2] WANG N, SHI J, YEUNG D Y, et al. Understanding and diagnosing visual tracking systems[C]//IEEE International Conference on Computer Vision, 2015: 3101-3109.

[3] KRIZHEVSKY A, SUTSKEVER I, HINTON G E. ImageNet classification with deep convolutional neural networks[J]. Advances in Neural Information Processing Systems, 2012, 25: 1097-1105.

[4] TAO R, GAVVES E, SMEULDERS A W. Siamese instance search for tracking[C]//IEEE Conference on Computer Vision and Pattern Recognition, 2016: 1420-1429.

[5] BERTINETTO L, VALMADRE J, HENRIQUES J F, et al. Fully-convolutional siamese networks for object tracking[C]//European Conference on Computer Vision Workshops, 2016: 850-865.

[6] REN S Q, HE K M, GIRSHICK R, et al. Faster R-CNN: towards real-time object detection with region proposal networks[J]. IEEE Transactions on Pattern Analysis and Machine Intelligence, 2016, 39(6): 1137-1149.

[7] ZHOU X Y, WANG D Q. Objects as points[DB/OL]. arxiv preprint arxiv. [2021-12-27].

[8] GE Z, LIU S T, WANG F, et al. YOLOX: exceeding YOLO series in 2021[DB/OL]. arxiv preprint arxiv. [2021-12-27].

[9] BERGMANN P, MEINHARDT T, LEAL-TAIXE L. Tracking without bells and whistles[C]// Proceedings of the IEEE/CVF International Conference on Computer Vision, 2019: 941-951.

[10] ZHOU X, KOLTUN V. Tracking objects as points[C]//European Conference on Computer Vision, 2020: 474-490.

[11] SCHMIDHUBER J. Deep learning in neural networks: an overview[J]. Neural Networks, 2015, 61: 85-117.

[12] SZEGEDY C, LIU W, JIA Y, et al. Going deeper with convolutions[C]//IEEE Conference on Computer Vision and Pattern Recognition, 2015: 1-9.

[13] HE K, ZHANG X, REN S, et al. Deep residual learning for image recognition[C]// Proceedings of the IEEE Conference on Computer Vision and Pattern Recognition, 2016: 770-778.

[14] MOHAMMED A. AlphaFold at CASP13[J]. Bioinformatics, 2019, 35(22): 4862-4865.

[15] JUMPER J, EVANS R, PRITZEL A, et al. Highly accurate protein structure prediction with AlphaFold[J]. Nature, 2021, 596: 583-589.

[16] TUNYASUVUNAKOOL K, ADLER J, WU Z, et al. Highly accurate protein structure prediction for the human proteome[J]. Nature, 2021, 596: 590-596.

[17] RADFORD A, NARASIMHAN K, SALIMANS T, et al. Improving language understanding by generative pre-training[DB/OL]. OpenAI. [2024-02-04].

[18] DEVLIN J, CHANG M W, LEE K, et al. BERT: pre-training of deep bidirectional Transformers for language understanding[C]//Proceedings of the 2019 Conference of the North American Chapter of the Association for Computational Linguistics: Human Language Technologies (NAACL), 2019: 4171-4186.

[19] RADFORD A, WU J, CHILD R, et al. Language models are unsupervised multitask learners[J]. OpenAI Blog, 2019, 1(8):: 9.

[20] BROWN T B, MANN B, RYDER N, et al. Language models are few-shot learners[J]. Advances in neural information processing systems, 2020, 33: 1877-1901.

[21] QIU X, SUN T, XU Y, et al. Pre-trained models for natural language processing: a survey[J]. Science China Technological Sciences, 2020, 63: 1872-1897.

[22] KALYAN K S, RAJASEKHARAN A, SANGEETHA S. Ammus: a survey of Transformer-based pretrained models in natural language processing[DB/OL]. arxiv preprint arxiv. [2023-10-15].

[23] AMATRIAIN X. Transformer models: an introduction and catalog[DB/OL]. arxiv preprint arxiv. [2024-02-04].

[24] LIU P, YUAN W, FU J, et al. Pre-train, prompt, and predict: a systematic survey of prompting methods in natural language processing[J]. ACM Computing Surveys, 2023, 55(9): 1-35.

[25] KNOX W B, STONE P. TAMER: training an agent manually via evaluative reinforcement[C]//2008 7th IEEE International Conference on Development and Learning,

2008: 292-297.

[26] STIENNON N, OUYANG L, WU J, et al. Learning to summarize with human feedback[J].Advances in Neural Information Processing Systems (NeurIPS), 2020, 33: 3008-3021.

[27] WU J, OUYANG L, ZIEGLER D M, et al. Recursively summarizing books with human feedback[DB/OL]. arxiv preprint arxiv. [2024-02-04].

[28] NAKANO R, HILTON J, BALAJI S A, et al. WebGPT: browser-assisted question-answering with human feedback[DB/OL]. arxiv preprint arxiv. [2024-02-04]

第 2 章 人工智能基础

2.1 引言

1956年，人工智能（Artificial Intelligence，AI）概念由约翰·麦卡锡首次提出，可简单概括为"制造智能机器的科学与工程"。1956年，阿瑟·塞缪尔创造了"机器学习"一词，并将其定义为"在不直接针对问题进行明确编程的情况下，赋予计算机学习能力的研究领域"。从1956年至今，人工智能得到了广泛深入的研究，已经成为研究、开发用于模拟、延伸和扩展人类智能的理论、方法及应用系统的一门新的技术科学，呈现出联结主义、行为主义、符号主义三大流派，涉及演绎、推理和解决问题、知识表示、学习、运动和控制、数据挖掘等众多研究领域。作为人工智能的一个重要研究领域，机器学习是专门研究计算机怎样模拟或实现人类的学习行为，以获取新的知识或技能，重新组织已有的知识结构使之不断改善自身性能的技术科学，先后出现了神经网络、支持向量机、决策树、随机森林等经典方法。在先后经历了两次热潮和两次寒冬之后，以深度神经网络的出现为标志，当前人工智能进入了新的蓬勃发展时期，机器学习也随即成为其核心发展支撑。本章主要对当前人工智能的核心支撑——机器学习技术进行介绍，包括机器学习基础、机器学习步骤、机器学习典型算法、深度学习、强化学习等相关内容，以期读者能快速掌握相关内容，作为后续章节阅读的基础。

2.2 机器学习基础

2.2.1 定义与历程

1. 机器学习定义

通俗来讲，机器学习致力于研究如何通过计算的手段，利用经验来改善系统自身的性能。在计算机系统中，"经验"通常以"数据"形式存在，因此，机器学习所研究的主要内容是在计算机上从数据中产生"模型"的算法,即"学习算法"。有了学习算法,我们把经验数据提供给它,它就能基于这些数据产生模型,进而在面对新的情况时,模型会给我们提供相应的判断。具体来说,机器学习可以看作是将大量数据输入已经建立好的模型中,通过模型的训练学习,最终当我们将新的数据输入时,模型可以实现我们想要的功能。如果说计算机科学是研究关于"算法"的学问,那么可以说机器学习是研究关于"学习算法"的学问[1]。

R.S.Michalski 等人[2]把机器学习研究划分为"从样例中学习"、"在问题求解和规划中学习"、"通过观察和发现学习"及"从指令中学习"等种类。E.A.Feigenbaum 等人在著名的《人工智能手册》(第三卷)[3]中,把机器学习划分为机械学习、示教学习、类比学习和归纳学习。其中,机械学习也称为"死记硬背式学习",即把外界输入的信息全部记录下来,在需要时原封不动地取出来使用,这实际上没有进行真正的学习,仅是在进行信息存储与检索;示教学习和类比学习类似于 R.S.Michalski 等人所说的"从指令中学习"和"通过观察和发现学习";归纳学习相当于"从样例中学习",即从训练样例中归纳出学习结果。从 1980 年至今,被研究最多、应用最广的是"从样例中学习",也就是广义的归纳学习。

2. 机器学习发展历程

20 世纪 80 年代,机器学习因被视为"解决知识工程瓶颈问题的关键",而走上人工智能主舞台。在机器学习发展初期,符号主义学习是一大主流研究方向。人工智能在 20 世纪 50 年代到 80 年代先后经历了"推理期"和"知识期"。在"推理期",人们基于符号知识表示,通过演绎推理技术取得了巨大成就,而在"知识期",人们基于符号知识表示,通过获取和利用领域知识来建立专家系统并取得了大量成果。但是,人们逐渐认识到,专家系统面临"知识工程瓶颈",简单地说,就是由人把知识总结出来再教给计算机是相当困难的。如果机器自己能够学习知识该多好。在此背景下,机器学习隆重地登上了历史舞台,并自然而然地采用了当时占据主流的符号知识表示方法。符号主义学习典型方法有决策树学习和规则学习。其中决策树学习以信息论为基础,以信息熵最小化为目标,直接模拟了人类对概念进行判定的树形流程。决策树学习由于简单易用,到今天仍是最常用的机器学习技术之一。而规则学习的著名代表是归纳逻辑程序设计(Inductive Logic Programming,ILP),可看作机器学习与逻辑程序设计的交叉,它使用一阶逻辑(谓词逻辑)来进行知识表示,通过修改和扩充逻辑表达式来完成对数据的归纳。ILP 具有很强的知识表示能力,可以容易地表达出复杂数据关系，而且领域知识通常可方便地通过逻辑表达式进行描述。因此，ILP 不仅可利用领域知识辅助学习，还可通过学习对领域知识进行精化和增强。由于符号知识表示能力太强，直接导致了学习过程面临的假设空间太大、复杂度极高，问题规模稍大就难以有效地进行符号主义学习的问题，因此在 20 世纪 90 年代中期以后，相关研究陷入低潮[4]。

20 世纪 90 年代中期之前，机器学习的另一主流技术是基于神经网络的连接主义学习。连接主义学习源于 20 世纪 50 年代，但直到 1986 年反向传播（Back Propagation，BP）算法提出以后，才受到广泛关注。与符号主义学习能产生明确的概念表示不同，连接主义学习产生的是"黑箱"模型，从知识获取的角度来看，连接主义学习有明显弱点，并没有受到重视。

20 世纪 90 年代中期，统计学习闪亮登场并迅速占据主流舞台，代表性技术有支持向量机（Support Vector Machine，SVM）及更一般的核方法。统计学习研究早在 20 世纪六七十年代就已开始，统计学习理论在那个时期也已打下了基础。例如，V.N.Vapnik[5]在 1963 年提出了"支持向量"概念，并和 A.Y.Chervonenkis[6]在 1971 年提出了 VC 维，在 1974 年提出了结构风险最小化原则等。直到 20 世纪 90 年代中期统计学习才开始成为机器学习的主流。一方面是由于支持向量机在 20 世纪 90 年代初才被提出，其优越的性能到 20 世纪 90 年代中期在文本分类应用中才得以显现。另一方面，符号主义学习和连接主义学习的局限性凸显之后，研究人员才把目光转向了以统计学习理论为直接支撑的统计学习技术。在支持向量机被普遍接受后，核技巧被用到了机器学习的每个角落，核方法逐渐成为机器学习的基本内容之一。

21 世纪初，在大数据、高算力的支持下，连接主义学习又卷土重来，掀起了深度学习浪潮。所谓深度学习，简单来说就是很多层的神经网络。在若干测试和竞赛上，尤其是涉及语音、图像等复杂对象的应用中，深度学习技术取得了优越的性能。以往机器学习技术在应用中要取得好性能，对使用者的要求较高，而深度学习技术涉及的模型复杂度非常高，以至于只要下功夫把参数调节好，性能就能够得到保证。因此，深度学习虽缺乏严格的理论基础，但它显著降低了机器学习应用者的门槛，为机器学习技术走向工程实践带来了便利。

2.2.2 分类与术语

1. 机器学习分类

机器学习的核心是数据和模型，对于不同的数据类型，所建立的模型也会有所不同。根据是否需要与外界直接交互获得经验或数据，机器学习可以分为监督学习和强化学习。其中监督学习不需要与外界环境交互，直接利用人工收集的数据及相应的标签进行训练，而强化学习则通过计算机与环境的互动逐渐强化自己的行为模式以达到一个最佳的效果。

对于监督学习，根据数据标签是否存在，还可以分为有监督学习、无监督学习、半监督学习三大类别。其中在有监督学习中，每个用于训练的数据样本都有对应的标签，典型算法有感知机、支持向量机、深度神经网络（Deep Neural Networks，DNN）。而在无监督学习中，每个用于训练的数据样本都没有对应的标签，典型算法有聚类算法、EM 算法和主成分分析算法。在半监督学习中，一部分数据样本有标签，一部分数据样本没有标签。此外，根据标签的固有属性，监督学习还可以划分为分类和回归两大类别。如果标签是离散的值，则为分类，如目标识别问题，其实是一个分类问题；如果标签是连续的值，则为回归，如目标跟踪中的目标状态估计问题可视作回归问题。其实在某种情况下，分类和回归的界限也是非常模糊的，因为连续和离散之间的关系也是非常模糊的，它们可以相互转化。本书内容主要涉及传统监督学习和强化学习。

2．机器学习术语

（1）样本：也称为实例，关于对应问题或任务的一个完整的输入/输出描述，或一个完整的输入/输出采样，在有监督学习中，样本由特征和标签两部分构成，分别对应机器算法的输入和输出；在无监督学习中，样本仅由特征构成。

（2）特征：也称为属性，是样本中机器学习算法的输入部分，一般由多个数值构成，每个数值为一类特征，如果多个数值以一阶向量的形式进行组织，则称为特征向量；如果多个数值以二阶矩阵的形式进行组织，则称为特征矩阵；如果多个数值以更高阶数组的形式进行组织，则称为特征张量。

（3）特征空间：样本中多维特征所张成的空间。

（4）数据集：针对特定问题或任务，所有样本的集合。

（5）训练集：数据集的子集，用于训练模型，与测试集相对应。

（6）验证集：数据集的子集，从训练集分离而来，用于调整超参数。

（7）测试集：数据集的子集，在模型经由验证集的初步验证之后测试模型，与训练集相对应。

（8）模型：机器学习系统从训练数据中学到内容的表达形式，即机器学习学习到的结果。

（9）神经网络：一种模型，灵感源于脑部结构，由多个层构成，每个层都包含简单相连的单元或神经元，相邻层间具有非线性关系。

（10）深度模型：一种神经网络，其中包含多个隐藏层，深度模型依赖于可训练的非线性关系，与宽度模型相对。

（11）模型训练：利用训练集，依据损失，确定最佳模型的过程。

（12）模型测试：利用测试集，对训练得到的模型进一步进行测试。

（13）损失：一种衡量指标，用于衡量模型的预测偏离其标签的程度，或者更悲观地说是衡量模型有多差。要确定此值，模型必须定义损失函数。例如，线性回归模型通常将均方误差作为损失函数，而逻辑回归模型则使用对数损失函数。

（14）梯度下降法：一种通过计算梯度，并沿梯度方向逐步更新优化参数来将损失降至最低的技术，它以训练数据为条件，来计算损失相对于模型参数的梯度。通俗来说，梯度下降法以迭代方式调整参数，逐渐找到权重和偏差的最佳组合，从而将损失降至最低。

（15）预测：模型在输入样本后的输出结果。

（16）推断：通过将训练过的模型应用于无标签样本来做出预测。

（17）泛化：模型依据训练时采用的数据，针对以前未见过的新数据做出正确预测的能力。泛化是衡量模型性能的一个重要标准。

（18）过拟合：模型对训练样本的学习过于充分，创建的模型与训练数据过于匹配，以致模型无法根据新数据做出正确的预测，即在训练阶段，效果好，在测试阶段，效果差。

（19）欠拟合：模型对训练样本的学习不够充分，创建的模型与训练数据不匹配，导致模型无法根据新数据做出正确的预测，即在训练阶段和测试阶段，效果均比较差。

（20）VC维：表示模型的复杂程度，VC维越大，表示模型的复杂程度越高。

2.3　机器学习步骤

2.3.1　数据集构建

数据准备主要包括划分数据集、向量化、标准化、处理缺失值。机器学习中数据集一般划分为两个部分：训练集，用于训练、构建模型；测试集，在模型检验时使用，用于评估模型是否有效。

无论处理什么样的数据，都必须首先将其转化为张量，且张量是浮点数据类型的。在机器学习中需要处理大量的数据,用循环容易造成效率低下,向量化是一个关键的技巧,将数据进行向量化处理可以显著提高学习速度,充分发挥机器学习的优势。

当个体特征明显不服从高斯正态分布时,实际训练效果较差。实际操作中,经常忽略特征数据的分布形状,移除每个特征均值,划分离散特征的标准差,从而实现等级化,进而实现数据中心化。许多学习算法中目标函数的基础都是假设所有的特征都是零均值并且具有同一阶数上的方差,如果某个特征的方差比其他特征的方差大几个数量级,那么它们就会在学习算法中占据主导位置,导致学习器不能像我们所期待的那样,从其他特征中学习。换言之,标准化数据是让不同维度之间的特征在数值上有一定的比较性,可以大大提高分类器的准确性。另外,训练数据标准化后,最优解的寻优过程明显会变得平缓,收敛速度更快,更容易正确地收敛到最优解。常见的数据标准化方法有均值去除、按方差比例缩放、将数据特征值缩放到某一范围等。

在样本数据中,有的样本并没有某个特征数据,这时称其为特征缺失。一般处理的方法是将缺失值设置为0。要注意对于测试集中有的特征,而训练集中又没有该特征的情况,就需要在训练的过程中添加该特征,人为生成一些有缺失项的训练样本。

2.3.2 模型选择

前述部分对机器学习进行了分类,针对不同的学习任务,需要选择不同的模型。影响模型选择的因素多种多样,应结合实际情况综合考虑。下面列出几个主要因素。

1. 任务类型

分类任务通常使用决策树、支持向量机等模型,而回归任务通常使用线性模型、深度学习模型等。其中线性模型用于处理简单的线性问题,决策树用于处理非线性问题。

2. 数据类型

不同的模型适用于不同类型和数量的特征。例如,线性模型适用于简单的数值特征,而深度学习模型适用于复杂的图像、文本等高维度数据。

3. 数据规模

如果数据量较少或数据质量较差,则应选择复杂度较低的模型。数据规模越大,越需要使用高效的模型,如集成学习、深度学习模型等。

4. 计算资源和时间

不同模型的参数量差异较大,所需要的计算资源和时间也相同不同,如某些深度学习模型需要大量时间和计算资源来训练,因此需要权衡时间和资源成本。

2.3.3 模型训练

1. 损失函数

机器学习可以归结为学习一个函数 f,把输入变量 X 映射到输出变量 Y,如 $Y = f(X)$。算法可从训练数据中学习这样的目标函数。参数学习是首先选择一种目标函数的形式,然后在训练中学习目标函数的参数。常用的目标函数有均方差损失函数、L_1 损失函数和交叉熵损失函数。其中均方差损失函数常用在最小二乘法中,它的思想是使得各个训练点到最优拟合线的平方和距离最小。

(1)均方差损失函数是我们常见的损失函数,定义如下:

$$J(\boldsymbol{w},\boldsymbol{b}) = \frac{1}{2N}\sum_{i=1}^{N}\left\|\boldsymbol{y}^{(i)} - \hat{\boldsymbol{y}}^{(i)}\right\|_2^2 \tag{2.1}$$

其中,$\hat{\boldsymbol{y}} = f(\boldsymbol{z}) = f(\boldsymbol{w}\cdot\boldsymbol{x} + \boldsymbol{b})$,$\boldsymbol{x}$ 是输入,$\boldsymbol{w}$ 和 $\boldsymbol{b}$ 是网络参数,$f(\cdot)$ 是激活函数。

(2)L_1 损失函数,也被称为最小绝对值偏差或最小绝对值误差。总的来说,它是把目标值与估计值的绝对差值的和最小化,即

$$L_1(\hat{\boldsymbol{y}},\boldsymbol{y}) = \frac{1}{N}\sum_{i=1}^{N}\left\|\boldsymbol{y}^{(i)} - \hat{\boldsymbol{y}}^{(i)}\right\|_1 \tag{2.2}$$

(3)熵是信息论中最基本、最核心的一个概念,它衡量了一个概率分布的随机程度,或者说包含的信息量的大小。交叉熵的定义与熵类似,不同的是,交叉熵定义在两个概率分布之上,而不是一个概率分布之上。对于离散型随机变量,交叉熵定义为

$$H(p,q) = -\sum_{x} p(\boldsymbol{x})\log q(\boldsymbol{x}) \tag{2.3}$$

交叉熵刻画的是两个概率分布之间的距离,或者可以说它刻画的是通过概率分布 q 来表达概率分布 p 的困难程度,p 代表正确答案,q 代表预测值,交叉熵越小,两个概率分布越接近。

2. 参数寻优

梯度是一个向量，表示某一函数在该点处的方向导数沿着该方向取得最大值，即函数在该点处沿着该方向变化最快，变化率最大。梯度下降法是迭代法的一种，可以用于求解最小二乘问题。在求解机器学习算法的模型参数（无约束优化问题）时，梯度下降法（Gradient Descent）是最常采用的方法之一。梯度下降就是让梯度中所有偏导函数都下降到最低点的过程。迭代公式为

$$\theta_k = \theta_{k-1} - \alpha \cdot \boldsymbol{g} \tag{2.4}$$

其中，θ_k 为当前时刻的 θ 值；θ_{k-1} 为上一时刻的 θ 值；$\boldsymbol{g}$ 为梯度；α 是学习率，用来限制每次梯度下降的幅度。

3. 交叉验证

交叉验证是机器学习建模中经常会遇到的一种方法。它的基本思想就是将原始数据进行分组，一部分用于训练，一般进一步细分为训练集和验证集两部分，另一部分作为测试集来评价模型。训练集用于训练模型，验证集用于配置模型的参数，测试集用于评估模型的泛化能力。交叉验证可以减少过拟合现象，提高泛化能力。如果我们用全部的数据集作为训练数据进行建模，训练出来的模型很有可能对训练数据有较强的依赖性，即对训练数据的结果准确度很高，而对外来其他数据的结果准确度较低。交叉验证还可以提高数据的使用价值，从有限数据中获取尽可能多的有效信息，将数据进行不同程度的拆分再组合，从不同角度挖掘数据中隐含的信息或价值。常用的交叉验证方法有留出法和 K 折交叉验证。

（1）留出法是指首先随机地把数据分为训练集、验证集、测试集 3 类，通过 3 个数据集进行建模、验证和测试，然后打乱数据并重复以上过程，最后选择合适的损失函数评估最优的模型和参数。

（2）K 折交叉验证是指把数据集分成大小相同的 K 份，每次随机地选择一份作为测试集，剩下的 $K-1$ 份作为训练集，重复若干轮之后，选择合适的损失函数评估最优的模型和参数。

4. 正则化

正则化用来防止过拟合，提高泛化能力。正则化包括 L_1 正则化、L_2 正则化、Dropout 等。L_1 正则化的损失函数为

$$\min\left(\frac{1}{2N}\sum_{i=1}^{N}\left\|\boldsymbol{y}^{(i)} - \hat{\boldsymbol{y}}^{(i)}\right\|_2^2 + \lambda \|\boldsymbol{w}\|_1\right) \tag{2.5}$$

其中，$\frac{1}{2N}\sum_{i=1}^{N}\|y^{(i)}-\hat{y}^{(i)}\|_2^2$是原始的损失函数，也称为经验误差，在此基础上，加入了 L_1 正则项 $\lambda\|w\|_1$，L_1 正则项是权重向量中各元素的绝对值之和，其所造成的一个后果就是损失函数不是完全可微的。模型训练的目的是令损失函数达到全局最小值，当在原始的损失函数中加入 L_1 正则项后，相当于对权重向量做了约束，此时我们的任务变为了在 L_1 约束条件下求得损失函数的最小值。

L_2 正则化的损失函数为

$$\min\left(\frac{1}{2N}\sum_{i=1}^{N}\|y^{(i)}-\hat{y}^{(i)}\|_2^2+\lambda\|w\|_2^2\right) \qquad (2.6)$$

L_2 正则化项是指权重向量中所有元素的平方和，表示为$\|w\|_2^2$。不管是 L_1 正则化还是 L_2 正则化，在拟合的过程中通常都倾向于让权值尽可能小，最后构造一个所有参数都比较小的模型，因为一般认为参数值小的模型比较简单，能适应不同的数据集，也在一定程度上避免了过拟合现象。

训练神经网络模型时，如果模型相对复杂（参数较多，而训练样本相对较少），这时训练出的模型可能对训练集中的数据拟合得比较好，但在测试集上的表现较差，即出现了过拟合的情况。在这种情况下可以使用 Dropout 来降低过拟合的可能性，进而提高模型的泛化能力。过拟合指的是模型在训练数据上损失函数比较小，预测准确率较高，但是在测试数据上损失函数比较大，预测准确率较低。Dropout 可以随机地选择一些中间层神经元，使它们不起作用，即在本次迭代中输出为零，同时保持输入层和输出层的神经元数目不变。在反向传播并更新参数的过程中，与这些节点相连的权值也不需要更新。但是这些节点并不从网络中删除，并且其权值也保留下来，以使这些节点在下一次迭代时重新被选中作为起作用点而参与权值的更新。

2.3.4 模型运用

在此阶段，模型已准备就绪，可以用于实际应用。可以选择将模型嵌入应用程序中，建立 API 供其他系统调用，或者使用容器技术将模型打包成独立的服务。但是需要注意以下几点问题。

（1）性能和扩展性。部署的模型需要具备足够的性能和扩展性，以应对不同规模的请求负载。

（2）监控与维护。监控部署后的模型性能和表现是至关重要的，及时发现问题并进行修复。模型可能需要周期性重新训练，以适应新的数据分布和变化。

(3)安全性考虑。部署的模型需要考虑数据隐私和安全问题,避免潜在的风险。

(4)用户反馈与迭代。一旦模型在实际环境中部署并投入使用,收集用户反馈变得至关重要。用户的实际使用情况可能与训练时的假设不同,因此开发团队需要根据反馈信息不断地进行模型调优和迭代,以实现更好的性能和用户体验。

2.4 机器学习典型算法

典型的机器学习算法有感知机、支持向量机、最近邻算法、逻辑回归、决策树、随机森林、朴素贝叶斯、感知机、神经网络及集成学习等算法。这些经典的算法适用于不同类型的任务及场景,接下来重点介绍感知机、支持向量机、神经网络、集成学习4种算法。

2.4.1 感知机

感知机[7]是一种二分类的线性分类模型,它是神经网络和支持向量机的基础。感知机通过对训练样本的学习,求得能正确划分样本的超平面,导入损失函数来度量模型误差,利用梯度下降法,反复对损失函数进行极小化,通过学习不断更新感知机的相关参数。

1. 感知机模型

图 2.1 展示了一个具有两个输入的单神经元感知机模型,由输入到输出可表示为

$$y = f(\boldsymbol{x}) = \text{sign}(\boldsymbol{w} \cdot \boldsymbol{x} + b) = \text{sign}(w_1 x_1 + w_2 x_2 + b) \tag{2.7}$$

其中,$\boldsymbol{w}$ 和 b 为感知机模型的参数,$\boldsymbol{w}$ 称为权值,b 称为偏置;$\text{sign}(\cdot)$ 表示符号函数,表达式为

$$\text{sign}(x) = \begin{cases} +1, & x \geq 0 \\ -1, & x < 0 \end{cases} \tag{2.8}$$

对于感知机的几何解释是,方程 $\boldsymbol{w} \cdot \boldsymbol{x} + b = 0$ 对应划分样本的超平面,这个超平面能够将样本划分为两类,其中 $\boldsymbol{w}$ 为超平面的法向量,b 为超平面的截距,如图 2.2 所示。

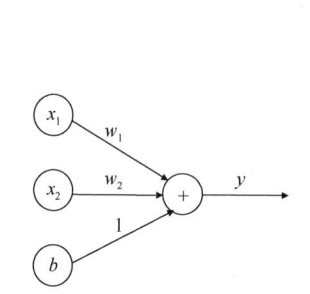

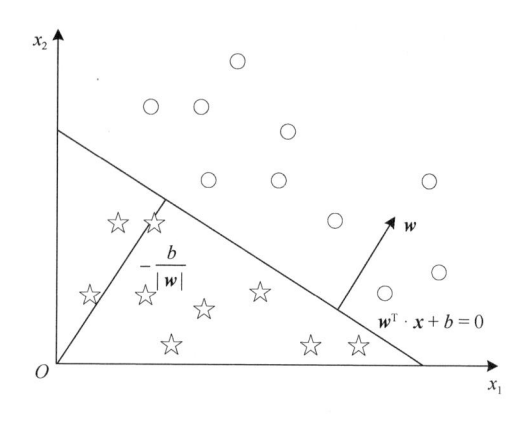

图 2.1 感知机模型　　　　图 2.2 感知机模型几何解释

2. 学习策略

感知机需要学习到一个能正确划分训练样本的超平面，要想找到这个超平面，就要确定感知机的相关参数，即需要一定的学习策略来求得这些参数。在参数迭代过程中，不断优化超平面，使得错误分类点被超平面划分为正确的类别。

对于空间 $\mathbb{R}^n$ 中的任意一点 x_0 到超平面 $w \cdot x + b = 0$ 的距离为

$$\frac{1}{\|w\|}|w \cdot x_0 + b| \tag{2.9}$$

对于错误分类点 (x_i, y_i) 有下面不等式成立

$$-y_i(w \cdot x_i + b) > 0 \tag{2.10}$$

所以，错误分类点 (x_i, y_i) 到超平面的距离为

$$-\frac{1}{\|w\|}y_i(w \cdot x_i + b) \tag{2.11}$$

假设错误分类点都在集合 M 中，则所有错误分类点到超平面的距离总和为

$$-\frac{1}{\|w\|}\sum_{x_i \in M} y_i(w \cdot x_i + b) \tag{2.12}$$

不考虑 $\frac{1}{\|w\|}$ 时，我们就得到了感知机的损失函数，其定义为

$$L(w, b) = -\sum_{x_i \in M} y_i(w \cdot x_i + b) \tag{2.13}$$

由感知机损失函数的定义可知，$L(w,b)$ 是非负的。若没有错误分类点，则损失函数的值为零。错误分类点越少，离超平面越近，则损失函数的值越小。

感知机的学习策略就是在给定假设空间中找到使得损失函数最小的模型参数。

3. 学习算法

感知机的参数 w 和 b，也就是损失函数极小化问题的解：

$$\min_{w,b} L(w,b) = \min_{w,b}\left(-\sum_{x_i \in M} y_i(w \cdot x_i + b)\right) \quad (2.14)$$

其中，M 为错误分类点的集合。

感知机的学习算法采用的是随机梯度下降法，也就是每次梯度下降只选取一个点。开始时，任意选取一个超平面，然后通过使用随机梯度下降法来不断极小化损失函数。

损失函数 $L(w,b)$ 的梯度可表示为

$$\nabla_w L(w,b) = -\sum_{x_i \in M} y_i x_i \quad (2.15)$$

$$\nabla_b L(w,b) = -\sum_{x_i \in M} y_i \quad (2.16)$$

从 M 中随机选取一个错误分类点 (x_i, y_i)，对参数 w 和 b 的值进行更新：

$$w \leftarrow w + \eta y_i x_i \quad (2.17)$$

$$b \leftarrow b + \eta y_i \quad (2.18)$$

其中，η 称为学习率，且 $0 < \eta \leq 1$。这样不断迭代，使得损失函数 $L(w,b)$ 不断减小。

对感知机学习算法的一种便于理解的解释是：若有一个样本点被错误分类，则通过调整 w 和 b 的值，使得超平面向这个错误分类点移动，不断减小该点与超平面之间的距离，直到该点被正确分类。

2.4.2 支持向量机

支持向量机[8]是一种典型的机器学习算法，它是基于线性可分条件下边界距离最优分类面而提出的。为了更直观地理解支持向量机的理论，我们以二分类为例进行介绍。

图 2.3 所示为两类线性可分的样本数据，H 为正确划分两类样本数据的分类线，其中 H_1 和 H_2 分别为距离 H 最近样本点的直线，而且 H_1 和 H_2 都与 H 平行，H_1 和 H_2 两条直线之间的距离叫作分类间隔。从二维扩展到多维时，将两类样本数据分开的 H 是一个超平面，而支持向量机的基本原理就是使各类

样本数据到超平面的距离最远,也就是找到最大间隔超平面。

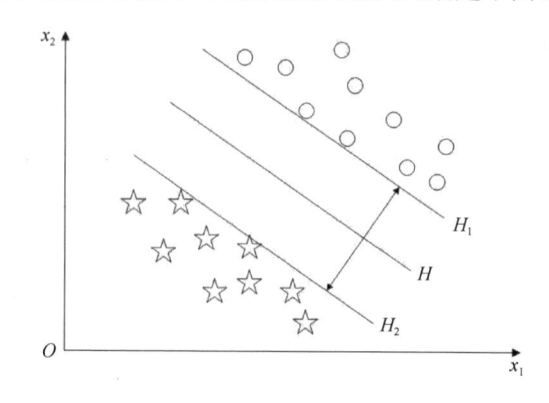

图 2.3 两类线性可分的样本数据

1. SVM 基本型

假设线性可分样本集为 $(\boldsymbol{x}_i, y_i)$, $i=1,2,\cdots,n$, $\boldsymbol{x} \in \mathbb{R}^d$, $y_i \in \{+1,-1\}$, y_i 为对应类别,维度为 d,则用于分类的超平面方程为

$$\boldsymbol{w}^{\mathrm{T}} \cdot \boldsymbol{x} + b = 0 \tag{2.19}$$

显然,我们可以看出划分超平面由参数 $\boldsymbol{w}$ 和 b 决定,所以可以将超平面简记为 $(\boldsymbol{w},b)$。则样本空间中任意点 $\boldsymbol{x}$ 到超平面的距离可写为

$$r = \frac{\left|\boldsymbol{w}^{\mathrm{T}} \cdot \boldsymbol{x} + b\right|}{\|\boldsymbol{w}\|} \tag{2.20}$$

若超平面 $(\boldsymbol{w},b)$ 能够正确划分样本类别,我们假设与分类面平行的两个平面上的样本满足 $\left|\boldsymbol{w}^{\mathrm{T}} \cdot \boldsymbol{x} + b\right| = 1$,且所有训练样本都满足 $\left|\boldsymbol{w}^{\mathrm{T}} \cdot \boldsymbol{x} + b\right| \geqslant 1$,则此时分类间隔的大小为 $\frac{2}{\|\boldsymbol{w}\|}$,要使得分类间隔最大等价于使 $\|\boldsymbol{w}\|$(或 $\|\boldsymbol{w}\|^2$)最小。

在图 2.4 中,可以看出距离超平面最近的几个样本点可以使得 $\left|\boldsymbol{w}^{\mathrm{T}} \cdot \boldsymbol{x} + b\right| \geqslant 1$ 中的等号成立,它们被称为支持向量。

支持向量机又被称为最大间隔分类器,也就是要找到具有最大间隔的划分超平面,即满足

$$\max_{\boldsymbol{w},b} \frac{2}{\|\boldsymbol{w}\|}$$
$$\text{s.t.} \, y_i\left(\boldsymbol{w}^{\mathrm{T}} \cdot \boldsymbol{x}_i + b\right) \geqslant 1, \quad i=1,2,\cdots,n \tag{2.21}$$

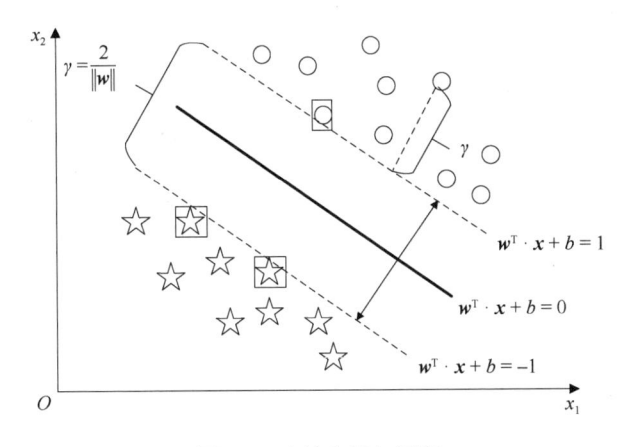

图 2.4　支持向量与间隔

2. 核函数

在前面内容的介绍中，我们假设样本是线性可分的，而实际应用中大多数问题都是非线性的。为了解决这种非线性问题，可以将样本从原始空间映射到一个更高维的特征空间，使得样本在这个空间中是线性可分的，所以核函数的概念就被引入到机器学习中。

核函数可以表示为特征空间中两个向量的内积：

$$\kappa(\bm{x}_i, \bm{x}_j) = \langle \Phi(\bm{x}_i), \Phi(\bm{x}_j) \rangle = \Phi(\bm{x}_i)^{\mathrm{T}} \Phi(\bm{x}_j) \tag{2.22}$$

核函数的引入，使得很多非线性问题得以解决。如图 2.5 所示，对于图中的二维空间样本，如果线性分类函数无法取得良好的分类效果，可以使用核函数将样本非线性映射到三维空间，在三维空间中找到合适的最优超平面，以实现正确划分。

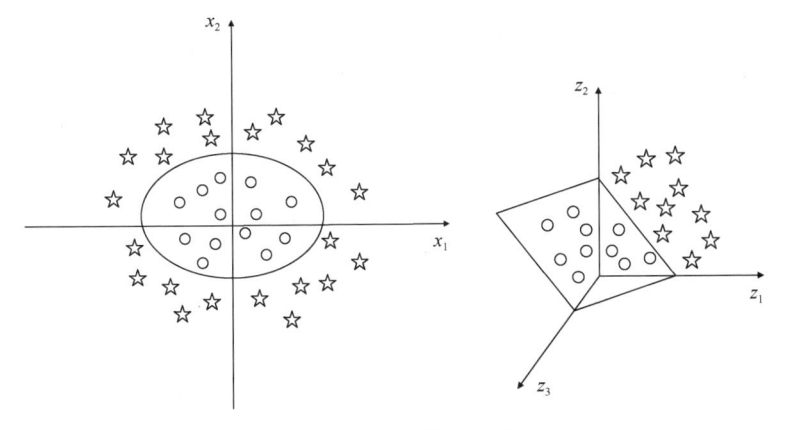

图 2.5　二维空间转换为三维空间

在实际应用中我们需要选择合适的核函数，其中常用的核函数有以下几种。

（1）线性核函数：$\kappa(\boldsymbol{x}_i, \boldsymbol{x}_j) = \boldsymbol{x}_i^{\mathrm{T}} \boldsymbol{x}_j$。

（2）多项式核函数：$\kappa(\boldsymbol{x}_i, \boldsymbol{x}_j) = (\boldsymbol{x}_i^{\mathrm{T}} \boldsymbol{x}_j + a)^d$，其中，$a > 0$，$d$ 为正整数。

（3）径向基核函数（RBF）：$\kappa(\boldsymbol{x}_i, \boldsymbol{x}_j) = \exp\left(-\dfrac{\|\boldsymbol{x}_i - \boldsymbol{x}_j\|_2^2}{2\sigma^2}\right)$，$\sigma > 0$ 称为核半径。

（4）Sigmoid 核函数：$\kappa(\boldsymbol{x}_i, \boldsymbol{x}_j) = \mathrm{Tanh}(\beta \boldsymbol{x}_i^{\mathrm{T}} \boldsymbol{x}_j + \theta)$。

不同的核函数或者同种核函数的不同参数对应着不同的映射空间，有不同的性质，对非线性问题的解决能力也有所不同。其中，径向基核函数的应用最为广泛，有着较好的性能。如果我们对样本数据有一定的先验知识，可以利用先验来选择符合数据分布的核函数。

2.4.3 神经网络

神经网络[9]是一种模拟人脑神经思维的数据模型。通常，人工神经网络模型由输入层、隐藏层、输出层组成，其中隐藏层可以为多层，多层隐藏层的神经网络又称为深度神经网络。神经网络的每层都有若干神经元，层与层之间的神经元相互全连接，每个神经元接收前一层神经元的输出值作为输入值，进行处理后输出到下一层神经元，最终输出层的神经元输出预测结果值。

图 2.6 所示为包含一个隐藏层和一个输出层的全连接神经网络，图 2.7 所示为神经网络单个节点。

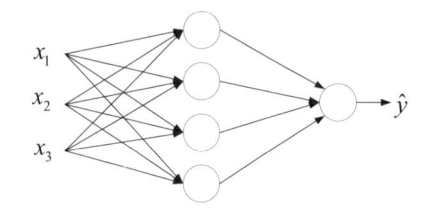

图 2.6　包含一个隐藏层和一个输出层的全连接神经网络

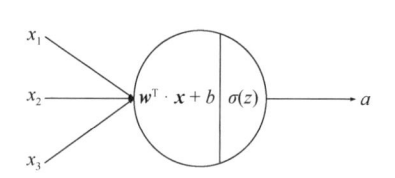

图 2.7　神经网络单个节点

单个节点先执行一个线性运算：

$$\boldsymbol{w}^{\mathrm{T}} \boldsymbol{x} + b$$

然后通过激活函数执行一个非线性运算：

$$\sigma(z)$$

神经网络往往包含很多层，一层中又包含多个节点，从输入层开始，上一层的输出作为下一层的输入，直到输出最终的结果。

2.4.4 集成学习

集成学习[10]是指将多个学习器结合起来完成学习任务，使得整体性能得到提升，有时也被称为多分类器系统或基于委员会的学习。集成学习的结构如图 2.8 所示，通过一定的学习策略，将若干训练好的个体学习器结合起来，最终形成一个强学习器，使得集成的泛化能力优于单个学习器的泛化能力。

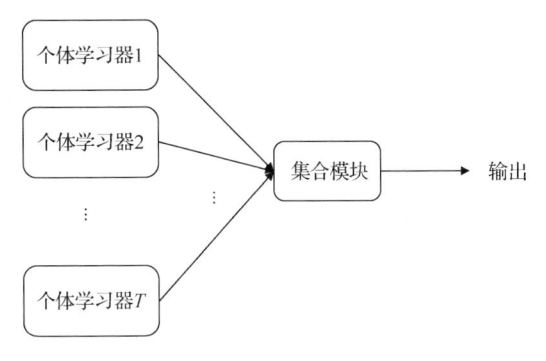

图 2.8 集成学习的结构

目前，我们通常说的集成学习的方法应用的都是同质学习器，所谓同质是指所有的个体学习器是属于同一种类的。相反，如果所有个体学习器不全是同一种类的，则称为异质。根据个体学习器的生成方式，集成学习大致可以分为两类：Boosting 和 Bagging。两者的区别在于，Boosting 的个体学习器之间存在强依赖关系，所以个体学习器大都要串行生成；Bagging 的个体学习器之间不存在强依赖关系，个体学习器可以并行生成。

1. Boosting

Boosting 类算法[11]通过串行不断迭代完善弱学习器形成强学习器，如果是一个分类问题，则将粗糙的分类器称为弱学习器，精确的分类器称为强学习器。Boosting 类算法中，最具代表性的是 AdaBoost 算法，以分类问题为例，其基本原理是提高前一轮被弱学习器错误分类样本的权重，同时降低被弱学习器正确分类样本的权重，这样后一轮的弱学习器将更加关注那些被错误分类的样本，如此迭代，最后将各个弱学习器的结果以一定策略结合起来。接下来简要介绍 AdaBoost 算法的过程。

在算法的最开始，将样本的权重都初始化为同一值，使每个样本都是等概率分布的，如图 2.9 所示。

在弱学习器进行第一轮分类后，会有一些样本划分错误，如图 2.10 中被圈起来的三个正号，所以在下一次学习中这三个样本所占的权重会提高，也就是会影响到下次训练样本的分布。

在下一轮分类中，第一次分错的样本由于其权重变大，所以学习器能对其做出准确划分，但此时可能会有其他权重较小的样本划分错误，如图 2.11 中被圈起来的三个负号，所以在下一个学习器进行分类时这几个样本的权重同样会提高。

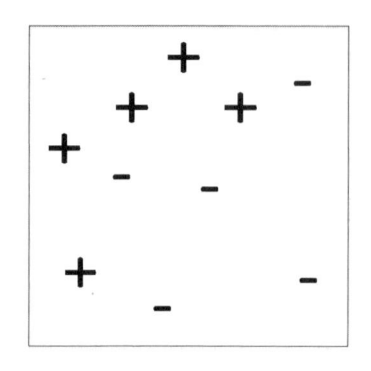

图 2.9　AdaBoost 算法初始化

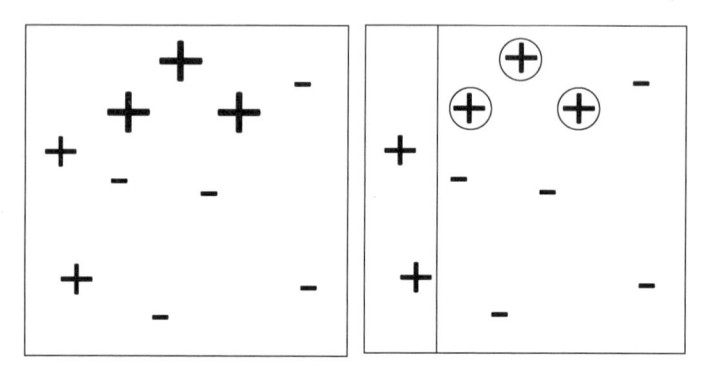

图 2.10　第一轮分类结果及权重调整

在第三轮迭代中，因为学习器会重点关注前两次划分错误的样本，所以这些样本会被较准确地分类，但同时可能会有一些其他的样本分错，如图 2.12 所示。最后将各自分类的结果放到一起进行比对，便可以得到一个比较准确的分类结果，如图 2.13 所示。

虽然这种算法实现起来比较简单，但同时存在一些不足，一是如果样本存在异常数据，则可能对结果影响较大；二是由于该算法是串行集成学习算法，因此运行速度相对较慢。

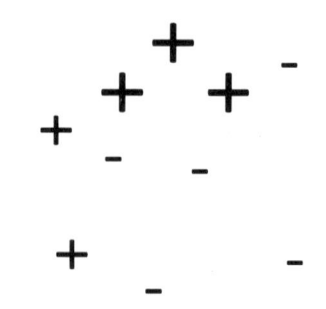

图 2.11　第二轮分类结果及权重调整

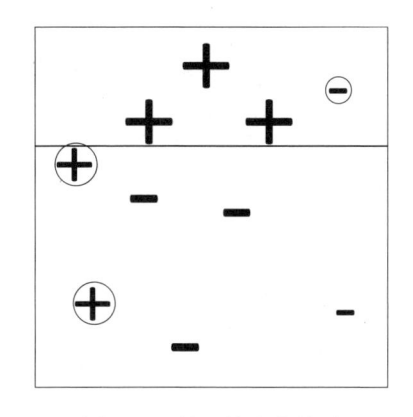

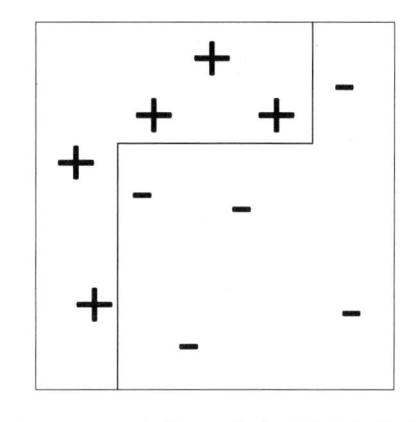

图 2.12　第三轮分类结果　　　　图 2.13　三个学习器结合后的分类结果

2. Bagging

Bagging[12]是并行集成学习算法,这种算法实现的基本方式是同时训练多个个体学习器,然后将其结合为一个强学习器。Bagging 的基本结构如图 2.14 所示,首先从原始数据集中随机取出指定个数的样本数据组成一个样本集,多次重复后共得到 T 个含相同数量样本的样本集,然后基于每个样本集各自训练出一个弱学习器,最后将这些弱学习器结合以得到一个强学习器来完成有关任务。

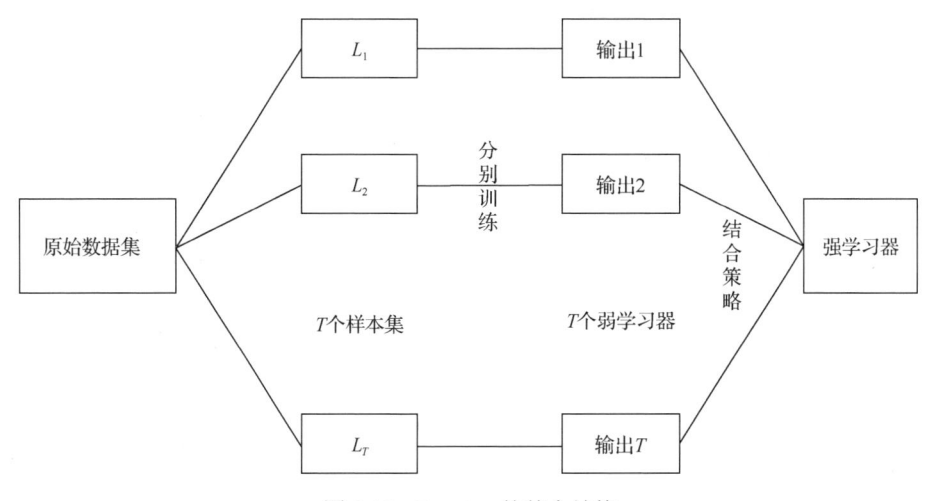

图 2.14　Bagging 的基本结构

需要注意的是,从原数据集采样时使用的是自助采样法,比如当要获得包含 m 个样本的样本集时,首先随机取出一个样本放入样本集,然后将这个样本放回原数据集再取下一个样本,这样反复经过 m 次随机采样后可得到含 m

个样本的样本集。在原数据集中的样本有的可能多次出现在样本集中，有的则可能从未出现，而没有抽到的样本可以用来测试算法的泛化能力。自助采样法可以从原数据集中获得多个不同的训练集，在集成学习算法中比较有效。

Bagging 受个别数据的影响较小，泛化能力较好，有助于减小方差，但与此同时，它对训练集的拟合程度可能不足，会使得偏差增大。

3. 结合策略

集成学习的基本原理是多个学习器的结合，通过多个弱学习器以一定的学习策略结合得到一个强学习器，更好地完成学习任务。结合策略将多个弱学习器以一定策略结合起来，在一定程度上可以提高算法的泛化能力，使模型具有更好的学习性能。下面介绍几种常用的结合策略。

1）平均法

设共有 T 个个体学习器 $\{H_1, H_2, \cdots, H_T\}$，其中 H_i 在样本集 x 上的输出为 $H_i(x)$。

（1）简单平均法。

$$H(x) = \frac{1}{T}\sum_{i=1}^{T} H_i(x) \tag{2.23}$$

（2）加权平均法。

$$H(x) = \sum_{i=1}^{T} w_i H_i(x) \tag{2.24}$$

其中，w_i 是个体学习器对应的权重，通常通过从训练样本中学习得到，且 $w_i \geq 0$，$\sum_{i=1}^{T} w_i = 1$。

一般情况下，个体学习器性能相差较大时使用加权平均法，性能相近时使用简单平均法。

2）投票法

（1）绝对多数投票法。

当某个标记获得的票数过半时，输出该标签。如果某个标记没有获得过半的票数，则拒绝输出，所以这种方法可能没有输出结果，但可靠性较高。

（2）相对多数投票法。

若某个标记获得的票数最多，则输出该标签。当同时有多个标签获得最高票数时，从中随机选一个标签作为输出。

（3）加权投票法。

这种方法与加权平均法类似，不同的个体学习器的权重不同，最后输出获得加权最多投票的标签。

3）学习法

平均法和投票法相对较简单，但当数据较多或者对精确度要求更高时，还有一种更为强大的结合策略就是"学习法"，其中 Stacking 是学习法的典型代表。在 Stacking 结合策略中，我们不是对弱学习器的输出结果做简单的逻辑处理，而是在其后加上一个学习器（通常称为次级学习器），再将训练样本通过弱学习器后输出的结果作为次级学习器的输入，对应标记仍为原始数据的标签，最后经过训练得到最终的结果。这种方法对原始数据的学习更加充分，得到的结果相对较好。

2.5 深度学习

2.5.1 概述

深度学习是机器学习的一个分支领域：它是从数据中学习表示的一种方法，强调从连续的层中学习，这些层对应于越来越有意义的表示。数据模型中包含的层被称为模型的深度。在深度学习中，这些分层表示几乎总是通过神经网络学习得到。深度学习在 21 世纪前十年开始崛起，在随后的几年里取得了很大的进展，尤其在视觉和听觉方面取得了非凡的成果。比较有代表性的实现框架有 Theano、Caffe、TensorFlow、PyTorch、Keras、飞桨（PaddlePaddle）、Chainer 和 MXNet 等。

2.5.2 卷积神经网络

1. 概述

卷积神经网络（Convolutional Neural Networks，CNN）[13]最早用来处理图像信息，在计算机视觉领域发挥着重要作用，也在自然语言处理、推荐系统和语音识别等领域被广泛应用。卷积神经网络飞速发展，诸多模型的提出也极大地提高了卷积神经网络的工作效率，包括 AlexNet、VGG、NiN、GooLeNet 及 ResNet 等。卷积神经网络一般由卷积层、池化层、全连接层组成。

2. 层结构

卷积层的作用是提取特征，卷积层输出的数组可以看作输入在空间维度上某一级的表征，也叫作特征图。影响元素前向计算的所有可能输入区域叫作此元素的感受野，以图 2.15 为例，输入中阴影部分的 4 个元素是输出中阴影部分元素的感受野。卷积层中使用更加直观的互相关运算，二维互相关运算如图 2.15 所示。

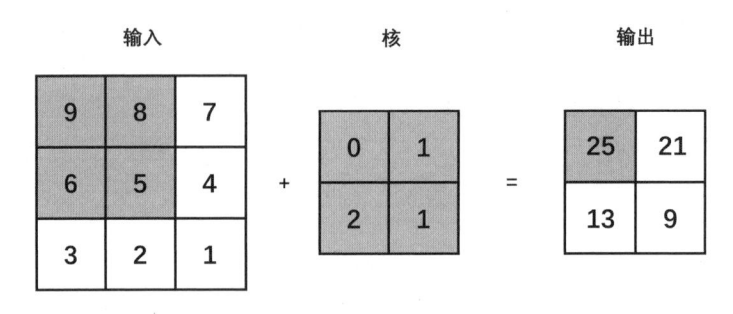

图 2.15　二维互相关运算

在二维互相关运算中，卷积窗口从输入数组的最左上方开始，按从左往右、从上往下的顺序，在输入数组上滑动。当卷积窗口滑动到某一位置时，卷积窗口中的输入子数组与核数组按元素相乘并求和，得到输出数组中相应位置的元素。图 2.15 中输出数组的高和宽分别为 2，其中的 4 个元素由二维互相关运算得出：

$$9\times0+8\times1+6\times2+5\times1=25$$
$$8\times0+7\times1+5\times2+4\times1=21$$
$$6\times0+5\times1+3\times2+2\times1=13$$
$$5\times0+4\times1+2\times2+1\times1=9$$

完成卷积操作后，就实现了对输入图像的降维和特征提取，但特征图的维数还是很高。维数高不仅计算起来困难，而且容易导致过拟合。为此引入了池化层，进行池化操作。池化层直接计算池化窗口内元素的最大值或平均值，称为最大池化或平均池化，最大池化和平均池化分别如图 2.16 和图 2.17 所示。

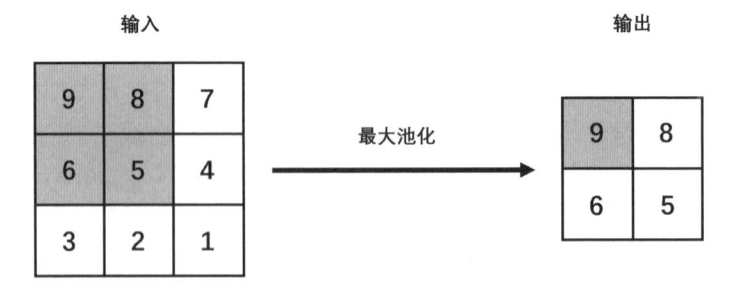

图 2.16　最大池化

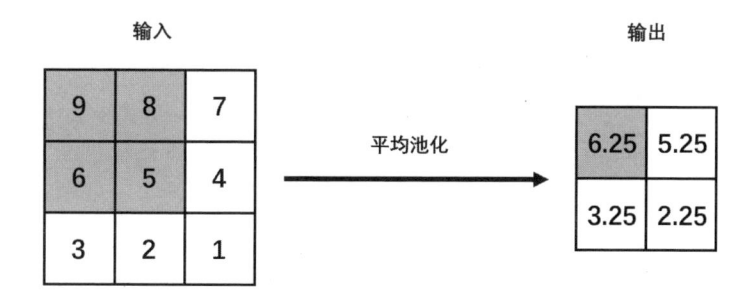

图2.17 平均池化

全连接（Fully Connected，FC）层在整个卷积神经网络中起到"分类器"的作用。卷积取的是局部特征，全连接就是把以前的局部特征重新通过权值矩阵组装成完整的图。因为用到了所有的局部特征，所以称为全连接。

3. 网络类型列举

典型的卷积神经网络有 LetNet、AlexNet、VGG、NiN、GooLeNet 等。

LetNet 早期用来识别手写数字图像，每个卷积层使用 5×5 的窗口，每个池化层的窗口大小为 2×2，全连接层模块包含 3 个全连接层。

2012 年，AlexNet 问世，并且赢得了 ImageNet2012 图像识别挑战赛，打破了计算机视觉研究的现状。AlexNet 包含 8 层变换，其中有 5 个卷积层和 2 个全连接隐藏层，以及 1 个全连接输出层。激活函数为 ReLU 函数，并且通过 Dropout 来控制全连接层的模型复杂度，AlexNet 还引入了大量的图像增广操作，如翻转、裁剪和变化颜色等，以通过扩大数据集来缓解过拟合问题。

VGG 提出了可以通过重复使用简单的基础块构建深度模型的思路，在结构上连续使用数个相同的填充为 1、窗口大小为 3×3 的卷积层，后接上一个步幅为 2、窗口大小为 2×2 的最大池化层，卷积层模块后接全连接层模块。

NiN 提出了另外一种思路，串联多个由卷积层和全连接层构成的小网络来构建一个深层网络。NiN 块是 NiN 中的基础块，它由一个卷积层加两个全连接层串联而成。

GoogLeNet 借鉴了 NiN 中网络串联网络的思想，并在此基础上进行了改进。基础卷积块叫作 Inception 块，由 4 条并行线路组成，可以自定义的超参数是每个层的输出通道数。

4. 残差网络

残差网络由何凯明等人在 2015 年提出，得到了广泛的应用，深刻影响了后来的深度神经网络设计。它的基础块是残差块，残差块包含 2 个有相同输出通道数的 3×3 卷积层。每个卷积层后接一个批量归一化层和 ReLU 函数。将输入跳过这两个卷积层后直接加在最后的 ReLU 函数前。

2.5.3 循环神经网络

1. 基本结构

循环神经网络（Recurrent Neural Networks，RNN）[14]是一类具有短期记忆能力的神经网络。在循环神经网络中，神经元不仅可以接收其他神经元的信息，也可以接收自身的信息，形成具有环路的网络结构。循环神经网络已经被广泛应用于语音识别、语言模型及自然语言生成任务上。循环神经网络由输入层、隐藏层和输出层组成，隐藏层与隐藏层之间具有反馈连接。该神经网络之所以称为循环神经网络，是因为一个序列当前的输出与前面的输出有关。具体的表现形式为网络会对前面的信息进行记忆并应用于当前输出的计算中，即隐藏层之间的节点不再无连接而是有连接的，并且隐藏层的输入不仅包括输入层的输出，还包括上一时刻隐藏层的输出。循环神经网络结构如图 2.18 所示。

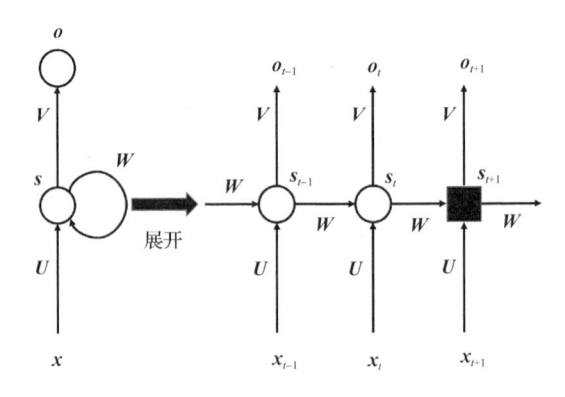

图 2.18　循环神经网络结构

图 2.18 中，x 表示 t 时刻的输入，o 表示 t 时刻的输出，s 表示 t 时刻的记忆，U、V、W 为网络权重。

s 作为隐藏变量，由当前时间步的输入和上一时间步的隐藏变量共同决定，即

$$s_t = f(U \cdot x_t + W \cdot s_{t-1}) \tag{2.25}$$

输出为

$$o_t = V s_t \tag{2.26}$$

2. 门控循环单元

门控循环神经网络（Gated Recurrent Neural Networks，GRNN）[15]，可以更好地捕捉时间序列中时间步距离较大的依赖关系。它通过可以学习的门来控制信息的流动。其中，门控循环单元（Gated Recurrent Unit，GRU）是一种常用的门控循环神经网络。GRU 引入了重置门和更新门的概念，从而修改了网络中隐藏状态的计算方式。重置门控制了上一时间步的隐藏状态如何流入当前时间步的候选隐藏状态，上一时间步的隐藏状态可能包含时间序列截至上一时间步的全部历史信息。因此，重置门可以用来丢弃与预测无关的历史信息。更新门可以控制隐藏状态如何结合当前时间步信息的候选隐藏状态进行更新。

3. 长短期记忆网络

长短期记忆（Long Short-Term Memory，LSTM）网络[16]比门控循环单元的结构稍微复杂一点，长短期记忆网络有三种类型的门结构：遗忘门、输入门和输出门，如图 2.19 所示。

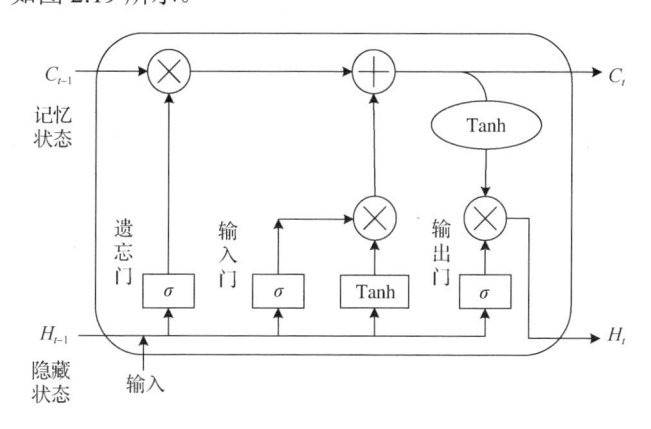

图 2.19　长短期记忆网络

（1）遗忘门的功能是决定应丢弃或保留哪些信息。将来自前一个隐藏状态的信息和当前输入的信息传递到 Sigmoid 函数中，输出值介于 0 和 1 之间，越接近 0 意味着越应该丢弃，越接近 1 意味着越应该保留。

（2）输入门的功能是更新细胞状态。首先，将来自前一个隐藏状态的信息和当前输入的信息传递到 Sigmoid 函数中，将输出值调整到 0～1 来决定更新哪些信息：0 表示不重要，1 表示重要。其次，还要将来自前一个隐藏状态的信息和当前输入的信息传递到 Tanh 函数中，创造一个新的候选值向量。最后，将 Sigmoid 函数的输出值与 Tanh 函数的输出值相乘，Sigmoid 函数的输出值将决定 Tanh 函数的输出值中哪些信息是重要且需要保留下来的。下一步就是计算细胞状态。首先前一层的细胞状态与遗忘向量逐点相乘。如果它乘以接近 0 的值，则意味着在新的细胞状态中，这些信息是需要丢弃掉的。然后将该值与输入门的输出值逐点相加，将神经网络发现的新信息更新到细胞状态中。至此，就得到了更新后的细胞状态。

（3）输出门的功能是确定下一个隐藏状态的值，隐藏状态包含先前输入的信息。首先将来自前一个隐藏状态的信息和当前输入的信息传递到 Sigmoid 函数中，然后将新得到的细胞状态传递到 Tanh 函数中，最后将 Tanh 函数的输出值与 Sigmoid 函数的输出值相乘，以确定隐藏状态应携带的信息。将隐藏状态作为当前细胞的输出，把新的细胞状态和新的隐藏状态传递到下一个时间步长中。

2.5.4　图神经网络

图数据是一种非欧几里得结构化数据，由一系列节点和连接边组成，包含十分丰富的关系信息，广泛应用于节点分类、链路预测和聚类等领域。图神经网络（Graph Neural Networks，GNN）[17]是一种基于图域分析的深度学习方法，通过图节点之间的信息传递来捕捉图中的依赖关系，每个节点都由一个或一组神经元组成，如图 2.20 所示。

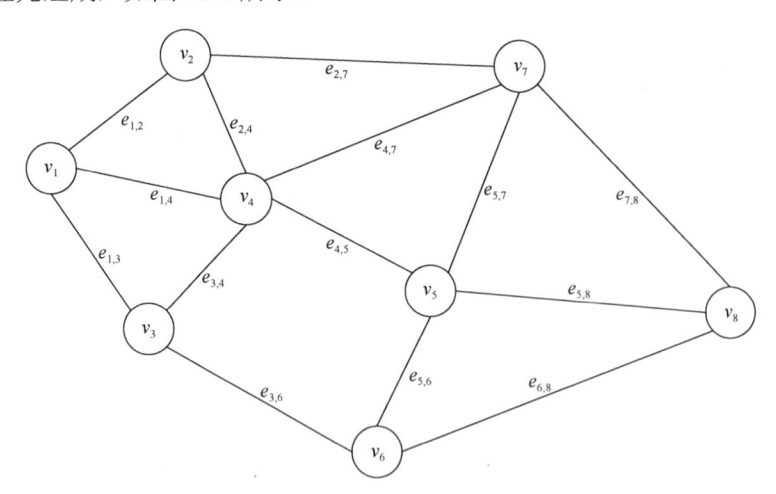

图 2.20　图神经网络

对于一个图结构 $G(V,E)$，其中 V 表示节点集合，E 表示边集合，每条边表示两个节点之间的依赖关系。节点之间的连接可以是有向的，也可以是无向的。图中每个节点 v 都用一组神经元来表示其状态 $\boldsymbol{h}^v$，初始状态可以为节点 v 的输入特征 $\boldsymbol{x}^v$。每个节点可以收到来自相邻节点的消息，并更新自己的状态。在整个图更新 T 次后，可以通过一个输出函数来得到整个网络的表示，即

$$f_t = g(\{\boldsymbol{h}_T^v || v \in V\}) \tag{2.27}$$

2.5.5 生成对抗网络

生成对抗网络（Generative Adversarial Networks，GAN）[18]是通过对抗训练的方式来使得网络生成的样本服从真实数据分布。在生成对抗网络中，有两个网络进行对抗训练，一个是判别网络，目标是尽量准确地判断一个样本是来自真实数据还是由生成网络产生；另一个是生成网络，目标是尽量生成判别网络无法区分来源的样本。这两个目标相反的网络不断地进行交替训练。当最后收敛时，如果判别网络再也无法判断出一个样本的来源，那么也就等价于生成网络可以生成符合真实数据分布的样本。

判别网络的损失函数为

$$-((1-y)\log(1-D(G(z))) + y\log D(x)) \tag{2.28}$$

其中，$D(x)$ 为判别网络的输出；$G(z)$ 为生成网络的输出。

生成网络的损失函数为

$$(1-y)\log(1-D(G(z))) \tag{2.29}$$

2.5.6 扩散模型

扩散模型（Diffusion Model）[19]是一种受非平衡热力学启发而设计出的生成式神经网络模型，该模型通过定义一个马尔可夫扩散过程，慢慢地向数据中添加随机噪声，然后学习反向扩散过程，从噪声中还原所需的数据样本。与同样为生成模型的 GAN、变分自编码器（Variational Autoencoder，VAE）和流模型（Flow-based Model）相比，扩散模型可以避免 GAN 对抗训练造成的收敛不稳定性，VAE 对于所构造替代损失函数的依赖性，以及流模型对于可逆变换的依赖性，因此具有广阔的发展前景。扩散模型主要包括前向过程和后向过程两部分。

1. 前向过程

扩散模型中的前向过程是对数据添加噪声，逐渐使数据服从标准正态分

布的过程。从真实的数据分布中对数据进行采样，得到 $x_0 \sim q(x)$，之后分 T 个时间步逐步向数据样本 x_0 中添加少量噪声，得到噪声样本序列 $x_1, x_2, \cdots, x_T$，噪声的权重由超参数 $\{\beta_t \in (0,1)\}_{t=1}^T$ 决定。随着时间步的增加，数据样本 x_0 逐渐失去可分特征，最终当 $T \to \infty$ 时，x_0 服从标准正态分布。

$$q(x_t|x_{t-1}) = \mathcal{N}(x_t; \sqrt{1-\beta_t} x_{t-1}, \beta_t) \tag{2.30}$$

$$q(x_{1:T}|x_0) = \prod_{t=1}^T q(x_t|x_{t-1}) \tag{2.31}$$

在前向过程中，可以使用重参数化技巧得到任意时间步 t 对应的样本 x_t，令 $\alpha_t = 1 - \beta_t$，并且 $\bar{\alpha}_t = \prod_{i=1}^t \alpha_i$，则有

$$\begin{aligned} x_t &= \sqrt{\alpha_t} x_{t-1} + \sqrt{1-\alpha_t} \varepsilon_{t-1} \\ &= \sqrt{\alpha_t \alpha_{t-1}} x_{t-2} + \sqrt{1-\alpha_t \alpha_{t-1}} \bar{\varepsilon}_{t-2} \\ &= \cdots \\ &= \sqrt{\bar{\alpha}_t} x_0 + \sqrt{1-\bar{\alpha}_t} \varepsilon \end{aligned} \tag{2.32}$$

$$q(x_t|x_0) = \mathcal{N}(x_t; \sqrt{\bar{\alpha}_t} x_0, 1 - \bar{\alpha}_t) \tag{2.33}$$

其中，$\varepsilon_{t-1}, \varepsilon_{t-2}, \cdots, \varepsilon \sim \mathcal{N}(0,1)$；$\bar{\varepsilon}_{t-2}$ 是两个高斯分布的和。随着时间步的增加，噪声的权重 β_t 逐渐增大，因此 $\beta_1 < \beta_2 < \cdots < \beta_T$，即 $\bar{\alpha}_1 > \bar{\alpha}_2 > \cdots > \bar{\alpha}_T$。

2. 后向过程

在完成前向过程并得到标准正态分布后，如果可以反转前向过程并在每个时间步进行采样 $q(x_{t-1}|x_t)$，则可以实现从标准正态分布 $x_T \sim \mathcal{N}(0,1)$ 中重建数据样本，这一前向过程的反转过程称为后向过程。在真实采样数据 $x_0 \sim q(x)$ 未知的条件下，从标准正态分布出发得到对于每个时间步的后向估计 $q(x_{t-1}|x_t)$ 是十分困难的，需要利用神经网络学习一个模型 p_θ 来近似这一后向估计，其中 θ 为神经网络参数。

$$p_\theta(x_{0:T}) = p(x_T) \prod_{t=1}^T p_\theta(x_{t-1}|x_t) \tag{2.34}$$

$$p_\theta(x_{t-1}|x_t) = \mathcal{N}(x_{t-1}; \mu_\theta(x_t, t), \Sigma_\theta(x_t, t)) \tag{2.35}$$

在真实采样数据 $x_0 \sim q(x)$ 已知的条件下，根据贝叶斯公式可以得到后向过程的采样概率分布：

$$q(x_{t-1}|x_t,x_0) = q(x_t|x_{t-1},x_0)\frac{q(x_{t-1}|x_0)}{q(x_t|x_0)}$$

$$\propto \exp\left(-\frac{1}{2}\left(\frac{(x_t-\sqrt{\alpha_t}x_{t-1})^2}{\beta_t} + \frac{(x_{t-1}-\sqrt{\bar{\alpha}_{t-1}}x_0)^2}{1-\bar{\alpha}_{t-1}} - \frac{(x_t-\sqrt{\bar{\alpha}_t}x_0)^2}{1-\bar{\alpha}_{t-1}}\right)\right)$$

$$=\exp\left(-\frac{1}{2}\left(\frac{x_t^2-2\sqrt{\alpha_t}x_t x_{t-1}+\alpha_t x_{t-1}^2}{\beta_t} + \frac{x_{t-1}^2-2\sqrt{\bar{\alpha}_{t-1}}x_0 x_{t-1}+\bar{\alpha}_{t-1}x_0^2}{1-\bar{\alpha}_{t-1}} - \frac{(x_t-\sqrt{\bar{\alpha}_t}x_0)^2}{1-\bar{\alpha}_{t-1}}\right)\right)$$

$$=\exp\left(-\frac{1}{2}\left(\left(\frac{\alpha_t}{\beta_t}+\frac{1}{1-\bar{\alpha}_{t-1}}\right)x_{t-1}^2 - \left(\frac{2\sqrt{\alpha_t}}{\beta_t}x_t + \frac{2\sqrt{\bar{\alpha}_{t-1}}}{1-\bar{\alpha}_{t-1}}x_0\right)x_{t-1} + C(x_t,x_0)\right)\right)$$

(2.36)

其中，$C(x_t,x_0)$ 为不包含 x_{t-1} 的量，根据标准正态分布的概率密度函数，设

$$q(x_{t-1}|x_t,x_0) = \mathcal{N}(x_{t-1};\tilde{\mu}(x_t,x_0),\tilde{\beta}_t) \tag{2.37}$$

则 $q(x_{t-1}|x_t,x_0)$ 的均值和方差可以分别表示为

$$\tilde{\beta}_t = 1\bigg/\left(\frac{\alpha_t}{\beta_t}+\frac{1}{1-\bar{\alpha}_{t-1}}\right)$$

$$= 1\bigg/\left(\frac{\alpha_t-\bar{\alpha}_t+\beta_t}{\beta_t(1-\bar{\alpha}_{t-1})}\right) \tag{2.38}$$

$$= \frac{1-\bar{\alpha}_{t-1}}{1-\bar{\alpha}_t}\beta_t$$

$$\tilde{\mu}(x_t,x_0) = \left(\frac{\sqrt{\alpha_t}}{\beta_t}x_t + \frac{\sqrt{\bar{\alpha}_{t-1}}}{1-\bar{\alpha}_{t-1}}x_0\right)\bigg/\left(\frac{\alpha_t}{\beta_t}+\frac{1}{1-\bar{\alpha}_{t-1}}\right)$$

$$= \left(\frac{\sqrt{\alpha_t}}{\beta_t}x_t + \frac{\sqrt{\bar{\alpha}_{t-1}}}{1-\bar{\alpha}_{t-1}}x_0\right)\frac{1-\bar{\alpha}_{t-1}}{1-\bar{\alpha}_t}\beta_t \tag{2.39}$$

$$= \frac{\sqrt{\alpha_t}(1-\bar{\alpha}_{t-1})}{1-\bar{\alpha}_t}x_t + \frac{\sqrt{\bar{\alpha}_{t-1}}\beta_t}{1-\bar{\alpha}_t}x_0$$

根据

$$x_t = \sqrt{\bar{\alpha}_t}x_0 + \sqrt{1-\bar{\alpha}_t}\varepsilon_t \tag{2.40}$$

可得

$$x_0 = \frac{1}{\sqrt{\bar{\alpha}_t}}\left(x_t - \sqrt{1-\bar{\alpha}_t}\varepsilon_t\right) \tag{2.41}$$

将式（2.41）代入式（2.39）中可得

$$\tilde{\mu}_t = \frac{\sqrt{\alpha_t}\left(1-\bar{\alpha}_{t-1}\right)}{1-\bar{\alpha}_t} x_t + \frac{\sqrt{\bar{\alpha}_{t-1}}\beta_t}{1-\bar{\alpha}_t} \frac{1}{\sqrt{\bar{\alpha}_t}} \left(x_t - \sqrt{1-\bar{\alpha}_t}\varepsilon_t\right)$$

$$= \frac{1}{\sqrt{\alpha_t}}\left(x_t - \frac{1-\alpha_t}{\sqrt{1-\bar{\alpha}_t}}\varepsilon_t\right) \tag{2.42}$$

根据式（2.42），均值 $\tilde{\mu}_t$ 是不含真实采样数据 x_0 的。在后向估计过程中，需要利用神经网络估计 t 时间步的后向估计均值 $\tilde{\mu}_t$。由于 x_t 在后向过程中是已知的，因此网络仅需要估计 t 时间步的高斯噪声 ε_t。神经网络所估计的 t 时间步后向估计均值 $\mu_\theta(x_t,t)$ 可以表示为

$$\mu_\theta(x_t,t) = \frac{1}{\sqrt{\alpha_t}}\left(x_t - \frac{1-\alpha_t}{\sqrt{1-\bar{\alpha}_t}}\varepsilon_\theta(x_t,t)\right) \tag{2.43}$$

因此

$$x_{t-1} \sim \mathcal{N}\left(x_{t-1}; \frac{1}{\sqrt{\alpha_t}}\left(x_t - \frac{1-\alpha_t}{\sqrt{1-\bar{\alpha}_t}}\varepsilon_\theta(x_t,t)\right), \Sigma_\theta(x_t,t)\right) \tag{2.44}$$

网络的损失为最小化后向 t 时间步的实际均值 $\tilde{\mu}_t$ 和神经网络估计均值 $\mu_\theta(x_t,t)$ 之间的差值。

$$L = \mathbb{E}_{t\sim[1,T],x_0,\varepsilon_t}\left[\left\|\tilde{\mu}_t(x_t,t) - \mu_\theta(x_t,t)\right\|^2\right]$$

$$= \mathbb{E}_{t\sim[1,T],x_0,\varepsilon_t}\left[\left\|\frac{1}{\sqrt{\alpha_t}}\left(x_t - \frac{1-\alpha_t}{\sqrt{1-\bar{\alpha}_t}}\varepsilon_t\right) - \frac{1}{\sqrt{\alpha_t}}\left(x_t - \frac{1-\alpha_t}{\sqrt{1-\bar{\alpha}_t}}\varepsilon_\theta(x_t,t)\right)\right\|^2\right]$$

$$= \mathbb{E}_{t\sim[1,T],x_0,\varepsilon_t}\left[\frac{(1-\alpha_t)^2}{\alpha_t(1-\bar{\alpha}_t)}\left\|\varepsilon_t - \varepsilon_\theta(x_t,t)\right\|^2\right]$$

$$= \mathbb{E}_{t\sim[1,T],x_0,\varepsilon_t}\left[\frac{(1-\alpha_t)^2}{\alpha_t(1-\bar{\alpha}_t)}\left\|\varepsilon_t - \varepsilon_\theta\left(\sqrt{\bar{\alpha}_t}x_0 + \sqrt{1-\bar{\alpha}_t}\varepsilon_t,t\right)\right\|^2\right]$$

$$\tag{2.45}$$

2.5.7 Transformer 模型

循环神经网络和长短期记忆网络被广泛应用于序列处理任务，如词预测、机器翻译、文本生成等。然而，循环神经网络的主要挑战之一是难以捕获长期依赖关系。为了突破循环神经网络的这一限制，谷歌"Attention is all you need"[20]论文中提出了一种名为 Transformer 的新架构。Transformer 是一个用来替代

循环神经网络和卷积神经网络的新型网络结构,它能够直接获取全局的信息,而不像循环神经网络需要逐步递归才能获得全局信息,也不像卷积神经网络只能获取局部信息,Transformer 本质上就是一个注意力(Attention)结构,并且其能够进行并行运算,要比循环神经网络快很多倍。Transformer 的出现是自然语言处理(NLP)领域的重大突破,也为 BERT、GPT-3、T5 等新的革命性架构铺平了道路。

Transformer 是一个基于注意力机制的编码器-解码器结构。其工作过程为:将输入序列(源序列)提供给编码器,编码器学习输入序列的表示并将该表示发送给解码器。解码器接收编码器学习到的表示作为输入,并生成输出序列(目标序列)。图 2.21 和图 2.22 分别展示了 Transformer 的编码器-解码器结构和网络架构。

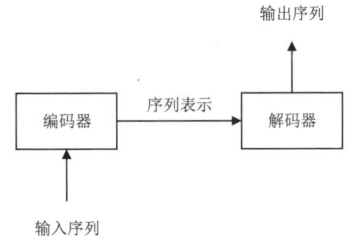

图 2.21 Transformer 的编码器-解码器结构

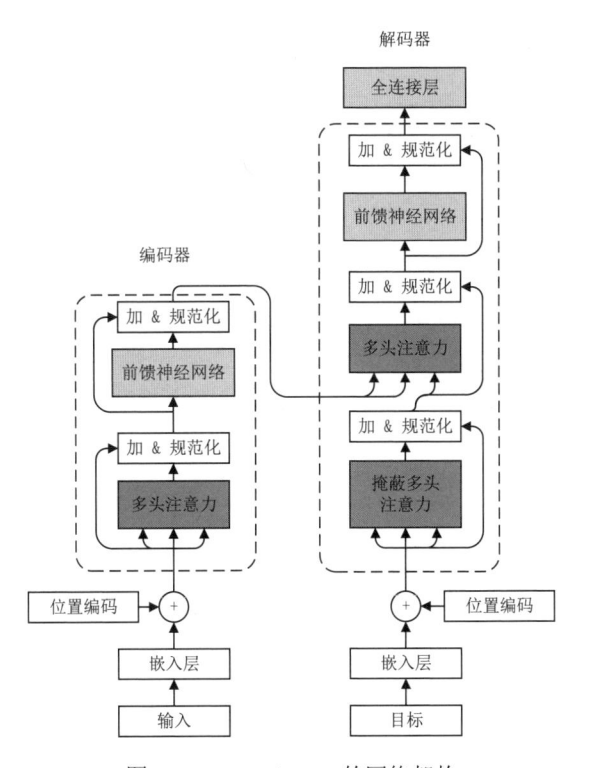

图 2.22 Transformer 的网络架构

1. 编码器

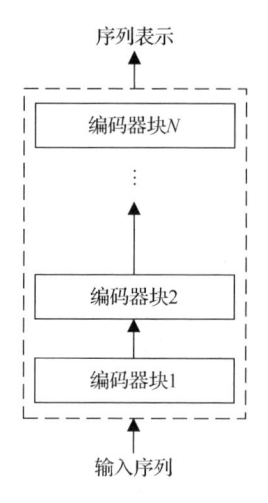

图 2.23 Transformer 的编码器结构

Transformer 的编码器由 N 个编码器块串联组成，如图 2.23 所示，一个编码器块的输出作为输入发送到下一个编码器块，最后的编码器块生成的序列表示作为输出。

所有的编码器块具有相同的子层，包括多头注意力（Multi-head Attention）和前馈神经网络（Feedforward Network）。具体来说，在计算编码器的自注意力时，查询、键和值都来自前一个编码器块的输出。受残差网络的启发，每个子层都采用了残差连接。在残差连接后，每个子层都采用了层规范化。因此，在输入序列对应的每个位置，编码器都将输出一个 d 维的序列表示向量。

设有序列 $S = [s_1, s_2, \cdots, s_l]^T$，$l$ 表示序列长度，首先经过嵌入层得到序列中每个元素的嵌入表示和序列的嵌入表示 $X = [x_1, x_2, \cdots, x_l]^T$。然后根据 X 得到查询矩阵 Q、键矩阵 K、值矩阵 V，这三个矩阵分别由对应的权重矩阵通过矩阵相乘得到。

$$Q = X \times W^Q \tag{2.46}$$

$$K = X \times W^K \tag{2.47}$$

$$V = X \times W^V \tag{2.48}$$

为了得到序列中某个元素的表示，需要通过自注意力机制将该元素与序列中的所有元素联系起来，具体计算包括以下 4 个步骤。

（1）计算查询矩阵 Q 和键矩阵 K 之间的内积 QK^T。

（2）QK^T 除以键矩阵维数的平方根，使得梯度的计算更加稳定。

$$\frac{QK^T}{\sqrt{d}} \tag{2.49}$$

（3）使用 Softmax 函数将 $\frac{QK^T}{\sqrt{d}}$ 的数值限制在 0～1 的范围内，并且每行的分数之和等于 1，通过该数值可以确定序列中的每个元素与序列中所有元素的关系。

$$\text{Softmax}\left(\frac{QK^T}{\sqrt{d}}\right) \tag{2.50}$$

（4）将得分矩阵 $\text{Softmax}\left(\dfrac{QK^{\text{T}}}{\sqrt{d}}\right)$ 和值矩阵 V 相乘，得到注意力矩阵 Z。

$$Z = \text{Softmax}\left(\dfrac{QK^{\text{T}}}{\sqrt{d}}\right) \times V \tag{2.51}$$

为了增强网络的表达能力，还需要计算多头注意力。设多头注意力的个数为 h，则分别计算 h 个独立的注意力矩阵 Z_i（$i=1,2,\cdots,h$），然后将这 h 个独立的注意力矩阵拼接在一起，通过另一个输出矩阵 W^o 对其进行矩阵相乘得到多头注意力 Z_M。

$$Z_M = \left[Z_1^{\text{T}}, Z_2^{\text{T}}, \cdots, Z_h^{\text{T}}\right] \times W^o \tag{2.52}$$

然而，由于序列中的所有元素都是并行输入到 Transformer 中的，序列中元素的顺序被丢弃，因此需要对序列元素的位置进行编码。位置编码采用位置编码矩阵 P 表示序列中元素的位置，位置编码矩阵 P 的维度与序列的嵌入表示 X 的维度相同。在将 X 输入神经网络之前，将其与位置编码矩阵 P 相加得到编码后的序列嵌入表示 $\tilde{X}$，即

$$\tilde{X} = X + P \tag{2.53}$$

论文"Attention is all you need"采用了基于正弦函数的位置编码方式，即

$$P(p, 2i) = \sin\left(\dfrac{p}{1000^{2i/d}}\right) \tag{2.54}$$

$$P(p, 2i+1) = \cos\left(\dfrac{p}{1000^{2i/d}}\right) \tag{2.55}$$

其中，p 表示序列中元素的位置索引；i 表示序列中某元素的嵌入位置索引。

前馈神经网络由两个全连接层组成，中间为 ReLU 非线性激活函数。规范化模块包括残差连接和层归一化，用来防止梯度消失和加快网络收敛。

2. 解码器

Transformer 的解码器由 N 个解码器块串联组成，如图 2.24 所示。除了多头注意力和前馈神经网络这两个子层，解码器块还包含编码器-解码器注意力层。每个解码器块的输入包含两部分：一个来自前一个解码器块，另一个是编码器的序列表示（编码器的输出）。

解码器的生成过程是一个自回归过程，在第一个时间步，输入到解码器的是一个特殊的序列起始符号<SOS>，表示一个序列的开始。解码器根据序列起始符号和编码器的序列表示，生成序列的第一个元素。在第 t 个时间步，输入到解码器的是<SOS>和前 $t-1$ 个时间步中解码器的输出，解码器生成序列的第 t 个元素。解码器的生成过程直到生成序列终止符<EOS>时停止。与编码器

相同，输入的序列不会直接输入到解码器中，而是经过嵌入层和位置编码后再输入到解码器中。在训练过程中，为了并行训练加快训练速度，可以将添加了<SOS>和<EOS>的整个序列作为解码器的输入，在计算 Softmax 函数之前将 $\dfrac{\boldsymbol{QK}^{\mathrm{T}}}{\sqrt{d}}$ 中每行对应预测时间步之后的元素值设为 $-\infty$，从而实现遮蔽注意力的效果。

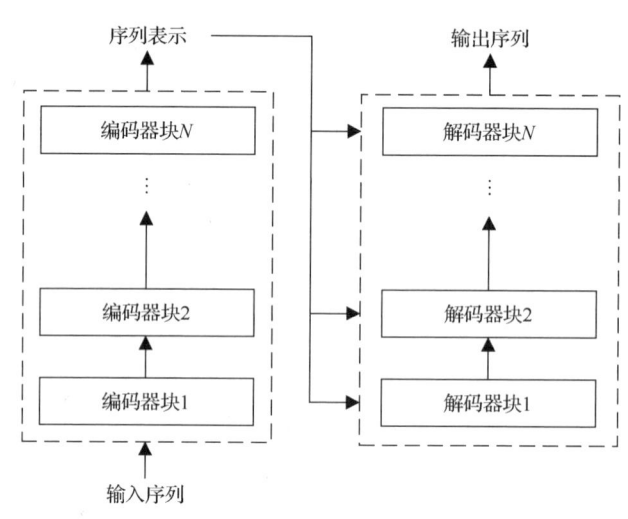

图 2.24　Transformer 的解码器结构

2.5.8　网络优化与正则化

深度神经网络的优化十分困难，首先，神经网络是一个非凸函数，找到全局最优解通常比较困难。其次，深度神经网络的参数通常比较多，训练任务量大，并且深度神经网络存在梯度消失或爆炸问题，导致基于梯度的优化方法经常失效。

网络优化是指寻找一个神经网络模型来使得经验（或结构）风险最小化的过程，包括模型选择及参数学习等。网络优化的改善方法有使用更有效的优化算法、使用更好的参数初始化方法、使用数据预处理方法，以及使用更好的超参数优化方法。优化算法包括批量梯度下降法、随机梯度下降法及小批量梯度下降法；参数初始化方法通常有预训练初始化、随机初始化及固定值初始化；数据预处理方法有归一化、标准化、白化；超参数主要包括网络结构、优化参数、正则化系数，对于超参数的配置，比较简单的方法有网格搜索、随机搜索、贝叶斯优化、动态资源分配和神经架构搜索。

正则化是一类通过限制模型复杂度，从而避免过拟合，提高泛化能力的方法。正则化包括L_1和L_2正则化、权重衰减、提前停止、丢弃法、数据增强及标签平滑。

2.5.9 迁移学习

迁移学习（Transfer Learning）[21]可以从现有的数据中迁移知识，用来帮助将来的学习。迁移学习顾名思义就是把已训练好的模型参数迁移到新的模型来帮助新模型训练。考虑到大部分数据或任务都是存在相关性的，所以通过迁移学习可以将已经学到的模型参数（也可理解为模型学到的知识）通过某种方式分享给新模型，从而加快模型的学习速度并优化模型的学习效率，不用像大多数模型那样从零学习。

迁移学习有三种方式：①冻结预训练模型的全部网络层，只训练自己定制的网络层；②先计算出预训练模型对所有训练数据和测试数据的特征向量，然后抛开预训练模型，只训练自己定制的简配版网络；③冻结预训练模型的部分网络层（通常是靠近输入的多数网络层），训练剩下的网络层。

2.5.10 注意力机制

注意力机制[22]的本质是一种通过网络自主学习得到一组权重系数，并以"动态加权"的方式来强调我们所感兴趣的区域，同时抑制不相关背景区域的机制。在计算机视觉领域中，注意力机制可以大致分为两大类：强注意力和软注意力。由于强注意力是一种随机的预测，强调的是动态变化，虽然效果不错，但由于不可微的性质导致其应用受限制。与之相反的是，软注意力是处处可微的，即能够通过基于梯度下降法的神经网络训练获得，因此其应用相对来说也比较广泛。软注意力按照通道、空间、时间、类别等维度的不同，可以分为以下三种：通道注意力、空间注意力及自注意力。

(1) 通道注意力旨在显式地建模出不同通道（特征图）之间的相关性，通过网络学习的方式来自动获取每个特征通道的重要程度，为每个通道赋予不同的权重系数，从而强化重要的特征，抑制非重要的特征。

(2) 空间注意力旨在提升关键区域的特征表达，本质上是将原始图片中的空间信息通过空间转换模块，变换到另一个空间中并保留关键信息，为每个位置生成权重掩膜（Mask）并加权输出，从而增强感兴趣的特定目标区域，同时弱化不相关的背景区域。

（3）自注意力是注意力机制的一种变体，其目的是减少对外部信息的依赖，尽可能地利用特征内部固有的信息进行注意力的交互。

2.5.11 神经网络的可视化

神经网络学习到的表示可以进行可视化处理[23]，如可视化卷积神经网络的中间输出、可视化卷积神经网络的过滤器和可视化不同类图像激活的热力图。

可视化中间输出是指对于给定的输入，展示网络中各个卷积层和池化层输出的特征图。这让我们可以看到输入如何被分解为网络学习到的不同滤波器。我们希望在宽度、高度和深度三个维度对特征图进行可视化。每个通道都对应相对独立的特征，所以将这些特征图可视化的正确方法是将每个通道的内容分别绘制成二维图像。

想要观察卷积神经网络学习到的过滤器，一种简单的方法是显示每个过滤器所响应的视觉模式。这可以通过在输入空间中进行梯度上升来实现：从空白输入图像开始，将网络梯度下降值累加作为卷积神经网络的输入，目的是让某个过滤器的响应最大化，所得到的图像是选定的过滤器具有最大响应的图像。

可视化不同类图像激活的热力图是指对输入图像，生成相应类激活的热力图。类激活热力图是与特定输出类别相关的二维分数网格，表示每个位置对该类别的重要程度，便于了解一幅图像的哪一部分让卷积神经网络做出了最终的分类决策，有助于对卷积神经网络的决策过程进行调试，特别是在出现分类错误的情况下。

2.6 强化学习

2.6.1 概述

强化学习（Reinforcement Learning，RL）[24]是机器学习的一个重要领域。通俗地讲，其基本特点是通过不断试错来学习最优行为策略，以追求利益的最大化。强化学习不同于监督学习那样需要带标签的输入数据，也不像无监督学习去寻找未标注数据中隐含的结构，其更关注对未知的探索和对已知利用之间的平衡。强化学习具有强大的探索能力和自主学习能力，是一种更加接近人类思维方式的人工智能算法，理论上其可以应用于任何需要决策的场景。目前，强化学习已经广泛应用于游戏对抗、机器人控制、城市交通等多个领域。强化学习算法的分类标准有很多，根据是否构建模型，可以分为无模型算法和基于模型算法；根据执行策略与评估策略是否一致，可以分为同步策略算法和异步策略算法；根据智能体动作选取方式，可以分为基于价值算法、基于策略算法，以及结合价值与策略算法，这也是目前最常用的分类方式。

2.6.2 基本术语

智能体（Agent）相当于在强化学习中进行学习和决策的实体。环境（Environment）是智能体所处的一个外部系统。状态（State）是智能体当前在环境中所处的状态。动作（Action）是智能体在不同的环境中允许采取的动作。奖励（Reward）是环境给的一个反馈信号，可以显示智能体采取某个策略的表现如何，智能体的唯一目标是最大化长期奖励。策略（Policy）是指智能体根据观测到的状态做出动作的方案。基于上述定义，强化学习可以表述为：智能体为在一个复杂不确定的环境中最大化它能获得的奖励，通过感知所处环境的状态对动作的反馈，指导选择更好的动作，在这种不断交互中学习获得最优策略。强化学习的基本框架如图 2.25 所示，智能体通过状态、动作、奖励与环境进行交互。

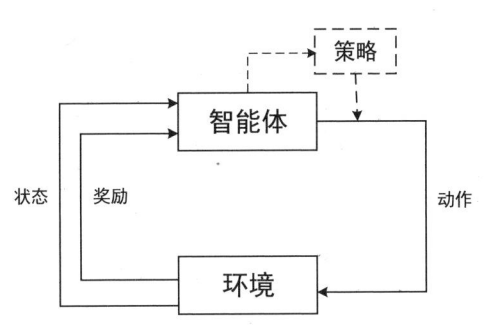

图 2.25 强化学习的基本框架

2.6.3 Q-Learning 算法

Q-Learning 算法[25]是一种基于价值的强化学习算法，Q 是 Quality 的缩写，$Q(\text{state}, \text{action})$函数表示在状态下执行动作的 Quality，也就是可以获得的 Q 值。算法的目标是最大化 Q 值，通过在状态下所有可能的动作中选择最好的动作来达到最大化奖励。

Q-Learning 算法使用 Q 表来记录不同状态下不同动作的预期 Q 值。在对环境进行探索之前，这个表会被随机初始化，当智能体在环境中探索时，它会用贝尔曼方程迭代更新 Q(state, action)函数，随着迭代次数的增多，智能体会对环境越来越了解，Q(state, action)函数也能被拟合得越来越好，直到收敛或者达到设定的迭代结束次数。

如表 2.1 所示，Q 表中行是每种状态，列是每种状态的行为，而表中的值是某状态下某行为获得的奖励估计。例如，在状态 1 下，向前得分为 1，向后得分为 0，这时要选择最大的利益就要向前走。Q 表中的状态和动作需要事先确定，表格主体的数据—Q 值在初始化时被随机设置，在后续通过训练得到校正。

表 2.1 Q 表示例

状态	动作	
	向前	向后
1	1	0
2	0	0
3	−1	0

Q-Learning 算法的训练过程是 Q 表中 Q 值不断更新调整的过程，其核心是根据已知的 Q 值、当前选择的动作作用于环境而获得的奖励和下一轮状态可以获得的最大奖励进行加权求和计算出新的 Q 值，更新 Q 表，即

$$Q^{\text{new}}(s_t, a_t) = Q(s_t, a_t) + \alpha \cdot \left[r_t + \gamma \cdot \max_a \{Q(s_{t+1}, a)\} - Q(s_t, a_t) \right] \quad (2.56)$$

其中，r_t 是当前的奖励；$Q(s_t, a_t)$ 是当前时刻的状态与实际采取的动作对应的 Q 值；α 是学习率，表示每次更新的幅度；γ 是折扣因子，取值范围是[0, 1]，其本质是一个衰减值，如果其值更接近 0，则智能体趋向于只考虑瞬时奖励值，反之如果其值更接近 1，则智能体为延迟奖励赋予更大的权重，更侧重于延迟奖励；$\max_a \{Q(s_{t+1}, a)\}$ 是在新状态下采取不同行动所能获得的最大预期奖励。

Q-Learning 算法策略相对简单，具有较好的收敛性。其也存在一些局限性，其状态和动作都假设是离散且有限的，对于复杂的情况处理会很烦琐；因为智能体的决策只依赖当前环境的状态，所以如果状态之间存在时序关联，那么学习的效果就不佳。

2.6.4 策略梯度算法

与 Q-Learning 算法不同的是，策略梯度算法[26]可以直接用神经网络模拟策略，因此网络的输入为状态，输出为各动作的选择概率，其能够较好地突

破 Q-Learning 算法的局限性,是一种基于策略的强化学习算法。策略梯度算法训练过程实际上是直接在策略空间不断探索,寻找最优策略(网络参数)的过程。

策略梯度算法不计算奖励,而是输出所有动作的概率分布,然后基于概率选择动作。其训练的基本原理是通过环境反馈来调整策略,具体来说就是在得到正向奖励时,增加相应动作的概率,而得到负向奖励时,降低相应动作的概率。实际上,策略梯度的学习是一个策略的优化过程,最开始随机地生成一个策略,当然这个策略对对象系统一无所知,所以用这个策略产生的动作很可能会从对象系统那里得到一个负面奖励。为了击败对手,就需要逐渐地改变策略。策略梯度在一轮的学习中使用同一个策略直到该轮结束,通过梯度上升来改变策略并开始下一轮学习,如此往复,直到轮次累积奖励收敛为止。

最经典的策略梯度算法就是 REINFORCE(蒙特卡罗策略梯度)算法,其使用蒙特卡罗方法从采样出的轨迹样本估计得到累积奖励来更新策略的参数。REINFORCE 算法由三个步骤组成:首先便是根据当前的策略采样众多的轨迹,然后根据当前的采样值计算策略网络的梯度,最后利用梯度上升法更新策略函数。基本步骤如下。

(1)随机初始化策略参数 θ。
(2)使用当前策略 π_θ 产生一条完整的轨迹。
(3)梯度估计:$\nabla_\theta J(\theta) = E_\pi \left[\sum_{t=1}^{T} \nabla_\theta \log \pi_\theta (a_t | s_t) \left(\sum_{t=1}^{T} r(s_t, a_t) \right) \right]$。
(4)更新参数:$\theta \leftarrow \theta + \alpha \nabla_\theta J(\theta)$。

其中第三步梯度估计项常用均值来近似:

$$\nabla_\theta J(\theta) \approx \frac{1}{N} \sum_{i=1}^{N} \left[\sum_{t=1}^{T} \nabla_\theta \log \pi_\theta (a_t | s_t) \left(\sum_{t=1}^{T} r(s_t, a_t) \right) \right]$$

策略梯度与传统的监督学习过程还是比较相似的:每轮次训练都由前向计算和反向传播构成,前向计算负责计算目标函数,反向传播负责更新算法的参数,以此进行多轮次的学习直到学习效果稳定收敛。唯一不同的是,监督学习的目标函数相对直接,为目标值和真实值的差,这个差值通过一次前向反馈就能得到;策略梯度的目标函数源自轮次内所有得到的奖励,需要进行一定的数学转换才能计算得到。

虽然策略梯度算法理论上能处理基于值的方法无法处理的复杂问题,但依赖样本来优化策略,导致其受样本个体差异影响,有比较大的方差,学习的效果不容易持续增强和收敛,而且其依赖于一个完整的经历结束后才能进行更新。

2.6.5 演员-评论家算法

演员-评论家（actor-critic）[27]算法是一种结合策略梯度和时序差分学习的强化学习算法，同时学习策略函数和值函数，其中，演员是指策略函数，即学习一个策略来得到尽可能高的回报。评论家是指值函数，对当前策略的值函数进行估计，即评估演员的好坏。借助于值函数，演员-评论家算法可以单步更新参数，不需要等到回合结束才进行更新，其相当于同时兼具了价值迭代和策略迭代的优点。

在演员-评论家算法中的策略函数（演员）$\pi_\theta(a|s)$ 和值函数（评论家）$V_\phi(s_t)$ 都是待学习的函数。在每步更新中，一方面需要更新参数 ϕ 使得值函数 $V_\phi(s_t)$ 接近于估计的真实回报 $\hat{G}_{(\tau_{t:T})}$，这个真实回报是演员在当前环境 s_t 下执行动作 a_t 后得到的即时奖励，再加上评论家使用之前标准对新状态 s_{t+1} 的打分来近似的：

$$\min_\phi \left(\hat{G}_{(\tau_{t:T})} - V_\phi(s_t) \right)^2 = \min_\phi \left(r_{t+1} + \gamma V_\phi(s_{t+1}) - V_\phi(s_t) \right)^2 \quad (2.57)$$

评论家根据这个误差来调整自己的打分标准，使得自己的评分更接近于环境的真实回报。

另一方面，演员需要根据评论家的打分调整自己的策略 π_θ，即将值函数 $V_\phi(s_t)$ 代入策略函数的梯度公式：

$$\nabla_\theta J(\theta) \approx \frac{1}{N} \sum_{n=1}^{N} \sum_{t=0}^{T-1} \left[\gamma^t \left(r_{t+1}^{(n)} + \gamma V_\phi(s_{t+1}) - V_\phi(s_t) \right) \right] \nabla \log \pi_\theta \left(a_t^{(n)} \big| s_t^{(n)} \right)$$

$$(2.58)$$

所以每步参数 θ 的更新公式为

$$\theta \leftarrow \theta + \alpha \gamma^t \left[r_{t+1} + \gamma V_\phi(s_{t+1}) - V_\phi(s_t) \right] \nabla \log \pi_\theta \left(a_t \big| s_t \right) \quad (2.59)$$

相比基于价值的算法，演员-评论家算法使用了策略梯度算法的技巧，这能让它在连续动作或者高维动作空间中选取合适的动作，而 Q-Learning 算法实现起来会很困难；相比单纯的策略梯度算法，演员-评论家算法应用了 Q-Learning 算法或其他策略评估的做法，使得演员-评论家算法能进行单步更新而不是回合更新，其效率比单纯的策略梯度算法的效率要高。由于演员对样本的探索不足，评论家容易陷入过拟合，并且本身不易收敛的评论家在与演员结合后，收敛性更差，后来发展出众多改进的演员-评论家算法，在一定程度上缓解了这些问题。

2.7 小结

近年来，人工智能技术发展迅速，深度学习、大模型等机器学习技术不断突破。与此同时，人工智能技术交叉应用不断深入，甚至出现了"All in AI"的应用浪潮，在数学、物理、化学、生物等基础学科领域，和各个行业领域取得了令人瞩目的成绩。机器学习中最简单的感知机方法与最复杂的大模型方法虽然已经千差万别，难以相提并论，但其背后的研究范式并没有改变，仍是致力于通过计算的手段，利用既有经验数据改善系统自身的性能，数据、算法、算力仍是机器学习发展的重要动力。"合抱之木，生于毫末；九层之台，起于累土；千里之行，始于足下"。本章主要对机器学习的基础、步骤，以及感知机、支持向量机、神经网络、集成学习等典型算法进行介绍，同时结合当前研究热点，对卷积神经网络、循环神经网络、图神经网络、生成对抗网络等典型深度网络，以及Q-Learning算法、策略梯度算法、演员-评论家算法等强化学习算法进行简单介绍，以期大家能够打牢基础再出发、再创新。

参考文献

[1] 周志华. 机器学习[M]. 北京：清华大学出版社，2016.
[2] MICHALSKI R S, CARBONELL J G, MITCHELL T M. Machine learning: an artificial intelligence approach[M]. Berlin: Springer Science & Business Media, 2013.
[3] COHEN P R, FEIGENBAUM E A. The handbook of artificial intelligence: volume 3[M]. Oxford: Butterworth-Heinemann, 2014.
[4] DIETTERICH T G. Machine-learning research[J]. AI Magazine, 1997, 18(4): 97.
[5] VAPNIK V N. Pattern recognition using generalized portrait method[J]. Automation and Remote Control, 1963, 24(6): 774-780.
[6] VAPNIK V N, CHERVONENKIS A Y. Uniform convergence of relative frequencies of events to their probabilities theory of pobility and its applications[J]. Theory of Probability & Its Applications, 1971, 16(2): 264-280.
[7] RIEDMILLER M, LERNEN A. Multi layer perceptron[R]. Machine Learning Lab Special Lecture, University of Freiburg, 2014, 24.
[8] HEARST M A, DUMAIS S T, OSUNA E, et al. Support vector machines[J]. IEEE Intelligent Systems and Their Applications, 1998, 13(4): 18-28.
[9] ABIODUN O I, JANTAN A, OMOLARA A E, et al. State-of-the-art in artificial neural network applications: a survey[J]. Heliyon, 2018, 4(11): 1-41.

[10] DIETTERICH T G. Ensemble Learning[J]. The handbook of brain theory and neural networks, 2002, 2(1): 110-125.

[11] MAYR A, BINDER H, GEFELLER O, et al. The evolution of boosting algorithms[J]. Methods of Information in Medicine, 2014, 53(6): 419-427.

[12] KOTSIANTIS S, PINTELAS P. Combining bagging and boosting[J]. International Journal of Computational Intelligence, 2004, 1(4): 324-333.

[13] GU J, WANG Z, KUEN J, et al. Recent advances in convolutional neural networks[J]. Pattern Recognition, 2018, 77(5): 354-377.

[14] LIPTON Z C, BERKOWITZ J, ELKAN C. A critical review of recurrent neural networks for sequence learning[J]. Computer Science, 2015, 10: 1-38.

[15] CHUNG J, GULCEHRE C, CHO K, et al. Empirical evaluation of gated recurrent neural networks on sequence modeling[DB/OL]. NIPS 2014 Workshop on Deep Learning. [2024-03-06].

[16] HOCHREITER S, SCHMIDHUBER J. Long short-term memory[J]. Neural Computation, 1997, 9(8): 1735-1780.

[17] WU Z, PAN S, CHEN F, et al. A comprehensive survey on graph neural networks[J]. IEEE Transactions on Neural Networks and Learning Systems, 2020, 32(1): 4-24.

[18] GOODFELLOW I, POUGET-ABADIE J, MIRZA M, et al. Generative adversarial networks[J]. Communications of the ACM, 2020, 63(11): 139-144.

[19] HO J, JAIN A, ABBEEL P. Denoising diffusion probabilistic models[J]. Advances in Neural Information Processing Systems, 2020, 33: 6840-6851.

[20] VASWANI A, SHAZEER N, PARMAR N, et al. Attention is all you need[J]. Advances in Neural Information Processing Systems, 2017, 30: 1-11.

[21] ZHUANG F, QI Z, DUAN K, et al. A comprehensive survey on transfer learning[J]. Proceedings of the IEEE, 2020, 109(1): 43-76.

[22] GUO M H, XU T X, LIU J J, et al. Attention mechanisms in computer vision: a survey[J]. Computational Visual Media, 2022, 8(3): 331-368.

[23] MAHENDRAN A, VEDALDI A. Understanding deep image representations by inverting them[C]//2015 IEEE Conference on Computer Vision and Pattern Recognition, 2015: 5188-5196.

[24] ZHU X, LUO Y, LIU A, et al. A deep reinforcement learning-based resource management game in vehicular edge computing[J]. IEEE Transactions on Intelligent Transportation Systems, 2022, 23(3): 2422-2433.

[25] LI M, WANG Z, LI K, et al. Task allocation on layered multiagent systems: when evolutionary many-objective optimization meets deep Q-Learning[J]. IEEE Transactions on Evolutionary Computation, 2021, 25(5): 842-855.

[26] COBBE K, HILTON J, KLIMOV O, et al. Phasic policy gradient[C]// International Conference on Machine Learning, 2021: 2020-2027.

[27] MNIH V, BADIA A P, GRAVES A B, et al. Asynchronous methods for deep reinforcement learning[C]// International Conference on Machine Learning, 2016: 1928-1937.

第3章 结合式智能滤波方法

3.1 引言

目标跟踪是雷达数据处理的关键技术，包括航迹起始、航迹滤波、航迹预测、点航关联等多个技术环节。航迹滤波，也称为跟踪滤波，简称滤波，作为目标跟踪的核心，其主要功能是对包含噪声的雷达量测[1]进行平滑处理，以得到目标位置、航速、航向等运动状态的实时准确估计，其性能好坏对目标跟踪效果具有决定性影响。

传统跟踪滤波方法由目标运动模型和滤波器两部分构成。其中可用的目标运动模型有匀速（CV）、匀加速度（CA）、协同转弯（CT）、Singer、Jerk 和当前统计等单模运动模型，以及交互式多模型（IMM）等多模运动模型[2]。在滤波器方面，现有滤波器可以分为两类：线性滤波器和非线性滤波器。线性滤波器主要是 Kalman 滤波器，可用于解决线性系统滤波问题，非线性滤波器包括由一阶线性近似[3]导出的扩展 Kalman 滤波器（EKF）、由三阶线性近似[4]导出的无迹 Kalman 滤波器（UKF）、精度更高的容积 Kalman 滤波器（CKF）[5]、采用随机采样近似[6]的粒子滤波器（PF）和解决多目标滤波问题[7]的高斯混合概率假设密度滤波器（GM-PHD）。

传统跟踪滤波方法主要基于目标运动模型、滤波器参数等人类知识来实现目标状态的有效估计，存在算法表达能力有限、过度依赖人类经验的问题，对于运动模型已知且固定不变的目标具有良好的跟踪效果，对于运动模型未知或机动目标，跟踪效果则比较差。为此，学者们尝试通过增加目标运动模型数量、在线调节滤波器参数等方法，来提升传统跟踪滤波方法的性能，如文献[8-10]对 IMM 的 Markov 矩阵自适应调节算法进行了研究，文献[11]对 CS 模型的机动频率、加速度极值进行了自适应修正，文献[12]对 Kalman 过程噪声矩阵和量测噪声等参数进行了修正。虽然相关尝试在一定程度上缓解了传统算法的不足问题，但仍未解决根本问题，甚至带来了新的问题，比如现有尝试引入了更多的先验参数，而引入参数越多，实际应用受限越多，环境适应能力越差；所引入的调节函数或修正函数大多是基于人工经验构建的，其可靠性无法保证，破坏了算法的理论完备性，使得算法鲁棒性降低等。为此，需要采用全新的思路和途径进行研究。

随着机器学习和深度神经网络研究的兴起，开展人工智能理论方法在跟踪滤波领域的交叉应用研究已成为一种新的研究方向。现有基于神经网络的跟踪滤波研究可简单分为三大类别：①结合式智能滤波方法，不改变原有滤波算法，以模型驱动型滤波算法为主导，通过数据驱动型神经网络与现有模型驱动型滤波算法相结合，提升对问题的解决能力，本章重点讲述；②替换式智能滤波方法，根据滤波估计的原理，不局限于现有滤波框架，以数据驱动型神经网络为主导，利用神经网络对滤波的部分模块进行替代，或对部分参数进行调节和估计，以提高滤波性能，将在第 4 章讲述；③重构式智能滤波方法，打破现有滤波框架，完全采用神经网络实现跟踪滤波功能，将在第 5 章讲述。

现有结合式智能滤波方法，也称为以模型为主导的混合驱动的目标跟踪算法，主要通过神经网络估计运动模型参数、自适应修正算法内部或中间参数、直接修正跟踪结果等方式，实现数据驱动型神经网络与现有模型驱动型滤波算法的混合，比如文献[13]在无线定位问题中，根据基站信号，采用简单神经网络，求解目标大致位置，进一步采用 Kalman 算法对网络输出的位置进行平滑估计；文献[14-15]在组合导航中，采用多层神经网络或循环神经网络，对全球导航卫星系统（GNSS）与惯性导航系统（INS）的误差进行预测，作为 UKF 滤波的输入，最终实现 GNSS 信号缺失下，对 INS 数据的修正。现有混合方法往往是在对神经网络模块进行离线训练之后，再与模型驱动算法组合在一起，由于数据驱动模块的学习过程与模型驱动算法的跟踪过程不在同一回路，致使实际应用中存在数据集难构建、神经网络与跟踪算法耦合性不足等问题，比如 IMM 中的模型概率、滤波器中间量等参数真值往往是未知的，很难从实际数据中计算出来。

为此，本章在现有混合驱动的目标跟踪算法研究的基础之上，针对其存在的不足，分别开展了端到端学习的循环 Kalman 目标跟踪算法和自适应 IMM 算法研究，利用端到端学习的方式解决上述问题。本章内容的结构安排如下：3.2 节介绍了目标跟踪的基础理论和模型；3.3 节提出了端到端学习的循环 Kalman 目标跟踪算法；3.4 节提出了端到端学习的自适应 IMM 算法；3.5 节对本章提出的两种算法进行了综合性能对比，测试算法的适应范围和泛化能力；3.6 节对本章内容进行了总结。

3.2 目标跟踪的基础理论和模型

经典的模型驱动目标跟踪算法通过对状态空间模型进行数学建模，并利用贝叶斯理论推导出滤波器。本节首先对状态空间模型和贝叶斯滤波器进行简要叙述，作为后续研究的基础。

3.2.1 状态空间模型

目标跟踪通常使用以下的混合状态空间模型为基础对系统建模：

$$x_k = f_k(x_{k-1}, u_k) + \omega_k \sim p(x_k | x_{k-1}) \quad (3.1)$$

$$z_k = h_k(x_k) + v_k \sim p(z_k | x_k) \quad (3.2)$$

其中，$x_k \in \mathbb{R}^{n_x}$ 和 $z_k \in \mathbb{R}^{n_z}$ 分别为目标在 k 时刻的状态向量和量测向量，n_x 和 n_z 分别为状态向量和量测向量的维度；$f_k : \mathbb{R}^{n_x} \to \mathbb{R}^{n_x}$ 为目标的状态转移函数；$h_k : \mathbb{R}^{n_x} \to \mathbb{R}^{n_z}$ 为目标的量测函数，即将目标由状态空间映射到传感器空间；u_k 为输入控制信号，表示人或者其他环境因素对系统状态的控制干预；ω_k、v_k 分别为目标的过程噪声向量和量测噪声向量，通常被建模为零均值的高斯白噪声，即 $\omega_k \sim \mathcal{N}(0, Q_k)$、$v_k \sim \mathcal{N}(0, R_k)$，$Q_k$ 和 R_k 分别为过程噪声协方差矩阵和量测噪声协方差矩阵；$p(x_k | x_{k-1})$ 为目标状态转移概率密度函数；$p(z_k | x_k)$ 为似然概率密度函数。

在线性条件下，f_k 和 h_k 成为矩阵形式：F_k、H_k。令 G_k 为输入控制项矩阵，则线性混合状态空间模型可表示为

$$x_k = F_k x_{k-1} + G_k u_k + \omega_k \quad (3.3)$$

$$z_k = H_k x_k + v_k \quad (3.4)$$

3.2.2 贝叶斯滤波器

贝叶斯滤波器[16]是基于贝叶斯原理推导出的一种滤波器总体框架结构。由于其可迭代计算目标的状态后验概率密度函数，因此得到了广泛的研究和应用。几乎所有的模型驱动滤波器算法（如 Kalman 滤波器和粒子滤波器算法）均是在此框架上在特定条件或者假设下实例化而来的。下面对其原理进行简要叙述。

贝叶斯滤波器可分为"预测"和"更新"两个阶段。令到 k 时刻为止的目标量测集合分别为 $\boldsymbol{Z}_k = \{z_1, z_1, \cdots, z_k\}$、$\boldsymbol{X}_k = \{x_1, x_1, \cdots, x_k\}$，首先贝叶斯滤波器有以下两个重要假设：

$$p(\boldsymbol{x}_k | \boldsymbol{X}_{k-1}, \boldsymbol{Z}_{k-1}) = p(\boldsymbol{x}_k | \boldsymbol{x}_{k-1}) \tag{3.5}$$

$$p(\boldsymbol{z}_k | \boldsymbol{X}_k, \boldsymbol{Z}_{k-1}) = p(\boldsymbol{z}_k | \boldsymbol{x}_k) \tag{3.6}$$

其中，式（3.5）为一阶 Markov 性，即目标 k 时刻的状态 $\boldsymbol{x}_k$ 只取决于其上一时刻状态 $\boldsymbol{x}_{k-1}$；式（3.6）为量测独立性，即目标的量测只由目标状态决定。

由概率乘法公式结合一阶 Markov 性，贝叶斯滤波器的预测步为

$$\begin{aligned} p(\boldsymbol{x}_k | \boldsymbol{Z}_{k-1}) &= \int p(\boldsymbol{x}_k | \boldsymbol{x}_{k-1}, \boldsymbol{Z}_{k-1}) p(\boldsymbol{x}_{k-1} | \boldsymbol{Z}_{k-1}) \mathrm{d}\boldsymbol{x}_{k-1} \\ &= \int p(\boldsymbol{x}_k | \boldsymbol{x}_{k-1}) p(\boldsymbol{x}_{k-1} | \boldsymbol{Z}_{k-1}) \mathrm{d}\boldsymbol{x}_{k-1} \end{aligned} \tag{3.7}$$

根据贝叶斯公式和量测独立性，目标 k 时刻的状态后验概率为

$$\begin{aligned} p(\boldsymbol{x}_k | \boldsymbol{Z}_k) &= p(\boldsymbol{x}_k | \boldsymbol{z}_k, \boldsymbol{Z}_{k-1}) = \frac{p(\boldsymbol{x}_k, \boldsymbol{z}_k | \boldsymbol{Z}_{k-1})}{p(\boldsymbol{z}_k | \boldsymbol{Z}_{k-1})} \\ &= \frac{p(\boldsymbol{z}_k | \boldsymbol{x}_k, \boldsymbol{Z}_{k-1}) p(\boldsymbol{x}_k | \boldsymbol{Z}_{k-1})}{\int p(\boldsymbol{z}_k | \boldsymbol{x}_k) p(\boldsymbol{x}_k | \boldsymbol{Z}_{k-1}) \mathrm{d}\boldsymbol{x}_k} \\ &= \frac{p(\boldsymbol{z}_k | \boldsymbol{x}_k) p(\boldsymbol{x}_k | \boldsymbol{Z}_{k-1})}{\int p(\boldsymbol{z}_k | \boldsymbol{x}_k) p(\boldsymbol{x}_k | \boldsymbol{Z}_{k-1}) \mathrm{d}\boldsymbol{x}_k} \end{aligned} \tag{3.8}$$

将式（3.7）代入式（3.8）中，即完成贝叶斯滤波器的一次迭代，依次循环迭代便可得到目标每个时刻的状态估计。

3.3　Kalman 和深度学习混合驱动的目标跟踪算法

3.3.1　Kalman 滤波器

Kalman 滤波器是由贝叶斯滤波器在线性高斯环境下实例化而来的[17]。它是线性滤波器中最好的滤波器，也是高斯过程噪声下最好的滤波器，且能够进行递推计算，因此得到了广泛的研究和应用。在 3.2.1 节的线性空间下，Kalman 滤波器在 k 时刻迭代过程如下：

$$\hat{\boldsymbol{x}}(k+1|k) = \boldsymbol{F}(k)\hat{\boldsymbol{x}}(k|k) \tag{3.9}$$

$$\hat{\boldsymbol{z}}(k+1|k) = \boldsymbol{H}(k+1)\hat{\boldsymbol{x}}(k+1|k) \tag{3.10}$$

$$\boldsymbol{P}(k+1|k) = \boldsymbol{F}(k)\boldsymbol{P}(k|k)\boldsymbol{F}^{\mathrm{T}}(k) + \boldsymbol{Q}(k) \tag{3.11}$$

$$\boldsymbol{S}(k+1) = \boldsymbol{H}(k+1)\boldsymbol{P}(k+1|k)\boldsymbol{H}^{\mathrm{T}}(k+1) + \boldsymbol{R}(k+1) \tag{3.12}$$

$$K(k+1) = P(k+1|k)H^{\mathrm{T}}(k+1)S^{-1}(k+1) \qquad (3.13)$$
$$\hat{x}(k+1|k+1) = \hat{x}(k+1|k) + K(k+1)v(k+1) \qquad (3.14)$$
$$P(k+1|k+1) = P(k+1|k) - K(k+1)S(k+1)K^{\mathrm{T}}(k+1) \qquad (3.15)$$

其中，$\hat{x}(\cdot)$、$P(\cdot)$ 分别为目标状态估计和相应协方差矩阵。根据上式可以看出，在 Kalman 滤波器中，决定 $\hat{x}(\cdot)$ 的是状态转移矩阵 $F(k)$、过程噪声协方差矩阵 $Q(k)$、量测噪声协方差矩阵 $R(k+1)$ 及上一步的信息。原始的 Kalman 滤波器是先验设置的，当目标机动和环境复杂时，跟踪方难以获取上述三个矩阵的先验知识，或者用一个全局的值归纳它们，从而使得跟踪精度降低。

当目标机动时，目标运动模型发生变化。跟踪方无法及时、准确地得知目标的真实运动模型，此时 Kalman 滤波器设定的 $F(k)$ 与实际情况存在偏差 $\Delta F(k)$，从而导致跟踪精度下降。经典的机动目标跟踪算法常用的措施是将 $\Delta F(k)$ 视为一种影响目标状态转移的过程噪声，从而通过调节其过程噪声协方差矩阵 $Q(k)$ 来补偿机动。

因此，使用 Kalman 滤波器进行机动目标跟踪的关键在于如何实时估计或者修正 $F(k)$、$Q(k)$ 及 $R(k+1)$。在目标跟踪过程中，我们能够得到的信息只有目标的量测信息，以及跟踪算法的实时反馈。经典的单模型机动目标跟踪算法（如 CS）采用假设的函数或者概率分布建模量测和跟踪算法反馈与算法参数的关系，但是人工经验建立的函数不能完全描述和符合真实情况，也会引入其他依赖先验知识的参数。神经网络非常适合建模这类复杂的、难以显式描述的映射函数。因此本节所提算法将采用神经网络作为数据驱动方法，为 Kalman 滤波器实时提供参数，辅助其进行跟踪任务。

一方面，虽然 Kalman 滤波器的中间变量（如残差、协方差等）能够在一定程度上反映目标的机动状态，但是其相对于 $F(k)$、$Q(k)$ 及 $R(k+1)$ 映射关系是难以构建的，换言之，在制作数据集时，难以从真实目标轨迹和量测，得到 $F(k)$、$Q(k)$ 及 $R(k+1)$ 的准确值或者调节因子；另一方面，在现实情况中，获取特定类型的目标轨迹难以实现且人工成本高昂，轨迹数据的预处理较为复杂。因此，使用端到端学习是最符合实际的选择。神经网络通过将误差的梯度反向传播（Back-Propagation，BP）[18]来实现参数学习和更新，端到端学习时，神经网络被嵌入 Kalman 滤波器的流程框架中，神经网络得到的是经过 Kalman 框架计算后的误差和梯度。Kalman 滤波器是否能够将误差和梯度反向传播决定了嵌入其中的神经网络能否学习，也就是需要对端到端学习的可行性进行分析推导。

3.3.2 端到端学习的推导

采用 Kalman 滤波器作为跟踪算法的基本框架，考虑二维状态下的目标跟踪情形（一维、三维可类推）。假设目标在直角坐标下 k 时刻的状态向量为 $\boldsymbol{x} = \begin{bmatrix} x & \dot{x} & \ddot{x} & y & \dot{y} & \ddot{y} \end{bmatrix}^{\mathrm{T}}$，其中，$\dot{x}$、$\ddot{x}$，以及 $\dot{y}$、$\ddot{y}$ 分别为目标在 x 轴和 y 轴的速度分量和加速度分量。假设目标对应时刻的状态估计为 $\hat{\boldsymbol{x}}(k)$，则 k 时刻目标状态估计误差为

$$\tilde{\boldsymbol{x}}(k) = \boldsymbol{x}(k) - \hat{\boldsymbol{x}}(k) \tag{3.16}$$

令误差函数为 $f(\tilde{\boldsymbol{x}})$，为便于书写，后续文中在不产生歧义的前提下省略 k。需要说明的是，实际应用中一般只能直接得到目标的位置信息，速度、加速度等信息一方面不能大范围获取，另一方面获取的精度不高。因此为提高算法通用性和适用范围，这里只使用目标位置信息来计算算法的误差，并以此作为损失函数。

$$\mathrm{loss}(k) = f\left(\boldsymbol{x}_p(k) - \hat{\boldsymbol{x}}_p(k)\right) \tag{3.17}$$

其中，下标 p 表示目标状态的位置分量。

从另一个角度来说，由于目标机动，跟踪算法的速度估计、加速度估计波动都比较大，甚至会严重偏离真值。因此如果将速度、加速度考虑在内，作为整体算法的误差，则会导致算法训练不稳定，进而显著提高算法训练的时间和调参成本。因此，从实际情况和降低算法复杂度两方面考虑，只使用目标位置信息计算误差是合理合适的。

下面讨论 $\boldsymbol{Q}$ 和 $\boldsymbol{R}$ 的调节方式。在实际应用中，常常将 $\boldsymbol{Q}$ 和 $\boldsymbol{R}$ 设置为简单的对角矩阵。在本节中使用神经网络对 $\boldsymbol{Q}$ 和 $\boldsymbol{R}$ 进行调节。在神经网络中，网络输出维度越高，神经网络参数和计算量就会越大，而 $\boldsymbol{Q}$ 和 $\boldsymbol{R}$ 为矩阵结果，如果全部分量都采用网络输出，从算法复杂度和计算成本考虑，均是不合理的。因此，本节将 $\boldsymbol{Q}$ 和 $\boldsymbol{R}$ 建模为对角形式，具体为

$$\boldsymbol{Q}(k) = \begin{bmatrix} \alpha_x(k)\boldsymbol{Q}_{x,0} & 0 \\ 0 & \alpha_y(k)\boldsymbol{Q}_{y,0} \end{bmatrix}, \quad \boldsymbol{\alpha}(k) = \begin{bmatrix} \alpha_x(k) & \alpha_y(k) \end{bmatrix} \tag{3.18}$$

$$\boldsymbol{R}(k) = \begin{bmatrix} \beta_x(k)r_{x,0} & 0 \\ 0 & \beta_y(k)r_{y,0} \end{bmatrix}, \quad \boldsymbol{\beta}(k) = \begin{bmatrix} \beta_x(k) & \beta_y(k) \end{bmatrix} \tag{3.19}$$

式（3.18）和式（3.19）中，$\boldsymbol{\alpha}(k)$、$\boldsymbol{\beta}(k)$ 分别为神经网络输出向量，用于调节 $\boldsymbol{Q}$、$\boldsymbol{R}$ 矩阵，其大小均 $\in (0,1)$；$\boldsymbol{Q}_{x,0}$、$\boldsymbol{Q}_{y,0}$ 分别为 $\boldsymbol{Q}$ 在两个维度的初始矩阵；$r_{x,0}$、$r_{y,0}$ 分别为 $\boldsymbol{R}$ 在两个维度的初始值。由于神经网络输出 $\in (0,1)$，因此 $\boldsymbol{Q}_{x,0}$、$\boldsymbol{Q}_{y,0}$、$r_{x,0}$、$r_{y,0}$ 也是网络输出的归一化矩阵/值，有三个作用：一是限定

Q 和 R 在一定范围内,使得 Kalman 滤波算法更易收敛,加速网络训练,提高训练的稳定性;二是在网络正向计算时,将神经网络输出映射到实际值以维持算法的迭代过程;三是在误差反向传播时,将整体算法尾端反向传播到神经网络输出端的梯度归一化,避免梯度爆炸,这样整体算法的误差无须归一化,减少了预处理步骤,使得训练更为直观。

对于状态转移矩阵 F,可以调节其部分元素使模型转移更加符合实际机动情况,这里令 k 时刻 F 中被调节的参数集为 $F_{\text{para}}(k)$。

令构造的神经网络模型为 Net,k 时刻网络输入为 $\text{input}(k)$,则本节需要实现的模型为

$$\begin{bmatrix} \boldsymbol{\alpha}(k) \\ \boldsymbol{\beta}(k) \\ \boldsymbol{F}_{\text{para}}(k) \end{bmatrix} = \text{Net}(\text{input}(k)) \tag{3.20}$$

在本节中端到端学习的关键在于,实现跟踪位置误差梯度到神经网络输出端梯度的映射,即

$$\nabla f(\tilde{\boldsymbol{x}}_p(k)) \to \begin{bmatrix} \nabla \boldsymbol{\alpha}(k) \\ \nabla \boldsymbol{\beta}(k) \\ \nabla \boldsymbol{F}_{\text{para}}(k) \end{bmatrix} \tag{3.21}$$

使用 L_2 范数作为误差函数,即

$$f(\boldsymbol{x}_p(k) - \hat{\boldsymbol{x}}_p(k)) = \|\boldsymbol{x}_p(k) - \hat{\boldsymbol{x}}_p(k)\|_2^2 \tag{3.22}$$

为便于书写,在不引起歧义的情况下,略去时间参数 k 和下标 p,以及部分明显的书写,将式(3.14)代入式(3.22)中,得到

$$f(\tilde{\boldsymbol{x}}) = \|\boldsymbol{K}\boldsymbol{v} - \boldsymbol{b}\|_2^2 \tag{3.23}$$

$$\boldsymbol{b}(k+1) = -(\hat{\boldsymbol{x}}(k+1|k) - \boldsymbol{x}(k+1)) \tag{3.24}$$

对式(3.23)进行矩阵运算形式展开:

$$f(\tilde{\boldsymbol{x}}) = \|\boldsymbol{K}\boldsymbol{v} - \boldsymbol{b}\| = (\boldsymbol{K}\boldsymbol{v} - \boldsymbol{b})^{\text{T}}(\boldsymbol{K}\boldsymbol{v} - \boldsymbol{b}) \tag{3.25}$$

对式(3.25)两边微分,常数微分为 0 或者 $\boldsymbol{0}$,得到:

$$\text{d}f = ((\text{d}\boldsymbol{K})\boldsymbol{v})^{\text{T}}(\boldsymbol{K}\boldsymbol{v} - \boldsymbol{b}) + (\boldsymbol{K}\boldsymbol{v} - \boldsymbol{b})^{\text{T}}((\text{d}\boldsymbol{K})\boldsymbol{v}) \tag{3.26}$$

由于 $f(\tilde{\boldsymbol{x}})$ 为标量,可对式(3.26)进行矩阵的迹运算,由迹的性质可得[19]

$$\begin{aligned} \text{d}f &= \text{tr}(\text{d}f) = \text{tr}(((\text{d}\boldsymbol{K})\boldsymbol{v})^{\text{T}}(\boldsymbol{K}\boldsymbol{v} - \boldsymbol{b}) + (\boldsymbol{K}\boldsymbol{v} - \boldsymbol{b})^{\text{T}}((\text{d}\boldsymbol{K})\boldsymbol{v})) \\ &= \text{tr}(((\text{d}\boldsymbol{K})\boldsymbol{v})^{\text{T}}(\boldsymbol{K}\boldsymbol{v} - \boldsymbol{b})) + \text{tr}((\boldsymbol{K}\boldsymbol{v} - \boldsymbol{b})^{\text{T}}((\text{d}\boldsymbol{K})\boldsymbol{v})) \\ &= 2\text{tr}((\boldsymbol{K}\boldsymbol{v} - \boldsymbol{b})^{\text{T}}((\text{d}\boldsymbol{K})\boldsymbol{v})) \end{aligned} \tag{3.27}$$

根据式（3.13）可得到 K 的微分 $\mathrm{d}K$：
$$\mathrm{d}K = \mathrm{d}(PH^{\mathrm{T}}S^{-1}) = -PH^{\mathrm{T}}S^{-1}(\mathrm{d}S)S^{-1} = -PH^{\mathrm{T}}S^{-1}(\mathrm{d}R)S^{-1} \quad (3.28)$$

将式（3.28）代入式（3.27）中，再根据迹的性质进行形式变化得到
$$\begin{aligned}
\mathrm{d}f &= 2\mathrm{tr}\left((Kv-b)^{\mathrm{T}}((\mathrm{d}K)v)\right) \\
&= 2\mathrm{tr}\left((Kv-b)^{\mathrm{T}}\left((-PH^{\mathrm{T}}S^{-1}(\mathrm{d}R)S^{-1})v\right)\right) \\
&= -2\mathrm{tr}\left(S^{-1}v(Kv-b)^{\mathrm{T}}PH^{\mathrm{T}}S^{-1}\mathrm{d}R\right) \\
&= -2\mathrm{tr}\left(\left((S^{-1})^{\mathrm{T}}HP^{\mathrm{T}}(Kv-b)v^{\mathrm{T}}(S^{-1})^{\mathrm{T}}\right)^{\mathrm{T}}\mathrm{d}R\right)
\end{aligned} \quad (3.29)$$

再将式（3.11）、式（3.12）代入 K 中，得到 $\mathrm{d}K$ 的另外一种形式：
$$\begin{aligned}
\mathrm{d}K &= \mathrm{d}(PH^{\mathrm{T}}S^{-1}) = (\mathrm{d}P)H^{\mathrm{T}}S^{-1} - PH^{\mathrm{T}}S^{-1}(\mathrm{d}S)S^{-1} \\
&= (\mathrm{d}Q)H^{\mathrm{T}}S^{-1} - PH^{\mathrm{T}}S^{-1}\left(H(\mathrm{d}P)H^{\mathrm{T}}\right)S^{-1} \\
&= (\mathrm{d}Q)H^{\mathrm{T}}S^{-1} - PH^{\mathrm{T}}S^{-1}H(\mathrm{d}Q)H^{\mathrm{T}}S^{-1}
\end{aligned} \quad (3.30)$$

同样地，将式（3.30）代入式（3.27）中，使用迹的性质，变形可得
$$\begin{aligned}
\mathrm{d}f &= 2\mathrm{tr}\left((Kv-b)^{\mathrm{T}}\left(((\mathrm{d}Q)H^{\mathrm{T}}S^{-1} - PH^{\mathrm{T}}S^{-1}H(\mathrm{d}Q)H^{\mathrm{T}}S^{-1})v\right)\right) \\
&= 2\mathrm{tr}\left((Kv-b)^{\mathrm{T}}(\mathrm{d}Q)H^{\mathrm{T}}S^{-1}v\right) - 2\mathrm{tr}\left((Kv-b)^{\mathrm{T}}PH^{\mathrm{T}}S^{-1}H(\mathrm{d}Q)H^{\mathrm{T}}S^{-1}v\right) \\
&= 2\mathrm{tr}\left(H^{\mathrm{T}}S^{-1}v(Kv-b)^{\mathrm{T}}\mathrm{d}Q\right) - 2\mathrm{tr}\left(H^{\mathrm{T}}S^{-1}v(Kv-b)^{\mathrm{T}}PH^{\mathrm{T}}S^{-1}H\mathrm{d}Q\right) \\
&= 2\mathrm{tr}\left(\left((Kv-b)v^{\mathrm{T}}(S^{-1})^{\mathrm{T}}H\right)^{\mathrm{T}}\mathrm{d}Q\right) - 2\mathrm{tr}\left(\left(H^{\mathrm{T}}(S^{-1})^{\mathrm{T}}HP^{\mathrm{T}}(Kv-b)v^{\mathrm{T}}(S^{-1})^{\mathrm{T}}H\right)^{\mathrm{T}}\mathrm{d}Q\right) \\
&= 2\mathrm{tr}\left(\left((I - H^{\mathrm{T}}(S^{-1})^{\mathrm{T}}HP^{\mathrm{T}})(Kv-b)v^{\mathrm{T}}(S^{-1})^{\mathrm{T}}H\right)^{\mathrm{T}}\mathrm{d}Q\right)
\end{aligned}$$
$$(3.31)$$

还可以对 $\mathrm{d}K$ 继续变形得到其第三种形式：
$$\begin{aligned}
\mathrm{d}K &= \mathrm{d}(PH^{\mathrm{T}}S^{-1}) = (\mathrm{d}P)H^{\mathrm{T}}S^{-1} - PH^{\mathrm{T}}S^{-1}(\mathrm{d}S)S^{-1} \\
&= \left((\mathrm{d}F)P_k F^{\mathrm{T}} + FP_k(\mathrm{d}F)^{\mathrm{T}}\right)H^{\mathrm{T}}S^{-1} - PH^{\mathrm{T}}S^{-1}\left(H(\mathrm{d}P)H^{\mathrm{T}}\right)S^{-1} \\
&= \left((\mathrm{d}F)P_k F^{\mathrm{T}} + FP_k(\mathrm{d}F)^{\mathrm{T}}\right)H^{\mathrm{T}}S^{-1} \\
&\quad - PH^{\mathrm{T}}S^{-1}\left(H\left((\mathrm{d}F)P_k F^{\mathrm{T}} + FP_k(\mathrm{d}F)^{\mathrm{T}}\right)H^{\mathrm{T}}\right)S^{-1}
\end{aligned} \quad (3.32)$$

同样将式（3.32）代入式（3.27）中，使用迹的相关性质可以得到
$$\mathrm{d}f = 2\mathrm{tr}\left((Kv-b)^{\mathrm{T}}\left(\begin{array}{l}\left((\mathrm{d}F)P_k F^{\mathrm{T}} + FP_k(\mathrm{d}F)^{\mathrm{T}}\right)H^{\mathrm{T}}S^{-1} - \\ PH^{\mathrm{T}}S^{-1}\left(H\left((\mathrm{d}F)P_k F^{\mathrm{T}} + FP_k(\mathrm{d}F)^{\mathrm{T}}\right)H^{\mathrm{T}}\right)S^{-1}\end{array}\right)v\right)$$

$$\begin{aligned}
&= 2\mathrm{tr}\Big((\boldsymbol{Kv}-\boldsymbol{b})^{\mathrm{T}}\big((\mathrm{d}\boldsymbol{F})\boldsymbol{P}_k\boldsymbol{F}^{\mathrm{T}}+\boldsymbol{FP}_k(\mathrm{d}\boldsymbol{F})^{\mathrm{T}}\big)\boldsymbol{H}^{\mathrm{T}}\boldsymbol{S}^{-1}\boldsymbol{v}\Big)\\
&\quad -2\mathrm{tr}\Big((\boldsymbol{Kv}-\boldsymbol{b})^{\mathrm{T}}\boldsymbol{PH}^{\mathrm{T}}\boldsymbol{S}^{-1}\Big(\boldsymbol{H}\big((\mathrm{d}\boldsymbol{F})\boldsymbol{P}_k\boldsymbol{F}^{\mathrm{T}}+\boldsymbol{FP}_k(\mathrm{d}\boldsymbol{F})^{\mathrm{T}}\big)\boldsymbol{H}^{\mathrm{T}}\Big)\boldsymbol{S}^{-1}\boldsymbol{v}\Big)\\
&= 2\mathrm{tr}\Big(\boldsymbol{P}_k\boldsymbol{F}^{\mathrm{T}}\boldsymbol{H}^{\mathrm{T}}\boldsymbol{S}^{-1}\boldsymbol{v}(\boldsymbol{Kv}-\boldsymbol{b})^{\mathrm{T}}\mathrm{d}\boldsymbol{F}\Big)+2\mathrm{tr}\Big((\boldsymbol{H}^{\mathrm{T}}\boldsymbol{S}^{-1}\boldsymbol{v}(\boldsymbol{Kv}-\boldsymbol{b})^{\mathrm{T}}\boldsymbol{FP}_k)^{\mathrm{T}}\mathrm{d}\boldsymbol{F}\Big)\\
&\quad -2\mathrm{tr}\Big(\boldsymbol{P}_k\boldsymbol{F}^{\mathrm{T}}\boldsymbol{H}^{\mathrm{T}}\boldsymbol{S}^{-1}\boldsymbol{v}(\boldsymbol{Kv}-\boldsymbol{b})^{\mathrm{T}}\boldsymbol{PH}^{\mathrm{T}}\boldsymbol{S}^{-1}\boldsymbol{H}\mathrm{d}\boldsymbol{F}\Big)\\
&\quad -2\mathrm{tr}\Big((\boldsymbol{H}^{\mathrm{T}}\boldsymbol{S}^{-1}\boldsymbol{v}(\boldsymbol{Kv}-\boldsymbol{b})^{\mathrm{T}}\boldsymbol{PH}^{\mathrm{T}}\boldsymbol{S}^{-1}\boldsymbol{HFP}_k)^{\mathrm{T}}\mathrm{d}\boldsymbol{F}\Big)\\
&= 2\mathrm{tr}\Big(\big(\big(\boldsymbol{I}-\boldsymbol{H}^{\mathrm{T}}(\boldsymbol{S}^{-1})^{\mathrm{T}}\boldsymbol{HP}^{\mathrm{T}}\big)(\boldsymbol{Kv}-\boldsymbol{b})\boldsymbol{v}^{\mathrm{T}}(\boldsymbol{S}^{-1})^{\mathrm{T}}\boldsymbol{HFP}_k^{\mathrm{T}}\big)^{\mathrm{T}}\mathrm{d}\boldsymbol{F}\Big)+\\
&\quad 2\mathrm{tr}\Big(\big(\boldsymbol{H}^{\mathrm{T}}\boldsymbol{S}^{-1}\boldsymbol{v}(\boldsymbol{Kv}-\boldsymbol{b})^{\mathrm{T}}(\boldsymbol{I}-\boldsymbol{PH}^{\mathrm{T}}\boldsymbol{S}^{-1}\boldsymbol{H})\boldsymbol{FP}_k\big)^{\mathrm{T}}\mathrm{d}\boldsymbol{F}\Big)
\end{aligned} \quad (3.33)$$

矩阵导数与微分的关系式[20]为

$$\mathrm{d}f = \mathrm{tr}\left(\left(\frac{\partial f}{\partial \boldsymbol{X}}\right)^{\mathrm{T}}\mathrm{d}\boldsymbol{X}\right) \tag{3.34}$$

根据该关系式，对式（3.29）、式（3.31）及式（3.33）分别做上述等价转换，就可以得到端到端学习所需的 $\dfrac{\partial f}{\partial \boldsymbol{R}}$、$\dfrac{\partial f}{\partial \boldsymbol{Q}}$ 及 $\dfrac{\partial f}{\partial \boldsymbol{F}}$：

$$\frac{\partial f}{\partial \boldsymbol{R}} = -2(\boldsymbol{S}^{-1})^{\mathrm{T}}\boldsymbol{HP}^{\mathrm{T}}(\boldsymbol{Kv}-\boldsymbol{b})\boldsymbol{v}^{\mathrm{T}}(\boldsymbol{S}^{-1})^{\mathrm{T}} \tag{3.35}$$

$$\frac{\partial f}{\partial \boldsymbol{Q}} = \big(\boldsymbol{I}-\boldsymbol{H}^{\mathrm{T}}(\boldsymbol{S}^{-1})^{\mathrm{T}}\boldsymbol{HP}^{\mathrm{T}}\big)(\boldsymbol{Kv}-\boldsymbol{b})\boldsymbol{v}^{\mathrm{T}}(\boldsymbol{S}^{-1})^{\mathrm{T}}\boldsymbol{H} \tag{3.36}$$

$$\frac{\partial f}{\partial \boldsymbol{F}} = \big(\boldsymbol{I}-\boldsymbol{H}^{\mathrm{T}}(\boldsymbol{S}^{-1})^{\mathrm{T}}\boldsymbol{HP}^{\mathrm{T}}\big)(\boldsymbol{Kv}-\boldsymbol{b})\boldsymbol{v}^{\mathrm{T}}(\boldsymbol{S}^{-1})^{\mathrm{T}}\boldsymbol{HFP}_k^{\mathrm{T}} + \\ \boldsymbol{H}^{\mathrm{T}}\boldsymbol{S}^{-1}\boldsymbol{v}(\boldsymbol{Kv}-\boldsymbol{b})^{\mathrm{T}}(\boldsymbol{I}-\boldsymbol{PH}^{\mathrm{T}}\boldsymbol{S}^{-1}\boldsymbol{H})\boldsymbol{FP}_k \tag{3.37}$$

其中，$\boldsymbol{P}$ 为 $\boldsymbol{P}(k+1|k)$；$\boldsymbol{P}_k$ 为 $\boldsymbol{P}(k|k)$；$\boldsymbol{F}$ 为上一时间步的 $\boldsymbol{F}_k$。

需要注意的是，这里使用的是分母矩阵求导，即求标量关于矩阵的导数，结果矩阵的维度与分母一致。根据正文中对 $\boldsymbol{Q}$ 和 $\boldsymbol{R}$ 的定义及损失函数的计算，得到调节因子的梯度为

$$\frac{\partial f}{\partial \alpha_x} = \frac{\partial f}{\partial \boldsymbol{Q}}\frac{\partial \boldsymbol{Q}}{\partial \alpha_x} = \boldsymbol{Q}_{x,0}(1,1)\frac{\partial f}{\partial \boldsymbol{Q}}(1,1) = \\ \boldsymbol{Q}_{x,0}(1,1)\Big[\big(\boldsymbol{I}-\boldsymbol{H}^{\mathrm{T}}(\boldsymbol{S}^{-1})^{\mathrm{T}}\boldsymbol{HP}^{\mathrm{T}}\big)(\boldsymbol{Kv}-\boldsymbol{b})\boldsymbol{v}^{\mathrm{T}}(\boldsymbol{S}^{-1})^{\mathrm{T}}\boldsymbol{H}\Big]_{1,1} \tag{3.38}$$

$$\frac{\partial f}{\partial \beta_x} = \frac{\partial f}{\partial \boldsymbol{R}}\frac{\partial \boldsymbol{R}}{\partial \beta_x} = r_{x,0}\Big[-2(\boldsymbol{S}^{-1})^{\mathrm{T}}\boldsymbol{HP}^{\mathrm{T}}(\boldsymbol{Kv}-\boldsymbol{b})\boldsymbol{v}^{\mathrm{T}}(\boldsymbol{S}^{-1})^{\mathrm{T}}\Big]_{1,1} \tag{3.39}$$

$\dfrac{\partial f}{\partial \alpha_y}$、$\dfrac{\partial f}{\partial \beta_y}$ 及 f 中关于 F 各元素的导数按照与式（3.38）和式（3.39）相同的方法给出，这里不再赘述。

在实际的场景中，往往量测信息只有目标的位置信息，因此只能使用目标的位置信息计算损失函数，而速度和加速度分量等的损失无法直接计算，从而导致速度和加速度对应的神经网络在单个时间步无法计算。但是，从式（3.35）～式（3.37）可以看到，其微分计算中包含了上一时间步信息，如 $P(k+1|k)$ 等，此时通过多个时间步的训练，形成类似循环时间网络的随时间反向传播（Back-Propagation Through Time，BPTT）算法[21]，从而使速度和加速度对应的神经网络权值得到训练。

得到调节因子 $\alpha(k)$、$\beta(k)$、$F_{\text{para}}(k)$ 输出端的梯度之后，通过神经网络学习算法，就能对状态转移矩阵、过程噪声协方差矩阵和量测噪声协方差矩阵的自适应调节策略进行学习，从而实现对机动目标的自适应跟踪。综上可知，状态转移矩阵、过程噪声协方差矩阵和量测噪声协方差矩阵的自适应调节策略是可以实现的。

3.3.3 端到端学习的循环 Kalman 目标跟踪算法

在 3.3.2 节已经论述过，从神经网络规模、算法复杂性及神经网络可以自适应调节等方面考虑，将 F、Q 及 R 建模为分块对角矩阵，此时 x、y 维是对称的。为方便描述，下面均从单个维度的角度对端到端学习的循环 Kalman 滤波的自适应调节原理进行论述。令 $\boldsymbol{\Gamma}(k)$ 为状态转移矩阵调节参数向量（其中每个元素 $\in (0,1)$），根据 Singer 模型的自适应调节方式，将加速度变化的机动目标的状态转移矩阵建模为

$$F(k) = \begin{bmatrix} 1 & T & \Gamma_1(k) \\ 0 & 1 & \Gamma_2(k) \\ 0 & 0 & \Gamma_3(k) \end{bmatrix} \quad (3.40)$$

对于 $Q(k)$、$R(k+1)$，将其分别建模为

$$Q(k) = \alpha(k)Q_0, \quad R(k+1) = \beta(k)R_0 \quad (3.41)$$

其中，$\alpha(k)$、$\beta(k) \in (0,1]$ 分别为过程噪声协方差矩阵和量测噪声协方差矩阵的幅度调节因子，是标量；Q_0、R_0 分别为初始化的过程噪声常数矩阵和量测噪声常数矩阵。令构造的神经网络模型为 Net，网络 k 时刻的输入为 $\mathbf{input}(k)$，则需要实现的模型为

第 3 章 结合式智能滤波方法

$$[\alpha(k) \quad \beta(k) \quad \kappa \cdot \boldsymbol{\Gamma}(k)]^{\mathrm{T}} = \mathrm{Net}(\mathbf{input}(k)) \tag{3.42}$$

其中，κ 为幅度常数向量，用于调控 $\boldsymbol{\Gamma}(k)$ 的不同分量在 $F(k)$ 中发挥的作用。

Kalman 算法结合神经网络，利用上一时刻状态和协方差，根据当前时刻的量测，得到当前时刻的状态估计和协方差，并修正中间参数 $\boldsymbol{Q}$、$\boldsymbol{R}$。将上一时刻状态和协方差作为隐藏信息，量测和状态估计分别作为输入和输出，此时算法可以视为一种广义的循环神经网络。为便于书写，后面将循环 Kalman 神经网络（Recurrent Kalman Neural Network）简称为 RKNN。

循环神经网络（Recurrent Neural Network，RNN）由于其特殊的时序结构，即使其内部结构简单（仅由 2 个激活函数和两层线性网络构成），仍然能够学习大量时序信息。同时，理论上，单隐藏层线性网络能够趋近于任何非线性函数。考虑到 Kalman 是一个时序处理问题，同时 $\boldsymbol{Q}$、$\boldsymbol{R}$ 两个参数与 Kalman 存在直接映射关系，不必使用那么复杂的网络，应充分利用时序信息的时间特征。因此，本节提出的 RKNN 网络模型结构如图 3.1 所示。

对于式（3.42）的网络模型，其输入 $\mathbf{input}(k)$ 由归一化的目标状态估计增量 $\tilde{x}_{\mathrm{normal}}(k|k)$、量测 $\tilde{z}_{\mathrm{normal}}(k+1)$ 及新息加权范数 $e_{\mathrm{normal}}(k)$ 组成，作为网络感知目标状态的依据。令 Linear 为单层线性网络，$\mathrm{normal}(\cdot)$ 为归一化处理，则图 3.1 中网络输入到输出计算如下：

$$e_{\mathrm{normal}}(k) = \mathrm{normal}\left(\boldsymbol{v}^{\mathrm{T}}(k)\boldsymbol{S}^{-1}(k)\boldsymbol{v}(k)\right) \tag{3.43}$$

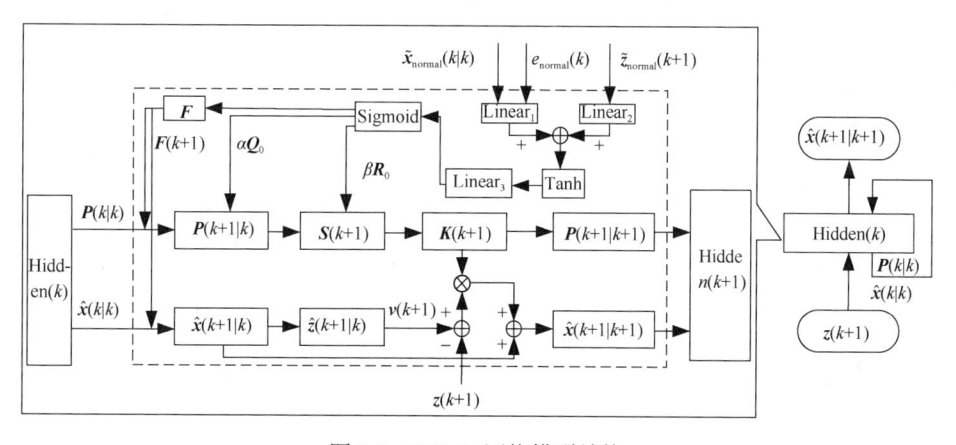

图 3.1 RKNN 网络模型结构

$$\tilde{\boldsymbol{x}}_{\mathrm{normal}}(k|k) = \mathrm{normal}\left(\hat{\boldsymbol{x}}(k|k) - \hat{\boldsymbol{x}}(k-1|k-1)\right) \tag{3.44}$$

$$\tilde{\boldsymbol{z}}_{\mathrm{normal}}(k+1) = \mathrm{normal}\left(\boldsymbol{z}(k+1) - \boldsymbol{z}(k)\right) \tag{3.45}$$

$$\mathrm{out}_1 = \mathrm{Linear}_1\left(\left[\tilde{\boldsymbol{x}}_{\mathrm{normal}}(k|k), e_{\mathrm{normal}}(k)\right]\right) \tag{3.46}$$

$$\text{out}_2 = \text{Tanh}\big(\text{out}_1 + \text{Linear}_2\big(\tilde{z}_{\text{normal}}(k+1)\big)\big) \tag{3.47}$$

$$\big[\alpha(k+1) \quad \beta(k+1) \quad \boldsymbol{\Gamma}^{\text{T}}(k+1)\big]^{\text{T}} = \text{Sigmoid}\big(\text{Linear}_3(\text{out}_2)\big) \tag{3.48}$$

根据循环网络特性，当设定好时间窗后，RKNN 就可以根据时间窗内的目标信息对 $\boldsymbol{Q}$、$\boldsymbol{R}$ 进行修正。令 RKNN 为 sequence-to-sequence 模式，w 为时间窗长度，即

$$\{\hat{\boldsymbol{x}}(k|k)\}_i^{i+w} = \text{RKNN}\Big(\{\boldsymbol{z}(k)\}_i^{i+w}\Big)_{\text{hidden}(i-1)} \tag{3.49}$$

RKNN 的误差回传就可以通过 3.3.2 节的推导传递到神经网络的输出端。

w 的值需要合理选择，一方面目标当前时刻状态依赖的历史信息时间段不会太长，若 w 的值过小，则无法让网络获取足够的历史经验信息；另一方面，w 的值太大使得在 BPTT 反向传播中，会出现梯度消失的问题（同 RNN 梯度消失原理）。

总结 RKNN 计算流程如下。

（1）选择 $\boldsymbol{Q}_0$、$\boldsymbol{R}_0$ 参数值，初始化目标状态向量和协方差矩阵，采用 Kalman 算法进行一步或多步跟踪，得到较为稳定的初始状态和新息。

（2）通过历史信息和当前量测，根据式（3.43）~式（3.45）计算神经网络当前时刻输入，再将由式（3.46）~式（3.48）表示的神经网络结合式（3.40）~式（3.41），计算得到 $\boldsymbol{F}(k)$、$\boldsymbol{Q}(k)$ 及 $\boldsymbol{R}(k+1)$。

（3）将流程（2）得到的 $\boldsymbol{F}(k)$、$\boldsymbol{Q}(k)$ 及 $\boldsymbol{R}(k+1)$ 代入 Kalman 滤波公式［式（3.9）~式（3.15）］，根据上一时刻状态 $\hat{\boldsymbol{x}}(k)$、$\boldsymbol{P}(k)$，计算得到当前时刻估计 $\hat{\boldsymbol{x}}(k+1)$、$\boldsymbol{P}(k+1)$。

（4）若为训练阶段，则重复流程（2）~（3）完成一个时间窗（w 次）后，计算时间窗内平均误差值，进行误差反向传播训练 RKNN，返回流程（2），重复流程（2）~（4）直到目标轨迹结束；若为跟踪阶段，则返回流程（2），重复流程（2）~（4）直到目标轨迹结束。

3.3.4 数据集生成与算法训练

为便于分析算法性能，采用仿真数据集对 RKNN 进行训练。本节构建了二维飞行目标轨迹数据集用于 RKNN 的训练。令目标的状态向量为 $\boldsymbol{X}_k = [x_k \quad \dot{x}_k \quad \ddot{x}_k \quad y_k \quad \dot{y}_k \quad \ddot{y}_k]^{\text{T}}$。飞行目标运动有三个基本模型，即匀速（CV）、匀加速度（CA）和协同转弯（CT），目标的整个运动过程通常可以采用这三个模型组合描述；另外，其他复杂的机动或者运动模型，如导弹或飞机突防常用的蛇形机动、螺旋机动，以及战机常用的战术机动动作等都能通过 CV、CA 及

CT 的组合或者在不同维度分解组合（近似）得到，因此通常使用这三个模型来构建目标运动的数据集[22-23]。

应该注意的是，这三个模型不能完全描述实际应用中的所有运动状态。我们应该根据目标的特点设计更精细的模型集或使用真实的轨迹数据集以获得更好的跟踪性能。假设目标整个轨迹分为 4 个阶段，其中目标起始和结束均为 CV 模型，中间两个阶段为 CA 模型、CT 模型随机前后顺序，这样就能保证出现三个模型间的机动切换。另外假设目标的速度不超过音速，为确保有一定的冗余空间，令目标的最大速度为 ±400 m/s。数据集生成规则如表 3.1 所示。

表 3.1 数据集生成规则

参数	数值	参数	数值
轨迹持续时间/s	100	采样率/Hz	2
轨迹点数目	200	起点位置/km	rand(5,7)
起点速度/（m/s）	rand(−400,400)	转弯率/[（°）/s]	rand(0, ±15)
最大速度/（m/s）	400	最大转弯角度/°	270
初始 CV 模型运动时间/s	rand(15,30)	CA 模型、CT 模型运动时间/s	rand(15,30)

其中，rand(a, b)表示 a 到 b 之间的均匀分布。轨迹结束的 CV 模型运动时间视前面三个模型的运动时间而定，目的是使得总的运动时间为 100s。另外，CA 模型为直线匀加速度模型，因此当轨迹机动模型在 t s 内由 CV 模型或 CT 模型切换到 CA 模型时，其加速度的向量方向 θ_{a_t} 必须与 $(t-1)$ s 时的速度方向 $\theta_{v_{t-1}}$ 保持相同，同时 CA 模型加速度 a_t 向量模的设置由目标在 $(t-1)$ s 时的速度 $|v_{t-1}|$、数据集最大速度 $V_{\max}$ 及运动时间 T_{CA} 决定：

$$|a_t|=\text{rand}\left(0,(V_{\max}-|v_{t-1}|)/T_{CA}\right), \quad \theta_{a_t}=\theta_{v_{t-1}} \quad (3.50)$$

在式（3.50）和表 3.1 中，速度和加速度的值均指线速度和线加速度。根据 CT 模型的定义，令其转弯率为 ω，并在 $T_{CT}=[t_1,t_2]$ 内运动，则其加速度为

$$a_t=\left[-v_t^y\omega, v_t^x\omega\right]^T, \quad t\in T_{CT} \quad (3.51)$$

结合式（3.50）和式（3.51），以及表 3.1 的参数值可知，本节所生成的数据集的加速度幅值上限为 $|a|=26.6\text{m/s}^2$。需要说明的是，表 3.1 中轨迹持续时间、起点位置等与目标运动能力、机动能力无关的参数的设置不影响 RKNN 等神经网络的学习效果，因为这些与目标机动能力无关的参数会通过归一化等方式进行消除，网络本身学习的目标就是机动自适应。

按照表 3.1 产生 4000 条轨迹并作为训练集，将轨迹绘成图 3.2。

(a）训练集轨迹整体　　　　　　（b）训练集轨迹局部放大

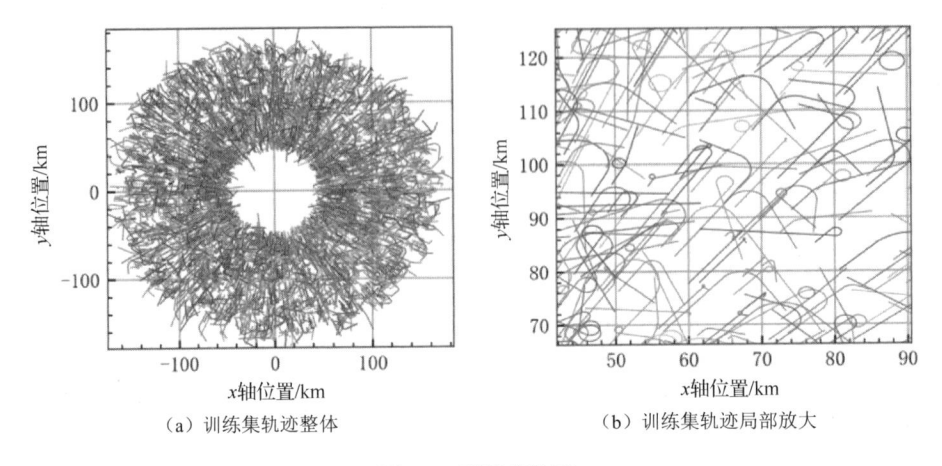

图 3.2　训练集轨迹

虽然表 3.1 并不能描述现实世界中的绝大部分目标的运动轨迹特点，但是其运动参数也涵盖了大部分的实际目标，如民航目标。为了使训练更为集中化和避免其他特殊目标的运动参数对训练效果产生影响，构建了表 3.1 的数据集。对于特殊目标，如军用目标，特别是战机，其最快飞行速度往往能达到 2 马赫以上（约 700m/s），飞行员能承受的最大过载也就是最大加速度能达到 80m/s^2，导弹的相关参数数值会更高，超出表 3.1 的参数范围，因此在实际的目标跟踪中，应根据目标性能和场景，使用真实数据集或者合理构造仿真数据集。但是实际上，在民用领域中易获取质量较好的目标轨迹数据集，如自动监视广播（Automatic Dependent Surveillance-Broadcast，ADS-B）；而军用领域则很难获取较高质量和规模的数据集用于网络训练。混合驱动算法能够根据数据集特点调整神经网络归一化参数来进行数据集的泛化，在 3.5 节将会对此进行研究和测试。因此，最终构建了表 3.1 的数据集来尽可能涵盖大部分目标，特殊目标则通过算法的数据集泛化能力进行跟踪。

下面进行网络训练。Linear$_1$ 及 Linear$_2$ 的输入维度大小分别为 4 和 2；本节中设定这两个线性层输出维度（隐藏层大小）或 Linear$_3$ 的输入维度为 40。网络输入的归一化规则为

$$\tilde{\boldsymbol{x}}_{\text{normal}}(k|k) = \frac{(\hat{\boldsymbol{x}}(k|k) - \hat{\boldsymbol{x}}(k-1|k-1))}{V_{\max}} \tag{3.52}$$

$$\tilde{\boldsymbol{z}}_{\text{normal}}(k+1) = \frac{(\boldsymbol{z}(k+1) - \boldsymbol{z}(k))}{V_{\max}} \tag{3.53}$$

$$e_{\text{normal}}(k) = \frac{(\boldsymbol{v}^{\text{T}}(k)\boldsymbol{S}^{-1}(k)\boldsymbol{v}(k))}{e_{\max}} \tag{3.54}$$

由于目标轨迹序列数值是在初始位置的基础上发生变化的，而目标的初始位置数值变化区间较大，会对归一化因子的选择、归一化后的数值压缩程度产生负面影响，因此在式（3.52）～式（3.54）中通过对目标状态和量测的前后增量进行归一化来消除初始状态这一"直流分量"的影响。式（3.54）通常用于目标机动检测中的归一化新息平方计算。

当目标的采样率高于1Hz时，其位置增量不会超过最大速度大小，根据表3.1，V_{max}=400m/s。归一化新息加权范数的最大值，根据经验，设定为e_{max}=10。

由于在RKNN中，Q、R根据式（3.41）进行调节，Sigmoid层会使得α、β输出在区间[0,1]中，理论上只要将Q_0、R_0设定为大于实际量测和过程噪声方差即可，这样网络能够进行自适应调整。幅度参数设置为$\kappa = \begin{bmatrix} 1 & 1 & 1.5 \end{bmatrix}$，这是给$F$的加速度维增加更大的幅度上限，使得面对机动时加速度能够有足够的调节空间。

根据3.3.2节和3.3.3节的论述，为更加符合实际情况，RKNN只计算目标的位置误差，并累积w时间的跟踪步数之后进行算法训练，使得速度维、加速度维能够得到训练。令$X_{i,j}$、$\hat{X}_{i,j}$分别为一个batch中第j条轨迹的当前时间内的第i个真实目标位置和估计目标位置，则误差通过以下公式进行计算：

$$\mathrm{loss}(\hat{X}, X) = \frac{1}{\mathrm{batch}} \sum_{j=1}^{\mathrm{batch}} \left(\sum_{i=1}^{200} \sqrt{\left\| X_{i,j} - \hat{X}_{i,j} \right\|_2^2} \right) \quad (3.55)$$

其中，$\|\cdot\|_2$为向量的2范数，也称为欧几里得误差（Euclid Error，EE）。时间窗口l在本节中设置为5s。

由于训练集含有噪声，为了提高网络的泛化能力，减少过拟合，采用蒙特卡罗的方式进行训练，即每轮训练开始时，数据集重新添加量测噪声再送入网络进行训练。虽然这样会使得训练精度降低及训练出现波动，但是能够使得网络更准确地学习到数据的概率分布。

本节使用Python3.7作为编程语言，PyTorch[24]作为深度学习框架。训练集batch大小为4000，训练轮数为200，初始学习率设为0.001，使用余弦退火函数进行学习率调整，衰减的半周期为200轮，即第200轮学习率将衰减到一半。

每轮训练完成后，将所有轨迹、所有时间窗的loss均值作为该轮整体loss，即整个训练集上的平均欧几里得误差（Average EE，AEE）。令训练集噪声方差为r，记录RKNN在180轮后收敛的最小误差，如表3.2所示。

表 3.2 RKNN 最小误差记录

序号	r/m^2	q_0/m^2	r_0/m^2	w/s	loss（最小）/m
1	900	9	4900	5	24.5685
2	2500	9	4900	5	38.4161
3	4900	9	4900	5	51.2122

从表 3.2 可以看到，RKNN 模型训练最后能够收敛，且过滤了约 50%的量测噪声，量测噪声越大，降低幅度越大。参数设置要求不高，对于 q_0、r_0，只要设置一个较大的值，在大于或等于目标噪声参数阈值的情况下，算法训练时能够自动调节，鲁棒性较强。

3.3.5 仿真实验与结果分析

在算法训练好之后，需要进行算法测试。为了体现 RKNN 的性能和自适应能力，将 RKNN 与经典算法同时进行测试与比较。对比算法分别采用 CS、Singer 及 IMM。

1. 测试集测试

首先在测试集上测试 RKNN 的跟踪性能。测试集包含不同运动参数的轨迹，能够检验算法的鲁棒性和环境适应能力。使用表 3.1 随机生成 200 条轨迹作为测试集。选用表 3.2 中序号为 2 的环境训练得到的网络进行测试。

测试集上叠加标准差为 50m 的高斯白噪声。由于采用的是整个测试集，先验知识很粗糙，因此将 CS 算法机动频率设为 1/20，最大加速度设为 60m/s²；Singer 算法机动频率设为 1/20，最大加速度设为 60m/s²，最大加速度概率设为 0.9，加速度为 0 的概率设为 0.1；CS 模型及 Singer 模型过程噪声均设为 1m。IMM 采用过程噪声方差为 0.01m² 的匀速直线 Kalman 模型，以及过程噪声方差分别为 1m²、10m² 的匀加速 Kalman 模型，IMM 的模型转移矩阵设为

$$\pi = \begin{bmatrix} 0.8 & 0.1 & 0.1 \\ 0.1 & 0.8 & 0.1 \\ 0.1 & 0.1 & 0.8 \end{bmatrix} \qquad (3.56)$$

然后在测试集上进行 4 种算法的跟踪仿真，分别计算 4 种算法滤波得到的位置的平均欧几里得误差（Average Euclid Error of Position，AEE-P）和欧几里得峰值误差（Peak Euclid Error of Position，PEE-P），以及速度的平均欧几里得误差（Average Euclid Error of Velocity，AEE-V）和欧几里得峰值误差（Peak

Euclid Error of Velocity, PEE-V)。需要说明的是,为了避免算法初始化影响整体指标计算,从第 5s 开始计算上述指标(后续的表格均进行该处理)。另外,记录 4 种算法在容量为 200 条轨迹的测试集上的运行时间。将上述指标记录于表 3.3 中。

表 3.3 测试集上跟踪精度对比

算法	AEE-P/m	PEE-P/m	AEE-V/(m/s)	PEE-V/(m/s)	运行时间/s
RKNN	37.5291	189.656	22.0385	193.907	0.1564
Singer	44.6995	161.289	39.1949	156.461	0.0664
CS	47.2524	531.183	33.6083	393.080	0.1153
IMM	37.8408	227.090	21.2895	248.766	0.6107

从表 3.3 可以看到,RKNN 的 AEE-P 与训练时几乎相同,说明算法并没有过拟合。从跟踪效果来看,RKNN 相较于其他三种算法,在跟踪精度上虽然不是每个指标都占优,但是均处于前二的水平。综合来看,RKNN 的整体性能最优,鲁棒性最强。由于无法从整体指标上分析出各算法指标数据对应的原理和原因,以及它们的优劣势,因此需要进一步的机动目标跟踪仿真才能做进一步分析。

从 4 种算法的时间结果来看,RKNN 的时间耗费约为 Singer 的 2 倍,IMM 的 1/4,从测试集的跟踪性能来看,RKNN 虽然牺牲了少量计算效率,但比 CS、IMM 获得了更多的收益。从时间复杂度上分析,令 n 为目标状态维度,则可以计算出 Singer、CS 和 IMM 的单次迭代时间复杂度分别为 $O(2n^3)$、$O(2n^3)$ 和 $O(6n^3)$(为了便于对比,保留了频度最高阶项系数,IMM 模型数量为 3,故滤波频次为 3 倍,消耗时间为 3 倍);对于 RKNN,其使用的神经网络简单,中间的唯一参数为隐藏层大小 h,令量测维度为 m,神经网络输出维度为 o,则根据式(3.46)~式(3.48),以及对比算法的复杂度,可以得到 RKNN 的复杂度为

$$O_{\text{RKNN}} = O(2n^3) + T(2hm + hn + oh + 2o) \quad (3.57)$$

其中,T 表示时间频度,可见 RKNN 较之 Singer、CS,增加的运算成本不高,不存在高阶复杂度项,而 IMM 的时间复杂度最高,增长最快。

2. 机动目标跟踪实验

为了进一步分析 RKNN 的性能和特点,下面从单个轨迹的角度进行机动目标跟踪实验。

在这个部分中,从单条轨迹上进行跟踪实验。每条轨迹进行 200 次蒙特卡

罗仿真实验，使用均方根误差（Root Mean Squared Error，RMSE）作为评价指标，令 $X_{i,k}$、$\hat{X}_{i,k}$ 分别为第 i 次实验目标的第 k 个真实状态和估计状态，n 为蒙特卡罗实验次数，则 RMSE 定义为

$$\text{RMSE}=\sqrt{\frac{1}{n}\sum_{i=1}^{n}\left(X_{i,k}-\hat{X}_{i,k}\right)^2} \quad (3.58)$$

首先从测试集中抽选两条轨迹，进行蒙特卡罗仿真实验。根据仿真实验，可以得到这两条轨迹的位置 RMSE 和速度 RMSE 对比图，如图 3.3 所示。

(a) 轨迹 1 位置 RMSE 对比

(b) 轨迹 1 速度 RMSE 对比

(c) 轨迹 2 位置 RMSE 对比

(d) 轨迹 2 速度 RMSE 对比

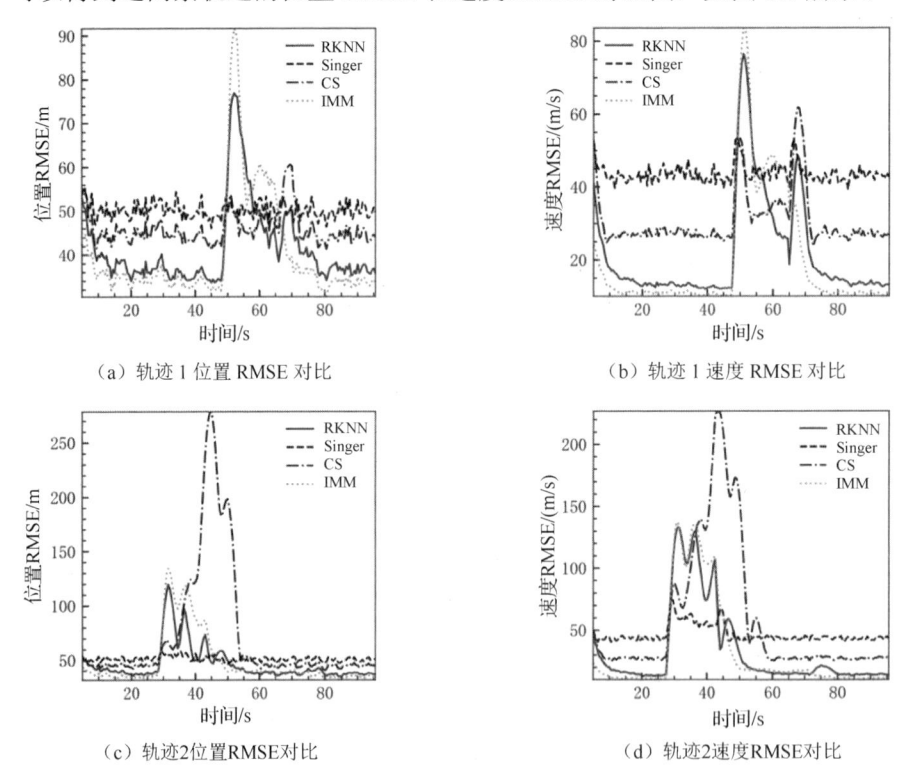

图 3.3　测试集中两条轨迹跟踪 RMSE 对比

然后从 200 次蒙特卡罗实验中随机抽选一次实验，两条轨迹的估计轨迹（为了便于观察，对其局部放大）如图 3.4 所示。

图 3.5 展示了测试集中两条轨迹的估计加速度对比。

本节提出的端到端学习的循环 Kalman 目标跟踪算法实际上通过各种调节参数综合调节目标加速度，从而达到适应目标机动的目的，因此图 3.5 能在一定程度上对图 3.3 和图 3.4 中的 RKNN 的跟踪表现进行补充解释。

第 3 章 结合式智能滤波方法

(a) 轨迹1的估计轨迹

(b) 轨迹1的估计轨迹局部放大

(c) 轨迹2的估计轨迹

(d) 轨迹2的估计轨迹局部放大

图 3.4 测试集中两条轨迹的估计轨迹对比

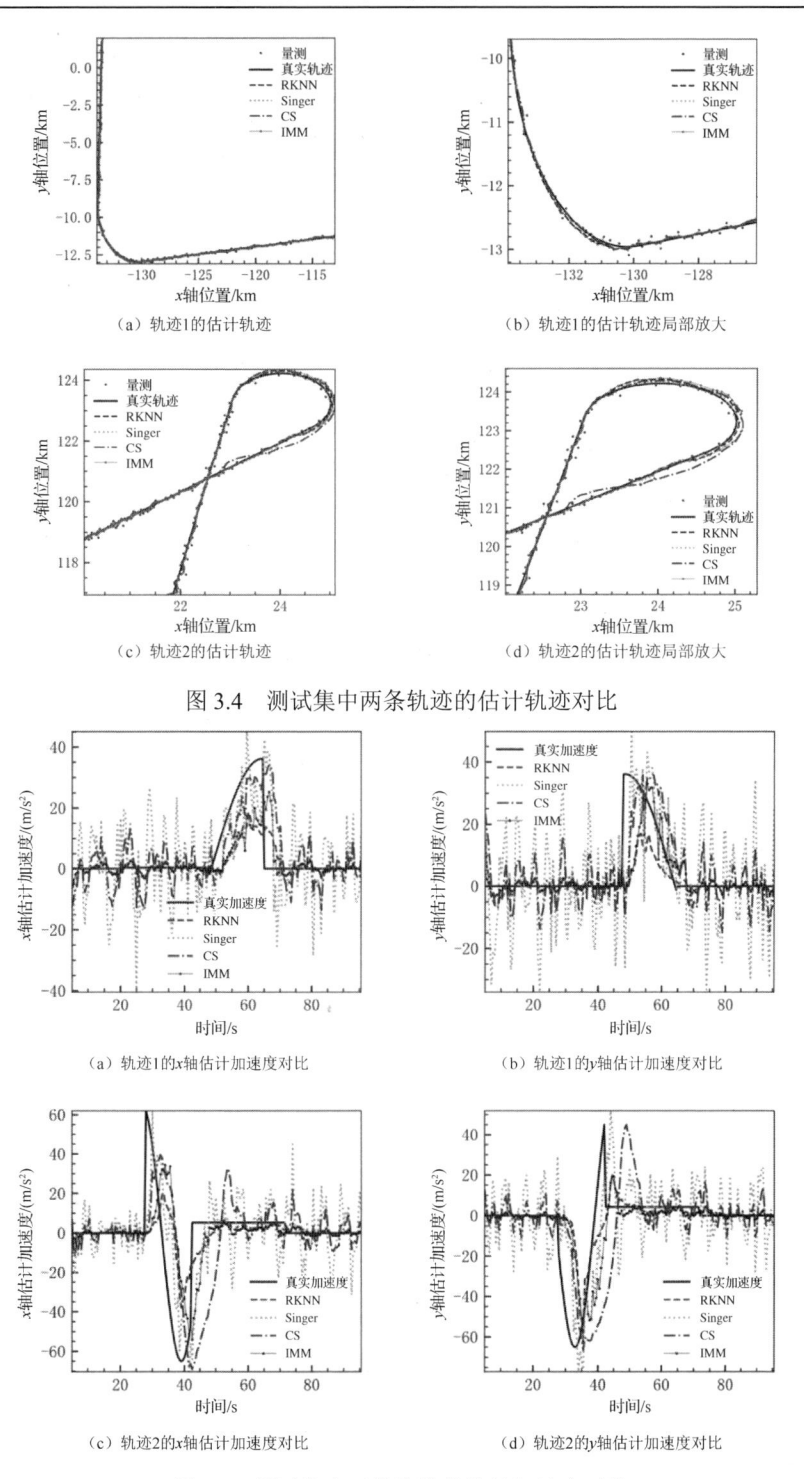

(a) 轨迹1的x轴估计加速度对比

(b) 轨迹1的y轴估计加速度对比

(c) 轨迹2的x轴估计加速度对比

(d) 轨迹2的y轴估计加速度对比

图 3.5 测试集中两条轨迹的估计加速度对比

计算图 3.3 中两条轨迹的蒙特卡罗实验的位置的平均 RMSE（Average RMSE of Position，ARMSE-P）和峰值 RMSE（Peak RMSE of Position，PRMSE-P），以及速度的平均 RMSE（Average RMSE of Velocity，ARMSE-V）和峰值 RMSE（Peak RMSE of Velocity，PRMSE-V），记录于表 3.4 中。

表 3.4 测试集中两条轨迹跟踪误差对比

轨迹	算法	ARMSE-P/m	PRMSE-P/m	ARMSE-V/(m/s)	PRMSE-V/(m/s)
1	RKNN	42.2863	80.0581	22.1644	77.2116
1	Singer	51.0338	57.9159	44.3064	55.8639
1	CS	47.0264	64.7211	31.4600	63.8929
1	IMM	41.1345	94.9291	20.3772	84.3685
2	RKNN	46.1330	121.375	33.5569	131.793
2	Singer	50.9239	56.5703	46.4928	70.8338
2	CS	71.8565	281.106	57.6500	227.360
2	IMM	48.1327	135.686	32.5376	136.135

从图 3.3 中可以看到，本节提出的端到端学习的循环 Kalman 目标跟踪算法（RKNN）首先与单模型的 Singer 和 CS 比较，RKNN 在模型稳定区域，特别是小机动或者直线运动阶段的位置和速度的估计精度大幅上升，如图 3.3（a）中的 20~40s 区域所示。这是因为 RKNN 通过调节因子的调整，不断自适应目标机动，从而使稳定区域的跟踪精度上升。RKNN 的自适应调整使得算法切换状态的难度加大，从而导致算法的峰值误差增加，如图 3.3（a）中的 50s 附近区域所示，这是不可避免的。正如 CS 相对于 Singer，提高了跟踪区域的跟踪精度，但导致峰值误差增加。因为 Singer 在整个跟踪过程中精度较差，没有对目标状态做出明显的判断，所以其整体跟踪平稳，峰值误差小。

相对于 IMM，由于 IMM 集中包含部分正确模型，如 CV 模型，同时由于 RKNN 的状态转移矩阵 F 调节因子 $\varGamma$ 难以完全保持为 0（保持在 CV 模型状态），因此 RKNN 在图 3.3 中的跟踪稳定阶段的精度稍微高于 IMM。由于 RKNN 通过神经网络学习了算法的机动调整策略，因此相较于 IMM，其在图 3.3 中具有更快的机动反应速度和更低的跟踪误差。结合表 3.3 的算法运行时间，RKNN 仅以 IMM 的 1/4 的计算规模就能得到接近甚至部分性能优于 IMM 的跟踪效果。

从两个场景综合来看，CS 在图 3.3（c）和图 3.3（d）中出现了跟踪不稳定的现象，导致其峰值误差非常大，结合表 3.3 中 CS 的峰值误差，印证了直接引入人工经验参数或者自适应函数会降低算法的鲁棒性和环境自适应能力。RKNN 通过端到端学习，使得数据驱动模块和模型驱动模块深度耦合，提高了算法的鲁棒性和环境适应能力。从图3.5中可以看到，相比于其他三种算法，RKNN 的估计加速度更加平滑和保守，机动调节过程波动较小，使其在图3.6中的估计轨迹更加平滑。

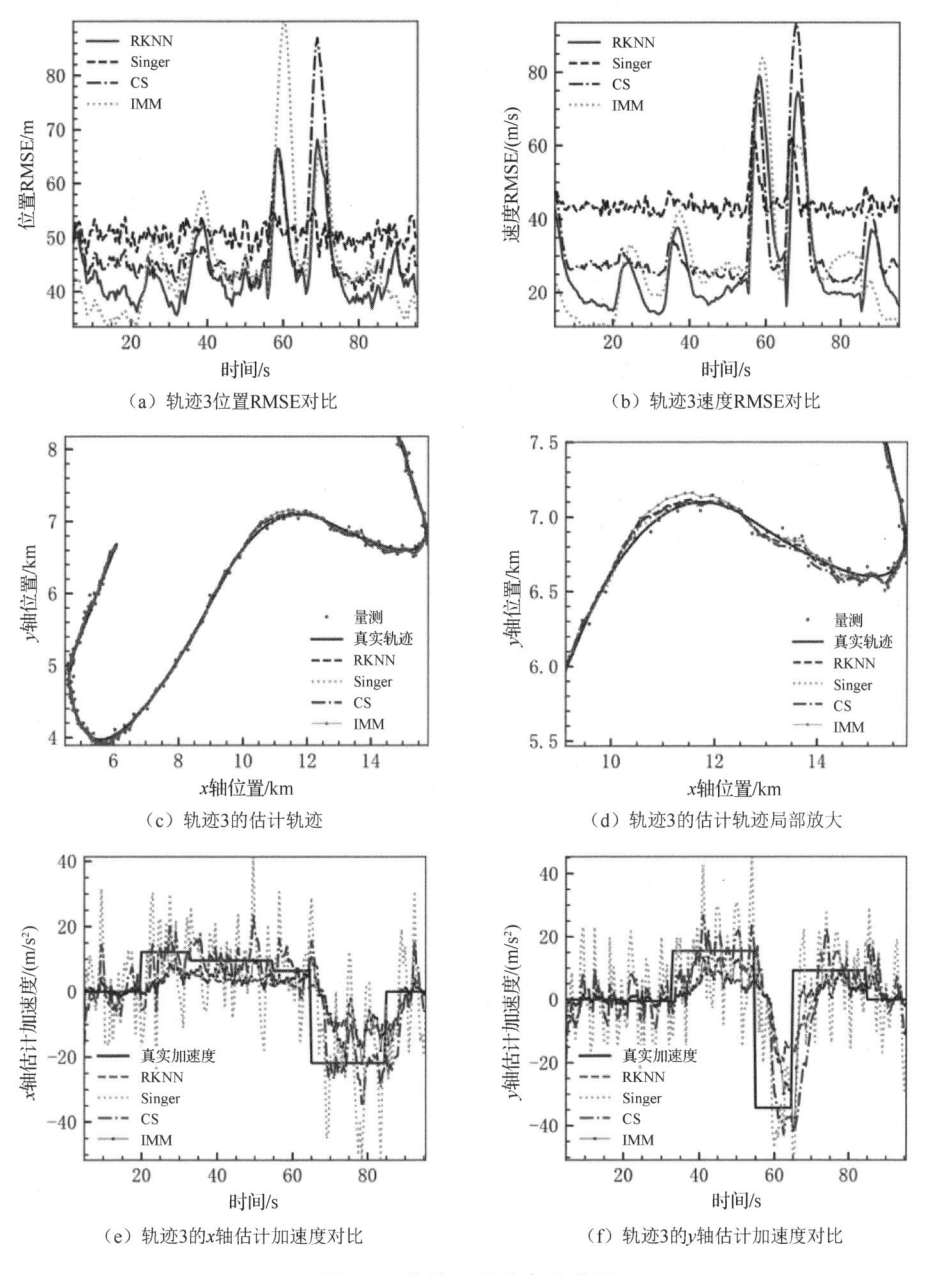

(a) 轨迹3位置RMSE对比

(b) 轨迹3速度RMSE对比

(c) 轨迹3的估计轨迹

(d) 轨迹3的估计轨迹局部放大

(e) 轨迹3的x轴估计加速度对比

(f) 轨迹3的y轴估计加速度对比

图3.6 轨迹3跟踪实验结果

综上分析，解释了表 3.3 和表 3.4 中 Singer 的峰值误差相对最小的原因，由于 CS 不稳定，因此会出现峰值误差变化较大的现象。同时，由于 IMM 在 CV 等小机动目标稳定区域具有正确模型，因此其平均误差比 RKNN 更低一些；而 RKNN 通过端到端学习具有更强的机动调节能力，因此其峰值误差比 IMM 更低。

以上为测试集中抽选的两条轨迹的跟踪实验。为了进一步验证本节提出的 RKNN 算法的性能，在与表 3.1 数据集不同构的轨迹上进行目标跟踪实验。考虑到 RKNN 是通过综合调节加速度来适应机动的，在满足最大速度等要求下构建了一条仿真轨迹，进行了 200 次蒙特卡罗实验，得到的实验结果如图 3.6 和表 3.5 所示。

表 3.5 轨迹 3 跟踪误差对比

算法	ARMSE-P/m	PRMSE-P/m	ARMSE-V/（m/s）	PRMSE-V/（m/s）
RKNN	43.9274	68.6277	27.5339	77.9978
Singer	50.9246	56.1534	44.5101	61.2360
CS	47.6392	85.6045	32.6315	91.6834
IMM	45.8781	88.8551	28.3137	83.6596

由于加速度机动更加便于观察 RKNN 调节因子的变化情况，因此将 RKNN 的 x 轴和 y 轴调节因子 α、β、Γ 随加速度变化的情况展示于图 3.7。

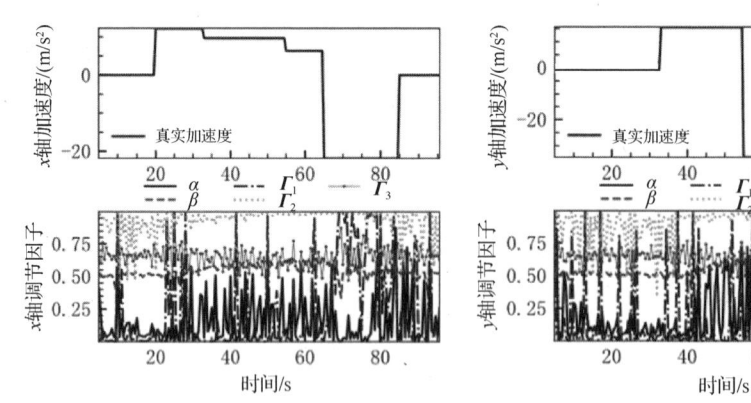

(a) 轨迹 3 的 x 轴调节因子随加速度变化的情况 (b) 轨迹 3 的 y 轴调节因子随加速度变化的情况

图 3.7 轨迹 3 调节因子随加速度变化的情况

在图 3.6 和表 3.5 中，4 种算法具有与前面测试集的两条轨迹的跟踪实验相同的特点和规律，这里不再赘述。同时证明了 RKNN 泛化性较好，在其他数据集中仍能保持其优势。

从图 3.7 可以看到，RKNN 的调节因子在目标加速度变化之后，经过短暂的延迟，α、Γ 开始发挥调节作用，而其中主要是 α 和 Γ_1 对目标机动（加速度做出明显响应，这是因为 RKNN 只使用了位置计算误差），从式（3.40）可以看到，Γ_1 表示加速度对目标位置的作用，因此 Γ_1 训练程度较深；对于 β，其稳定在 0.5 左右，RKNN 量测噪声方差阈值设定为 $4900m^2$，轨迹的量测噪声方差为 $2500m^2$，因此 β 的值是正确的，也说明了 RKNN 在量测噪声方面的自适应能力。

结合本节所有仿真结果及表 3.3 中的算法运行时间可以看到，本节提出的端到端学习的循环 Kalman 目标跟踪算法（RKNN）几乎不需要先验知识就可以在综合跟踪能力方面优于其他三种目标跟踪算法。虽然对比算法的先验知识不一定设置精确，精度还可以更高，但是这也说明了 RKNN 的优越性，并不需要根据环境仔细调整其先验预测参数便可以直接用于跟踪，环境适应能力很强。从成本上考虑，RKNN 借鉴循环神经网络的结构，只用很简单的神经网络就能对目标的时序信息进行处理和记忆，因此只需牺牲很小的效率，就可以在稳定性、适应性及综合跟踪能力三方面优于其他三种目标跟踪算法，运行时间更是只有 IMM 的 20%。

从实际应用考虑，由于 RKNN 使用了端到端学习的方法，因此几乎不需要对数据集进行预处理，也不需要对目标航迹进行分类、筛选等处理，就可以直接用于算法训练。并且 RKNN 完全保留了 Kalman 滤波器的输入、输出和中间参数，可以直接应用于以 Kalman 为基础的目标跟踪算法和系统中，易于部署和应用。

因此，在面对未来愈发复杂的跟踪环境和复杂运动目标，本节提出的端到端学习的循环 Kalman 目标跟踪算法具有较大的发展价值和实际意义。

3.4 IMM 和深度学习混合驱动的目标跟踪算法

3.3 节提出了端到端学习的循环 Kalman 目标跟踪算法（RKNN），通过仿真验证了其性能的优越性。在与 IMM 对比时发现，IMM 在模型精确的阶段比 RKNN 有更高的跟踪精度，RKNN 这类单模型算法难以精确表达不同的运动模型，因此对模型的辨别能力也较差，比 IMM 可解释性差。因此，探索多模型类的自适应跟踪算法具有实际意义。本节在分析 IMM 存在的不足的基础上，研究并提出了基于 IMM 和深度学习混合驱动的目标跟踪算法。

3.4.1　IMM 算法

IMM 算法由 Markov 链描述模型间的切换过程，由交互作用生成各个并行工作的模型和滤波器的输入状态与协方差矩阵，并通过计算得到的模型概率对各模型的输出加权得到最后的融合输出。

假设 IMM 使用的模型数目为 N，模型集为 $\mathbb{M}=\{M_1,M_2,\cdots,M_N\}$，定义模型转移概率矩阵（Markov 矩阵）为

$$\boldsymbol{\Pi}=\begin{bmatrix} p_{11} & p_{12} & \cdots & p_{1N} \\ p_{21} & p_{22} & \cdots & p_{2N} \\ \vdots & \vdots & & \vdots \\ p_{N1} & p_{N2} & \cdots & p_{NN} \end{bmatrix},\quad \sum_{j=1}^{N} p_{ij}=1,\ i=1,2,\cdots,N \quad (3.59)$$

令 $\hat{\boldsymbol{X}}^j(k-1|k-1)$ 和 $\boldsymbol{P}^j(k-1|k-1)$ 分别为模型 j 在 $k-1$ 时刻输出的状态估计和相应的协方差矩阵。$\hat{\boldsymbol{X}}^j(k-1|k-1)$ 交互作用后的输出为 $\hat{\boldsymbol{X}}^{oj}(k-1|k-1)$。$\boldsymbol{u}(k)$ 为模型概率向量。IMM 算法主要流程如下[25]：

（1）状态估计的交互作用。计算第 j 个模型在 k 时刻交互后的目标状态 $\hat{\boldsymbol{X}}^j(k-1|k-1)$ 和协方差输入 $\boldsymbol{P}^{oj}(k-1|k-1)$。

$$\hat{\boldsymbol{X}}^{oj}(k-1|k-1)=\sum_{i=1}^{N}\hat{\boldsymbol{X}}^i(k-1|k-1)\boldsymbol{u}_{k-1|k-1}(i|j) \quad (3.60)$$

$$\begin{cases} \boldsymbol{u}_{k-1|k-1}(i|j)=\dfrac{1}{\bar{C}_j}p_{ij}\boldsymbol{u}_{k-1}(i|j) \\ \bar{C}_j=\sum_{i=1}^{N}p_{ij}\boldsymbol{u}_{k-1}(i) \end{cases} \quad (3.61)$$

$$\tilde{\boldsymbol{X}}^j(k-1|k-1)=\hat{\boldsymbol{X}}^i(k-1|k-1)-\hat{\boldsymbol{X}}^{oj}(k-1|k-1) \quad (3.62)$$

$$\boldsymbol{P}^{oj}(k-1|k-1)=\sum_{i=1}^{N}\boldsymbol{u}_{k-1}(i|j)[\boldsymbol{P}^i(k-1|k-1)+\tilde{\boldsymbol{X}}^j(k-1|k-1)(\tilde{\boldsymbol{X}}^j(k-1|k-1))^{\mathrm{T}}]$$

$$(3.63)$$

（2）模型修正。将上一步得到的 $\hat{\boldsymbol{X}}^{oj}(k-1|k-1)$ 和 $\boldsymbol{P}^{oj}(k-1|k-1)$ 与量测 $\boldsymbol{Z}(k)$ 一起输入模型 j 中，通过滤波（采用 Kalman 滤波器或不敏 Kalman 滤波器，依据模型的线性与否决定）可以获得对应模型在 k 时刻的目标状态估计 $\hat{\boldsymbol{X}}^j(k|k)$ 和协方差矩阵估计和 $\boldsymbol{P}^j(k|k)$，以及对应模型滤波器的新息及其协方差矩阵估计 $\boldsymbol{v}_k^j$、$\boldsymbol{S}_k^j$。

（3）模型似然函数计算。依据上一步得到的结果，可以计算模型的似然函数为

$$\Lambda_k^j = \frac{1}{\sqrt{|2\pi S_k^j|}} \exp\left[-\frac{1}{2}(v_k^j)^{\mathrm{T}}(S_k^j)^{-1}v_k^j\right] \quad (3.64)$$

（4）模型概率更新：

$$u_k(j) = \frac{1}{C}\Lambda_k^j \overline{C}_j, \quad C = \sum_{i=1}^{N}\Lambda_k^i \overline{C}_i \quad (3.65)$$

（5）目标状态估计和协方差矩阵估计融合输出。将更新的模型概率对模型的输出进行加权，可以得到算法最后的输出：

$$\hat{X}(k|k) = \sum_{i=1}^{N}\hat{X}^i(k|k)u_k(i) \quad (3.66)$$

$$P(k|k) = \sum_{i=1}^{N}u_k(i)[P^i(k|k) + (\hat{X}^i(k|k) - \hat{X}(k|k))(\hat{X}^i(k|k) - \hat{X}(k|k))^{\mathrm{T}}]$$

$$(3.67)$$

此时完成 IMM 算法的一次迭代过程。

3.4.2 端到端学习的自适应 IMM 算法原理

根据 IMM 算法的迭代过程，下面来做定性分析。假设 $k-1$ 时刻目标的匹配模型为 M_1，当目标 k 时刻未发生机动时，其他模型转移到 M_1 的概率 p_{j1}（$j=1,2,\cdots,N$）应该增大，M_1 转移到其他模型的概率 p_{1j} 应该减小，这样才能使 M_1 的概率 u_k^1 增加或者保持在较高水平，使得跟踪精度增加；当目标 k 时刻发生机动时，假设此刻匹配模型为 M_2，为了切换模型，使得 u_k^2 尽快增加，则应该增大 p_{j2}，减小 p_{2j}。

IMM 算法本质上通过模型似然概率 Λ_k 判断目标的机动状态，并根据上一时刻模型概率 u_{k-1} 及 Markov 矩阵 Π_{k-1} 实现对 u_k 的估计。因此 Λ_k、u_{k-1} 的变化指示了目标的机动状态，也就是说它们可以用于进行 Markov 矩阵调节，即存在以下函数：

$$\Pi(k) = f_{\Pi}\left(\Pi(k-1),\Lambda_k,u_k\right) \quad (3.68)$$

其中，$\Pi(k-1)$ 用于辅助 $\Pi(k)$ 的调节，提高 $\Pi(k)$ 估计的稳定性。

由于在真实环境下，噪声和目标机动会使得 $f_{\Pi}(\cdot)$ 难以被数学建模，以及难以得到具体的函数表达式，因此已有的文献只能通过经验使用其他函数对其进行近似。这样构造出的 $f_{\Pi}(\cdot)$ 适用范围有限，参数敏感，稳定性较差，并且由于机动延迟，$f_{\Pi}(\cdot)$ 存在正反馈，可能出现延长机动切换甚至无法切换的情况。

神经网络对非线性函数具有强大的拟合能力，理论上单隐藏层神经网络能逼近任意复杂度的连续函数。对于 $f_\Pi(\cdot)$ 的建模，神经网络是一种很好的解决方案，但是在实际应用中存在以下三个实施困难。

（1）数据集获取问题。前面已经提到，很难直接估计转移概率矩阵（Transition Probability Matrix，TPM），因此几乎无法获得神经网络训练需要的标签或真值，也就无法直接进行训练。

（2）数据集预处理问题。在实际情况中，我们通过其他手段获取目标轨迹的真值较为容易，如全球定位系统（Global Positioning System，GPS）。目标的模式、加速度、速度等参数一般无法获取或者获取成本高，这些参数能够直接反映目标机动和意图，是估计 TPM 的主要依据。并且由于轨迹的特点，归一化也具有一定的难度。因此，数据集预处理的成本是较高的。

（3）神经网络无法深度耦合算法。由于外部直接训练 Markov 矩阵无法得到 IMM 算法的实时反馈，Markov 矩阵是耦合在 IMM 中的，因此这种方式在结果可靠性不高的同时，还会因为正反馈，使得算法自适应机动能力降低，甚至发散。

在实际目标跟踪任务中，我们通常更加关心的是跟踪精度，中间参数的估计精度相对而言并不重要。

因此，只有将神经网络估计 Markov 矩阵的任务合并到 IMM 算法的跟踪任务中，实现端到端的学习，才能同时解决数据集获取、数据集预处理、神经网络无法深度耦合算法三个问题。

本节中 IMM 算法采用的模型滤波器为 Kalman 滤波器。在 3.3.2 节已经对 Kalman 滤波器的端到端梯度反向传播过程进行了推导，而采用 Kalman 滤波器为子滤波器的 IMM 只是增加了式（3.60）～式（3.67）的运算过程，该过程明显是可导的，这里不再额外推导，因此 IMM 的端到端学习可实现。并且现在主流深度学习平台均具有 Autograd 功能，如 PyTorch，由深度学习环境自动完成梯度的传递。综上，本节提出的端到端学习任务理论上可行，且实现简单。

使用神经网络完成式（3.68）的计算。令 $\text{Linear}(\cdot)$ 为单线性神经网络层，则 $\Pi(k)$ 的估计过程如下：

$$\mathbf{out}_1(k) = \text{Linear}_1\left(\text{flatten}(\mathbf{u}_k)\right) \tag{3.69}$$

$$\mathbf{out}_2(k) = \text{Linear}_2\left(\text{flatten}(\text{Softmax}(\mathbf{\Lambda}_k))\right) \tag{3.70}$$

$$\mathbf{out}_3(k) = \text{Linear}_3\left(\text{flatten}(\mathbf{\Pi}(k-1))\right) \tag{3.71}$$

$$\mathbf{out}_4(k) = \text{Linear}_3\left(\text{Tanh}\left(\mathbf{out}_1(k) + \mathbf{out}_2(k) + \mathbf{out}_3(k)\right)\right) \tag{3.72}$$

$$\mathbf{\Pi}^{\text{raw}}(k) = \text{reshape}\left(\text{Sigmiod}(\mathbf{out}_4)\right) \tag{3.73}$$

其中，$\text{flatten}(\cdot)$ 为将矩阵展开为向量的函数；$\text{reshape}(\cdot)$ 为将向量转换为矩阵的

函数，将神经网络输出向量转换为 $N\times(N-1)$ 的矩阵，得到 $\boldsymbol{\varPi}^{\text{raw}}(k)$，这样处理是为了后续的归一化和处理，便于嵌入 IMM 算法。

令 $\boldsymbol{\varPi}$ 的主对角占优率（主对角元素最小能达到的数值）为 ρ，则可得下一时刻 Markov 矩阵估计为

$$\boldsymbol{\varPi}_{ij}(k) = \begin{cases} \boldsymbol{\varPi}_{ij}^{\text{raw}}(k)\dfrac{1-\rho}{N-1}, & i \neq j \\ 1-\sum\limits_{l=1}^{N-1}\boldsymbol{\varPi}_{il}^{\text{raw}}(k)\dfrac{1-\rho}{N-1}, & i=j \end{cases} \quad (3.74)$$

上述调节方式会使得 IMM 在经过一段时间的 TPM 自适应调节后，模型概率可能非常接近 1 或 0。由于 IMM 是根据模型概率与 TPM 加权计算得到的模型似然大小进行切换的，当匹配模型概率非常接近 1 时，非匹配模型概率会非常接近 0，使得机动反馈无法及时传递给 IMM，造成机动切换延迟和峰值误差增加。为了平衡这个矛盾，我们引入了一个限幅函数 $C(\cdot)$ 来控制 $\boldsymbol{u}_k$ 元素的上界 c，即

$$C(\boldsymbol{u}_k^i) = \begin{cases} c, & \boldsymbol{u}_k^i > c \\ \boldsymbol{u}_k^i, & \boldsymbol{u}_k^i \leqslant c \end{cases}, \quad i = 1,2,\cdots,N \quad (3.75)$$

因此，端到端学习的自适应 IMM（Adaptive IMM based on End-to-End Learning，EEL-IMM）算法框架结构如图 3.8 所示。

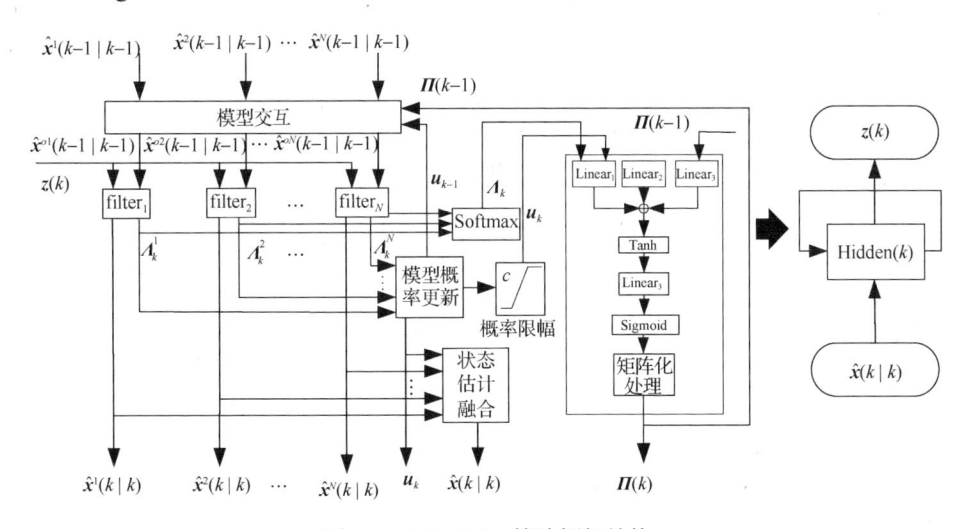

图 3.8　EEL-IMM 算法框架结构

从图 3.8 可以看到，如果将 $z(k)$ 作为输入，$\hat{x}(k|k)$ 作为输出，$\boldsymbol{u}_k$、$\boldsymbol{\varPi}(k)$、$\hat{\boldsymbol{X}}^i(k|k)$ 及相应的协方差估计（$i=1,2,\cdots,N$）作为隐藏信息 $\text{Hidden}(k)$，EEL-IMM 算法网络结构可以视为一种广义的循环神经网络。循环神经网络能够通

过简单的网络结构拥有强大的序列处理能力。因此，虽然 EEL-IMM 算法嵌入神经网络很简单，但是其与循环神经网络一样，在时间维度上增加了网络的复杂度，使其能在增加很少计算成本的基础上，完成复杂的任务。为了方便描述，令 $\text{IMM}_k(\cdot)$ 表示在 k 时刻式（3.60）～式（3.67）的一次迭代，$f_{\Pi(k)}^{\text{RNN}}(\cdot)$ 表示 k 时刻式（3.69）～式（3.74）的 TPM 估计过程。EEL-IMM 算法的一次迭代过程估计如下。

（1）状态估计：

$$\textbf{out}_{\text{IMM}}(k) = \text{IMM}_k\left(\textbf{out}_{\text{IMM}}(k-1), \textbf{Z}_k\right) \tag{3.76}$$

$$\textbf{out}_{\text{IMM}}(k) = \left\{C(\textbf{u}_k), \textbf{\textit{Λ}}_k, \left\{\hat{\textbf{X}}^i(k)\right\}_{i=1}^N, \left\{\textbf{P}^i(k)\right\}_{i=1}^N, \textbf{\textit{Π}}(k)\right\} \tag{3.77}$$

（2）TPM 更新：

$$\textbf{\textit{Π}}(k) = f_{\Pi(k)}^{\text{RNN}}\left(C(\textbf{u}_k), \textbf{\textit{Λ}}_k, \textbf{\textit{Π}}(k-1)\right) \tag{3.78}$$

（3）EEL-IMM 训练：如果处于训练阶段，则根据目标轨迹真值计算状态估计误差，累积 l 步的状态估计误差后，对 EEL-IMM 展开一次训练（同 3.3 节提出的 RKNN 算法一样，由于只使用目标位置计算误差，需要累积多步时间构成梯度链，才能对速度、加速度等维度对应的神经网络的权值进行训练，即通过时间步增加网络的复杂度，提高映射能力）。

3.4.3 数据集生成与算法训练

为便于本章统一和对比，采用表 3.1 生成 1000 条轨迹，构建训练集。

获得数据集后就可以开始网络训练。同样地，为贴近实际情况，仅使用目标的位置来计算 EEL-IMM 网络的损失。EEL-IMM 网络是一个广义循环神经网络，因此需要在训练期间划定时间窗口，使网络能够基于历史信息进行学习。使用时间窗口训练 EEL-IMM 也可以减少训练时间和成本（与单步训练相比），提高训练的稳定性（使用训练网络时不再需要时间窗口）。采用时间窗口长度为 $l = 5\text{s}$，并使用式（3.55）计算平均 EE（AEE）误差作为 EEL-IMM 的损失。

为了更详细地分析 EEL-IMM 的性能，本节在精确模型集和不精确模型集的两种先验场景下进行了仿真实验。CT 模型取决于转弯率，在跟踪之前和跟踪过程中通常很难知道转弯率。在本节中，两种场景之间的区别在于是否获得了转弯率的先验知识。两种场景中 EEL-IMM 的相关训练参数设置如下。

场景 1：转弯率已知。EEL-IMM 在此场景中使用的模型集包括 CV、CA

和 CT（具有已知的转弯率）。由于加速度估计波动对跟踪的影响很大，过程噪声的标准差对于 CV 和 CT 均设置为 0.1m，对于 CA 设置为 1m。神经网络 $\text{Linear}_{1,2,3}$ 的神经元数量（输出维度大小）设置为 32（其他两层的维度取决于输入和输出）。

场景 2：转弯率未知。在这样的场景中，通常的做法是设置尽可能覆盖目标运动模式的模型集。因此，EEL-IMM 模型集由 CV、CA、CT_{15} 和 CT_{-15} 组成（下标表示转弯率设置为 15（°）/s 和 –15（°）/s），其过程噪声的标准差分别设置为 0.1m、1m、0.2m 和 0.2m。神经网络 $\text{Linear}_{1,2,3}$ 的神经元数量设置为 64。

在这两种场景中，TPM 对角优势比设置为 $\rho=0.5$。剪裁上限设置为 $c=0.9$（3.4.4 节将对 c 进行比较实验）。添加到数据集的量测噪声的标准差为 50m，网络使用的批量大小为 1000，时间窗口大小为 10 步，训练次数为 100 次，初始学习率为 0.001。学习率采用余弦退火方法衰减，衰减周期为 100 次。轨迹的时间窗口数表示为 nl，每一轮训练的损失计算为

$$\text{loss}_{\text{epoch}} = \sum_{j=1}^{nl} \text{loss}_j \quad (3.79)$$

为了提高数据集利用率和网络泛化性，每个训练轮重新对数据集添加噪声，通过蒙特卡罗法的原理使网络能更好地学习和估计轨迹的分布。对 EEL-IMM 进行训练，训练损失在场景 1 和场景 2 中分别收敛到 27.65m 和 30.76m。

3.4.4 仿真实验与结果分析

1. 测试集测试

首先，研究了 EEL-IMM 在测试集上的整体跟踪性能。

对于场景 1，由于模型集是准确的，主要关注的是算法识别机动和切换模型的能力。在场景 1 中，模拟了两种不同 TPM 自适应机制的算法，并与 EEL-IMM 进行了比较。第一种算法是文献[8]中的算法，它通过模型误差压缩率调整 TPM，用 AMP-IMM1 表示。第二种算法是文献[26]中的算法，它通过模型概率梯度的指数调整 TPM，用 AMP-IMM2 表示。AMP-IMM1 和 AMP-IMM2 在一定程度上总结了文献[9,27-28]中的算法原理，它们都能够处理两个以上模型的场景。标准 IMM 也用作比较算法。上述三种比较算法的模型集、过程噪声和量测噪声与 3.4.3 节的 EEL-IMM 训练中对应参数设置相同，IMM 的 TPM 设置为

$$\boldsymbol{\Pi} = \begin{bmatrix} 0.9 & p_{N_m} & \cdots & p_{N_m} \\ p_{N_m} & 0.9 & \cdots & p_{N_m} \\ \vdots & \vdots & & \vdots \\ p_{N_m} & p_{N_m} & p_{N_m} & 0.9 \end{bmatrix}, \quad p_{N_m} = \frac{0.1}{N_m - 1} \qquad (3.80)$$

在场景 1 中，目标模型集的大小为 $N_m = 3$。

对于场景 2，由于转弯率未知，因此只能通过增加模型集的大小来尽可能地覆盖目标运动模式。该场景旨在检查 EEL-IMM 在模型集不准确情况下的跟踪能力。因此，所选的比较算法之间的主要区别在于模型集和三个比较，也就是，IMM-1：$\mathbb{M}_1 = \{CV, CA, CT_{15}, CT_{-15}\}$、IMM-2：$\mathbb{M}_2 = \{CV, CA, CT_{15}, CT_{-15}, CT_5, CT_{-5}\}$，以及 IMM-3：$\mathbb{M}_3 = \{CV, CA, CT_{15}, CT_{-15}, CT_{10}, CT_{-10}, CT_5, CT_{-5}\}$。这三种比较算法的过程和量测噪声与训练 EEL-IMM 时一致。三个模型的 TPM 使用式（3.80）来计算，它们的模型集大小分别为 $N_{m1} = 4$、$N_{m2} = 6$ 及 $N_{m3} = 8$。

首先根据表 3.1 的数据集生成规则，生成 200 条轨迹作为测试集，然后进行测试集跟踪实验，记录 4 种算法的 AEE-P 和 200 条轨迹的运行时间于表 3.6 中。

表 3.6　测试集仿真实验结果的比较

	实验结果	EEL-IMM	IMM	AMP-IMM1	AMP-IMM2
场景 1	AEE-P/m	27.7557	32.0487	43.9691	31.4906
	运行时间/s	1.1338	0.6725	1.8600	0.6942
	实验结果	EEL-IMM	IMM-1	IMM-2	IMM-3
场景 2	AEE-P/m	30.8003	34.9224	34.2543	33.8890
	运行时间/s	1.3515	0.8946	1.6858	2.7887

根据表 3.6 可知，在这两种情况下，就平均损耗而言，EEL-IMM 在测试集上的估计误差最低，并且非常接近最低的训练误差，这表明网络训练良好，没有过度拟合。与其他三种算法相比，EEL-IMM 的跟踪精度提高了 4～8m。在运行时间方面，与具有相同大小模型集的 IMM 相比，EEL-IMM 的计算成本增加了 0.4～0.5s。

在场景 1 中，AMP-IMM1 的模型压缩率调整更为复杂，计算过程难以矩阵化（程序矩阵运行效率高），因此其运行时间最长。AMP-IMM2 仅计算模型概率梯度指数，计算过程简单，因此其运行时间仅高于 IMM。在场景 2 中，虽然 EEL-IMM 的模型集最粗糙，但其平均损耗最小。

2. 机动目标跟踪实验

下面进行特定机动目标跟踪实验，以进一步测试 EEL-IMM 的跟踪性能。

第3章 结合式智能滤波方法

从测试集中随机选择两条不同的轨迹,分别进行 200 次蒙特卡罗仿真实验。通过 EEL-IMM 在单轨迹上的跟踪结果解释了前文中的实验结果,并进一步分析了 EEL-IMM 的优缺点。使用式(3.58)计算 RMSE 作为该部分仿真的误差衡量指标。

1)场景 1 的跟踪结果

分别计算场景 1 中两条轨迹的位置 RMSE 和速度 RMSE,并绘制成图 3.9。随机抽取某次实验,将场景中各算法的估计轨迹绘制成图 3.10,同时为了便于观察,将估计轨迹局部放大,得到图 3.10(b)和图 3.10(d)。

(a)轨迹1位置RMSE对比

(b)轨迹1速度RMSE对比

(c)轨迹2位置RMSE对比

(d)轨迹2速度RMSE对比

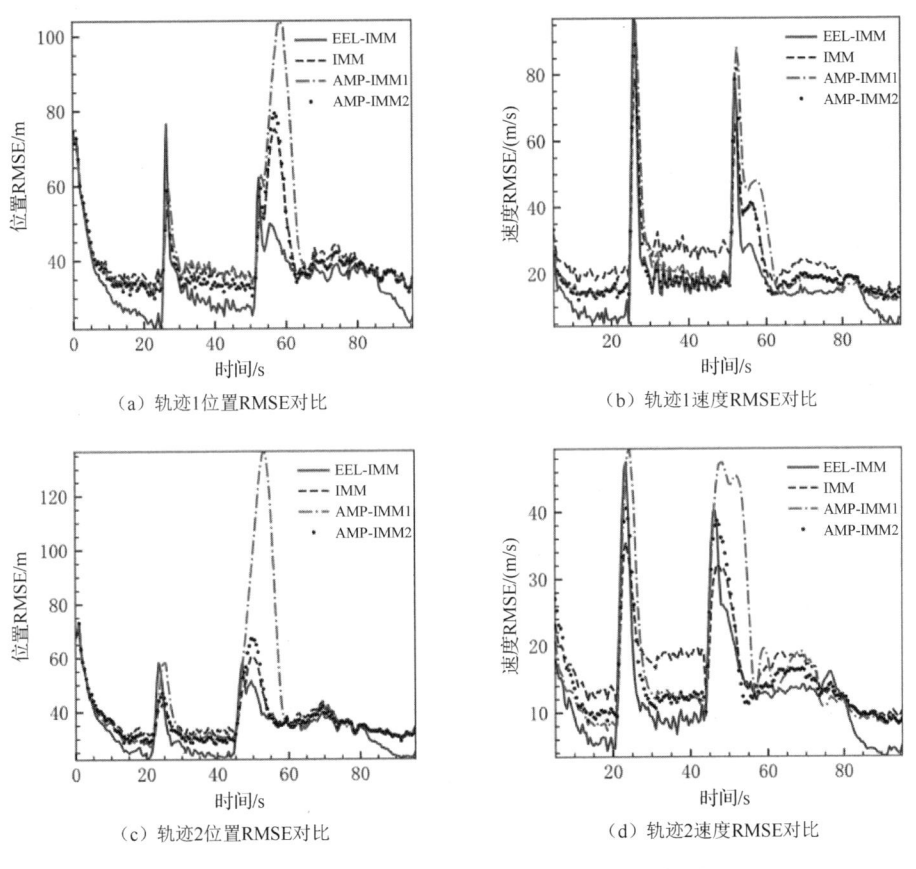

图 3.9 测试集中两条轨迹的跟踪 RMSE 对比(场景 1)

EEL-IMM 实际上是通过模型转移概率矩阵自适应来调节估计的模型概率的,从而更好应对目标各个运动阶段。因此,为了分析 EEL-IMM 的调节作用,将 EEL-IMM 及对比算法的 CV、CA 及 CT 三个模型的概率估计绘制成图 3.11。

(a) 轨迹1的估计轨迹

(b) 轨迹1的估计轨迹局部放大

(c) 轨迹2的估计轨迹

(d) 轨迹2的估计轨迹局部放大

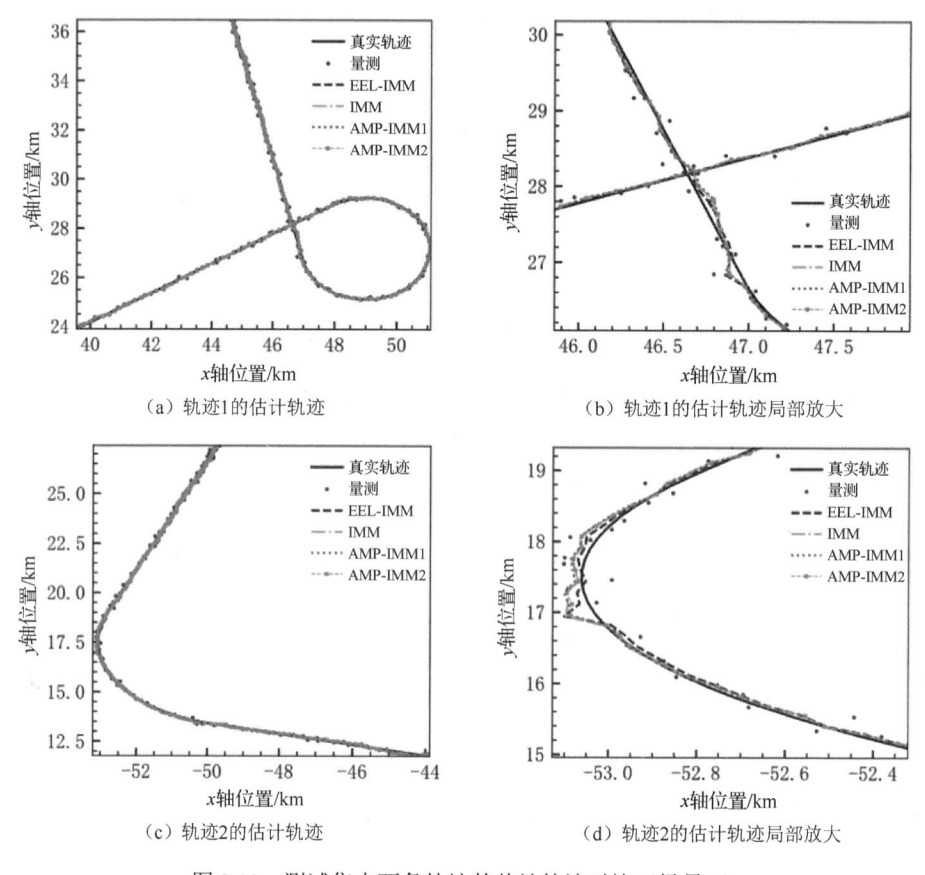

图 3.10　测试集中两条轨迹的估计轨迹对比（场景 1）

(a) 轨迹1不同模型的概率估计

(b) 轨迹2不同模型的概率估计

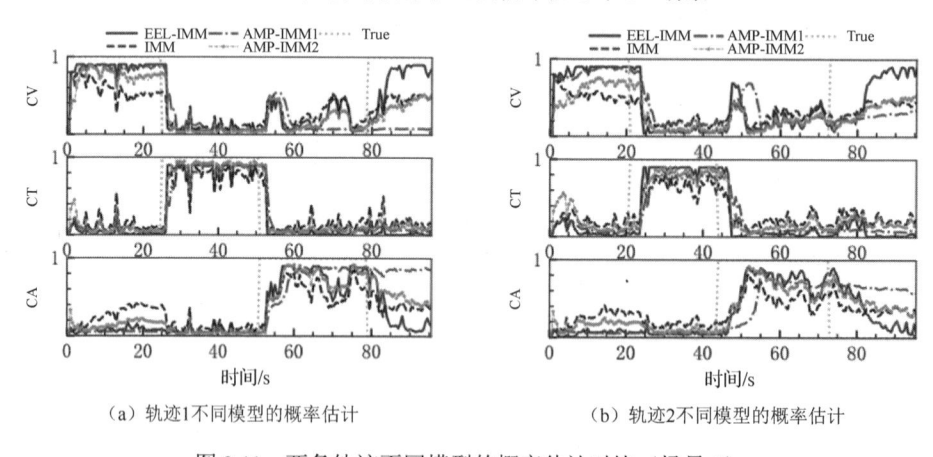

图 3.11　两条轨迹不同模型的概率估计对比（场景 1）

通过 200 次蒙特卡罗实验计算场景 1 中两条轨迹的平均均方根误差（ARMSE）、峰值均方根误差（PRMSE）、最低点均方根误差（NRMSE），以及其中一次仿真的目标模型概率估计的最大值、最小值，并记录在表 3.7 中（同样地，为了避免跟踪开始时影响参数记录的不稳定性，记录从第 5s 开始）。

在场景 1 中，算法的先验信息（转弯率）是已知的，并且模型集对于所有算法都是一致的。从表 3.7 中可以看出，与其他三种算法相比，EEL-IMM 的 ARMSE、PRMSE、NRMSE 等指标最小，具有最佳的跟踪性能，与三种算法最优结果相比，分别减少了 15.07%、3.1% 和 29.04%。在图 3.10 中，EEL-IMM 比其他算法具有更平滑的估计轨迹。

图 3.11 表明，EEL-IMM 能够使用神经网络并根据当前目标状态自适应调整 TPM。因此，匹配模型的概率在高值时是稳定的，非匹配模型的概率在极低值时是稳定的（它们在图 3.7 中非常接近 0）。换句话说，非匹配模型的跟踪误差对 EEL-IMM 几乎没有负面影响。由图 3.9 可知，EEL-IMM 的跟踪精度在稳定运动期间显著提高。EEL-IMM 的模型估计概率非常平滑，这表明 EEL-IMM 具有很强的鲁棒性。相比之下，图 3.11 表明，通过外部经验函数调整 TPM 的方法很难给 IMM 带来满意的改善，甚至对 IMM 产生负面影响，例如 AMP-IMM2 的性能因函数简单而不突出，AMP-IMM1 从 CA 切换到 CV 后的性能非常差，导致 ARMSE 和 PRMSE 最高。

表 3.7　场景 1 中两条轨迹跟踪精度对比

轨迹	算法	ARMSE/m	PRMSE/m	NRMSE/m	最大概率值	最小概率值
1	EEL-IMM	33.7656	73.2154	22.5143	0.9000	0.0014
	IMM	40.1081	75.5026	31.6928	0.8940	0.0341
	AMP-IMM1	42.4123	104.203	30.8557	0.9434	0.0256
	AMP-IMM2	38.8548	79.7740	29.0543	0.9523	0.0237
2	EEL-IMM	32.9518	59.2311	21.3581	0.9000	0.0065
	IMM	37.4748	60.3196	30.4310	0.8876	0.0370
	AMP-IMM1	43.0800	137.946	25.6648	0.8854	0.0425
	AMP-IMM2	36.7841	67.2878	27.2726	0.9210	0.0189

此外，还测试了限幅上限 c 对 EEL-IMM 性能的影响。这里我们对场景 1 中轨迹 1 上的 4 个不同值进行了实验，并将主要结果记录在表 3.8 中。

表 3.8　模型概率限幅上限对跟踪精度的影响

限幅上限 c	ARMSE/m	PRMSE/m	NRMSE/m	最大概率值	最小概率值
1.0	32.8589	92.8713	17.2085	0.9982	0.0005
0.95	32.6043	81.6468	20.7414	0.9500	0.0012
0.9	33.5707	70.0262	22.1679	0.9000	0.0019
0.85	35.2350	67.9426	24.3717	0.8500	0.0020

表 3.8 在数值上详细说明了模型概率和跟踪精度之间的矛盾。模型概率可以超过 0.99，这导致较大的 PRMSE。因此，我们必须牺牲一些跟踪精度来减少峰值误差。我们可以发现，表 3.8 中的跟踪指标在 c 为 0.9 之后下降（增加）明显更慢，尤其是 PRMSE。当 c 为 0.9 时，与其他三种算法相比，EEL-IMM 的 PRMSE 可以降低到最低水平。基于这一事实，本节将 c 设置为 0.9。

2）场景 2 中的跟踪结果

在此场景中，为了便于对比，采用与场景 1 相同的两条轨迹进行蒙特卡罗仿真实验。与场景 1 一样，跟踪结果对比图如图 3.12～图 3.14 所示。

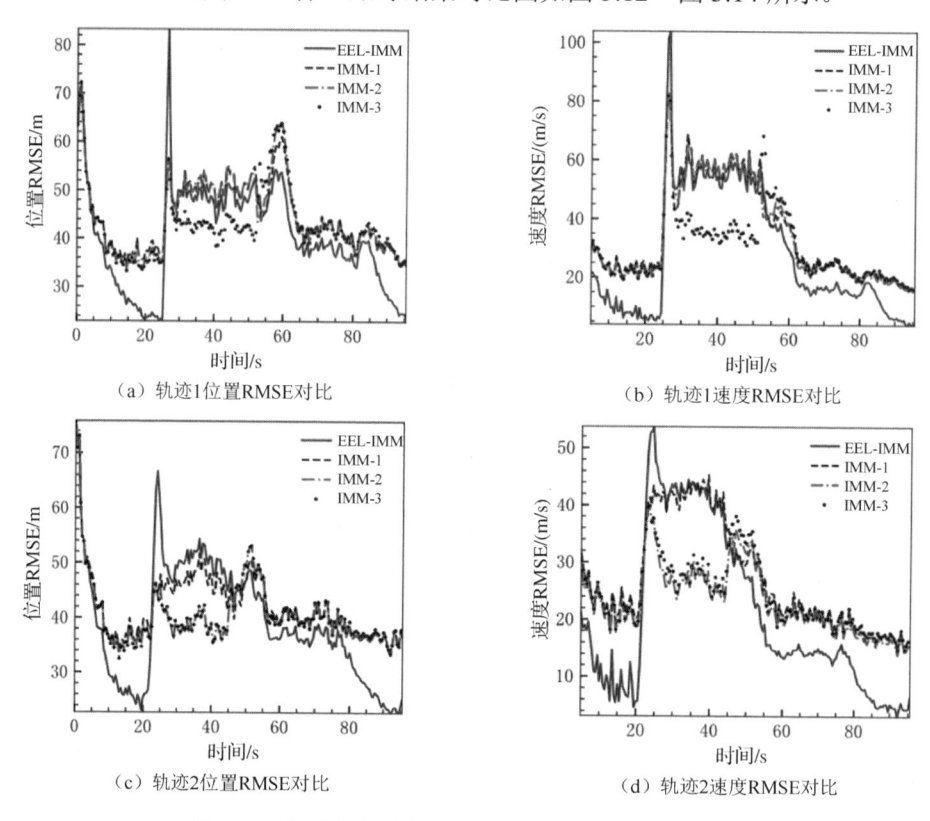

(a) 轨迹1位置RMSE对比

(b) 轨迹1速度RMSE对比

(c) 轨迹2位置RMSE对比

(d) 轨迹2速度RMSE对比

图 3.12　测试集中两条轨迹跟踪 RMSE 对比（场景 2）

在展示场景 2 中的 4 种算法的估计轨迹时，由于场景 1 和场景 2 采用的是一样的轨迹，因此整体的估计轨迹在图 3.13 不再展示（可见图 3.10），只展示局部放大的估计轨迹。

先将图 3.12 和图 3.14 中的两条轨迹的跟踪精度指标总结于表 3.9 中，然后进行场景 2 的仿真结果分析。

第 3 章 结合式智能滤波方法

(a) 轨迹1的估计轨迹局部放大

(b) 轨迹2的估计轨迹局部放大

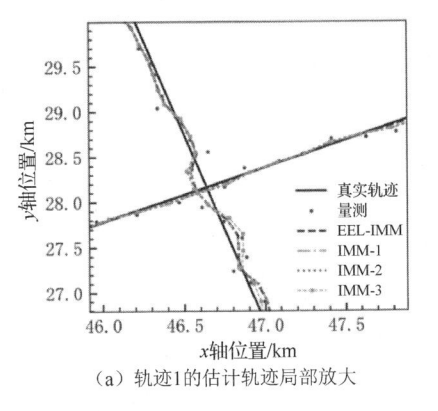

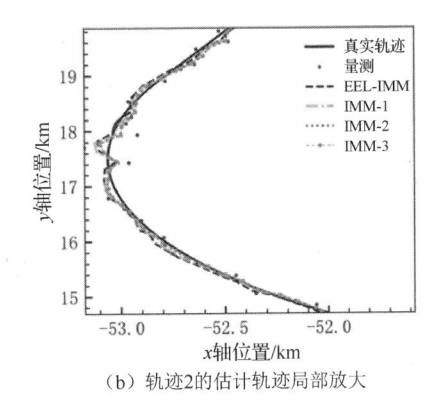

图 3.13 测试集中两条轨迹的估计轨迹局部放大对比（场景 2）

(a) 轨迹1不同模型的概率估计

(b) 轨迹2不同模型的概率估计

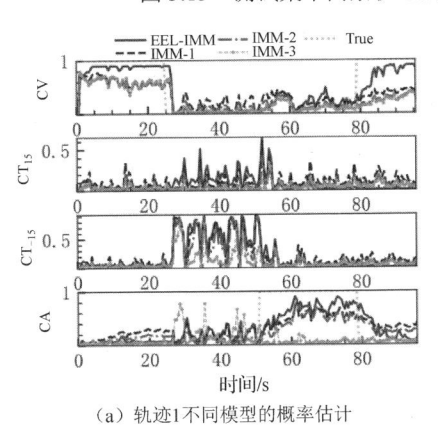

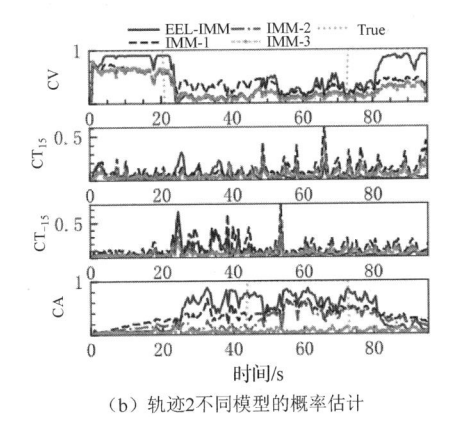

图 3.14 两条轨迹不同模型的概率估计对比（场景 2）

在场景 2 中，假设先验信息（转弯率）是未知的，并且每种算法的模型集不一致。对 EEL-IMM 在没有先验信息的情况下的跟踪性能进行了实验。图 3.12～图 3.14 及表 3.9 中反映的 EEL-IMM 的特点与场景 1 一致的部分不再赘述。

轨迹 1 中，CT 模型转弯率为 -11.0671（°）/s（25～50s）；轨迹 2 中，CT 模型转弯率为 -4.1271（°）/s（21～44s）。EEL-IMM 和 IMM-1 具有相同的粗糙模型集，CT 模型的预设转弯率为 ±15（°）/s。图 3.12（a）和图 3.12（b）的目标 CT 运动阶段（25～55s）表明，与 IMM-1 和 IMM-2 相比，EEL-IMM 可以通过自适应组合模型更好地处理未知模型的情况。也就是说，EEL-IMM 的模型集利用率高。EEL-IMM 的这一优势的前提是模型集不能与目标实际情况偏离太多，否则它将如图 3.12（c）和图 3.12（d）所示，在目标 CT 运动阶段跟踪精度较低。另外，图 3.12 和表 3.9 反映了 EEL-IMM 在精确模型切换到不精确模型时，峰值误差会增大、鲁棒性降低的问题。

表 3.9 场景 2 中两条轨迹跟踪精度对比

轨迹	算法	ARMSE/m	PRMSE/m	NRMSE/m	最大概率值	最小概率值
1	EEL-IMM	39.1608	84.3715	21.8533	0.9000	0.0010
	IMM-1	43.8028	59.9198	32.8158	0.9435	0.0079
	IMM-2	43.7844	63.6696	31.7831	0.9441	0.0049
	IMM-3	41.9089	63.3020	31.3012	0.7926	0.0037
2	EEL-IMM	38.1252	68.8703	22.5465	0.9000	0.0021
	IMM-1	41.3193	51.4809	33.2211	0.8384	0.0266
	IMM-2	39.4009	54.6941	32.9292	0.7439	0.0152
	IMM-3	39.6060	54.7306	32.6409	0.7371	0.0097

图 3.12～图 3.14 中，EEL-IMM 可以准确识别模型集中的现有模型，如 CA 和 CV，尽管存在未知模型的干扰。这些已识别模型的概率平稳地保持在高值，而其他模型的概率接近 0。从图 3.11 和图 3.14 中可以看到，EEL-IMM 在数据集中模型正确识别精度很高，模型估计概率非常接近 1 且平滑、毛刺很少。变结构多模型算法或其他形式的模型集自适应算法将模型概率作为模型集调整的基础之一。因此，EEL-IMM 可以代替 IMM 作为 VSMM 和其他模型集自适应算法的基本框架。由于 EEL-IMM 在模型概率估计方面的优势，可以大大提高 VSMM 及其他形式的模型集自适应算法的稳定性和准确性，并降低设计成本。

另外，本节提出的端到端学习的自适应 IMM 算法完全保留了 IMM 的输入、输出和中间参数，因此该算法在实际中易于部署，可直接替换 IMM 算法，不需要做额外的改动，具有较强的实际应用价值。

3.5 算法性能综合对比分析

在实际的目标跟踪应用中，需要对各种算法的适用范围、性能边界和特性等有充分了解，便于在不同的环境中合理、灵活选择目标跟踪算法或参数。本节对本章提出的端到端学习的循环 Kalman 目标跟踪算法（RKNN），以及端到端学习的自适应 IMM 算法（EEL-IMM）的性能边界、适用范围、跟踪性能和数据集泛化能力等进行实验对比分析，便于下一步的实际应用。

首先，进行算法鲁棒性和环境适应能力分析。分别在量测噪声标准差已知和未知的两种情况下进行。在这个部分的分析中，为尽量排除其他干扰项，也使情况更贴近现实，令目标转弯率这一先验知识是未知的，此时 EEL-IMM 采用场景 2 的设定和训练结果（其模型集为 $\{CV, CA, CT_{15}, CT_{-15}\}$）。需要说明的是，RKNN 和 EEL-IMM 均使用本章已经训练得到的参数，不做额外的训练或者参数变动。

1. 量测噪声标准差已知

RKNN 及 EEL-IMM 均是在量测噪声标准差为 50m 的高斯白噪声环境中训练得来的，为了验证其相对噪声的泛化性能和变化，并验证其环境适应能力的优越性，采用 Singer、CS 和 IMM 作为对比算法，其分别具有两种先验设定。Singer、CS 和 IMM 场景 1 采用 3.3.5 节的先验参数设置；场景 2 的先验参数为：CS 和 Singer 最大加速度修改为 $30m/s^2$；IMM 模型集中 CV 模型和 CA 模型的过程噪声方差均设置为 $0.01m^2$，其余设置均与场景 1 一样。除了 RKNN 不需要设定噪声，其余 4 种算法均采用与叠加噪声一致的量测噪声标准差设定。根据表 3.1 生成 200 条测试轨迹，并以步长为 5m，添加零均值高斯白噪声，其协方差分布在 5~100m，进行跟踪实验，得到 5 种算法的位置 AEE 随量测噪声标准差变化的曲线，如图 3.15 所示。

2. 量测噪声标准未知

这个测试中，测试在量测噪声标准未知的情况下，RKNN 和 EEL-IMM 分别展现的优势。采用量测噪声标准差已知实验中场景 1 的算法先验设置，将 Singer、CS、IMM 及 EEL-IMM 的量测噪声标准差分别设置为 30m 和 70m，重复上述实验，得到 5 种算法的位置 AEE 随量测噪声标准差变化的曲线，如图 3.16 所示。

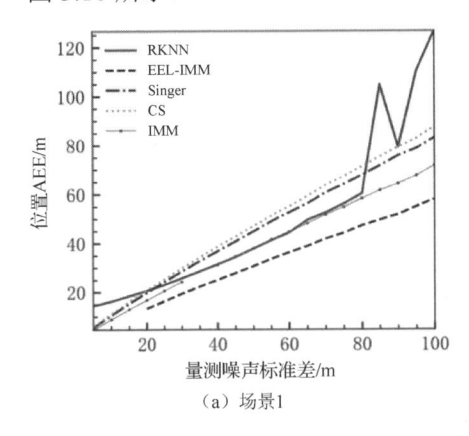

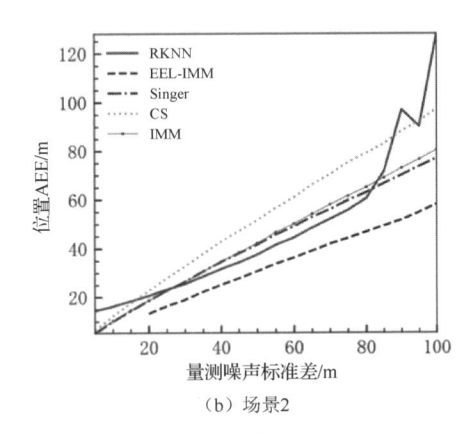

图 3.15 5 种算法的位置 AEE 随量测噪声标准差变化的曲线（量测噪声标准差已知）

(a) 归一化系数 r=30m

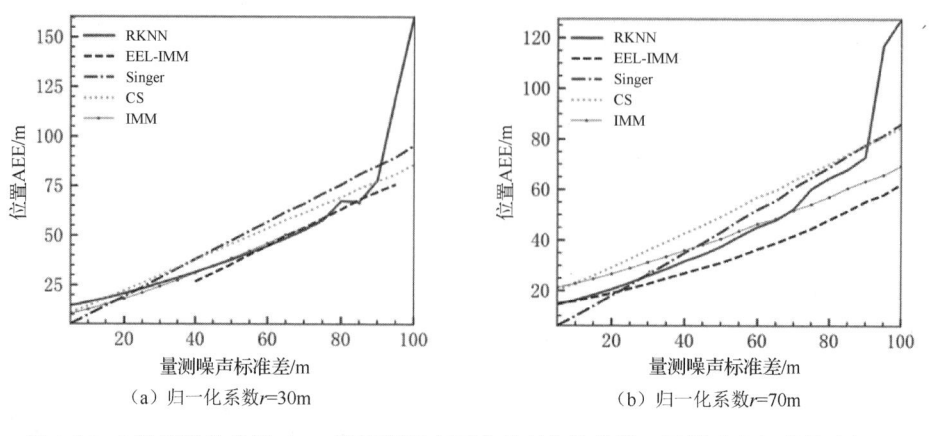

(b) 归一化系数 r=70m

图 3.16　5 种算法的位置 AEE 随量测噪声标准差变化的曲线（量测噪声标准差未知）

从图 3.15 和图 3.16 可以看到，首先，从鲁棒性和环境适应能力来看，两种实验中，本章提出的 RKNN 和 EEL-IMM 相对于其他 3 种经典跟踪算法，在跟踪适合区域（下段分析）的跟踪精度变化不大，说明它们鲁棒性和环境适应能力强。其中，RKNN 由于具有噪声自适应能力，因此其几乎不需要先验噪声，其跟踪精度曲线在不同场景中几乎不变。对于 EEL-IMM，由于其没有噪声自适应机制，是通过数据集自适应来调节算法跟踪性能的，因此其也受量测噪声参数的影响，相比于其他 3 种经典跟踪算法，其误差曲线趋势随场景变化明显更小。

从算法的适用范围和性能边界来讲，由于 RKNN 的噪声归一化系数为 70m，当量测噪声标准差超过 70m 时，RKNN 的调节能力超出范围，出现了如图 3.15 和图 3.16 所示的在量测噪声标准差 70m 之后的误差猛增现象。如果将 RKNN 的噪声归一化系数设置得太大，其对小噪声情况反应较为迟钝，此时经典跟踪算法识别能力增强。由图 3.15 和图 3.16 可知，在量测噪声标准差小于 30m 时，RKNN 不占优势，在量测噪声标准差处于 30～70m 时，RKNN 优势明显。对于 EEL-IMM，虽然在精度上优于 RKNN，但是由于结构复杂，因此在噪声参数波动时，在远离设定的噪声参数区域可能出现发散的现象，导致图 3.15 和图 3.16 中部分区域不稳定。在设定量测噪声标准差为 50m 的情况下，可以看到 EEL-IMM 的适用范围为大于 20m 的区域。

其次，进行算法边界探索。RKNN 几乎不需要先验信息，其适用范围已在上一个实验中进行了探索，下面探索 EEL-IMM 的部分性能边界。影响 EEL-IMM 的重要参数之一就是转弯率是否已知和转弯率符合模型集的程度，因此该部分探索转弯率对所提算法跟踪效果的影响，令 3.4.3 节中场景 1 的 EEL-IMM 为 EEL-IMM1，其转弯率已知，作为基准算法；场景 2 中的 EEL-IMM 为 EEL-IMM2。以表 3.1 为基础，固定其中转弯率从-20（°）/s 到 20（°）/s，步长为 2°，每次随机生成 200 条测试轨迹，然后测试 RKNN、EEL-IMM1 和 EEL-IMM2 对转弯率的敏感程度，得到图 3.17。

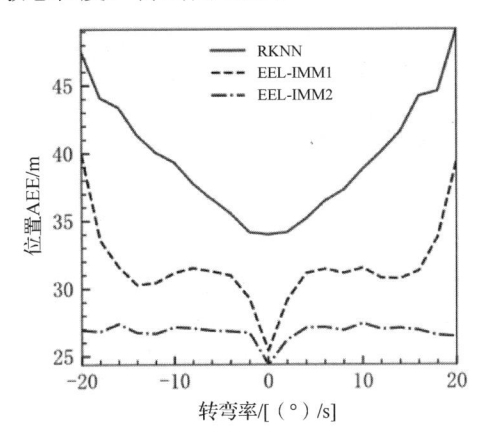

图 3.17 算法跟踪位置 AEE 随转弯率变化对比

由图 3.17 可以看出，RKNN 对 CT 模型的适应性较差，跟踪精度随着转弯率绝对值的增加而增加，且整体跟踪误差大于 EEL-IMM。另一方面，由于 EEL-IMM1 已知转弯率，当转弯率小于 ±4（°）/s 时，跟踪误差有明显变化（此时因转弯率小，轨迹非常接近直线，因此跟踪误差上升），对于其他转弯率，跟踪性能则较为稳定。而对于 EEL-IMM2，由于采用的 CT 模型的转弯率为 ±15（°）/s 且数据集转弯率的上限也是此数值，因此在大于 ±15（°）/s 时，EEL-IMM2 的跟踪误差快速上升，而在 ±（4~15）（°）/s 的区间内，EEL-IMM2 的跟踪误差有所上升。

最后，进行算法泛化能力分析。在 3.3.4 节提到，本章训练 RKNN 和 EEL-IMM 所用的数据集是按照通用飞行器特性构造的，以便覆盖大多数目标。但是在军用领域中的目标运动参数往往是特殊的，容易超出表 3.1 的描述范围；此外，军用数据集往往比民用数据集获取难度高且质量差，因此需要探索网络在数据集上的泛化性，来考查将 RKNN 和 EEL-IMM 在通用数据集上训练后，是否在不重新训练的前提下能通过直接或者简单的修改来承担特殊目标（如军用领域目标）的跟踪任务。

对于 EEL-IMM，从式（3.69）~式（3.74）可以看到，神经网络的归一化及计算部分只涉及 IMM 算法本身的特性，而与目标运动特性和参数无关，因此该算法可以无须修改而用于其他数据集的跟踪；对于 RKNN，从式（3.43）~式（3.48）、式（3.18）~式（3.19）及式（3.52）~（3.54）可以看到，目标的运动特性影响了神经网络归一化过程，从而影响了其中的神经网络的计算过程，因此 RKNN 不能直接用于不同运动特性参数的数据集进行跟踪实验，需要根据目标运动特性对归一化过程进行修改。

首先修改表 3.1 的数据集中的参数，使该数据集成为具有军用飞机一些特性的数据集：由于军用飞机的最大速度平均能到 2 马赫，考虑到冗余量，将目标的最大速度设置为 $V_{\max}=800\mathrm{m/s}$，其他运动参数不做改变，此时目标的最大加速度可计算出为 $|a|=53.2\mathrm{m/s}^2$。相比于原数据集，当前新数据集的唯一变化在于最大速度幅值为原数据集的 2 倍。根据 RKNN 原理，与目标运动特性参数相关的系数设置要进行改变，与环境相关的参数（量测噪声归一化系数）不用修改：由于式（3.18）中的过程噪声可以直接影响目标加速度变化，因此其归一化系数设置为 $q_0=(3\times 2)^2=36\mathrm{m}^2$、式（3.52）和式（3.53）中的最大速度幅值设置为 $V_{\max}=800\mathrm{m/s}$；对于式（3.54）中新息平方归一化系数，难以直接定，因此在分别在 $e_{\max}=20$ 和 $e_{\max}=15$ 两种情景设置下进行实验。CS 和 Singer 采用图 3.15 中场景 1 的设置，然后在军用飞机数据集上进行图 3.15 的噪声和跟踪精度对应实验，得到的结果如图 3.18 所示。

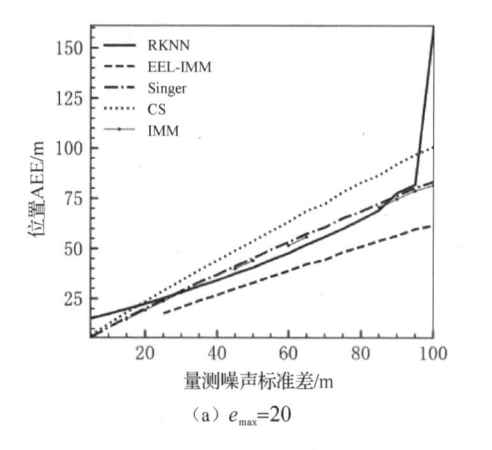

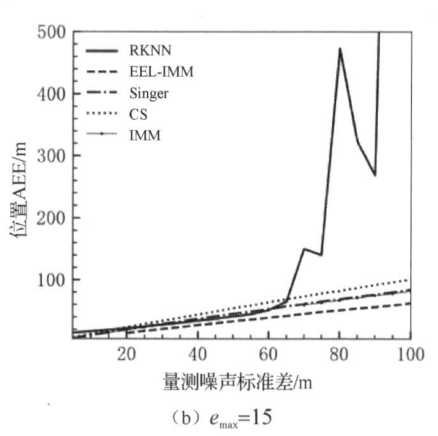

（a）$e_{\max}=20$

（b）$e_{\max}=15$

图 3.18　军用飞机数据集下不同算法性能随量测噪声标准差变化的对比

从图 3.18 可以看到，当 $e_{\max}=20$ 时，RKNN 及 EEL-IMM 的性能（包括跟踪精度、适用范围等）非常接近图 3.15 中所展示的算法性能。这说明本章提出的 RKNN 和 EEL-IMM 的泛化性能较好，能够学习到目标运动的本质区别而不受运动参数的影响，能够利用其他数据集进行学习，并通过更改参数适应其他数据集。当 $e_{\max}=15$ 时，RKNN 的性能曲线发生了明显的变化，说明 RKNN 的参数设置需要一定的先验知识。

对于 EEL-IMM，从图 3.18 中 IMM 的跟踪效果可以看到，由于目标运动能力的提升，IMM 出现了更多跟踪发散的情况，而 EEL-IMM 仍能保持较好的跟踪状态，说明其利用数据集的能力较强，并且其中的神经网络没有依赖目标运动特性的相关先验参数,因此泛化性较好。但是需要注意的是,从本节实验可以看到,如果 EEL-IMM 中的子滤波器发散或者参数设置不正确,则 EEL-IMM 自适应调节能力是有限的,无法完全消除子滤波器性能下降带来的影响。

综上,RKNN 的鲁棒性和环境适应能力较强,但由于其是单模型,因此其跟踪精度比 EEL-IMM 的差;由于 EEL-IMM 的模型复杂且并未有噪声等自适应机制,因此其鲁棒性和环境适应能力比 RKNN 的差;而 RKNN 需要关于目标运动特性的先验参数,泛化性依赖先验参数的设置,EEL-IMM 中的神经网络几乎不需要先验参数,数据集泛化性较好。所以在未来的工作中,应探索 IMM 的子滤波器自适应的方法,使得 EEL-IMM 进一步减少对先验知识的依赖,同时应根据先验知识等情况,综合选择算法。

3.6 小结

本章针对现有混合驱动算法可靠性低、数据集构建难等不足之处,在 Kalman 能够进行梯度传递(端到端学习具有可行性)的基础上,给出了 Kalman 和深度学习混合驱动的目标跟踪算法。该算法使用神经网络作为数据驱动模块直接嵌入 Kalman 的框架中,数据驱动模块根据量测和滤波器自身状态来实时调整状态转移矩阵、过程噪声协方差矩阵和量测噪声协方差矩阵,使得 Kalman 滤波器快速对目标的机动做出响应和调整。基于同样的原理,进一步给出了 IMM 和深度学习混合驱动的目标跟踪算法。该算法使用了一个神经网络的数据驱动模块嵌入 IMM 中来实时调整 IMM 的模型转移概率矩阵,使得 IMM 能够对目标当前运动模型和机动做出更加正确的判断,从而提高跟踪精度。本章给出的两种以模型驱动为主导的混合驱动算法在跟踪任务中进行端到端的学习,既避免了数据集获取难题,又使得数据驱动和模型驱动深度耦合,从而提高了算法对环境的自适应能力和鲁棒性。仿真结果表明,与经典的跟踪算法相比,本章给出的两种算法在鲁棒性、机动响应能力、跟踪精度方面具有优越性,并且大幅降低了对先验知识的依赖程度,具有较好的应用前景。

参考文献

[1] 何友,修建娟,刘瑜,等. 雷达数据处理及应用[M]. 4 版. 北京:电子工业出版社,2022.
[2] 周卫东,刘璐,唐佳. 基于模糊逻辑的交互式多模型滤波算法[J]. 北京航空航天大学学

报，2018，44(3)：413-419.

[3] 李知周，张锐，朱振才，等. 基于扩展卡尔曼滤波的动量轮故障检测方法[J]. 航空学报，2010，31(8)：1614-1621.

[4] 韩帅，王文静，陈曦，等. 基于UKF准开环结构的高动态载波跟踪环路[J]. 航空学报，2010，31(12)：2393-2399.

[5] 孟东，缪玲娟，邵海俊，等. 七阶正交容积卡尔曼滤波算法[J]. 航空学报，2017,38(12)：280-290.

[6] WEI L, WANG Y P, CHEN P. A particle filter-based approach for vehicle trajectory reconstruction using sparse probe Data[J]. IEEE Transactions on Intelligent Transportation Systems, 2021, 22(5): 2878-2890.

[7] LUO Q Q, GAO Z S, XIE C Z. Improved GM-PHD filter based on threshold separation clusterer for space-based starry-sky background weak point target tracking[J]. Digital Signal Processing, 2020, 103(3): 102766.

[8] 戴定成，姚敏立，蔡宗平，等. 改进的马尔可夫参数自适应IMM算法[J]. 电子学报，2017，45(5)：1198-1205.

[9] 封普文，黄长强，曹林平，等. 马尔可夫矩阵修正IMM跟踪算法[J]. 系统工程与电子技术，2013，35(11)：2269-2274.

[10] 赵楚楚，王子微，丁冠华，等. 基于模糊逻辑的改进自适应IMM跟踪算法[J]. 信号处理，2021，37(5)：724-734.

[11] 蒋兵兵，蔡猛，祝伟才，等. 一种加速度辅助"当前"统计模型距离跟踪方法[J]. 飞控与探测，2022，5(3)：72-77.

[12] HUANG Y, JIA G, CHEN B, et al. A new robust Kalman filter with adaptive estimate of time-varying measurement bias[J]. IEEE Signal Processing Letters, 2020, 27: 700-704.

[13] JONDHALE S R, DESHPANDE R S. Kalman filtering framework-based real time target tracking in wireless sensor networks using generalized regression neural networks[J]. IEEE Sensors Journal, 2018, 19(1): 224-233.

[14] BITAR A N, GAVRILOV A I. Neural networks aided unscented Kalman filter for integrated INS/GNSS systems[C]//2020 27th Saint Petersburg International Conference on Integrated Navigation Systems (ICINS), 2020: 1-4.

[15] HOSSEINYALAMDAR S. Deep Kalman filter: simultaneous multi-sensor integration and modelling; a GNSS/IMU case study[J]. Sensors, 2018,18(5): 1316.

[16] MAGNANT C, GIREMUS A, GRIVEL E, et al. Bayesian non-parametric methods for dynamic state-noise covariance matrix estimation[J]. Signal Processing, 2016, 127: 135-150.

[17] VALADE A, ACCO P, GRABOLOSA P, et al. A study about Kalman filters applied to embedded sensors[J]. Sensors, 2017, 17(12): 2810.

[18] CILIMKOVIC M. Neural networks and back propagation algorithm[R]. Institute of Technology Blanchardstown, Blanchardstown Road North Dublin, 2015, 15(1): 3-7.

[19] HU P. Matrix calculus: derivation and simple application[D]. HK: City University of Hong

Kong, 2012.

[20] PETERSEN K B, PEDERSEN M S. The matrix cookbook[J]. Technical University of Denmark, 2008, 7(15): 510.

[21] WERBOS P J. Backpropagation through time: what it does and how to do it[J]. Proceedings of the IEEE, 1990, 78(10): 1550-1560.

[22] LI Y, LI G, LIU Y, et al. A novel smooth variable structure filter for target tracking under model uncertainty[J]. IEEE Transactions on Intelligent Transportation Systems, 2021, 23(6): 5823-5839.

[23] YU W, YU H, DU J, et al. DeepGTT: a general trajectory tracking deep learning algorithm based on dynamic law learning[J]. IET Radar, Sonar & Navigation, 2021, 15(9): 1125-1150.

[24] PASZKE A, GROSS S, MASSA F, et al. PyTorch: an imperative style, high-performance deep learning library[C]//33rd Conference on Neural Information Processing Systems, 2019: 1-12.

[25] SEAH C E, HWANG I. Algorithm for performance analysis of the IMM algorithm[J]. IEEE Transactions on Aerospace and Electronic Systems, 2011, 47(2): 1114-1124.

[26] HAN B, HUANG H, LEI L, et al. An improved IMM algorithm based on STSRCKF for maneuvering target tracking[J]. IEEE Access, 2019, 7: 57795-57804.

[27] QI S, QI C, WANG W. Maneuvering target tracking algorithm based on adaptive Markov transition probabilitiy matrix and IMM-MGEKF[C]//2018 12th International Symposium on Antennas, Propagation and EM Theory(ISAPE), 2018: 1-4.

[28] XIE G, SUN L, WEN T, et al. Adaptive transition probability matrix-based parallel IMM algorithm[J]. IEEE Transactions on Systems, Man, and Cybernetics: Systems, 2019, 51(5): 2980-2989.

第 4 章　替换式智能滤波方法

4.1　引言

结合式智能滤波方法在保持传统跟踪滤波架构固定不变的同时，引入了神经网络对跟踪滤波参数进行自适应调节，具有原理直观、设计难度低的优点，一定程度上提升了传统跟踪滤波算法的鲁棒性和环境适应性。然而受传统跟踪滤波架构和自身表达能力限制，结合式智能滤波方法存在结构不统一、适用范围有限、能力无法进一步拓展等问题，难以应对复杂多样的跟踪环境，特别是环境噪声、运动模型等无法通过解析表达式显式表示的跟踪情况。

为充分发挥神经网络表达能力强的优势[1-7]，本章对替换式智能滤波方法进行研讨。替换式智能滤波方法基于滤波估计的原理，以数据驱动型神经网络为主导，利用神经网络对滤波进行部分替代，或对部分参数进行调节和估计，以提高滤波性能，适应复杂多样的跟踪环境，相关研究也比较多[8-15]：文献[8]采用简单神经网络作为目标运动模型，利用简单神经网络实现 Kalman 滤波器中的目标状态一步预测；文献[9-10]采用循环神经网络作为目标运动模型，利用 LSTM 网络实现 Kalman 滤波器中的目标状态一步预测，并同时给出预测均值和协方差，一定程度解决了传统目标运动模型表达能力弱，与目标实际运动不匹配的问题；文献[11]利用 DBN 网络对 Kalman 滤波器中的过程噪声方差和量测噪声方差进行自动调节，解决了滤波器参数调节难的问题；文献[12]利用 3 个 LSTM 网络分别对 Kalman 滤波器中的目标状态预测进行实现，对过程噪声协方差和量测噪声协方差进行估计；文献[13]在 PF 滤波中，采用循环神经网络作为目标运动模型，利用 LSTM 网络对目标状态进行一步预测；文献[14]在 GM-PHD 滤波中，利用 LSTM 网络对单个高斯状态进行一步预测；文献[15]利用 ConvLSTM 网络对混合高斯状态进行整体一步预测。

本章主要对基于神经微分方程的目标跟踪算法进行研究，内容安排如下：4.2 节对基于神经微分方程的单模型混合驱动目标跟踪算法的原理、框架结构、训练过程、仿真实验与结果分析进行详细的论述；4.3 节在 4.2 节的基础上对基于神经微分方程的多模型混合驱动目标跟踪算法进行研讨，对其原理、框架结构、训练过程、仿真实验与结果分析进行了详细的论述；4.4 节对两种算法进行了综合性能对比，测试两种算法的适用范围和泛化性能；4.5 节对本章内容进行了总结。

4.2 基于神经微分方程的单模型混合驱动目标跟踪算法

4.2.1 目标运动的随机微分方程

3.2 节对目标跟踪的状态空间模型，以及模型驱动算法常用的贝叶斯滤波器进行了简要叙述。虽然目标量测信息通常是离散的，但是目标的实际运动是时间连续的，也就是目标的状态是连续的。目标是现实世界中的物理实体，物理学中通常将目标运动建模为随机微分方程（Stochastic Differential Equations，SDE）。对于目标的运动，常用"Langevin"方程建模目标运动[16]。

$$\frac{\mathrm{d}\boldsymbol{x}(t)}{\mathrm{d}t} = \underbrace{\tilde{\boldsymbol{a}}(\boldsymbol{x}(t),t)}_{\text{Dynamics}} + \underbrace{\boldsymbol{D}(\boldsymbol{x}(t),t)\frac{\mathrm{d}\boldsymbol{\beta}(t)}{\mathrm{d}t}}_{\text{Noise and drift}} \tag{4.1}$$

其中，$\tilde{\boldsymbol{a}}(\boldsymbol{x}(t),t) \in \mathbb{R}^n$ 表示目标的动力学模型，这个动力学模型表示目标在无噪声和其他干扰条件下的真实状态变化趋势；$\mathrm{d}\boldsymbol{\beta}(t)$ 表示噪声或者干扰；$\boldsymbol{D}(\boldsymbol{x}(t),t) \in \mathbb{R}^{n \times n}$ 是扩散矩阵，作用是将噪声或者干扰 $\mathrm{d}\boldsymbol{\beta}(t)$ 以某种方式作用于目标状态或者目标的运动之上。$\boldsymbol{D}$ 可以与目标状态有关（乘性噪声），如空气阻力，也可以与目标状态无关（加性噪声），如大气干扰。

对式（4.1）积分可以得到目标在现实世界中表现出的真实状态。

$$\boldsymbol{x}(t_1) = \boldsymbol{x}(t_0) + \int_{t_0}^{t_1} \tilde{\boldsymbol{a}}(\boldsymbol{x}(t),t)\mathrm{d}t + \int_{t_0}^{t_1} \boldsymbol{D}(\boldsymbol{x}(t),t)\mathrm{d}\boldsymbol{\beta}(t) \tag{4.2}$$

在模型驱动目标跟踪算法中，通常使用一个或多个数学模型 $\tilde{\boldsymbol{a}}^m$ 来建模 $\tilde{\boldsymbol{a}}$。但正如前面所分析的，对于目标跟踪来说，缺乏准确的目标动态的先验知识（运动模型和切换时间等）是正常情况。例如在复杂的机动目标跟踪情况下，$\tilde{\boldsymbol{a}}$ 和 $\mathrm{d}\boldsymbol{\beta}(t)$ 很难以明确的数学形式进行概括或近似。在这种情况下，$\tilde{\boldsymbol{a}}^m$ 是不准确的，导致模型驱动目标跟踪算法的跟踪精度下降。

模型驱动目标跟踪算法在跟踪过程中，通过模型或参数的适应，通常是正

确的 $\tilde{a}^m$。但不可否认的是，切换模型时必须有一个延迟时间，因为对目标模型的判断需要足够的时间来积累量测信息。那么就一定存在由模型误差和延迟切换引起的状态估计误差。假设目标在 t_0 时刻的动力学模型为 $\mathcal{M}_1$，以及目标的动力学模型在 t_1 时刻切换为 $\mathcal{M}_2$。令 f 为滤波器或者状态估计函数，则因延迟切换造成的状态估计误差 $e_{t_1 \sim t_1+t_d}$ 为

$$e_{t_1 \sim t_1+t_d} = \int_{t_1}^{t_1+t_d} \left(f(\mathcal{M}_1,t) - f(\mathcal{M}_2,t) \right) \mathrm{d}t \tag{4.3}$$

在目标的运动过程中可能需要手动输入控制变量 $\mathrm{d}u(t)$，以应对意外情况或进行姿态调整，即机动调节。此时，式（4.2）中的 $D(x(t),t)\mathrm{d}\beta(t)$ 在复杂的机动目标环境中是一个由多个因子或者因素组成的复合扰动。为了方便表达，这里使用 $\mathrm{d}\zeta$ 来替换 $D(x(t),t)\mathrm{d}\beta(t)$。

$$\mathrm{d}\zeta(t) = \Psi\left(\mathrm{d}\beta(t),\mathrm{d}e(t),\mathrm{d}u(t),x(t),t\right) \tag{4.4}$$

其中，Ψ 是一个广义的扩散函数，其将误差 $\mathrm{d}\beta(t)$、机动切换的状态估计误差 $\mathrm{d}e(t)$，以及人工状态调整输入综合起来对目标状态产生影响，则式（4.1）和式（4.2）可重新表达为

$$\frac{\mathrm{d}x(t)}{\mathrm{d}t} = \tilde{a}(x(t),t) + \frac{\mathrm{d}\zeta(t)}{\mathrm{d}t} \tag{4.5}$$

$$x(t_1) = x(t_0) + \int_{t_0}^{t_1} \tilde{a}(x(t),t)\mathrm{d}t + \int_{t_0}^{t_1} \mathrm{d}\zeta(t) \tag{4.6}$$

需要注意的是，式（4.6）的深层含义与式（4.2）不同。式（4.2）描述了现实世界中目标的客观运动规律，而式（4.6）代表了从跟踪器角度"看到"的目标运动规律。换句话说，$\mathrm{d}\zeta$ 是跟踪算法对运动模型不准确和目标机动过程中模型切换延迟产生的峰值误差的补偿。

在实际应用中，由于复杂的跟踪环境和先验信息的缺乏，很难知道 $\tilde{a}$ 和 $\mathrm{d}\beta(t)$ 的准确值和具体的数学模型。因此，Ψ 的具体数学形式不能被明确地给出。在这种情况下，经典的模型驱动目标跟踪算法必须在一些假设条件下推导出算法模型。例如，IMM 使用马尔可夫链来描述运动模型的转移规律，而 CS 模型使用瑞利分布来模拟加速度的概率密度函数。

这些假设不仅引入了近似误差，还引入了更多需要先验知识的参数，如模型集和机动频率。在没有先验知识的情况下，这些额外的参数可能会导致相应的算法性能的下降甚至是跟踪发散。随着应用场景越来越复杂，目标的机动性越来越强，模型驱动目标跟踪算法面临越来越多的挑战。因此需要采用其他方式来设置或者参数化目标的运动规律函数。

4.2.2 单模型混合驱动目标跟踪算法

本节首先对混合驱动的优势进行分析和讨论,然后提出单模型混合驱动连续时间目标跟踪算法,简称单模型混合驱动目标跟踪算法。

虽然 3.2.2 节描述的贝叶斯滤波器理论严谨,但是其是基于 Markov 链假设的,即目标在 k 时刻的状态只依赖于其在 $k-1$ 时刻的状态:

$$p(\boldsymbol{x}_k | \boldsymbol{x}_{k-1}) = p(\boldsymbol{x}_k | \boldsymbol{x}_{k-1}, \boldsymbol{Z}_{k-1}) = p(\boldsymbol{x}_k | \boldsymbol{x}_{1:k-1}) \tag{4.7}$$

这一假设简化了贝叶斯滤波器的推导和递归过程。这样模型驱动目标跟踪算法只用以前的状态估计和当前的量测值来判断机动,在模型惯性的影响下,机动转换较慢,导致峰值误差较大。

事实上,目标的历史轨迹 $\boldsymbol{Z}_{t-1}$ 包含大量的信息,如目标运动模式和意图。例如,从经验来看,当目标刚刚进入稳定的运动状态时,机动的概率很小,而当目标在一段时间内保持运动状态时,机动的概率较大。模型驱动目标跟踪算法并没有很好地利用这些历史信息。相比之下,数据驱动直接根据所有(部分)量测值推断系统信息或目标状态,可以很好地利用目标的历史信息。

神经网络是一种数据驱动的算法,具有强大的非线性拟合和建模能力。一个有足够能力的神经网络可以以任何精度近似任何函数[17]。通过学习数据,神经网络能够学习并储存目标系统的隐藏趋势和信息。经典的时间序列处理网络(如递归神经网络)的状态推理过程可以描述为

$$\boldsymbol{h}_{k+1} = \boldsymbol{h}_k + f_{\mathrm{ds}}(\boldsymbol{h}_k, \boldsymbol{\theta}) \tag{4.8}$$

其中,f_{ds} 是神经网络,下标"ds"代表数据驱动;$\boldsymbol{h}$ 是隐藏状态;$\boldsymbol{\theta}$ 表示神经网络从数据中学习的参数集,即关于目标和系统的浅层信息和深层信息。浅层信息指的是目标运动模型。而深层信息是模型驱动的数学模型所不能表达的信息,如目标机动的特点、执行任务的意图和 $\mathrm{d}\zeta$。

f_{ds} 通常被设计得足够大,以确保其具有强大的表述性。因此,庞大的神经网络结构带来了更大的计算资源需求、更高的训练难度和过度拟合。此外,神经网络是一个黑盒子,几乎所有的信息都储存在参数集 $\boldsymbol{\theta}$ 中。我们无法观察到明确的推理过程和相关的中间参数,也就是说,神经网络的可解释性差。在军事和其他需要高可靠性的领域,算法需要有足够的解释力来判断其性能范围和分析错误的原因。

相比单纯的模型驱动和数据驱动,混合驱动主要具有以下两点优势。

(1)网络结构的规模缩小,训练效率提高。代表领域知识的模型通过减少

需要学习的相关知识量来减少神经网络的规模。此外，目标运动模型为神经网络的梯度下降提供一个方向。通过约束网络的学习，网络的学习效率得以提高，网络陷入局部最优或过度拟合的可能性得以降低。模型驱动为神经网络提供一定程度的可解释性。

（2）减少了模型设计和跟踪对先验知识的依赖。神经网络可以从大数据中学习许多无法用模型描述的知识。因此，即使由于缺乏先验知识，导致模型及其参数不准确，神经网络也可以通过式（4.6）中的复合扰动或其他方式补偿系统的偏差。

因此，本章采用了混合驱动的方法来构建机动目标跟踪算法。为了更清楚地简化和讨论问题，在本章中我们考虑二维直角坐标的目标跟踪问题（很容易将二维跟踪问题扩展到三维跟踪问题）。设 $x_t = [x_t \quad \dot{x}_t \quad y_t \quad \dot{y}_t]^T$ 为目标在时间 t 上的状态，x_t/y_t 和 $\dot{x}_t/\dot{y}_t$ 分别表示目标在 x/y 轴上的位置和速度。

由于目标机动通常是突然的、随机的、不可预测的，目标轨迹的隐藏趋势（加速度/模型）是不连续的。所以，处理未知机动的一个好办法是在轨迹的每个量测或输出时间建立动态方程模型，图 4.1 展示了一个例子。

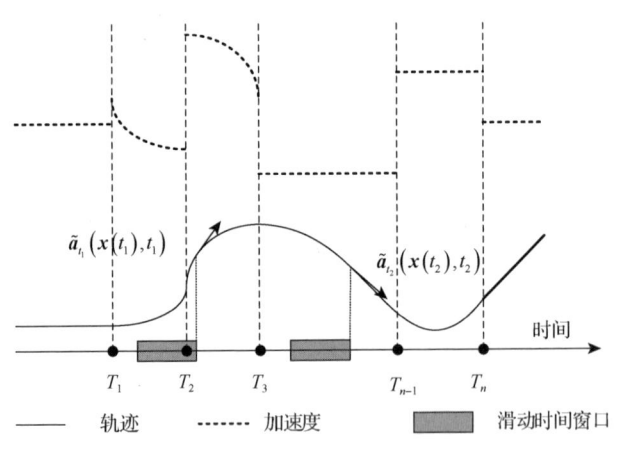

图 4.1　一个机动目标运动过程

需要说明的是，图 4.1 中的曲线和标记均为抽象表达，没有严格的数值关系。

虽然机动性是未知的，但图 4.1 显示，目标在机动性或切换模型上花费的时间很少。也就是说，目标的大部分运动时间在某个模型的稳定运动中，目标状态取决于其过去一段时间的历史轨迹。

因此，使用滑动时间窗口为算法的数据驱动部分提供数据信息。令 l 为滑动时间窗口的宽度，该窗口内的信息由 $l-1$ 步的历史信息和当前时间步的量测

组成。因此我们采用数据驱动估计目标的"Langevin"方程，即

$$\tilde{a}(x(k),k) + \frac{\mathrm{d}\zeta(k)}{\mathrm{d}k} = f_{\mathrm{ds}}(Z_{k-l+1\sim k}, t_{k-l+1\sim k}) \tag{4.9}$$

其中，滑动时间窗口的宽度 l 根据目标机动频率进行设置。目标机动频率越高，滑动时间窗口越窄，l 越小，使得窗口内的信息尽量只包含一种机动模式，以及使得算法对机动的感知更为灵敏。数据驱动的过程 f_{ds} 只使用了目标的历史量测信息 $Z_{k-l+1\sim k}$ 作为信息来源。这样能为数据驱动过程提供最原始的目标运动及跟踪环境信息，也避免了依赖上一步状态估计造成的误差累积，使得算法能够更好地应对复杂的机动目标和环境。

大多数的机动过程可视为加速度的变化[18]，因此 $\tilde{a}$ 可视为被目标加速度 $\ddot{x}(t)$ 控制的微分函数，也就是

$$\begin{bmatrix} \dot{x}_t & \ddot{x}_t & \dot{y}_t & \ddot{y}_t \end{bmatrix}^{\mathrm{T}} = \frac{\mathrm{d}x(t)}{\mathrm{d}t} = \tilde{a}(x(t),t) + \frac{\mathrm{d}\zeta(t)}{\mathrm{d}t} \tag{4.10}$$

$$\ddot{x}(t) = \begin{bmatrix} \ddot{x}_t & \ddot{y}_t \end{bmatrix}^{\mathrm{T}} = \bar{x}(t) + \varepsilon(t) \tag{4.11}$$

其中，$\ddot{x}_t / \ddot{y}_t$ 是目标在 x/y 轴的加速度；$\bar{x}(t)$ 是目标理想环境（没有噪声和干扰）中的真实加速度；$\ddot{x}(t)$ 是目标因噪声 $\varepsilon(t)$ 而在实际环境中表现出的加速度。在大多数的目标运动模型中，加速度（函数）$\bar{x}(t)$ 决定了它们之间的本质区别。比如匀速直线运动模型目标的加速度变化规律为一个小的过程噪声；转弯机动目标的加速度由转弯率和目标切向加速度决定。$\ddot{x}(t)$ 通过控制目标速度的变化，从而使目标状态随之发生变化。因此，当神经网络与式（4.10）所示的模型相结合时，神经网络的数据流经过目标动力学模型时就会受到其模型函数的约束，从而使数据流具有所使用模型的区别性。

在本节提出的单模型混合驱动目标跟踪算法中，使用神经网络进行数据驱动来估计 $\bar{x}(t)$，神经网络的强大表现力使得大多数的运动模型均能通过 $\bar{x}(t)$ 来表达。根据式（4.6）可知，若想估计目标的状态需要得到该式中的三个成分：SDE 的初值 $x(t_0)$、目标的动力学模型 $\tilde{a}$ 及复合扰动 $\mathrm{d}\zeta(t)$。使用神经网络对上述三个成分进行估计，进而求解出目标状态。因此在 k 时刻有

$$\begin{bmatrix} \hat{x}(k-l+1) & \hat{x}(k) \end{bmatrix} = \mathrm{MLP}_{\mathrm{ini}}(Z_{k-l+1\sim k}) \tag{4.12}$$

$$\hat{\zeta}'(t) = \frac{\mathrm{d}\hat{\zeta}(t)}{\mathrm{d}t} = \mathrm{MLP}_{\mathrm{cp}}(\hat{x}(t), t) \tag{4.13}$$

$$\tilde{a}(x(t),t) = \frac{\mathrm{d}x(t)}{\mathrm{d}t} = \Lambda(\hat{x}(t), \hat{x}(k)) \tag{4.14}$$

$$\hat{\boldsymbol{x}}^k(t_1) = \hat{\boldsymbol{x}}(t_0) + \int_{t_0}^{t_1} \left(\tilde{\boldsymbol{a}}(\boldsymbol{x}(t),t) + \hat{\boldsymbol{\zeta}}'(t) \right) dt$$
$$= \text{SDEsolver}\left(\tilde{\boldsymbol{a}}(\boldsymbol{x}(t),t), \hat{\boldsymbol{\zeta}}'(t), t_0, t_1, \boldsymbol{\theta} \right), \quad t, t_1, t_2 \in [k-l+1, k+1] \quad (4.15)$$

其中，MLP_{ini} 和 MLP_{cp} 表示多层感知机（Multi-Layer Perceptron，MLP）[19]，分别用来估计目标的初始（initial）运动状态及复合扰动（Composite Perturbation，CP）。换句话说，MLP_{ini} 学习的是目标运动模型的知识，而 MLP_{cp} 学习的是环境及机动调节的知识。式（4.12）、式（4.14）和式（4.15）是在连续时间层面的，但是为了更方便描述，同时使用离散时间点 k，$\hat{\boldsymbol{x}}^k(k-1)$、$\hat{\boldsymbol{x}}^k(k)$ 及 $\hat{\boldsymbol{x}}^k(k+1)$ 分别代表了目标的一步平滑、滤波和一步预测的状态估计。在式（4.10）中，$\dot{x}_t$ 和 $\dot{y}_t$ 是目标状态估计 $\hat{\boldsymbol{x}}(t)$ 的元素，因此在式（4.14）中使用线性函数 Λ 来将 $\hat{\boldsymbol{x}}(t)$ 和 $\hat{\boldsymbol{x}}(t)$ 整合为 $\tilde{\boldsymbol{a}}$。其中 $\boldsymbol{\theta}$ 为所有神经网络的参数集。

在通常的目标跟踪任务中，我们只需要滤波和对估计状态进行一步预测。因此，滑动时间窗口中轨迹段的起始时间取为 t_0，这样通过补偿 $d\hat{\boldsymbol{\zeta}}(t)$ 的后续时间，可以使滤波和预测状态更加准确。此外，MLP_{ini} 通过历史量测 $\boldsymbol{Z}_{k-l+1\sim k}$ 驱动输出初始目标状态和机动参数，因此式（4.15）将 $\hat{\boldsymbol{x}}(t)$ 作为滑动时间窗口中目标的基本机动参数（仅做小幅调整）。注意，滑动时间窗口在某些时刻可以包含两种运动模型，此时从式（4.12）到式（4.15）的过程被认为是一个 3 阶多项式拟合器拟合时间窗口内曲线的过程。混合驱动的连续时间滤波器（Hybrid-Driven Continuous-Time Filter，HD-CTF）网络结构如图 4.2 所示。

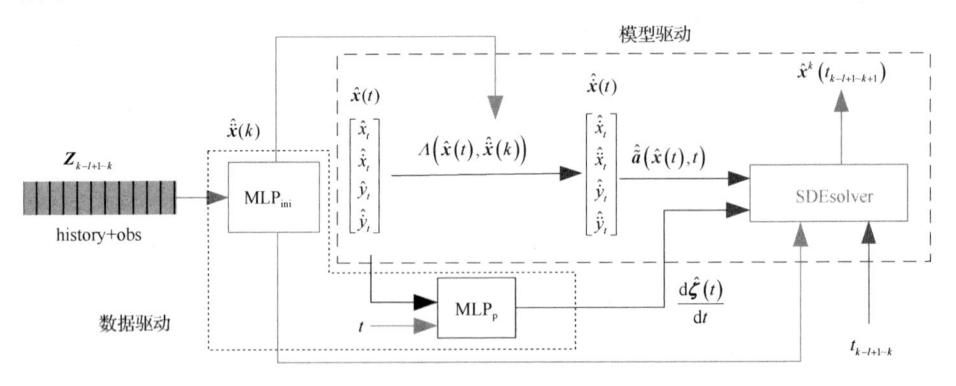

图 4.2 混合驱动的连续时间滤波器网络结构

图 4.2 中虚线框表示 HD-CTF 的模型驱动部分，点线框表示 HD-CTF 的数据驱动部分。$t_{k-l+1\sim k+1}$ 表示所有满足 $t \in [k-l+1, k+1]$ 的时间 t。

接下来要对式（4.15）中的 SDE 进行 $j \to \infty$ 求解。由于传感器只能获得离散量测，因此可以采用 Euler 算法对 SDE 进行求解。根据 Euler 算法，此时图 4.2 中的 SDEsolver 定义为

$$\begin{cases} \hat{x}^k(j+1) = \hat{x}^k(j) + \Delta t \Gamma\left(\hat{x}^k(j), \hat{x}(j)\right) + \mathrm{d}\hat{\zeta}(j) \\ \hat{x}^k(0) = \hat{x}(0) \end{cases} \quad (4.16)$$

其中，Δt 为时间间隔，j 表示迭代步骤。当 Δt 为采样时间间隔时，通过式(4.16)离散化处理，HD-CTF 成为一个离散的目标跟踪算法。而离散的 HD-CTF 也可以被看作一个广义的递归神经网络（RNN），并以类似于递归神经网络的方式进行训练。

离散时间跟踪算法结构简单，需要的计算资源少，但在实际应用中通常面临两个问题。第一，算法的离散化误差随着采样率的降低而增加。第二，由于传感器的类型和外部扰动，跟踪算法必须处理不同的采样率、不规则和间歇性的量测。但是，经典的神经网络，如递归神经网络只允许输入和输出具有相同时间间隔的序列。一旦经过训练，它们的网络结构就是固定的。如果我们想用离散的 HD-CTF 来处理不同采样率的量测，我们必须为每个采样率训练相应的 HD-CTF，或者对量测进行预处理，如内插和外推，这给实际应用带来了挑战。

模型驱动的算法主要采用欧拉和 Runge-Kutta 等成熟的方法来求解其随机微分方程。对于神经网络来说，如递归神经网络，如式（4.16）所示，当 $\Delta t \to 0$ 时，$j \to \infty$。因此我们想训练连续时间模式的 HD-CTF，训练内存会消耗巨大，现实世界中，这样的计算资源无疑是难以被满足的。

T.Q.Chen 等人在 2018 年提出了一种神经常微分方程（NODE）的训练方法[20]。在他们的研究中，采用了伴随灵敏度法（Adjoint Sensitivity Method）来计算 NODE 的梯度。这种方法使内存成本与问题大小成线性比例，并能控制数值误差。因此，近年来 NODE 吸引了许多学者的关注和研究，并取得了一些进展[21-23]。

在本节中，我们使用 dopri5 作为 SDEsolver，并根据 NODE 的训练方法来训练我们的 HD-CTF。这样，我们提出单模型混合驱动目标跟踪算法可以在任何时间点产生状态估计，与离散版本相比，它具有更强的环境适应性和更广泛的应用范围。

4.2.3 数据集生成与算法训练

为便于统一分析，HD-CTF 使用 4.2.4 节表 4.1 生成数据集。使用表 4.1 生成 500 条目标轨迹，然后在每条轨迹随机抽选起始时间点不重复的 80 条长度

为 $l=12$ 步的轨迹段（10 步的历史轨迹+当前状态+一步预测状态），得到由 40000 条真实轨迹段组成的训练集。

根据 HD-CTF 的特点，使用加权平均的均方根误差（Average Weighting Root Mean Square Error，AWRMSE）作为其训练误差。需要说明的是，HD-CTF 为连续时间模式，也就是可以输出滑动时间窗口内任意时刻的状态估计。此时如果把窗口内所有值用来计算误差是不现实的。因此可以根据实际使用需要，输出传感器量测时刻或者其他有限时刻的状态估计来计算误差。本节中我们考虑一般的目标跟踪情况，即输出的状态估计时刻为量测时刻。令在第 i 个滑动时间窗口内的状态估计和其对应的真实目标状态分别为 $\hat{X}_i(k-l+j)$，$j=1,2,\cdots,l+1$ 和 $X_i(k)$，则误差通过以下方式计算：

$$\mathrm{loss}_k = \sum_{i=1}^{\mathrm{batch}} \sqrt{\sum_{j=1}^{l+1} w_j \left\| X_i(k-l+j) - X_i^k(j) \right\|_2^2}, \quad \sum_{j=1}^{w+1} w_j = 1 \qquad (4.17)$$

其中，batch=20000 是批处理量；w 是加权系数向量；$\|\cdot\|_2$ 是 L_2 准则或欧氏误差（EE）；w 代表滑动时间窗口中相应时间的状态估计的重要性。通过 w 对损失进行约束，算法的参数空间和计算资源被集中在我们更关心的特殊时刻，以获得更高的精度。例如，在一般的目标跟踪任务中，主要关注平滑、滤波和预测的性能，而在间歇性轨道关联中，更关注通过后向滤波估计前一时刻缺失轨道的性能。在本节中，我们将 w 设置为 $w=[0.1,0.1,0.1,0.1,0.2,0.4,0.5,0.6,0.7,0.8,1,0.9]/5.5$。需要说明的是，与第 3 章一致，为了更加贴近实际，只使用估计状态的位置计算 HD-CTF 训练时的损失。

根据生成数据集的规则，可以通过以下方式将训练集轨迹段归一化到 $[-1,1]$：

$$Z_{k-l+1\sim k}^{\mathrm{normal}} = \frac{\left(Z_{k-l+1\sim k} - \mathrm{mean}(Z_{k-l+1\sim k})\right)}{0.5(l+1)V_{\max}} \qquad (4.18)$$

$\mathrm{MLP}_{\mathrm{ini}}$ 和 $\mathrm{MLP}_{\mathrm{cp}}$ 各包含两层隐藏层，它们的神经元数目分别为 (40,20) 和 (20,10)。HD-CTF 的训练有 1000 个 epoch。两个维度的量测噪声和过程噪声都是零均值高斯白噪声，方差分别为 $2500\mathrm{m}^2$ 和 $0.09\mathrm{m}^2$。请注意，我们在每次训练中对新的训练数据集进行采样，使网络更容易学习数据集的统计特性。初始学习率为 0.008，通过余弦退火法在 1000 次训练后学习率衰减为 0。训练结束后，网络的训练误差收敛在 34m 附近。

4.2.4 仿真实验与结果分析

在这一节中，我们从测试集和典型机动场景两个方面来评估 HD-CTF 的性能。而雷达被用作提供量测的传感器。由于我们专注于状态估计，目标量测值被转换为笛卡儿坐标以方便实验的进行。HD-CTF 与两种模型驱动的算法进行了比较：CS 和 IMM，以及一种数据驱动的算法——最小平方滤波器（Least Square Filter，LSF）[24]。所有模拟场景的目标量测噪声是方差为 $2500 m^2$ 的零均值高斯白噪声。

1. 测试集测试

对测试集的跟踪仿真实验可以测试出目标跟踪算法在不同机动情况下的平均跟踪性能，这反映了算法的鲁棒性和对环境的适应性。根据表 4.1，有 200 条随机生成的轨迹作为测试集。

LSF 采用 3 阶多项式对目标每个维度的量测进行拟合，同样地，采用滑动时间窗口采集目标量测数据，其窗口宽度与 HD-CTF 设置一致。CS 模型的机动频率设置为 $\alpha = 1/20$，其最大加速度幅值为 $|a_{\pm \max}| = 60 m/s^2$。CS 和 IMM 的量测方差设置为 $\sigma_m = 2500 m^2$。IMM 包括三个模型：过程噪声方差为 $\sigma_p = 0.01^2 m^2$ 的 CV，以及 $\sigma_p = 0.01^2 m^2$ 和 $\sigma_p = 16 m^2$ 的 CA，其模型转移概率矩阵为

$$\Pi = \begin{bmatrix} 0.9 & 0.05 & 0.05 \\ 0.05 & 0.9 & 0.05 \\ 0.05 & 0.05 & 0.9 \end{bmatrix} \quad (4.19)$$

在整个测试集上滤波和预测目标状态的平均欧氏误差和峰值欧氏误差（AEE 和 PEE）是衡量估计准确性的指标。为了更容易描述，滤波位置、滤波速度、预测位置和预测速度分别用 FP、FV、PP 和 PV 表示。实验结果列于表 4.1 中。由于 HD-CTF 使用滑动时间窗口来积累量测信息，因此它不需要像最小二乘法那样进行初始化。其他算法可以在 5s 之前用于跟踪。这是 HD-CTF 的优势之一。因此，我们不显示其他模型驱动算法的初始化性能，所有的指标都是在算法实施 5s 后计算的，后续的仿真实验也是如此。

表 4.1 测试集跟踪的估计精度

算法	AEE-FP/m	AEE-PP/m	AEE-FV/(m/s)	AEE-PV/(m/s)	PEE-FP/m	PEE-PP/m	PEE-FV/(m/s)	PEE-PV/(m/s)
HD-CTF	35.3001	45.1605	28.7127	37.9487	131.558	195.651	165.240	195.841
LSF	47.7539	69.3369	45.4081	54.4568	179.750	261.885	167.518	226.382

续表

算法	AEE-FP/m	AEE-PP/m	AEE-FV/(m/s)	AEE-PV/(m/s)	PEE-FP/m	PEE-PP/m	PEE-FV/(m/s)	PEE-PV/(m/s)
CS	46.1196	61.3342	32.3814	37.9863	530.886	682.812	341.650	377.584
IMM	36.8726	46.0703	19.5951	22.6806	246.311	350.961	216.588	262.836

从表 4.1 可以看出，与其他三种算法相比，本节提出的 HD-CTF 在测试集上的估计精度最高。HD-CTF 和 LSF 作为数据驱动的算法几乎不依赖跟踪所需的先验知识，因此它们在测试集上的整体跟踪精度很大程度上取决于对目标动态的先验知识。当它们在测试集上跟踪轨迹时，由于没有具体的先验知识，我们不得不对它们的粗略模型集和参数进行设置，导致跟踪性能差，跟踪误差大。因此，与模型驱动的算法相比，数据驱动的算法具有更强的鲁棒性和更高的环境适应性。此外，HD-CTF 通过神经网络学习目标运动模型和机动调整的知识，使得其跟踪精度与 LSF 相比有了明显的提高。

这个实验并不能反映出这 4 种算法在具体跟踪场景中的优劣势。此外，对于 HD-CTF 来说，测试集和训练集是同质的，所以测试结果不能完全代表其他场景下的跟踪性能。所以接下来测试和分析 HD-CTF 在具体跟踪场景中的跟踪性能。

2. 典型机动场景中的跟踪实验

在本节评估了 HD-CTF 在三种典型机动场景下的性能，分别是蛇形机动、爬升/俯冲机动和上仰机动，它们的机动强度和复杂性（目标机动频率、参数变化幅度和模型的复杂性）逐次降低。而这三种典型机动场景并不包括在表 4.1 生成的轨迹中，能够进一步检验 HD-CTF 的环境自适应能力。HD-CTF 的性能可以通过具体跟踪场景的仿真实验进行更详细、更可靠的测试和分析。由于跟踪器是一个地面传感器，目标通常可以被视为一个点状物体，因此采用了惯性坐标系。

在每个场景中，用 HD-CTF 进行 200 次蒙特卡罗仿真实验，与 LSF、CS 和 IMM 进行比较，使用均方根误差（RMSE）来评估跟踪效果。

由于预测和滤波结果具有相同的趋势和性能，接下来只显示滤波结果。这三种情况下的量测噪声与测试集相同。

1）场景 1：蛇形机动

在这个场景中，目标初始状态向量为 $x_0 = [7000\text{m}, 200\text{m/s}, 6000\text{m}, 220\text{m/s}]^T$。目标在开始时直行 15s，然后采取蛇形机动直到 80s，在 81~90s 间直行，16~80s 间真实轨迹的运动模型及其参数序列在表 4.2 中给出。由于蛇形机动是一

第4章 替换式智能滤波方法

种强机动，本方案中4种算法的参数设置与测试集跟踪实验中的参数相同。

表 4.2 蛇形机动的运动模型及参数序列

时间区间/s	16～35	36～50	51～65	66～80	81～90
运动模型	CA	CA	CA	CA	CA
$a_k^T = [a_x, a_y]$ / (m/s²)	[8,-20]	[-18,36]	[14,-30]	[-16,20]	[8,-12]

图 4.3 显示了 200 次蒙特卡罗仿真实验中位置和速度的 RMSE 比较结果。从 200 次蒙特卡罗仿真实验中随机抽取一次实验，该实验中 4 种算法的真实和估计轨迹与真实和估计速度分别如图 4.4 和图 4.5 所示。图 4.4（a）还显示了真实轨迹和相应的量测值。将图 4.4（a）的一部分放大以便观察，并在图 4.4（b）中显示。

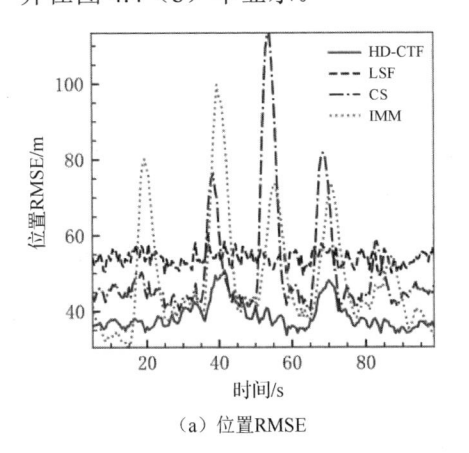

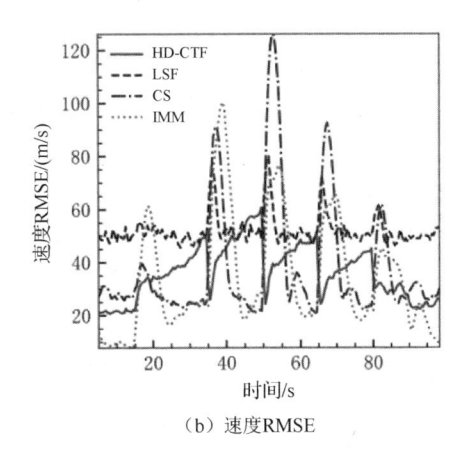

(a) 位置RMSE

(b) 速度RMSE

图 4.3 场景 1 中 4 种算法的跟踪效果对比

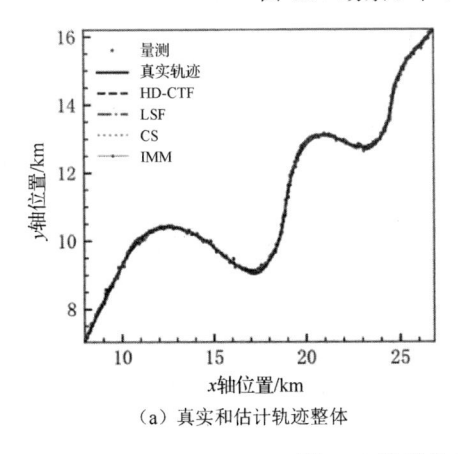

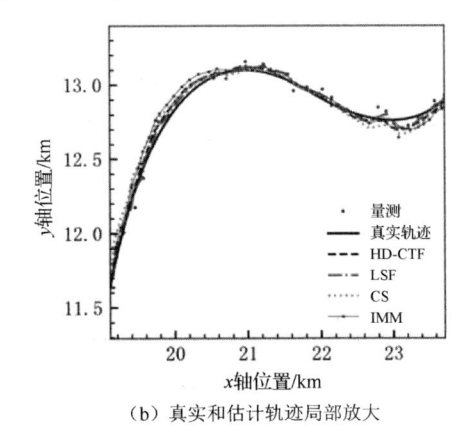

(a) 真实和估计轨迹整体

(b) 真实和估计轨迹局部放大

图 4.4 蛇形机动的真实和估计轨迹

将图 4.3 所示的 4 种算法的位置和速度的平均 RMSE（ARMSE）和峰值 RMSE（PRMSE）的估计精度列于表 4.3 中。

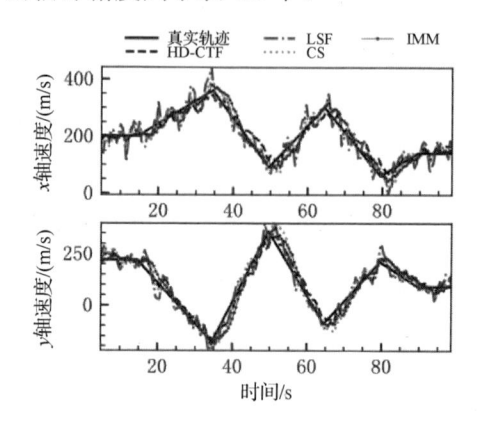

图 4.5 蛇形机动中在 x 和 y 方向上真实和估计速度

表 4.3 蛇形机动的估计精度

算法	位置 ARMSE/m	位置 PRMSE/m	速度 ARMSE/(m/s)	速度 PRMSE/(m/s)
HD-CTF	38.9892	49.8292	36.1764	61.3139
LSF	53.9846	59.1550	52.2425	80.7508
CS	50.8238	114.179	38.1564	126.968
IMM	48.8473	95.0453	34.0757	99.3439

2）场景 2：爬升/俯冲机动

在此场景中，目标初始状态向量为 $x_0 = [4000\text{m}, 300\text{m/s}, 9000\text{m}, 0\text{m/s}]^{\text{T}}$，模型及参数序列如表 4.4 所示。

表 4.4 爬升/俯冲机动的模型及参数序列

时间区间/s	1～15	16～33	34～45	46～60	61～72	73～80
运动模型	CT	CT	CV	CT	CT	CV
转弯率/[(°)/s]	-6	5	0	6	-8	0

根据爬升/俯冲机动的特点，IMM 的模型集设置为：CV 模型，以及转弯率分别为 7（°）/s、-9（°）/s 的 CT 模型，它们的过程噪声方差均为 $\sigma_{\text{p}} = 0.01^2 \text{ m}^2$。其余的设置同前面测试集测试时一致。场景 2 的仿真实验结果如图 4.6～图 4.8 及表 4.5 所示。-9（°）/s

第 4 章 替换式智能滤波方法

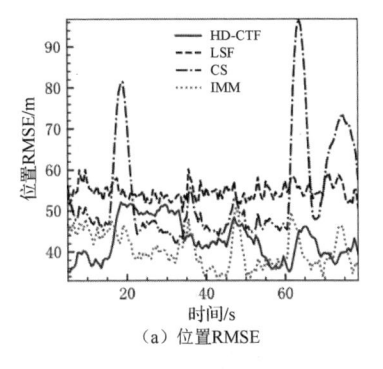

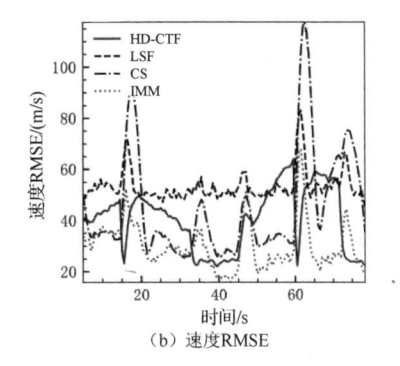

（a）位置RMSE

（b）速度RMSE

图 4.6 场景 2 中 4 种算法的跟踪效果对比

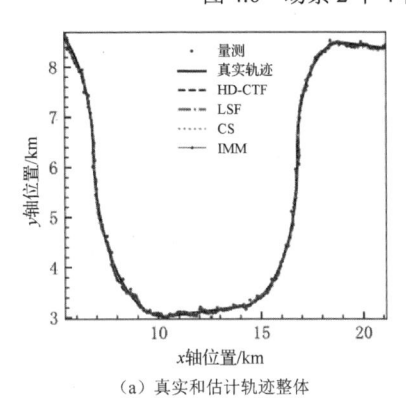

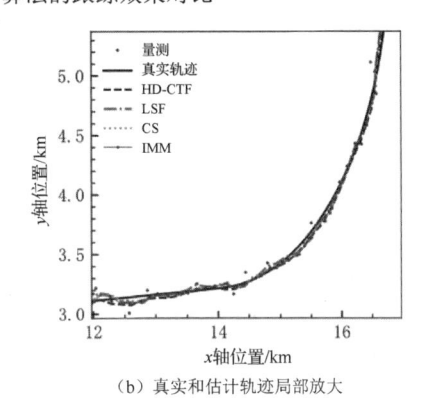

（a）真实和估计轨迹整体

（b）真实和估计轨迹局部放大

图 4.7 爬升/俯冲机动的真实和估计轨迹

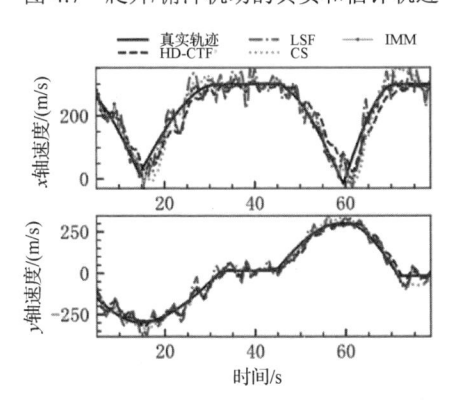

图 4.8 爬升/俯冲机动中在 x 和 y 方向上真实和估计速度

表 4.5 爬升/俯冲机动的估计精度

算法	位置 ARMSE/m	位置 PRMSE/m	速度 ARMSE/（m/s）	速度 PRMSE/（m/s）
HD-CTF	42.8468	52.1105	40.5369	63.9444
LSF	53.8190	58.6005	52.6526	81.7198

续表

算法	位置 ARMSE/m	位置 PRMSE/m	速度 ARMSE/(m/s)	速度 PRMSE/(m/s)
CS	53.0914	96.1413	44.6820	116.595
IMM	39.8641	49.3940	29.7615	69.5182

3) 场景3：上仰机动

上仰机动是指飞机从水平的 x 平面移动到垂直的 y 平面。目标的初始状态向量为 $\boldsymbol{x}_0 = [10\text{km}, -200\text{m/s}, 4\text{km}, 0\text{m/s}]^\text{T}$。目标以 CV 模型运动 30s 后，进行持续时间 20s、转弯率为 -9(°)/s 的上仰机动；在 51~60s 期间进行加速度为 $\boldsymbol{a}^\text{T} = [10,0]\text{m/s}^2$ 的匀加速运动；在 61~70s 期间为 CV 运动。上仰机动是一种简单的机动情况，因此对比算法的一些先验参数可以设置为比较精确的值。LSF 采用 2 阶多项式，IMM 的模型设置为：$\sigma_p = 0.01^2\,\text{m}^2$ 的 CV、$\sigma_p = 16\,\text{m}^2$ 的 CA，以及转弯率为 -9(°)/s、$\sigma_p = 0.01^2\,\text{m}^2$ 的 CT，其他参数设置不变。场景 3 的仿真实验结果如图 4.9~图 4.11 及表 4.6 所示。

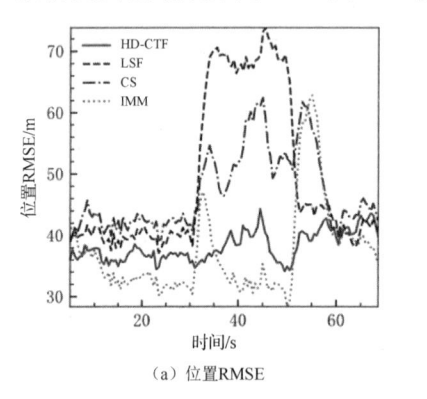

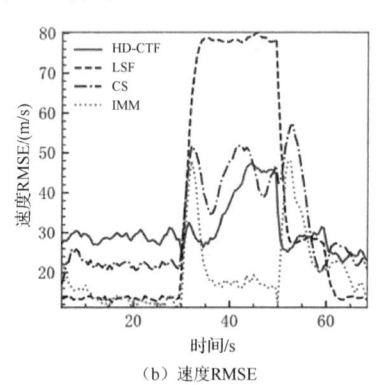

(a) 位置RMSE

(b) 速度RMSE

图 4.9 场景 3 中 4 种算法的跟踪效果对比

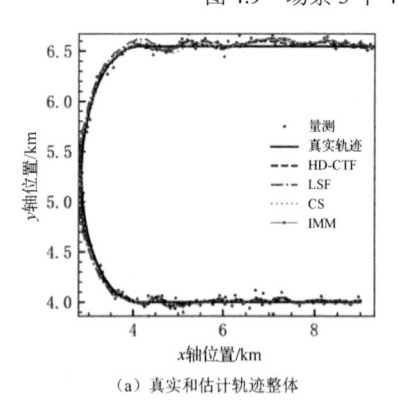

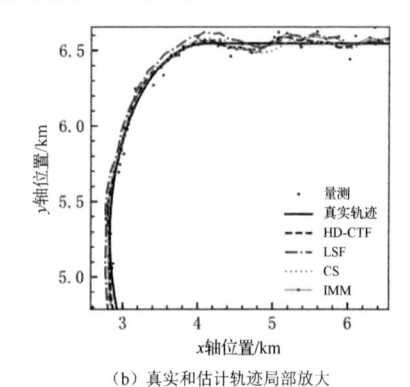

(a) 真实和估计轨迹整体

(b) 真实和估计轨迹局部放大

图 4.10 上仰机动的真实和估计轨迹

第 4 章 替换式智能滤波方法

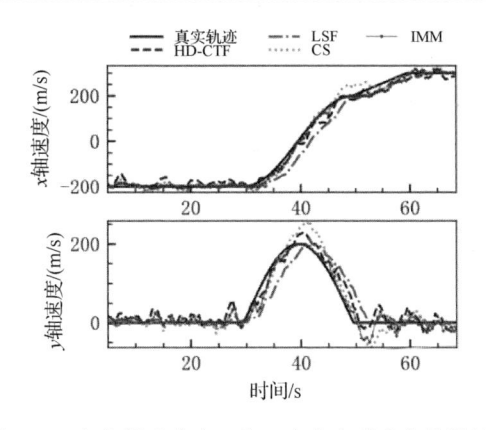

图 4.11 上仰机动中在 x 和 y 方向上真实和估计速度

表 4.6 上仰机动的估计精度

算法	位置 ARMSE/m	位置 PRMSE/m	速度 ARMSE/（m/s）	速度 PRMSE/（m/s）
HD-CTF	38.2398	44.3088	30.7710	47.2875
LSF	49.4441	72.2987	35.4090	79.8436
CS	47.4889	64.5408	32.1367	54.7735
IMM	37.3320	63.2446	19.7354	48.3317

接下来，观察 HD-CTF 中的 MLP 在目标跟踪过程中的调节作用，以进一步分析 HD-CTF 的性能。从式（4.12）～式（4.15）可以看到，在 MLP 的输出中，需要关注的是 $\hat{\ddot{x}}(k)$ 和 $\hat{\zeta}'(k)$，它们反映了 HD-CTF 的机动适应性。因此，通过 HD-CTF 的加速度（$\hat{\ddot{x}}(k)+\hat{\zeta}'(k)$）来观察并分析其中的神经网络调节作用是一种很好的方式。由于场景 1（蛇形机动）的运动模式是 CA 和 CV，它可以很好地观察这些算法的加速度。图 4.12 展示了蛇形机动中在 x 和 y 方向上真实和估计加速度。

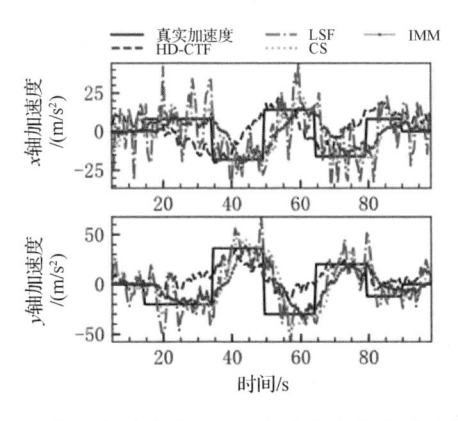

图 4.12 蛇形机动中在 x 和 y 方向上真实和估计加速度

从测试集和三种典型机动场景的跟踪结果来看，可以做出以下分析。

（1）从表4.1、表4.3、表4.5、表4.6中可以看出，与其他三种算法相比，HD-CTF在所有仿真实验中具有最高的跟踪/估计精度。而且图4.3（a）、图4.6（a）和图4.9（a）中HD-CTF的位置RMSE曲线的波动很小，这意味着HD-CTF具有很强的鲁棒性和环境适应性。相比之下，其他三种对比算法的跟踪性能明显受到环境和先验知识的影响，导致整体跟踪精度不高，不同场景下的位置RMSE曲线波动较大。

（2）从图4.3（b）、图4.6（b）和图4.9（b）中可以看出，由于使用了历史信息，数据驱动的算法比模型驱动的算法能更快地感知机动和调整状态。具体来说，HD-CTF和LSF只需要3s左右的时间来调整状态，而CS和IMM在三种场景下需要5s或更长的时间。切换时间越长，峰值误差越大，越容易丢失目标。因为LSF受数据的影响很大，所以它在图4.5、图4.8和图4.11中的估计速度波动很大，导致跟踪性能不佳。此外，当模型和参数准确时，模型驱动的算法可以达到很高的跟踪精度。例如，对于IMM来说，在图4.9中的10～30s阶段，其位置RMSE最低，在35～50s阶段，其速度RMSE最低。

HD-CTF只使用一个粗略的模型，导致其速度RMSE有时高于模型驱动的算法。

（3）在所有的模拟实验中，虽然根据目标运动为CS和IMM设置了模型集和参数，但它们不可能是最佳选择。事实上，我们做了不同参数的CS和IMM的实验，限于篇幅，本节没有显示。从结果图和结果表来看，虽然LSF、CS和IMM的跟踪性能在某些情况下优于HD-CTF，但HD-CTF的位置RMSE和速度RMSE在三种情况下几乎相同。HD-CTF通过神经网络学习了目标运动、环境和机动调节的知识，因此HD-CTF在几乎没有先验知识的情况下，在不同的场景中保持了良好的跟踪性能。在复杂的机动场景中，很难获得足够的先验信息来使模型驱动的算法表现良好，而HD-CTF在这些场景中表现良好。

（4）从图4.12中可以看出，HD-CTF比CS和IMM能更快地感知机动，并且其神经网络输出加速度来调整估计状态。HD-CTF中的神经网络和模型是基于对历史信息和当前环境的综合分析来补偿数据噪声的，而不是像LSF那样在加速度上出现剧烈波动。

综上所述，HD-CTF具有数据驱动的算法和模型驱动的算法的优点。HD-CTF的机动识别和切换速度是模型驱动的算法的两倍，峰值误差小。HD-CTF具有很强的鲁棒性和环境适应性，几乎不依赖先验知识就能在各种复杂场景下保持较高的跟踪精度。HD-CTF是一种连续时间跟踪算法，其模型结构可以扩展到处理间歇性和不规则量测。

4.3 基于神经微分方程的多模型混合驱动目标跟踪算法

4.2 节提出了单模型混合驱动目标跟踪算法（HD-CTF），仿真实验结果表明其跟踪精度和鲁棒性较之经典的模型驱动目标跟踪算法具有优越性。同时，实验结果也表明，由于 HD-CTF 使用单个运动模型作为模型驱动部分，在训练时单个模型的表达能力有限，导致其在 CV 等 IMM 子模型准确的区域的跟踪精度和辨识能力比 IMM 差。为了进一步提高 HD-CTF 的可解释性和在目标不同运动阶段的跟踪性能，本节研究了基于神经微分方程的多模型混合驱动目标跟踪算法。

4.3.1 单模型混合驱动目标跟踪算法的专一性

为了把 4.2 节的单模型混合驱动目标跟踪算法扩展为多模型形式以提高算法的可解释性和在目标不同运动阶段的跟踪性能，首先需要探索和测试单模型混合驱动目标跟踪算法（HD-CTF）的专一性。在本章中定义专一性为：某一种单模型的 HD-CTF 在跟踪不同匹配程度的运动模型所表现出来的平均跟踪精度的变化。也就是某种模型的 HD-CTF 对匹配模型的跟踪精度越高、非匹配模型的跟踪精度越低，则该种模型的 HD-CTF 的专一性越强。不同模型对应的 HD-CTF 专一性越强，越容易实现多模型的 HD-CTF 算法。

本节从三个基本模型考虑：CV、CA 和 CT。为了与 4.2 节统一，在二维的笛卡儿坐标系下讨论目标运动，则 CV 模型、CA 模型及 CT 模型对应的加速度变化函数 $\ddot{x}_t$ 为

$$\ddot{x}_t = \begin{cases} \text{CV}: \varepsilon_t^{\text{CV}} \\ \text{CA}: \ddot{x}_t^{\text{CA}} + \varepsilon_t^{\text{CA}} \\ \text{CT}: \begin{bmatrix} -\dot{x}_t^{\text{CT}}(1)\omega_t^{'} & \dot{x}_t^{\text{CT}}(0)\omega_t^{'} \end{bmatrix}^{\text{T}}, \ \omega_t^{'} = \omega_t + \varepsilon_t^{\text{CT}} \end{cases} \quad (4.20)$$

其中，$\varepsilon_t^{\text{CV}}$、$\varepsilon_t^{\text{CA}}$ 及 $\varepsilon_t^{\text{CT}}$ 分别表示 CV 模型、CA 模型及 CT 模型的过程噪声。需要说明的是，为突出 CT 模型的特征，将其过程噪声体现在转弯率 ω_t 上。从式（4.20）可以看到，三个模型在加速度层面的本质特点得以体现，更加容易

区分。使用式（4.20）中的三个模型的加速度函数分别修改和替换图 4.2 中的模型驱动部分，得到的对应的 HD-CTF 分别简写为 CV-HD-CTF、CA-HD-CTF（4.2 节为该算法）及 CT-HD-CTF。

以表 4.1 的数据集基础，保留其速度、加速度和转弯率幅值上限的设定，做适当修改分别生成长度为 6s（量测点数为 12）的 CV、CA 及 CT 单模型轨迹段，每种分别生成 10000 条轨迹组成训练集。

需要说明的是，由于 CT 模型高度非线性，HD-CTF 通过端到端的跟踪任务学习转弯率的估计非常困难。为了使 CT-HD-CTF 具有明显的 CT 模型特征，我们先预训练一个转弯率估计网络（一个简单的多层感知机即可），然后将其放在 CT-HD-CTF 中用于估计轨迹段的转弯率，并使这部分的学习率为 0 或者很小，以加快 CT-HD-CTF 的训练进程。

为了提高各个模型的专一性，我们设置 CT-HD-CTF 的转弯率幅值下限为 3(°)/s，使其能够与 CV-HD-CTF 区分开；同时设置 CV-HD-CTF 在式（4.15）中 $\dot{\zeta}(t)$ 的幅值上限为 0.005（归一化后的数值，无单位），提高相对于 CA-HD-CTF 的专一性。

三种混合驱动目标跟踪算法的神经网络规模和训练参数设置与 4.2 节一致，这里不再赘述。训练好三种混合驱动目标跟踪算法之后，分别对其进行测试。对于每个运动模型，重新生成 200 条轨迹，构建新的测试集，然后测试三种混合驱动目标跟踪算法，记录状态向量的 AWRMSE，得到如表 4.7 所示的混淆位置跟踪误差表。

表 4.7 混淆位置跟踪误差表

算法	CV 数据集	CA 数据集	CT 数据集
CV-HD-CTF	32.2004	76.0521	81.9728
CA-HD-CTF	53.5692	57.2877	64.4293
CT-HD-CTF	60.2693	70.4076	48.9144

每次测试，随机从 200 条轨迹段中抽取一次的实验结果，如图 4.13 所示。

从表 4.7 和图 4.13 可以看到，三种不同模型的 HD-CTF 在跟踪精度和估计的轨迹特征上有明显的区别，说明了多模型的 HD-CTF 的可实现性，也侧面证明了 4.2 节的混合驱动方式是成功的，生成的轨迹会受到所使用目标模型的约束，从而具有对应的动力学特征。此外，也可以看到 CA 模型在跟踪三种模型轨迹的精度相差并不大，这是由于 CV 模型和 CT 模型均可以算是 CA 模型的特殊情况，所以 4.2 节采用了 CA 模型作为模型驱动模块。

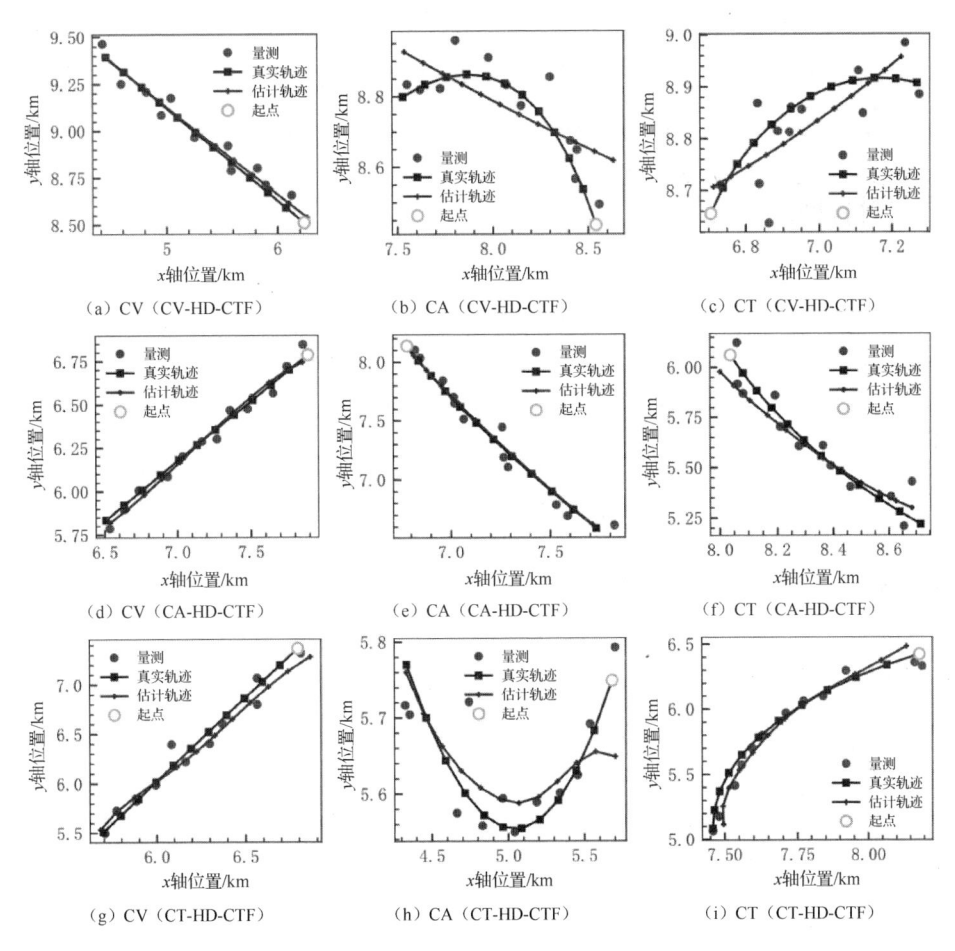

图 4.13 不同模型轨迹段跟踪测试

4.3.2 算法结构设计与训练

4.3.1 节构建了 CV-HD-CTF、CA-HD-CTF 及 CT-HD-CTF 三个由单运动模型驱动的混合模型。本节将其组合在一起，提出了多模型混合驱动目标跟踪算法，为了便于后续描述，将该算法称为多模型混合驱动的连续时间滤波器（Multiple-Model Hybrid-Driven Continuous-Time Filter，MM-HD-CTF）。该算法通过神经网络，根据滑动时间窗口内的量测估计目标当前时刻的模型概率，然后对子模型的状态估计值加权求和得到最后的状态估计，其结构如图 4.14 所示。

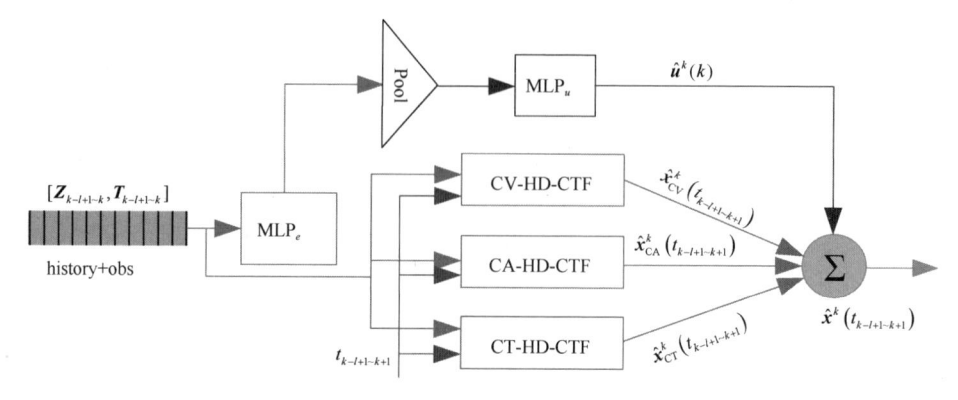

图 4.14 多 MM-HD-CTF 结构

在图 4.14 中，CV-HD-CTF、CA-HD-CTF 及 CT-HD-CTF 均是已经提前训练好的模型。使用 Tacker$_{CV}$、Tacker$_{CA}$ 及 Tacker$_{CT}$ 分别表示 CV-HD-CTF、CA-HD-CTF 及 CT-HD-CTF 从式（4.12）到式（4.15）的运算过程，则图 4.14 中表示的 MM-HD-CTF 在第 k 个滑动时间窗口的计算过程如下：

$$h_e^k = \text{MLP}_e\left(Z_{k-l+1\sim k}\right) \quad (4.21)$$

$$u_k = \text{MLP}_u\left(\text{Mean}\left(h_e^k\right)\right) \quad (4.22)$$

$$\begin{cases} \hat{x}_1^k\left(t_{k-l+1\sim k+1}\right) = \hat{x}_{CV}^k\left(t_{k-l+1\sim k+1}\right) = \text{Tacker}_{CV}\left(Z_{k-l+1\sim k}, t_{k-l+1\sim k+1}, \theta_{CV}\right) \\ \hat{x}_2^k\left(t_{k-l+1\sim k+1}\right) = \hat{x}_{CA}^k\left(t_{k-l+1\sim k+1}\right) = \text{Tacker}_{CA}\left(Z_{k-l+1\sim k}, t_{k-l+1\sim k+1}, \theta_{CA}\right) \\ \hat{x}_3^k\left(t_{k-l+1\sim k+1}\right) = \hat{x}_{CT}^k\left(t_{k-l+1\sim k+1}\right) = \text{Tacker}_{CT}\left(Z_{k-l+1\sim k}, t_{k-l+1\sim k+1}, \theta_{CT}\right) \end{cases} \quad (4.23)$$

$$\hat{x}^k\left(t_{k-l+1\sim k+1}\right) = \sum_{i=1}^{3} u_k(i)\hat{x}_i^k\left(t_{k-l+1\sim k+1}\right) \quad (4.24)$$

其中，MLP$_e$ 和 MLP$_u$ 分别表示将目标量测序列 $Z_{k-l+1\sim k}$ 编码为隐藏信息 h_e^k 和将经过池化的 h_e^k 映射为目标运动模型概率 u_k 的多层感知机。MM-HD-CTF 的原理实际上可以概括为通过神经网络，根据目标量测序列 $Z_{k-l+1\sim k}$ 估计出当前滑动时间窗口内目标运动模型概率 u_k，然后根据概率将各个子 HD-CTF 得到的状态估计加权求和得到最终的 MM-HD-CTF 输出 $\hat{x}^k\left(t_{k-l+1\sim k+1}\right)$。

采用表 4.1 产生的数据集对 MM-HD-CTF 进行训练，最终位置的 AWRMSE 收敛到 32m 附近。

4.3.3 仿真实验与结果分析

同样地，首先在测试集上进行测试。

由于和 4.2 节的算法采用的是同样的训练集和测试集，可以采用与表 4.1

相同的实验方式。将 MM-HD-CTF 加入对比中，得到表 4.8。

表 4.8 测试集跟踪估计精度

算法	AEE-FP/m	AEE-PP/m	AEE-FV / (m/s)	AEE-PV / (m/s)	PEE-FP/m	PEE-PP/m	PEE-FV / (m/s)	PEE-PV / (m/s)
MM-HD-CTF	32.3360	40.1058	21.9507	27.8835	153.557	158.360	155.959	240.985
HD-CTF	35.5015	44.9094	28.1628	37.2295	121.750	186.048	176.803	225.763
LSF	47.5939	68.9629	44.9563	53.9267	178.604	254.610	165.872	203.107
CS	45.1928	59.8999	31.4959	36.9684	549.930	747.859	408.890	473.143
IMM	36.7522	45.8172	19.3917	22.4396	271.357	386.110	241.749	296.761

需要说明的是，由于每次实验噪声是随机生成的，所以表 4.8 的数据与表 4.1 的数据相比，有一些变化，但不影响结论。

然后进行机动目标跟踪实验。本节中，除 MM-HD-CTF 的跟踪精度相对于 HD-CTF 有提高外，这里更加关心的是算法的可解释性，也是算法对目标运动模型的判别能力。下面的仿真中使用 HD-CTF、CS 及模型集设置准确的 IMM 作为对比算法。

1）场景 1

在这个场景中，目标初始状态向量为 $\boldsymbol{x}_0 = [6000\text{m}, 150\text{m/s}, 5000\text{m}, 150\text{m/s}]^\text{T}$。目标运动模型及其参数序列在表 4.9 中给出。由于该场景是一种强机动场景，本方案中 4 种算法的参数设置与 4.2.4 节中的参数设置相同。

表 4.9 场景 1 中目标运动模型及其参数序列

时间区间/s	1~15	16~30	31~60	61~75	76~100	101~110
运动模型	CV	CA	CT	CA	CT	CV
$\boldsymbol{a}_k^\text{T} = [a_x, a_y]$ / (m/s²), 转弯率/[(°)/s]	0	[2,8]	8	[10,4]	-9	0

在此场景中，CS 的机动频率设置为 $\alpha = 1/20$，最大加速度幅值为 $|a_{\pm\max}| = 80\text{m/s}^2$。IMM 采用 4 个模型：CV 模型、转弯率为 8 (°)/s 和 -9 (°)/s 的 CT 模型，以及 CA 模型，CV 模型和 CT 模型的过程噪声方差均为 $\sigma_\text{p} = 0.01^2\,\text{m}^2$，CA 模型的过程噪声方差为 $\sigma_\text{p} = 16\,\text{m}^2$。进行实验，得到的实验结果如图 4.15~图 4.17 和表 4.10 所示。

（a）位置RMSE

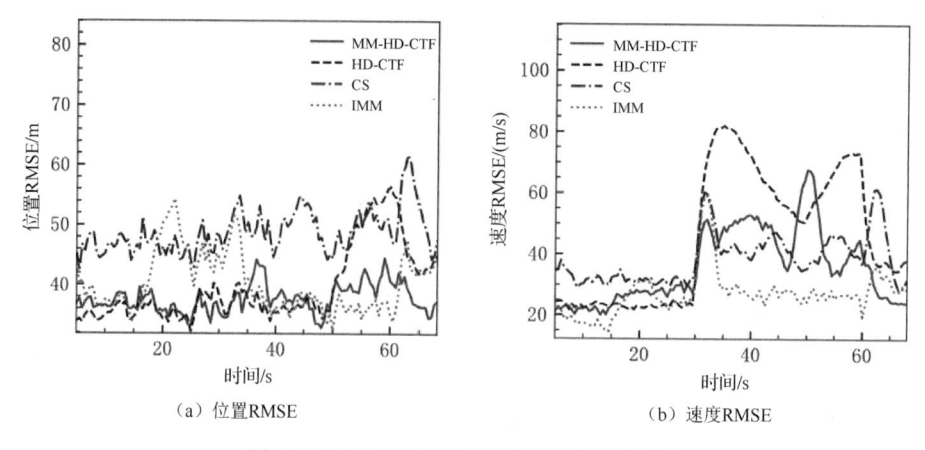

（b）速度RMSE

图 4.15　场景 1 中 4 种算法的跟踪效果对比

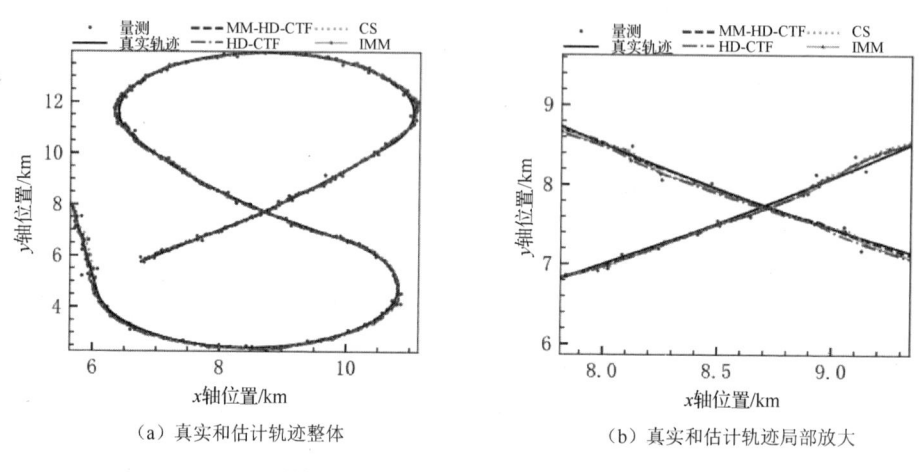

（a）真实和估计轨迹整体

（b）真实和估计轨迹局部放大

图 4.16　场景 1 中真实和估计轨迹

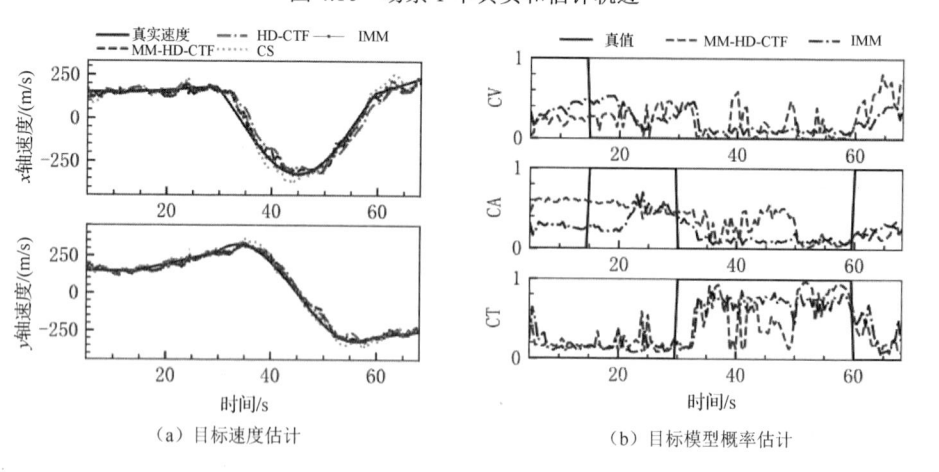

（a）目标速度估计

（b）目标模型概率估计

图 4.17　场景 1 中目标速度估计和目标模型概率估计对比

第 4 章 替换式智能滤波方法

表 4.10 场景 1 中目标状态估计精度

算法	位置 ARMSE/m	位置 PRMSE/m	速度 ARMSE/（m/s）	速度 PRMSE/（m/s）
MM-HD-CTF	38.0733	50.4497	37.9056	115.236
HD-CTF	42.5193	57.5221	51.4656	91.5821
CS	52.5585	84.0741	45.3997	97.4731
IMM	40.0533	55.9064	28.9571	76.4159

2）场景 2

该场景采用 4.2.4 节的场景 3 中的上仰机动，算法参数设置也采用相同的设置。场景 2 的仿真实验结果如图 4.18～图 4.20 及表 4.11 所示。

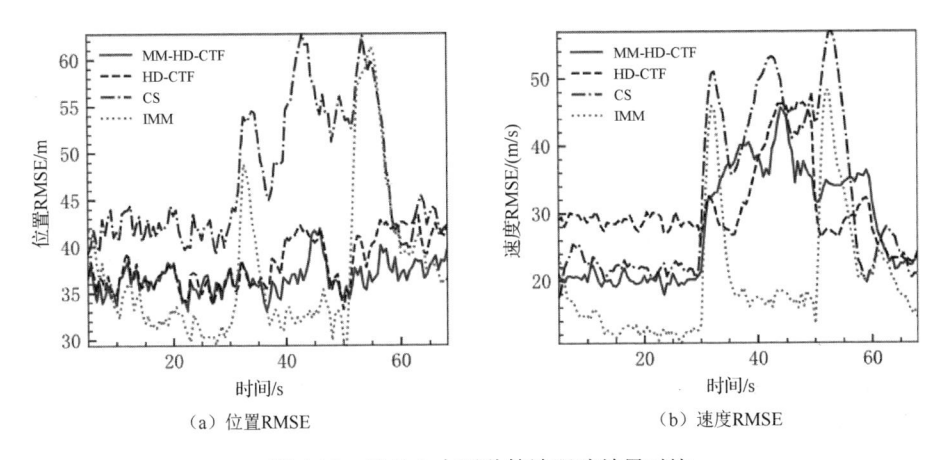

(a) 位置RMSE

(b) 速度RMSE

图 4.18 场景 2 中四种算法跟踪效果对比

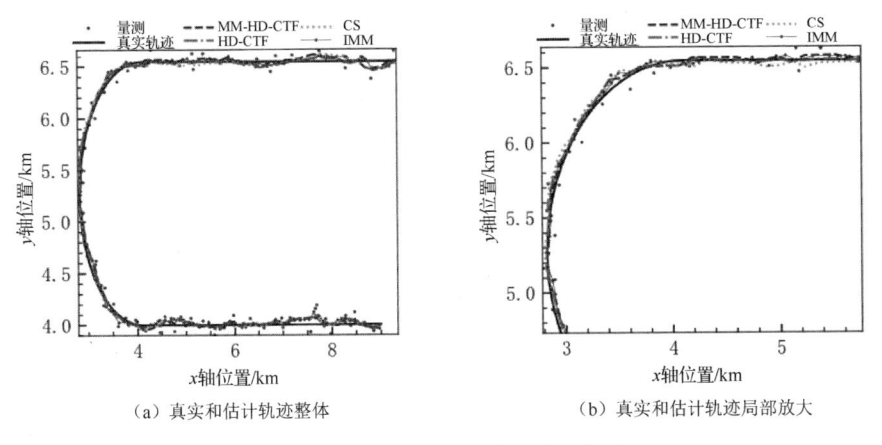

(a) 真实和估计轨迹整体

(b) 真实和估计轨迹局部放大

图 4.19 场景 2 中真实和估计轨迹

(a) 目标速度估计 　　　　　　　　(b) 目标模型概率估计

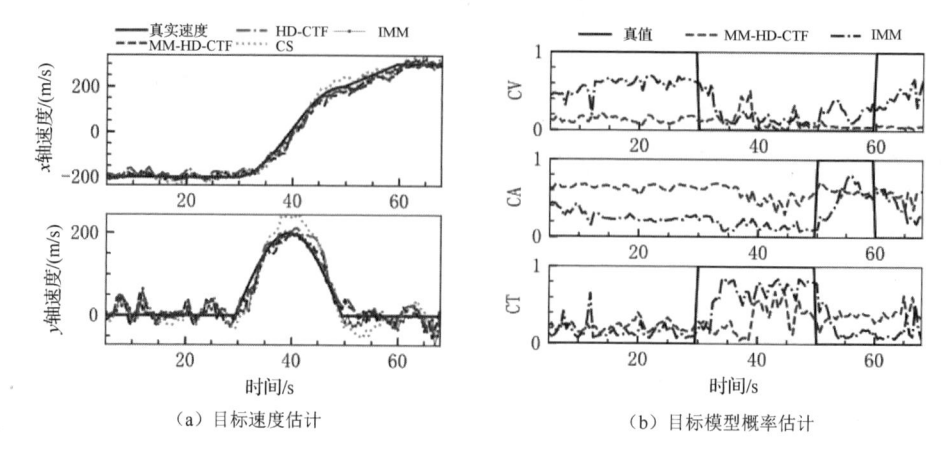

图 4.20　场景 2 目标速度估计和目标模型概率估计对比

表 4.11　场景 2 中目标状态估计精度

算法	位置 ARMSE/m	位置 PRMSE/m	速度 ARMSE/(m/s)	速度 PRMSE/(m/s)
MM-HD-CTF	36.6863	41.7501	28.2015	45.6387
HD-CTF	38.2682	43.3942	30.7741	46.4037
CS	47.2011	62.7506	32.1604	56.9354
IMM	37.0105	61.3432	19.6002	48.2218

从表 4.8、表 4.10 及表 4.11 可以看到，MM-HD-CTF 相对于 HD-CTF 在位置的跟踪误差上均有所提高，这是由于 MM-HD-CTF 由多个模型组成，一方面，在每个时刻非匹配模型的概率很难到 0，因此存在不匹配模型与其竞争，导致其位置跟踪精度稍微下降；另一方面，从图 4.15（a）和图 4.18（a）可以看到，多模型的结构导致算法在切换模型时峰值误差上升，这是由于在目标轨迹机动期间，MM-HD-CTF 难以在累积到足够的量测时间内判断出模型概率，此时模型概率可能存在判断错误，导致 MM-HD-CTF 的峰值误差相对其单模型形式时有所增加。

从图 4.15（b）和图 4.18（b）可以看到，在目标模型稳定区域，MM-HD-CTF 由于实现了模型切换，其速度 RMSE 相对于 HD-CTF 有了明显的下降，表 4.8、表 4.10 及表 4.11 中的与速度有关项也表明了 MM-HD-CTF 算法能力提升。这说明 MM-HD-CTF 能够利用多个模型，综合判断目标的运动状态，使得估计的目标速度精度更高，增强了可解释性。图 4.16、图 4.19、图 4.17（a）及图 4.20（a）也具有上述描述的特点和规律，这里不再赘述。

从图 4.17（b）及图 4.20（b）可以看到，MM-HD-CTF 具有一定的模型判断能力，算法的可解释性和可靠性相较 HD-CTF 有了进一步的提高。模型概率的指向能力不强，即无法使得匹配模型概率很接近 1、非匹配模型概率接近 0，这是由于 MM-HD-CTF 的三个模型均具有自调节能力，使得学习时模型概率无法完全作为控制其性能的一个关键参数。这是一个矛盾，如果 MM-HD-CTF 的每个分量具有非常高的专一性，即指向性很强，则模型概率也会指向性很强（类似 IMM），但这也使得算法的适应能力下降，峰值误差上升，在复杂的机动环境中更容易跟丢目标。另外，图 4.17（b）及图 4.20（b）中的 CV 模型和 CA 模型出现了一定的混淆，其原因前面已经解释过，这里不再赘述。

综上，本节提出的基于神经微分方程的多模型混合驱动目标跟踪算法相对于其单模型形式在牺牲了一点位置估计精度的前提下，使得速度估计精度有了明显的提升，并且具有一定的模型判断能力，可解释性和可靠性进一步提升。在军事应用等场合，目标的具体运动模型往往难以判断和建模，但是其基本的运动模型一般是一致的，此时多模型形式的混合驱动算法就可以通过自适应组合其中的子模型，从而尽量匹配目标的运动状态。因此，基于神经微分方程的多模型混合驱动目标跟踪算法更具有应用前景。

4.4 算法性能综合对比分析

与第 3.5 节一样，为了综合比较本章提出的基于神经微分方程的单模型和多模型混合驱动目标跟踪算法（HD-CTF 和 MM-HD-CTF），进一步探索这两种算法的特点和适用范围。在本章的仿真实验已经看到，以数据驱动为主导的混合驱动目标跟踪算法，由于没有像模型驱动的算法一样有显式数据结构，因此几乎不需要先验假设。因此，与 3.5 节不同的是，本节更多的是探索 HD-CTF 和 MM-HD-CTF 在不同数据集上的泛化性和环境适应能力。根据这个需要，除了在 3.3.4 节构造的数据集上进行测试，本节构造了另外一个更加复杂的数据集来进行测试。为便于区分，将 3.3.4 节构造的数据集命名为"数据集 1"，将本节构造的数据集命名为"数据集 2"。数据集 2 生成规则如表 4.12 所示。

表 4.12 数据集 2 生成规则

参数	数值	参数	数值
持续时间/s	100	采样率/Hz	2
轨迹点数目	200	起点位置/m	rand(5000,7000)

续表

参数	数值	参数	数值
起点速度/(m/s)	rand(-100,100)	机动次数	3~5（随机）
最大速度/(m/s)	400	起始运动模式	匀速直线

目标在起始时进行匀速直线运动，到了随机产生的机动时间点开始机动（加速度改变），转变为匀加速运动，加速度变化方式为保证不超过最大加速度前提下的随机阶跃变化。随机产生 200 条轨迹作为训练集，轨迹如图 4.21 所示。

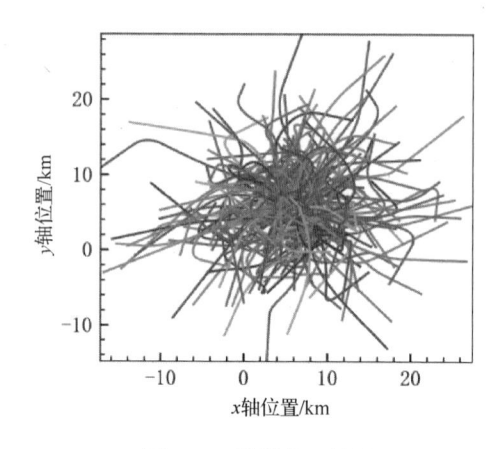

图 4.21 数据集 2 轨迹

下面进行性能对比实验。一是分别在数据集 1 和数据集 2 上进行量测噪声标准差已知和未知两种情况的跟踪实验，测试本章提出的两种算法在相同运动参数上限对不同运动模型的泛化性。

对比算法采用 LSF、CS 及 IMM，三种对比算法的参数设置与 4.2.4 节一致。在量测噪声已知时，数据集和对比算法设置的量测噪声是标准差为 50m 的高斯白噪声；在量测噪声标准差未知时，设置三种对比算法的量测噪声标准差为 70m。HD-CTF 和 MM-HD-CTF 采用本章训练得到的参数，不做额外训练。测试 5 种算法在两个数据集上量测噪声标准差为 5~100m 时的位置 AEE，结果如图 4.22 所示。

将图 4.22 与 3.5 节的图 3.15 和图 3.16 对比可以看到，本章提出的以数据驱动为主导的混合驱动目标跟踪算法 HD-CTF 和 MM-HD-CTF 相较以模型驱动为主导的混合驱动目标跟踪算法在鲁棒性和环境适应能力上更强，在仿真范围内，不同的数据集和不同仿真场景均未出现算法精度突变甚至发散的情况。一方面，由于数据驱动缺乏模型驱动的严格显式数学形式，导致其在面对外部环境变化时难以满足边界条件,从而破坏算法的稳定性。另一方面,MM-HD-CTF 由于使用了多模型,因此即使在小噪声环境下,仍能将算法精度占优区域由 HD-CTF 的大于量测噪声标准差 25m 扩展到大于量测噪声标准差 10m 左右。随着量测噪声的增大,HD-CTF 和 MM-HD-CTF 的曲线逐渐靠近,这是由于随着量测噪声的增大,CV 模型和 CT 模型越发难以判别,此时 CA 模型占优,而 HD-CTF 使用 CA 模型作为模型驱动模块,因此 HD-CTF 和 MM-HD-CTF 在大噪声处性能会逐渐靠近。

(a) 数据集1(量测噪声标准差已知)

(b) 数据集2(量测噪声标准差已知)

(c) 数据集1(量测噪声标准差未知)

(d) 数据集2(量测噪声标准差未知)

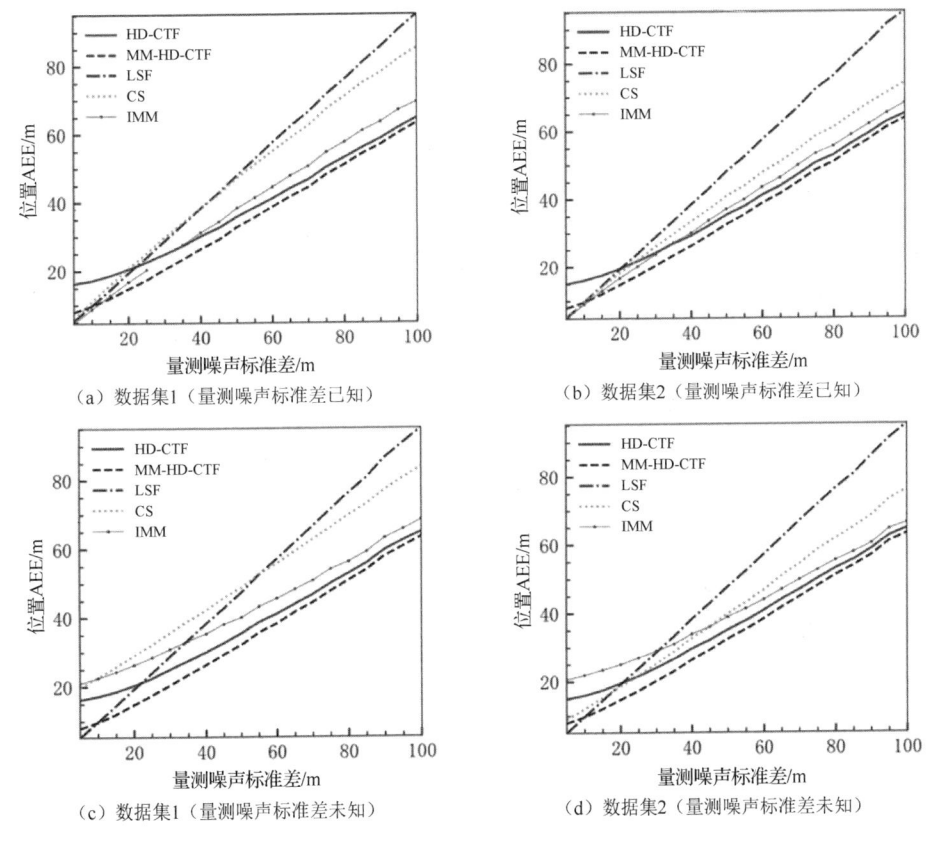

图 4.22 HD-CTF 和 MM-HD-CTF 的位置 AEE 随量测噪声标准差变化的曲线

二是与 3.5 节一样,在军用飞机数据集上测试 HD-CTF 和 MM-HD-CTF 在目标运动参数上限发生改变时的泛化性,以考查算法参数迁移到其他算法的能力。由于军用飞机数据集的加速度和速度的幅值上限是数据集 1 的两倍,从式(4.18)可以看到,需要将 HD-CTF 和 MM-HD-CTF 的归一化和反归一化过程的最大速度幅值调整为 $V_{max}=800\text{m/s}$,以适应新的数据集特性。同时,设置 $V_{max}=600\text{m/s}$ 以作为对比,重复图 4.22 中量测噪声标准差已知的场景的实

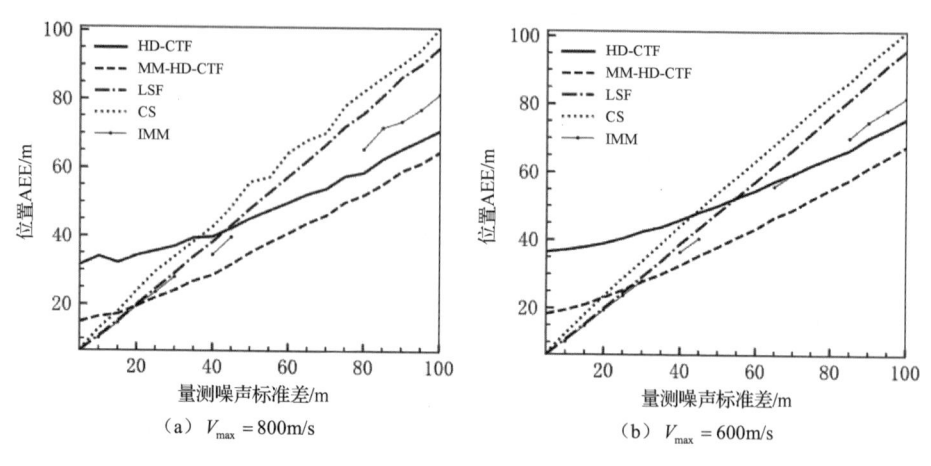

验，得到的实验结果如图 4.23 所示。

图 4.23　军用飞机数据集下 HD-CTF 和 MM-HD-CTF 性能随量测噪声标准差变化的对比

对比图 4.23 和图 4.22 可以看到，HD-CTF 和 MM-HD-CTF 对参数较为敏感，即使 $V_{max}=800\text{m/s}$ 符合跟踪的数据集实际时，它们的误差曲线也比数据集 1 有明显的提升，当 $V_{max}=600\text{m/s}$ 不符合跟踪的数据集实际时，两种算法的误差曲线提升更为明显。其中，由于 MM-HD-CTF 使用了多个模型，能够利用不同模型进行一定程度的自调节，因此相较于单模型的 HD-CTF，其误差曲线变化更小。对比 3.5 节的实验结果，由于 HD-CTF 和 MM-HD-CTF 的数据驱动模块在算法中占据比例较大，因此受数据驱动缺点的影响，即性能受数据集影响大，泛化能力较差。在实际的应用中，应该尽可能采用实际数据集进行训练，否则可能引发未知的性能下降，这也说明了以数据驱动为主导的混合驱动目标跟踪算法可靠性较低。

另外，以数据驱动为主导的混合驱动目标跟踪算法还有两个缺点：一是计算量的问题，特别是使用神经网络，其权值规模成百上千，带来的计算量相较于以模型驱动为主导的混合驱动目标跟踪算法明显不是一个数量级，训练也会随着规模的扩大逐渐困难。对于 MM-HD-CTF 这种由多个网络组合的情况，需要分多步训练，多次调试参数，计算成本和实现成本很高。二是从图 4.22 也可以看到，两种以数据驱动为主导的混合驱动目标跟踪算法的边界并不明显，而以模型驱动为主导的混合驱动目标跟踪算法在图 3.15 和图 3.16 中的适用范围和边界清晰，且能够直观通过原理分析出来。因此，HD-CTF 和 MM-HD-CTF 的可解释性和可靠性相较于以模型驱动为主导的混合驱动目标跟踪算法更低，在需要高可靠性场合的环境中需要进一步分析其性能。

4.5　小结

结合式智能滤波方法具有原理直观、设计难度低的优点,但受传统跟踪滤波固有架构和自身表达能力限制,存在结构不统一、适用范围有限、能力无法进一步拓展等问题,难以应对复杂多样的跟踪环境。为充分发挥神经网络表达能力强的优势,本章对基于神经微分方程的单模型/多模型混合驱动目标跟踪算法,即替换式智能滤波方法进行研讨:首先分析了目标运动的随机微分方程,并将其误差项分解为由目标机动引起的机动判断延迟误差,以及由未知干扰和人工控制整合而成的复合误差;然后在每个滑动时间窗口,利用神经网络根据历史和当前量测信息估计滑动时间窗口内随机微分方程的初值和复合扰动补偿,同时使用目标加速度模型作为目标运动趋势函数,以减少算法中神经网络的规模,约束梯度下降方向,加快学习速度,使得生成的轨迹具有目标动力学特征,训练得到单模型混合驱动目标跟踪算法;最后采用 CV 模型、CA 模型和 CT 模型,约束单模型混合驱动目标跟踪算法,采用神经网络估计每个时刻的模型概率,并进行加权求和,从而最终得到多模型混合驱动目标跟踪算法。仿真结果表明,本章提出的算法在跟踪精度、峰值误差和环境自适应能力等方面具有优越性。

参考文献

[1] KRISHNAN R, SHALIT U, SONTAG D. Structured inference networks for nonlinear state space models[C]//Proceedings of the AAAI Conference on Artificial Intelligence, 2017.

[2] ARYANKIA K, SELMIC R R. Neural network-based formation control with target tracking for second-order nonlinear multiagent systems[J]. IEEE Transactions on Aerospace and Electronic Systems, 2021, 58(1): 328-341.

[3] FRACCARO M, KAMRONN S, PAQUET U, et al. A disentangled recognition and nonlinear dynamics model for unsupervised learning[J]. Advances in Neural Information Processing Systems, 2017, 30: 1-10.

[4] WANG Y, SMOLA A, MADDIX D, et al. Deep factors for forecasting[C]//International Conference on Machine Learning, 2019: 6607-6617.

[5] KRISHNAN R G, SHALIT U, SONTAG D. Deep Kalman filters[DB/OL] . arxiv preprint

arxiv. [2024-03-06].

[6] MILAN A, REZATOFIGHI S H, DICK A, et al. Online multi-target tracking using recurrent neural networks[C]//Thirty-First AAAI Conference on Artificial Intelligence, 2017:4225-4232.

[7] LIU H, ZHANG H, MERTZ C. DeepDA: LSTM-based deep data association network for multi-targets tracking in clutter[C]//2019 22th International Conference on Information Fusion, 2019: 1-8.

[8] ROHAL P, OCHODNICKY J. Target tracking based on particle and Kalman filter combined with neural network[C]//2019 Communication and Information Technologies, 2019: 1-4.

[9] JUNG S, SCHLANGEN I, CHARLISH A. A mnemonic Kalman filter for non-linear systems with extensive temporal dependencies[J]. IEEE Signal Processing Letters, 2020, 27: 1005-1009.

[10] JUNG S, SCHLANGEN I, CHARLISH A. Time-dependent state prediction for the Kalman filter based on recurrent neural networks[C]//2020 IEEE 23rd International Conference on Information Fusion, 2020: 1-7.

[11] WANG R, LIU M S, ZHOU Y, et al. A deep belief networks adaptive Kalman filtering algorithm[C]//2016 7th IEEE International Conference on Software Engineering and Service Science (ICSESS), 2016: 178-181.

[12] COSKUN H, ACHILLES F, DIPIETRO R, et al. Long short-term memory Kalman filters: recurrent neural estimators for pose regularization[C]//Proceedings of the IEEE International Conference on Computer Vision, 2017: 5524-5532.

[13] JUNG S, SCHLANGEN I, CHARLISH A. Sequential Monte Carlo filtering with long short-term memory prediction[C]//2019 22th International Conference on Information Fusion, 2019: 1-7.

[14] SCHLANGEN I, JUNG S, CHARLISH A. A non-markovian prediction for the GM-PHD filter based on recurrent neural networks[C]//2020 IEEE Radar Conference (RadarConf20), 2020: 1-6.

[15] EMAMBAKHSH M, BAY A, VAZQUEZ E. Convolutional recurrent predictor: implicit representation for multi-target filtering and tracking[J]. IEEE Transactions on Signal Processing, 2019, 67(17): 4545-4555.

[16] CROUSE D. Basic tracking using nonlinear continuous-time dynamic models[J]. IEEE Aerospace and Electronic Systems Magazine, 2015, 30(2): 4-41.

[17] HORNIK K, STINCHCOMBE M, WHITE H. Multilayer feedforward networks are universal approximators[J]. Neural Networks, 1989, 2(5): 359-366.

[18] XU L, LI X R, DUAN Z. Hybrid grid multiple-model estimation with application to maneuvering target tracking[J]. IEEE Transactions on Aerospace and Electronic Systems, 2016, 52(1): 122-136.

[19] RAMCHOUN H, GHANOU Y, ETTAOUIL M, et al. Multilayer perceptron: architecture optimization and training with mixed activation functions[C]//The 2nd International

Conference on Big Data, Cloud and Applications (BDCA'17), 2017: 1-6.

[20] CHEN T Q, RUBANOVA Y, BETTENCOURT J, et al. Neural ordinary differential equations[J]. Advances in Neural Information Processing Systems, 2018, 31: 1-13.

[21] NORCLIFFE A, BODNAR C, DAY B, et al. Neural ODE processes[DB/OL]. 13 Jan 2021, ICLR 2021 Poster. [2024-03-06].

[22] DE BROUWER E, SIMM J, ARANY A, et al. GRU-ODE-Bayes: continuous modeling of sporadically-observed time series[J]. Advances in Neural Information Processing Systems, 2019, 32: 1-12.

[23] DANDEKAR R, CHUNG K, DIXIT V, et al. Bayesian neural ordinary differential equations[DB/OL]. Languages for Inference (LAF1). [2024-03-06].

[24] LI T, CHEN H, SUN S, et al. Joint smoothing and tracking based on continuous-time target trajectory function fitting[J]. IEEE Transactions on Automation Science and Engineering, 2018, 16(3): 1476-1483.

第 5 章　重构式智能滤波方法

5.1　引言

第 3 章、第 4 章分别对结合式智能滤波方法、替换式智能滤波方法进行了研讨，对于重构式智能滤波方法，目前研究比较少，典型文献有 2009 年发表的文献[1]。该文献通过简单的公式对比，说明了通过循环神经网络可以模拟实现一维 Kalman 滤波，并根据 Kalman 滤波参数，反向设置网络参数。由于 2009 年深度学习尚未被提出，当时人们对神经网络和网络学习的认识十分有限，因此该文献仅论证了神经网络可实现一维 Kalman 滤波，没有考虑利用神经网络进行进一步扩展，以提升 Kalman 性能。同时，该文献的神经网络参数都是直接给出的，没有利用训练数据集进行训练，与现有的神经网络实施方法存在较大差异。

通过分析现有文献可以发现，现有基于深度网络的跟踪滤波研究大多采用结合式和替换式，在不改变现有滤波方法具体结构的情况下，利用神经网络对目标状态进行一步预测，或对滤波器中的重要参数进行估计，虽然可提升跟踪滤波性能，但存在深度网络应用不充分和不彻底的问题。为了进一步实现滤波算法的形式统一和性能拓展，本章开展了重构式智能滤波方法研究：首先对现有典型 α-β 滤波和 Kalman 滤波进行了计算结构分析，得出结论：α-β 滤波和 Kalman 滤波具有典型的循环神经网络结构，且可以视为一种权重受约束的循环神经网络；然后以循环神经网络和注意力机制为基础，设计了一种用于目标跟踪滤波的神经网络结构；最后通过仿真对比实验，对有效性进行了验证。

5.2　典型滤波计算结构分析

首先对现有 α-β 滤波和 Kalman 滤波进行计算结构分析，从计算图的角度，探寻典型滤波应具备的计算结构特点，为跟踪滤波神经网络结构设计提供指导。

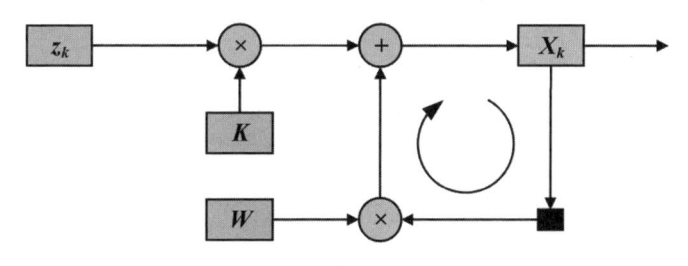

5.2.1 α-β 滤波计算结构分析

α-β 滤波是线性常量增益滤波，是 Kalman 滤波的稳态解，性能与稳态 Kalman 滤波相同。由于 α-β 滤波形式简单，因此首先对其计算结构进行分析。

α-β 滤波公式可简化为

$$X(k+1|k) = F(k)X(k|k) \tag{5.1}$$

$$X(k+1|k+1) = X(k+1|k) + Kv(k) \tag{5.2}$$

$$v(k+1) = z(k+1) - H(k+1)X(k+1|k) \tag{5.3}$$

其中，X 表示目标状态向量；z 表示量测向量；F 表示状态转移矩阵；H 表示量测矩阵；k 表示前一时刻；$k+1$ 表示当前时刻；$X(k|k)$ 表示前一时刻状态向量估计；$X(k+1|k)$ 表示状态向量的一步预测；$X(k+1|k+1)$ 表示当前时刻状态向量估计；$K = [\alpha, \beta/T]^\mathrm{T}$ 表示常量滤波增益，T 表示当前时刻与前一时刻的时间间隔。

把式（5.1）和式（5.3）代入式（5.2）并展开，可得当前时刻状态向量估计 $X(k+1)$ 与前一时刻状态向量估计 $X(k)$ 间的直接关系式为

$$\begin{aligned} X(k+1) &= F(k)X(k) + K\{z(k+1) - H(k+1)F(k)X(k)\} \\ &= \{I - KH(k+1)\}F(k)X(k) + Kz(k+1) \end{aligned} \tag{5.4}$$

由式（5.4）可构建 α-β 滤波计算图，如图 5.1 所示，其中 $W = \{I - KH(k+1)\}F(k)$，黑方块表示一步时延。

图 5.1　α-β 滤波计算图

由图 5.1 可知，α-β 滤波除了典型的加、乘等常见线性运算结构，还存在一种特殊的延迟反馈结构，如图 5.1 中圆形箭头所示。结合式（5.4）可知，延迟反馈结构能综合过去和现在的信息，具有平滑滤波的作用，是 α-β 滤波发挥作用的核心结构。

5.2.2　Kalman 滤波计算结构分析

Kalman 滤波是当前用处最广、研究最多和谱系最全的滤波方法之一，在跟踪滤波领域占据主导地位。Kalman 滤波与 α-β 滤波的不同之处在于，滤波增益 K 是实时计算的。Kalman 滤波增益计算公式能根据过去、现在的量测和控制信息，综合判定当前量测信息质量，动态调节滤波增益，具体如式（5.5）~式（5.7）所示。

$$P(k+1|k)=F(k)P(k)F(k)^{\mathrm{T}}+Q(k) \qquad (5.5)$$

$$P(k+1)=\left\{I-P(k+1|k)H(k+1)^{\mathrm{T}}\left[H(k+1)\right.\right.\\ \left.\left.P(k+1|k)H(k+1)^{\mathrm{T}}+R(k+1)\right]^{-1}H(k+1)\right\}P(k+1|k) \qquad (5.6)$$

$$K(k+1)=P(k+1)H(k+1)^{\mathrm{T}}R^{-1}(k+1) \qquad (5.7)$$

其中，Q 为过程噪声协方差矩阵；P 为状态向量估计协方差矩阵；R 为量测噪声协方差矩阵。

由于上述公式中包含矩阵逆运算，难以直接采用计算图表示，因此下面从输入/输出信息流的角度，对 Kalman 滤波增益计算公式进行综合简化。

首先，对式（5.5）和式（5.6）进行综合简化，可得

$$P(k+1)=f_P(H(k+1),R(k+1),F(k),Q(k),P(k)) \qquad (5.8)$$

由于 H、R、F 一般为已知常量或与量测向量 z 直接相关，Q 为已知常量或输入控制量，因此从信息提取和信息处理的角度，式（5.8）可进一步表示为

$$P(k+1)=f_P(z(k+1),Q(k),P(k)) \qquad (5.9)$$

同理，式（5.7）可综合表示为

$$K(k+1)=f_K(z(k+1),P(k+1)) \qquad (5.10)$$

根据式（5.9）和式（5.10），可构建 Kalman 滤波增益计算图，如图 5.2 所示，进一步结合图 5.1，可得 Kalman 滤波计算图，如图 5.3 所示。

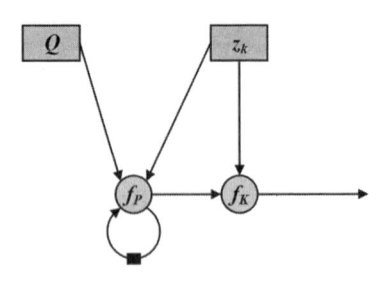

图 5.2　Kalman 滤波增益计算图

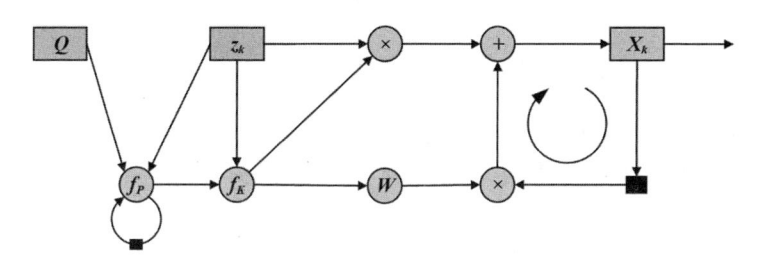

图 5.3 Kalman 滤波计算图

由图 5.3 可知，Kalman 滤波计算包括加、乘等线性运算，f_P 和 f_K 等非线性运算，以及两个延迟反馈结构。两个延迟反馈结构是 Kalman 滤波发挥作用的核心单元：一个延迟反馈结构用于滤波增益计算；另一个延迟反馈结构用于平滑滤波。

由 α-β 滤波和 Kalman 滤波的计算结构分析可知，延迟反馈结构是实现滤波的关键，通过构建更具一般性的延迟反馈神经网络结构，可以得到形式统一、性能优良的滤波器。

5.3 重构式智能滤波

从计算图的角度来看，典型滤波方法包括的加、乘等线性运算，特定的非线性运算，以及延迟反馈结构，是完全能够利用神经网络实现的，因此根据滤波方法计算结构的特点，依据各类神经网络功能，通过设计跟踪滤波神经网络结构，可实现跟踪滤波算法的模型统一和性能增强。

5.3.1 典型神经网络结构

目标跟踪滤波对应神经网络中的时间序列处理问题，相关的典型神经网络络结构包括前馈神经网络（FNN）结构、循环神经网络结构和注意力机制，它们各自的功能特点描述如下。

（1）前馈神经网络结构及其相应的计算图[2-4]如图 5.4 所示，包括输入层、隐藏层、输出层、层间连接权重 U,V 和省略的偏置项，其中隐藏层可以有多个。根据 Kurt Hornik 等人于 1989 年在论文 "Multilayer feedforward networks are universal approximators" 中提出的 Universal approximation theorem[5]，只需具备单个隐藏层和有限个神经元，前馈神经网络就能以任意精度拟合任意复杂度的函数。

(a) 前馈神经网络结构

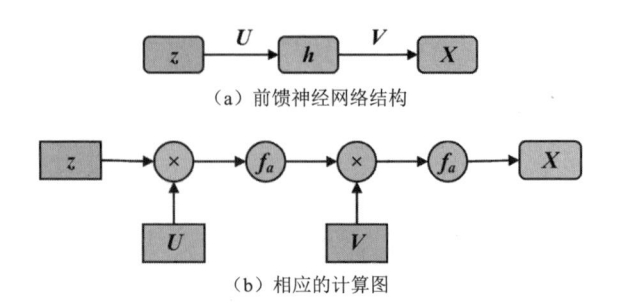

(b) 相应的计算图

图 5.4　前馈神经网络结构及其相应的计算图

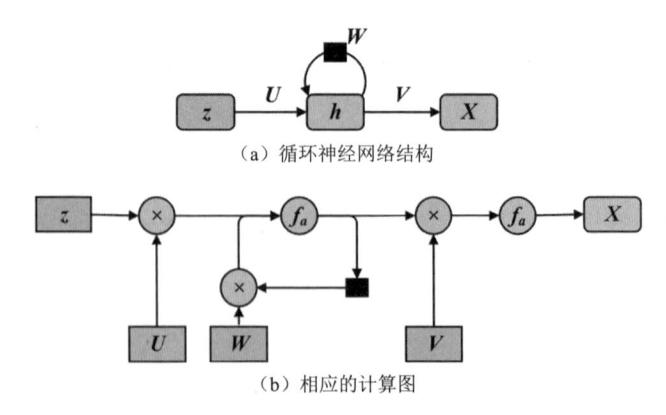

（2）循环神经网络结构及其相应的计算图[5-8]如图 5.5 所示，在前馈神经网络结构的基础上，增加了隐藏层各单元间的横向联系，即添加了延迟反馈线路，可以将上一时刻的神经元值传递至当前神经元，具备记忆能力，能很好地解决有上下文联系的时间序列问题。典型循环神经网络有简单循环神经网络、长短期记忆循环神经网络[7]和门控循环神经网络[8]等。

（3）注意力机制[9-10]来自人类视觉注意力机制，能根据任务场景，动态调节输入信息的权重，将更多的注意力聚焦到输入信息中的高价值部分，以提高处理的有效性和准确性。典型的注意力机制如图 5.6 所示。实际计算过程可被抽象为一个查询（Query）到一系列键值对（Key-Value）的映射。如式（5.11）所示，注意力机制主要包括相似度计算、归一化、加权求和等。

$$\text{Attention}(\text{Query},\text{Source}) = \sum_i \text{Normal\_Similar}(\text{Query},\text{Key}_i) \cdot \text{Value}_i \quad (5.11)$$

其中，Normal_Similar(·) 表示相似度计算和归一化联合函数。常用的相似度函数有点积、拼接和感知机等，归一化主要利用 Softmax 函数实现。在当前的研究中，Key 和 Value 是相同的。

(a) 循环神经网络结构

(b) 相应的计算图

图 5.5　循环神经网络结构及其相应的计算图

第 5 章　重构式智能滤波方法

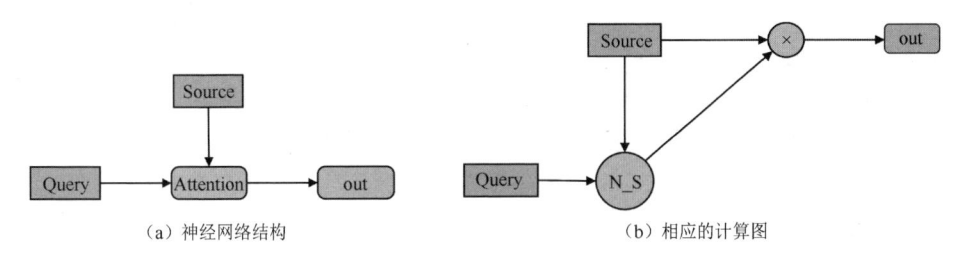

图 5.6　典型的注意力机制
（a）神经网络结构
（b）相应的计算图

对比典型滤波计算结构和神经网络结构可以发现，典型滤波完全可以通过神经网络结构实现。

（1）α-β 滤波可直接表示为循环神经网络结构，如图 5.7 所示，输入层由量测向量构成，一层隐藏层由状态向量构成，输出层直接对隐藏层进行输出。

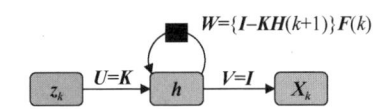

图 5.7　α-β 滤波的神经网络结构实现

（2）Kalman 滤波可表示为具有注意力机制的多层循环神经网络结构，如图 5.8 所示，图中虚线表示在实际 Kalman 滤波中真实存在，在神经网络结构实现中被省去的信息连接。鉴于神经网络不拘泥于具体的公式表达，侧重于感知结构和信息流向，并且 K 信息已通过注意力机制 Attention 模块连接进入 X，因此省去虚线是合理的。

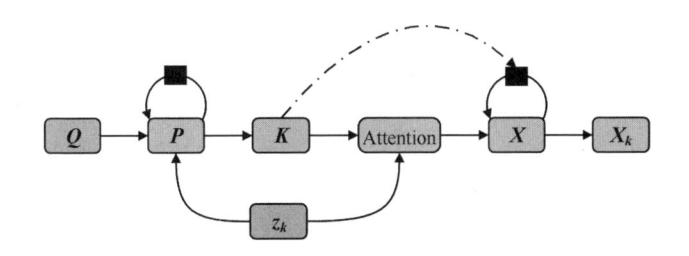

图 5.8　Kalman 滤波的神经网络结构实现

综合对比分析可知，滤波中的非线性运算可表示为前馈神经网络结构，延迟反馈结构属于循环神经网络结构，是一种具体的、受约束的循环神经网络结构，而滤波增益机制则属于注意力机制，可以以前馈神经网络、循环神经网络和注意力机制为基本模块，设计跟踪滤波神经网络结构。

5.3.2 重构式智能滤波网络结构设计

以典型滤波计算结构为原型，以多层前馈神经网络和循环神经网络为主要单元，引入注意力机制，构建跟踪滤波神经网络结构，如图 5.9 所示，包括评估网络、注意力机制和平滑网络三大部分。其中，评估网络接收外部控制信息和量测信息，通过综合过去和现在的信息，输出增益相关信息，实现量测信息的评估；注意力机制把评估网络输出的与增益相关的信息与量测信息耦合起来，实现量测信息的筛选；平滑网络综合过去状态和现在的新输入信息，实现当前状态的估计。

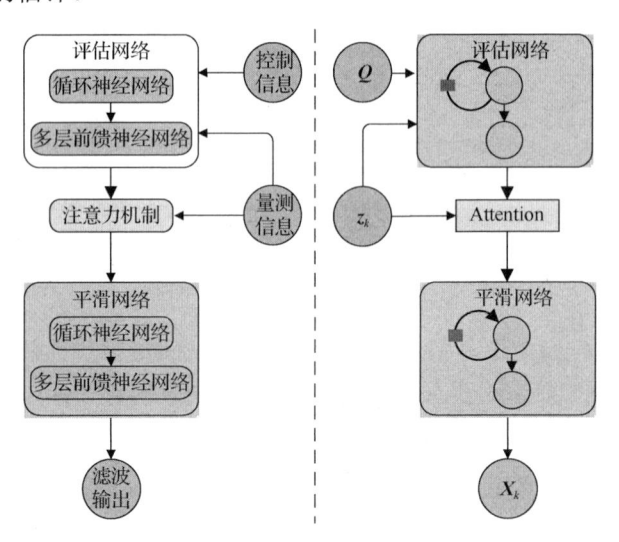

图 5.9 跟踪滤波神经网络结构

与此同时，文献[11-16]已说明：循环神经网络+多层前馈神经网络能很好地提取并识别出数据中存在的多种运动模式，能在不确定目标运动模式的情况下实现对目标状态较为准确的预测，所构建的跟踪滤波神经网络结构不仅具有滤波能力，还具有不同运动模式的提取识别能力，具有自适应跟踪滤波能力，适用于不同运动模式目标，可实现目标运动模型与匹配滤波方法的统一。

5.3.3 重构式智能滤波网络简单实现

为了与 α-β 滤波、Kalman 滤波等现有滤波方法进行性能比较，验证跟踪滤波神经网络结构的性能，需要设定具体的跟踪滤波实现网络，简称为跟踪滤波神经网络（Tracking Filter Neural Network，TFNN）。在设定跟踪滤波神经网络时，主要考虑以下几点。

（1）在实验验证中，主要以验证跟踪滤波神经网络结构的可行性和有效性为主，鉴于传统滤波方法的能力和适用范围，不应过分增加实现网络的复杂度。

（2）在神经网络训练学习中，模型方法与训练数据应是匹配的，在训练数据有限的情况下，也不宜采用参数过多或难以训练的实现网络。

（3）在实际跟踪滤波中，基本上不输入控制信息，Q 为已知常量，在跟踪滤波神经网络结构具体实现中，可省略 Q 的输入，把常量 Q 携带的信息用神经网络中的偏置项表示。

（4）由于循环神经网络已经包含一定层级的前馈神经网络，其后连接的多层前馈神经网络可简化为一层全连接网络。

基于上述考虑，依据跟踪滤波神经网络结构，设定跟踪滤波神经网络的具体实现，如图 5.10 所示，具体为仅用单隐藏层前馈神经网络（FNN）[4]表示评估网络，注意力机制[10]采用简单的加权实现，平滑网络中的循环神经网络采用神经元递减的三层门控循环单元（GRU）[8]，如图 5.11 所示，σ 和 Tanh 为激活函数，隐藏状态 $\boldsymbol{H}_k$ 和 $\boldsymbol{H}_{k+1}$ 为隐藏层在不同时间步长的状态。平滑网络中的多层前馈神经网络部分仅采用全连接层（FC）[4]表示，每层神经元的个数可以根据实际训练验证效果进行调节。

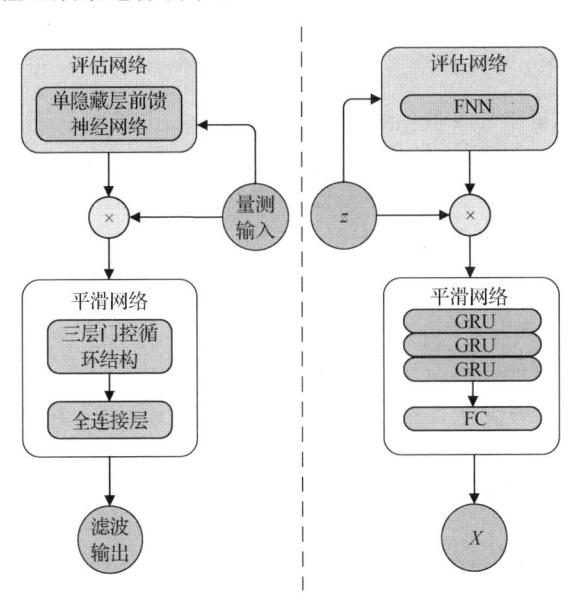

图 5.10　跟踪滤波神经网络结构的具体实现

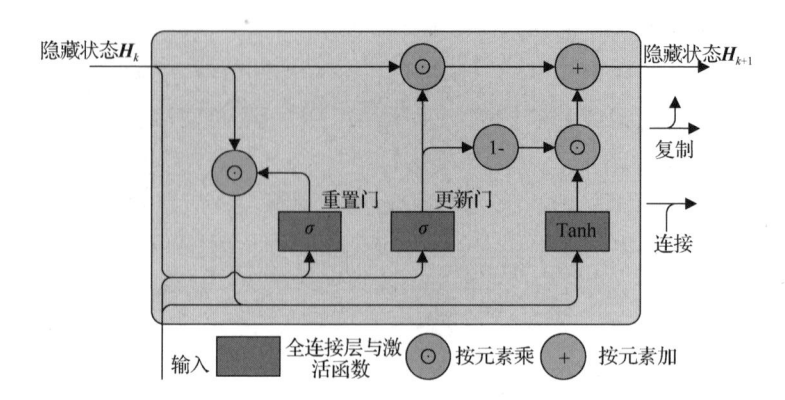

图 5.11 门控循环单元

5.4 实验验证

由于在雷达目标跟踪滤波领域尚未建立标准的训练集和测试集，无法采用实测数据对跟踪滤波神经网络结构进行测试。为充分验证跟踪滤波神经网络结构的可行性和有效性，采用仿真方法，并对典型滤波方法进行实验验证，以对跟踪滤波神经网络的性能进行全面分析和评估。其中典型滤波方法包括 α-β 滤波方法、Kalman 滤波方法和 LSTM-Kalman 滤波方法[11]。整个实验主要基于 Keras 和 TensorFlow 深度学习库，采用 Python 语言实现。实验的详细配置如下：Ubuntu 16.04，16GB RAM，Xeon E5-1620 v4 3.5GHz，无 GPU。

5.4.1 仿真设置

仿真场景设想为两坐标雷达对单目标进行跟踪滤波，其中雷达仿真设定为：雷达获取目标的距离和方位信息，量测周期为 1s，量测噪声设置为零均值高斯白噪声，距离标准差设定为 50m，方位标准差设定为 0.01745rad，雷达获取的目标的距离和方位数据可以通过修正极坐标到直角坐标的变换公式，直接转换到直角坐标系中；目标仿真设定为：目标以随机初始状态开始，依照 CV、CA、CT 三种运动模式进行单模型和多模型混合运动，对式（5.1）中的状态转移矩阵进行建模，如式（5.12）所示。运动时间持续 20s，即雷达对同一个目标可获取 20 个量测点，目标航迹点长度为 20，目标初始状态包括初始位置 p_0、初始速度 v_0、初始加速度 a_0 及转弯率 ω 等，都服从均匀分布，分布范围如式（5.13）所示。

$$F_{\text{CV}} = \begin{bmatrix} 1 & T & 0 & 0 & 0 & 0 \\ 0 & 1 & 0 & 0 & 0 & 0 \\ 0 & 0 & 0 & 0 & 0 & 0 \\ 0 & 0 & 0 & 1 & T & 0 \\ 0 & 0 & 0 & 0 & 1 & 0 \\ 0 & 0 & 0 & 0 & 0 & 0 \end{bmatrix}, \quad F_{\text{CA}} = \begin{bmatrix} 1 & T & \dfrac{T^2}{2} & 0 & 0 & 0 \\ 0 & 1 & T & 0 & 0 & 0 \\ 0 & 0 & 1 & 0 & 0 & 0 \\ 0 & 0 & 0 & 1 & T & \dfrac{T^2}{2} \\ 0 & 0 & 0 & 0 & 1 & T \\ 0 & 0 & 0 & 0 & 0 & 1 \end{bmatrix} \quad (5.12)$$

$$F_{\text{CT}} = \begin{bmatrix} 1 & \dfrac{\sin \omega T}{\omega} & 0 & 0 & -\dfrac{1-\cos \omega T}{\omega} & 0 \\ 0 & \cos \omega T & 0 & 0 & -\sin \omega T & 0 \\ 0 & 0 & 0 & 0 & 0 & 0 \\ 0 & \dfrac{1-\cos \omega T}{\omega} & 0 & 1 & \dfrac{\sin \omega T}{\omega} & 0 \\ 0 & \sin \omega T & 0 & 0 & \cos \omega T & 0 \\ 0 & 0 & 0 & 0 & 0 & 0 \end{bmatrix}$$

$$\begin{cases} A_p \in [10000\text{m}, 15000\text{m}] \\ \theta_p \in [0, 2 \times \text{pi}] \\ A_v \in [100\text{m/s}, 200\text{m/s}] \\ \theta_v \in [0, 2 \times \text{pi}] \\ A_a \in [1\text{m/s}^2, 10\text{m/s}^2] \\ \theta_a \in [0, 2 \times \text{pi}] \\ \omega \in [2 \times \text{pi}/25\,\text{Hz}, 2 \times \text{pi}/15\,\text{Hz}] \end{cases} \quad (5.13)$$

其中，T 表示采样时间间隔；A 表示幅度分布；θ 表示角度分布。

由于目标位置量测是非平稳的，无法直接作为神经网络的输入，需要进行预处理，只有把非平稳数据转化为平稳数据，才能利用跟踪滤波神经网络进行滤波估计，而目标速度变化范围是确定的，变化幅度也比较小，可近似认为是平稳的，因此如图 5.12 所示，可以通过对雷达原始量测序列进行差分处理，利用跟踪滤波神经网络首先实现目标速度估计，然后求取目标实际量测位置与基于速度估计预测位置残差，利用另外的跟踪滤波神经网络，实现目标位置修正，从而实现目标位置和目标速度的估计。利用跟踪滤波神经网络对目标进行跟踪滤波，需要对两个跟踪滤波神经网络分别进行训练优化，简称为速度网络和位置网络。

如图 5.13 所示，两个跟踪滤波神经网络采用相同的参数设置，评估网络的隐藏层设置为 5 个神经元，激活函数设置为 Tanh，输出层设置为 2 个神经元，激活函数设置为 Softmax，平滑网络中三层门控循环单元中各层神经元个数分别设置为 20、10 和 5，全连接层神经元个数设置为 2，激活函数设置为 None。两个跟踪滤波神经网络基于相同的训练数据集，按照图 5.12 所示先后进行训练。其中训练数据集大小为 15000，包括 CV、CA、CT 三种模式，每种模式的样本数量为 5000，样本形如 (x, y) 结构，x 为输入，由雷达量测数据构成，该数据为雷达对同一目标量测的时序位置数据，长度为 20，y 为滤波期望输出，由目标真实航迹位置序列构成，与雷达量测序列对应。跟踪滤波神经网络的具体训练方法：训练数据集按照 19：1 的比例划分为训练集、验证集，采用均方差损失函数和 Adam（Adaptive Moment Estimation）寻优方法，按每批 10 个数据进行参数更新，共遍历 20 次数据集。

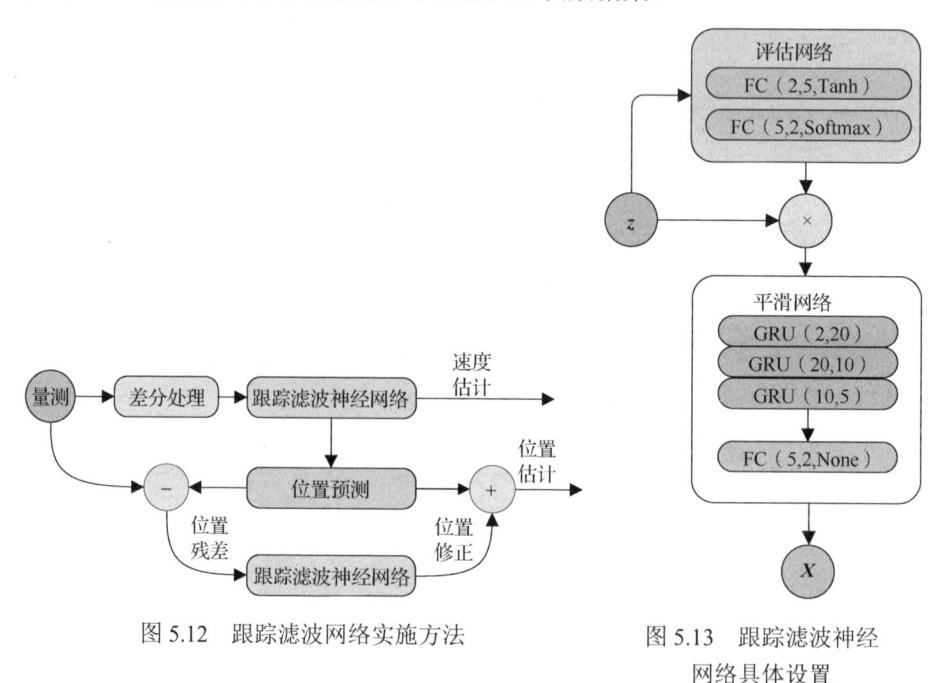

图 5.12　跟踪滤波网络实施方法　　　图 5.13　跟踪滤波神经网络具体设置

α-β 滤波方法和 Kalman 滤波方法中目标状态和协方差的初始化方法，以及雷达量测协方差的计算方法参见文献[17]，其他相关参数设置为：α-β 滤波方法增益系数设置为 $\alpha = 0.5$、$\beta = 0.5$，CV-Kalman、CA-Kalman、CT-Kalman 三种不同 Kalman 滤波方法的过程噪声协方差矩阵分别设置为 $\boldsymbol{Q}_{CV} = \mathrm{diag}([25, 25])$、$\boldsymbol{Q}_{CA} = \mathrm{diag}([100, 100])$、$\boldsymbol{Q}_{CT} = \mathrm{diag}([100, 100, 0.0001])$，LSTM-Kalman 滤波方法中的长短期记忆网络按照文献[11]中的方法进行设置和训练。

5.4.2 仿真结果

跟踪滤波神经网络训练误差曲线如图 5.14 所示，速度网络和位置网络均能得到良好的训练，训练损失和验证损失曲线稳定收敛，重合较好，表明网络训练方差较小，性能稳定。

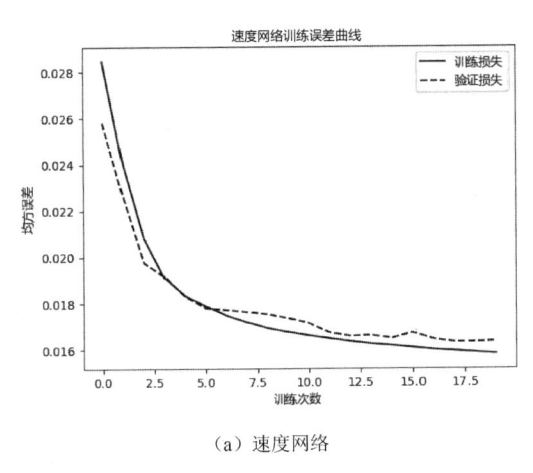

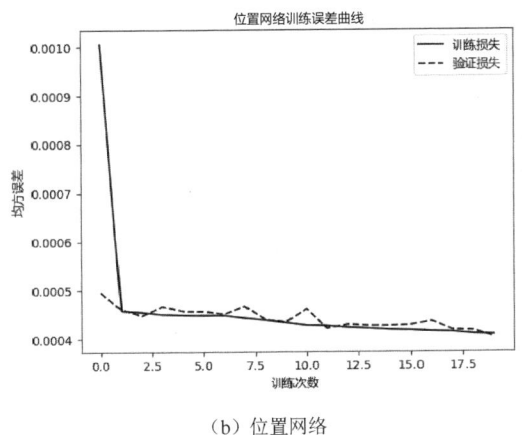

(a) 速度网络

(b) 位置网络

图 5.14 跟踪滤波神经网络训练误差曲线

按照跟踪滤波神经网络训练集构建方法生成测试集，用于滤波方法的性能测试。不同滤波方法目标跟踪滤波效果示意图如图 5.15 所示。不同滤波方法目标跟踪位置估计误差比较如图 5.16 所示。不同滤波方法目标跟踪速度估计误差比较如图 5.17 所示。

(a）CV模式目标跟踪

(b）CA模式目标跟踪

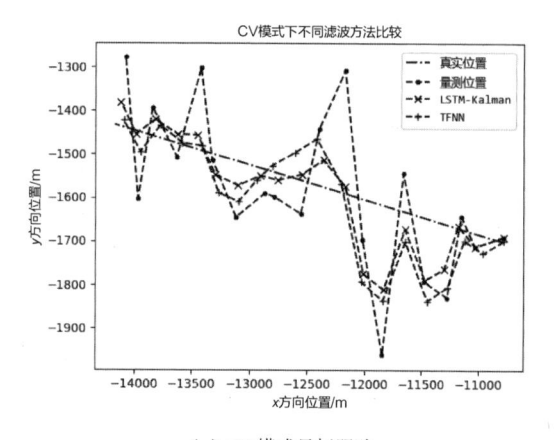

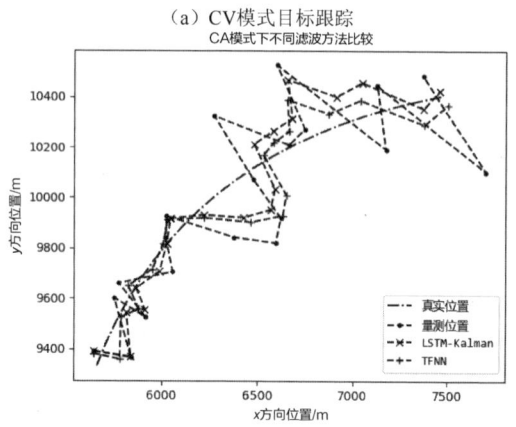

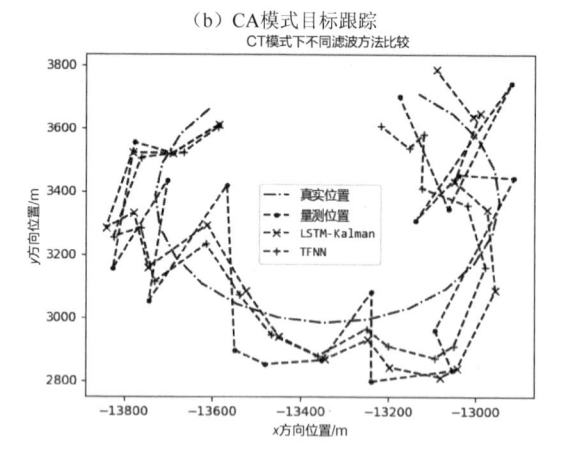

(c）CT模式目标跟踪

图 5.15　不同滤波方法目标跟踪滤波效果示意图

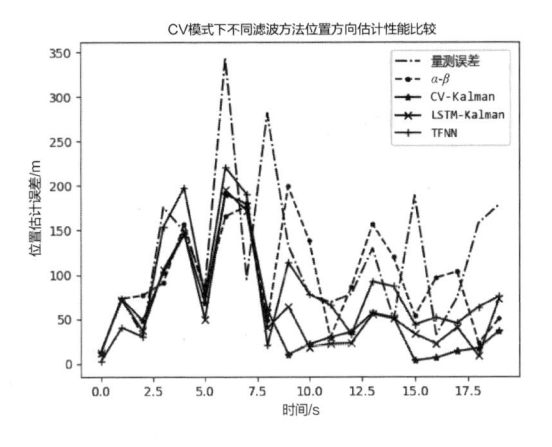

(a) CV模式目标跟踪

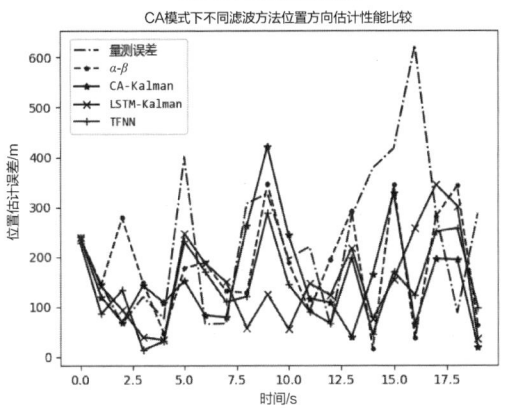

(b) CA模式目标跟踪

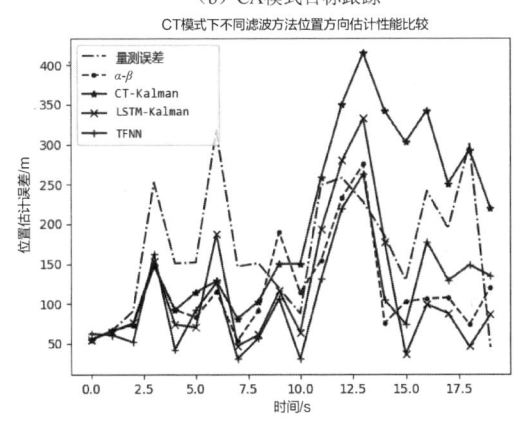

(c) CT模式目标跟踪

图 5.16 不同滤波方法目标跟踪位置估计误差比较

（a）CV模式目标跟踪

（b）CA模式目标跟踪

（c）CT模式目标跟踪

图 5.17　不同滤波方法目标跟踪速度估计误差比较

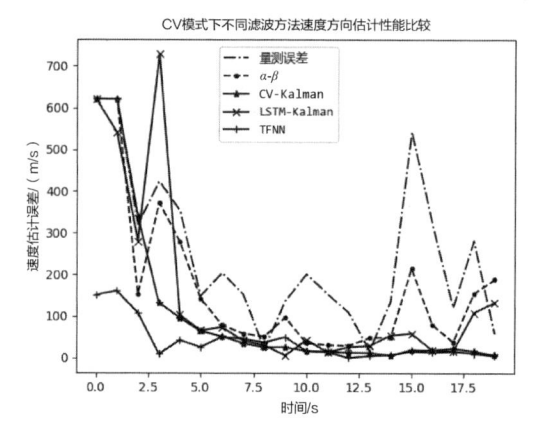

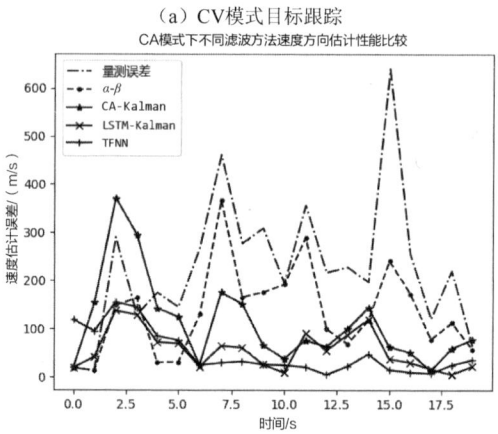

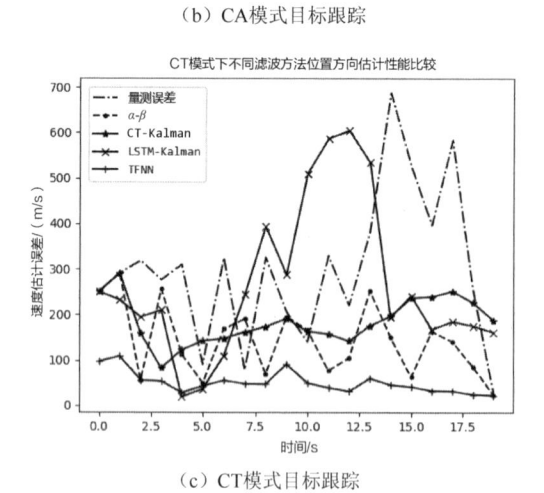

由图 5.17 可知，TFNN 具有与对比滤波方法 $\alpha\text{-}\beta$、Kalman 和 LSTM-Kalman 相同的滤波功能，能基于带噪声的量测信息，实现目标位置、目标速度等目标状态信息的有效估计。综合分析比较图 5.15～图 5.17 可知：在目标位置估计方面，CV 模式，TFNN 的估计性能优于 $\alpha\text{-}\beta$，逊于 CV-Kalman 和 LSTM-Kalman；CA 模式，TFNN 的估计性能与 LSTM-Kalman 相当，优于 $\alpha\text{-}\beta$ 和 CA-Kalman；CT 模式，TFNN 的估计性能稍优于 LSTM-Kalman，明显优于 $\alpha\text{-}\beta$ 和 CT-Kalman；在目标速度估计方面，CV、CA、CT 任何一种模式，TFNN 的估计性能均优于对比滤波方法。从单样本跟踪效果来看，TFNN 的位置估计性能与对比滤波方法相当，速度估计性能优于对比滤波方法。

下面进一步基于测试集中的 CV、CA、CT 部分及全部测试集，对不同滤波方法的位置估计均方差和速度估计均方差进行统计，并以 $\alpha\text{-}\beta$ 为性能基准模型，计算其他滤波方法的性能提升，计算公式为 $(1-\text{MSE}_{\text{filter}}/\text{MSE}_{\text{baseline}})\times 100$，统计计算结果如表 5.1、图 5.18、表 5.2 和图 5.19 所示。

表 5.1 目标位置方向跟踪滤波效果比较

测试集	滤波方法	均方差/m	性能提升
CV	$\alpha\text{-}\beta$	134.0046	00.00%
	CV-Kalman	111.1736	17.04%
	CA-Kalman	142.3656	-6.23%
	CT-Kalman	110.8004	17.32%
	LSTM-Kalman	109.7230	18.12%
	TFNN	**116.6731**	**12.93%**
CA	$\alpha\text{-}\beta$	134.9002	00.00%
	CV-Kalman	122.1666	9.43%
	CA-Kalman	143.0462	-6.03%
	CT-Kalman	117.5260	12.87%
	LSTM-Kalman	117.3497	13.01%
	TFNN	**117.0131**	**13.25%**
CT	$\alpha\text{-}\beta$	140.0027	00.00%
	CV-Kalman	234.1135	-67.22%
	CA-Kalman	155.6395	-11.16%
	CT-Kalman	197.2478	-40.88%
	LSTM-Kalman	120.0523	14.25%
	TFNN	**116.4204**	**16.84%**
全部	$\alpha\text{-}\beta$	136.3281	00.00%
	CV-Kalman	165.4221	-21.34%

续表

测试集	滤波方法	均方差/m	性能提升
全部	CA-Kalman	147.1437	−7.93%
	CT-Kalman	147.1913	−7.96%
	LSTM-Kalman	129.8798	4.73%
	TFNN	**116.7025**	**14.39%**

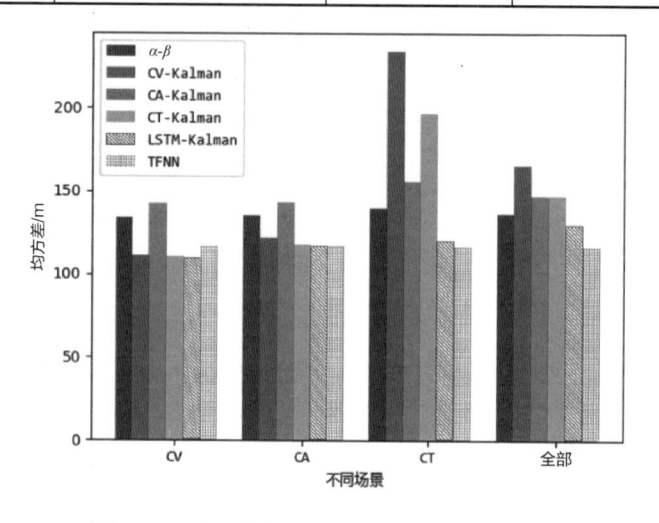

图 5.18　不同滤波方法目标位置方向估计性能比较

表 5.2　目标速度方向跟踪滤波效果比较

测试集	滤波方法	均方差/m	性能提升
CV	α-β	121.0289	00.00%
	CV-Kalman	81.4824	32.67%
	CA-Kalman	150.9587	−24.72%
	CT-Kalman	81.4347	32.71%
	LSTM-Kalman	84.3813	30.28%
	TFNN	**43.8038**	**63.80%**
CA	α-β	122.2359	00.00%
	CV-Kalman	86.2510	29.43%
	CA-Kalman	153.1004	−25.24%
	CT-Kalman	85.3947	30.13%
	LSTM-Kalman	82.4603	32.54%
	TFNN	**46.9682**	**61.57%**
CT	α-β	124.9851	00.00%
	CV-Kalman	137.6468	−10.13%

续表

测试集	滤波方法	均方差/m	性能提升
CT	CA-Kalman	168.7726	-35.03%
	CT-Kalman	129.2963	-3.44%
	LSTM-Kalman	112.2991	10.15%
	TFNN	**48.1789**	**61.45%**
全部	$\alpha-\beta$	122.7611	00.00%
	CV-Kalman	104.9210	14.53%
	CA-Kalman	157.8105	-28.55%
	CT-Kalman	101.0634	17.67%
	LSTM-Kalman	99.0805	19.29%
	TFNN	**46.3537**	**62.24%**

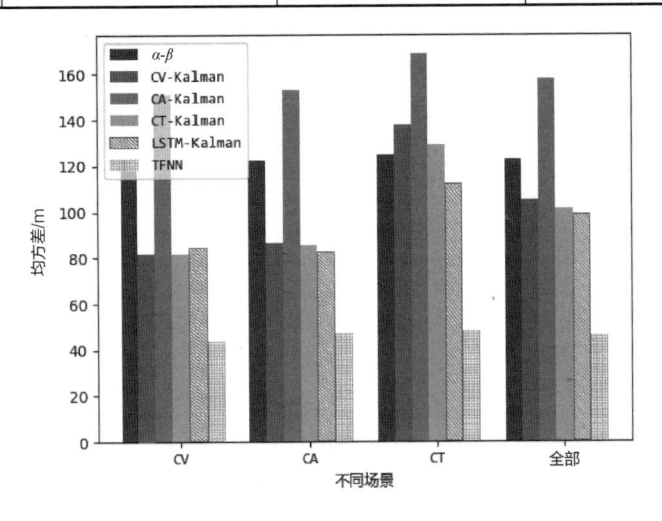

图 5.19 不同滤波方法速度方向估计性能比较

由表 5.1 和图 5.18 可知，在目标位置方向估计方面：对于 CV 模式，TFNN 性能提升 12.93%，优于 $\alpha-\beta$ 和 CA-Kalman，与 CV-Kalman 的 17.04%、CT-Kalman 的 17.32%，以及 LSTM-Kalman 的 18.12% 的提升相比，估计性能还稍有差距；对于 CA 模式，TFNN 性能提升 13.25%，与 CV-Kalman 的 9.43%、CA-Kalman 的 -6.03%、CT-Kalman 的 12.87%，以及 LSTM-Kalman 的 13.01% 的提升相比，估计性能是最优的。虽然 CA-Kalman 是目标 CA 模式下比较匹配的滤波器，但由于量测时间短，仅为 20s，因此 CA-Kalman 收敛速度慢，表现最差。对于 CT 模式，TFNN 性能提升 16.84%，优于 CV-Kalman 的 -67.22%、CA-Kalman 的 -11.16%、CT-Kalman 的 -40.88%，以及 LSTM-Kalman 的 14.25%。同样，由于 CT-Kalman 收敛速度，目标位置方向估计性能并不好。综合来看，

对于平缓运动目标，TFNN 与传统滤波中的最优估计稍有差距，在平均水平以上，而对于快速运动目标，估计性能优于所有传统滤波，表现出了优良的机动目标跟踪能力。对于全部测试集，即在实际中不知道目标模式的情况下，TFNN 性能提升 14.39%，明显优于 CV-Kalman 的-21.34%、CA-Kalman 的-7.93%、CT-Kalman 的-7.96%，以及 LSTM-Kalman 的 4.73%，表现出了较强的模式适应性。

由表 5.2 和图 5.19 可知，在目标速度估计方面，TFNN 性能提升均超过 60%，优于对比滤波方法。

虽然对比滤波方法针对相应问题，通过参数反复调试，性能还能有一定的提升，但参与比较的 TFNN 也仅仅是采用常规方法进行了 20 次训练，并没有采用 L_1、L_2、Dropout 等正则化方法，也没有尝试其他的神经网络权重优化方法、不同的神经网络层数和神经元个数，性能没有达到最优上界，因此它们之间的性能比较是能说明问题的，相应的比较结果也是可信的。从实际使用的角度来看，TFNN 在不需要过多调试的情况下，滤波性能就能达到甚至超过对比滤波方法，更易于工程人员使用，也更便于快速部署。

综合来看，TFNN 的整体性能优于对比滤波方法。仿真结果表示，TFNN 结构具有可行性和有效性。

5.5 小结

第 3 章对结合式智能滤波方法进行了研讨。第 4 章对替换式智能滤波方法进行了研讨。第 5 章对重构式智能滤波方法进行了研讨。相对于结合式智能滤波方法和替换式智能滤波方法，重构式智能滤波方法在目标运动模型、自适应滤波和滤波实现框架三个方面实现了统一。与传统滤波方法相比，在目标位置方向估计方面，重构式智能滤波方法对平缓运动目标的估计性能处于中等水平，可以接受；对快速变化目标的估计性能优势明显。在目标速度估计方面，重构式智能滤波方法具有显著优势。

传统滤波方法、结合式智能滤波方法、替换式智能滤波方法和重构式智能滤波方法对数据集的要求、适用的环境是不同的，它们之间并不是简单的彼此替代关系，在实际应用中应合理选择。如果采集数据量很少，无法构成数据集，或者环境容错率较低，则可以采用传统滤波方法；如果数据集规模适中，环境容错率适中，则可以采用结合式智能滤波方法和替换式智能滤波方法；如果数据集规模较大,环境容错率高,则可以采用重构式智能滤波方法。总之,算法没有最优,只有最匹配。

参考文献

[1] WILSON R, FINKEL L. A neural implementation of the Kalman filter[J]. Advances in Neural Information Processing Systems, 2009, 22: 2062-2070.

[2] LECUN Y, BENGIO Y, HINTON G. Deep learning[J]. Nature, 2015, 521(7553): 436.

[3] SUN Y, WANG X, TANG X. Deep learning face representation from predicting 10,000 classes[C]//IEEE Conference on Computer Vision & Pattern Recognition, 2014: 1891-1898.

[4] SCHMIDHUBER J. Deep learning in neural networks[M]. Amsterdam: Elsevier Science Ltd, 2015.

[5] MAO J, XV W, YANG Y, et al. Deep captioning with multimodal recurrent neural network[C]//3rd International Conference on Learning Representations, 2015: 1-15.

[6] CHEN S H, HUANG S H, WANG Y R. An RNN-based prosodic information synthesizer for mandarin text-to-speech[J]. IEEE Transactions on Speech & Audio Processing, 1998, 6(3): 226-239.

[7] HOCHREITER S, SCHMIDHUBER J. Long short-term memory[J]. Neural Computation, 1997, 9(8): 1735-1780.

[8] CHUNG J, GULCEHRE C, CHO K H, et al. Empirical evaluation of gated recurrent neural networks on sequence modeling[DB/OL]. arxiv preprint arxiv. [2024-03-06].

[9] FIRAT O, CHO K, BENGIO Y. Multi-way, multilingual neural machine translation with a shared attention mechanism[C]//Conference of the North American Chapter of the Association for Computational Linguistics: Human Language Technologies, 2016: 866-875.

[10] NIU X, HOU Y, WANG P. Bi-directional LSTM with quantum attention mechanism for sentence modeling[C]//International Conference on Neural Information Processing, 2017: 178-188.

[11] JUNG S, SCHLANGEN I, CHARLISH A. A mnemonic Kalman filter for non-linear systems with extensive temporal dependencies[J]. IEEE Signal Processing Letters, 2020, 27: 1005-1009.

[12] JUNG S, SCHLANGEN I, CHARLISH A. Time-dependent state prediction for the Kalman filter based on recurrent neural networks[C]//2020 IEEE 23rd International Conference on Information Fusion, 2020: 1-7.

[13] COSKUN H, ACHILLES F, DIPIETRO R, et al. Long short-term memory Kalman filters: recurrent neural estimators for pose regularization[C]//Proceedings of the IEEE International Conference on Computer Vision, 2017: 5524-5532.

[14] JUNG S, SCHLANGEN I, CHARLISH A. Sequential Monte Carlo filtering with long short-term memory prediction[C]//2019 22th International Conference on Information Fusion, 2019: 1-7.

[15] SCHLANGEN I, JUNG S, CHARLISH A. A non-markovian prediction for the GM-PHD filter based on recurrent neural networks[C]//2020 IEEE Radar Conference, 2020: 1-6.

[16] EMAMBAKHSH M, BAY A, VAZQUEZ E. Convolutional recurrent predictor: implicit representation for multi-target filtering and tracking[J]. IEEE Transactions on Signal Processing, 2019,67(17): 4545-4555.

[17] 何友, 修建娟, 刘瑜, 等. 雷达数据处理及应用[M]. 4 版. 北京: 电子工业出版社, 2022.

第6章 基于强化学习的数据智能关联方法

6.1 引言

数据关联也称为点航关联或点迹相关，是目标跟踪领域的关键技术之一。在多目标情况下，经常会出现单个点迹落入多个波门相交的区域，即同一个点迹落入多个不同波门，或者多个点迹落入单个目标相关波门的情况，此时就会涉及数据关联，即建立某时刻雷达量测数据与航迹间的关系，以确定这些量测数据是否来自同一个目标[1-3]。现有数据关联算法可以划分为极大似然类数据关联算法和贝叶斯类数据关联算法两大类别。其中，极大似然类数据关联算法以量测序列的似然比为基础，包括航迹分叉算法、联合极大似然算法、0-1整数规划算法、广义相关算法等；贝叶斯类数据关联算法以贝叶斯准则为基础，包括最近邻域算法、概率最近邻域算法、概率数据关联算法、综合概率数据关联算法、联合概率数据关联算法、全邻模糊聚类数据关联算法、最优贝叶斯算法和多假设跟踪算法[4-8]等。

现有数据关联算法存在与跟踪滤波算法强耦合的不足之处，并且需要假设目标运动模型已知，如果目标运动模型未知，则会直接影响数据关联效果。为此，为了更好地联合第3～5章的智能滤波成果，有必要研究目标运动模型未知情况下的数据关联算法，进而将数据关联环节从目标跟踪过程中分离出来，使得数据关联与跟踪滤波相对独立，以便更好地在实际应用中进行联合[9-13]。

强化学习（Reinforcement Learning，RL）是人工智能领域的一项重要技术，通过奖励寻优，引导智能体在未知环境中进行自我学习[14-28]。实质上，数据关联与最优路径规划、贪吃蛇游戏类似，也可以看作一种寻优问题，就是要找到源于同一目标在不同时刻雷达获取的量测点迹，使相关联点迹按时间排列形成的航迹更符合真实目标运动特点，因此可采用强化学习解决数据关联问题。据此，本章开展了基于强化学习的数据智能关联研究，先后讨论了网络集成学习的数据关联网络架构和基于LSTM-RL网络的数据关联网络架构，为基于强化学习的目标跟踪技术研究提供有益帮助。

6.2 网络集成学习的数据关联网络架构

针对系统模型未知情况下数据关联过程易受环境杂波、目标强机动等因素干扰的问题，本节采用网络集成学习的方式，提出了一种系统模型未知的数据关联（Data Association for Unknown System Model，USMA）网络架构。该架构融合了强化学习和传统数据关联框架，让智能体在真实环境中学习目标运动规律，同时用数据关联框架反馈信息给智能体，利用神经网络实现数据的高速处理，并通过迁移不同模型的关联过程简化学习网络，最终完成数据关联过程。本节提出的是一种解决数据关联问题的新思路，实现在真实环境中准确关联到源于目标的点迹，具有较高的实际应用价值。

本节的安排如下：6.2.1 节建立符合空中目标运动特性的马尔可夫决策过程（Markov Decision Process，MDP）模型，并详细说明环境状态、动作空间、奖励函数和策略网络；6.2.2 节介绍 USMA 网络架构，直面关联空中目标航迹时存在的实际问题；6.2.3 节设计专门的训练网络与测试网络，解决初始环境状态不存在、有效动作区域无法确定等问题；6.2.4 节通过大量单目标运动的仿真数据对 USMA 网络架构进行训练，测试并验证架构的性能，给出相应的分析。

6.2.1 模型组成

1. 环境状态

基于策略梯度的强化学习方法将策略表示为状态的函数，并转换为数据关联过程。这种策略是目标的运动趋势。MDP 模型的状态由目标的运动趋势表示。

之所以不选择每个时刻的点迹作为状态，是因为只以当前时刻量测为依据是无法选择下一时刻的点迹的。就像传统数据关联算法那样，需要将点迹与航迹进行关联，航迹体现了目标的运动趋势。

这里用于表示状态的运动趋势不是先前所有时刻的点迹所形成的运动趋势，只需要近期的目标运动趋势就可以选择下一时刻的点迹。这种"滑窗式"方法既可以提高选择点迹的准确性，又可以减少计算量。"窗口"的大小由传感器的采样间隔决定。在一般情况下，采样间隔越大，"窗口"越小，反之亦然。

环境中目标的运动轨迹可以用向量空间模型（Vector Space Model，VSM）表示，相邻时刻的两个点迹可构成向量，如图6.1所示。

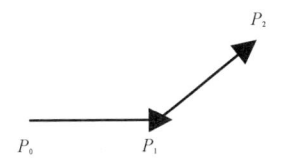

图6.1 向量空间模型

假设智能体先从 P_0 运动到 P_1，又从 P_1 运动到 P_2，根据余弦定理公式可以求出相邻三个时刻的运动趋势因子 f，即

$$f = \frac{\overrightarrow{P_0P_1} \cdot \overrightarrow{P_1P_2}}{\left\|\overrightarrow{P_0P_1}\right\|\left\|\overrightarrow{P_1P_2}\right\|}, \quad -1 \leqslant f \leqslant 1 \tag{6.1}$$

假设选择 N 个时刻的点迹作为运动趋势，可以求出 N 个时刻点迹的平均运动趋势，值就是状态 s，即

$$s = \frac{\left(\left(\sum_{k=1}^{N-2} f_k\right)\Big/(N-2)+1\right)}{2}, \quad 0 \leqslant s \leqslant 1 \tag{6.2}$$

2. 动作空间

虽然环境中目标的运动是连续的，传感器提供的量测数据是离散的，但是连续采样间隔的量测数据可以近似看作是连续的，因此设置 MDP 模型的动作是离散的。

在真实的空中目标探测环境中，以当前时刻点迹的位置为中心，下一时刻所有量测的相对位置和角度各不相同。如图6.2所示，O 是当前时刻的点迹，图中分布点为下一时刻的量测。以 O 为中心建立坐标轴，按角度均分为36份，并标注序号。从图6.2中可以看出，每个量测都有对应的区域，虽然有的区域量测不止一个，但是同一区域的量测角度相差不大，不会对算法造成很大影响。因此，设定动作空间 $A = \{1, 2, \cdots, 36\}$，选择动作也就是选择趋势。

3. 奖励函数

奖励函数是由"游戏"规则来决定的，在数据关联过程中，结束的标志是下一时刻没有量测。这种结束不代表"胜利"。同时，目标的运动也满足熵增定律，即在真实环境中一个独立系统的熵不会减小。也就是说，在一定时间内，目标的运动趋势不会发生较大变化。以图 6.2 为例，如果前几个时刻选择的动作都是 5，那么下一时刻仍然选择动作 5 的概率最大，并且概率值以 5 为中心向两边递减。

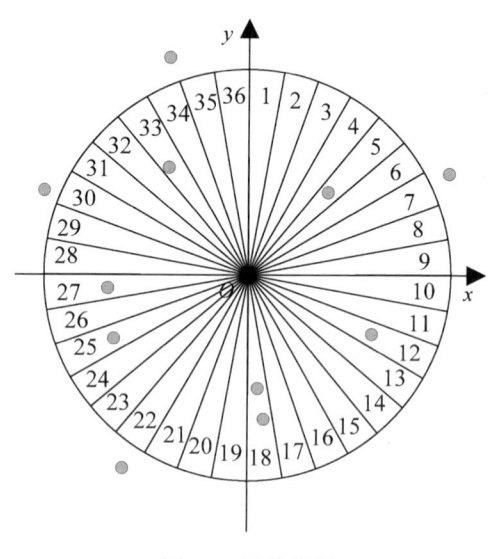

图 6.2 动作空间

假设处于状态 s_-，选择动作 a 后，可得对应区域内量测。根据式（6.1）可求得相邻三个时刻的运动趋势因子 f_-，以此可求出奖励 r，即

$$r = 1 - \frac{|s_- - f_-|}{2}, \quad r \in (0,1) \tag{6.3}$$

按式（6.2）可求出下一状态 s。

4．策略网络

由于动作空间中的每个动作都是离散的，因此本节设计的随机策略是 Softmax 策略。策略网络的输入层是目标的运动趋势，维数是 1；最后一层是 Softmax 层，维数是 36，输出为选择每种动作的概率。另外有两个隐藏层，隐藏层 f_1 的神经元个数为 20，激活函数是 ReLU 函数；隐藏层 f_2 的神经元个数为 36。图 6.3 所示为策略网络的整体过程。

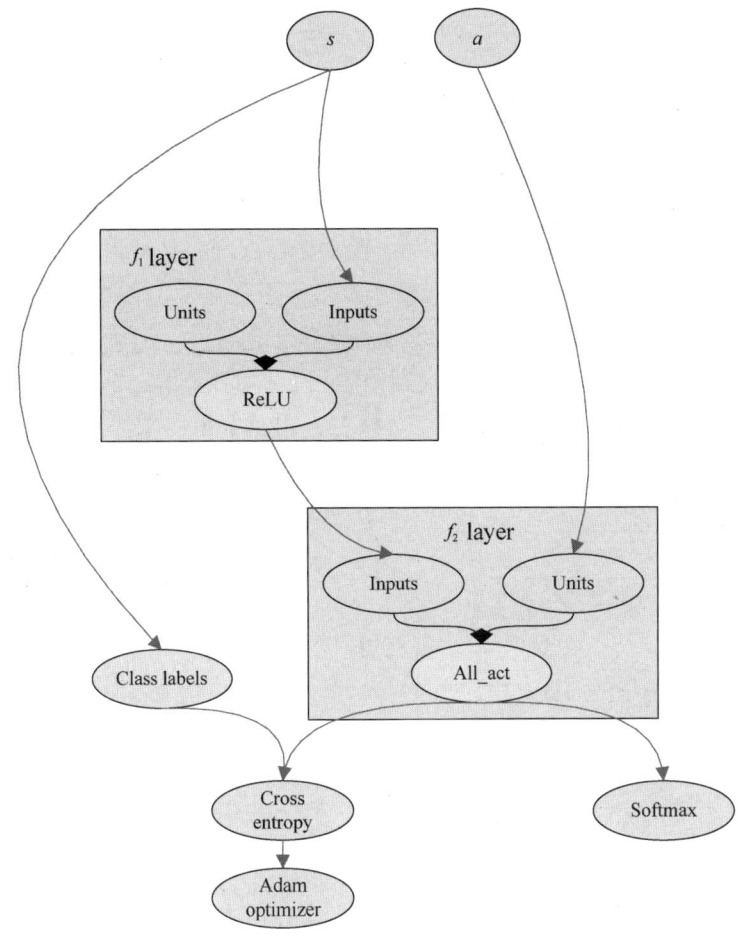

图 6.3　策略网络的整体过程

6.2.2　USMA 网络架构

传统数据关联过程一般需要结合跟踪滤波算法来实现，处理过程依次包括预测、关联、更新三个步骤，关联部分的输入是状态预测值，状态预测值需要根据系统的状态转移矩阵来计算，要求系统模型必须是已知的，这显然不符合实际环境要求。

为了解决实际空中目标探测环境下系统模型未知的数据关联问题，本节融合强化学习知识和传统数据关联框架，设计了 USMA 网络架构。该架构的整体思路是考虑到真实环境中目标运动类型的多样化，采取将单系统模型的学习结果迁移到混合系统模型中学习的方式。这种学习方式既解决了混合系统模型学习效率低、难度大的问题，又有效地提高了测试结果的准确性。

1. 网络集成

在真实环境中，目标的系统模型是多样化的，正如 IMM 滤波算法中提到，可以将其大致分为三类，即 CT 模型、CA 模型和 CV 模型。在传统数据关联过程中，通常默认系统模型已知，即使是处理机动目标的 IMM 滤波算法，也是假设已知多个系统的状态转移矩阵，建立交互式网络估计目标位置。为解决真实环境中系统模型未知的实际问题，本节基于强化学习技术提出了 USMA 数据关联架构。考虑到直接学习混合系统模型的难度大、准确率低，智能体无法在没有先验信息的情况下有效识别并学习目标的运动方式，因此这里设计先分别学习 CT 模型、CA 模型和 CV 模型，再基于已经掌握的知识学习混合系统模型，图 6.4 所示为网络集成过程的整体思路。

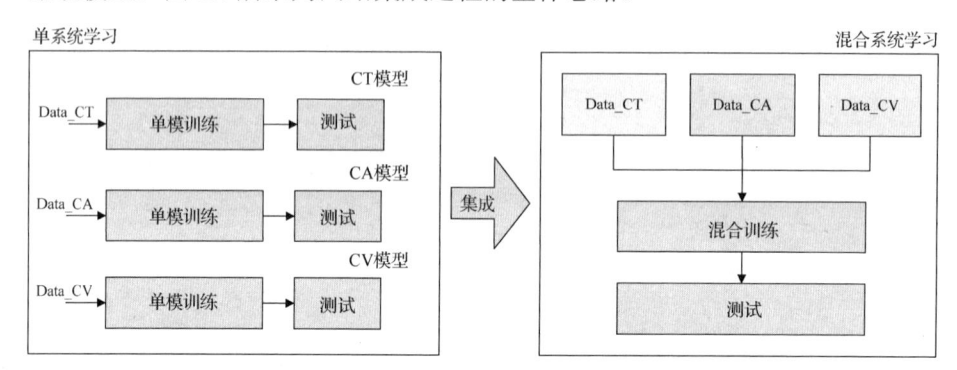

图 6.4　网络集成过程的整体思路

2. 单系统学习

由图 6.4 可知，首先需要分别学习 CT 模型、CA 模型和 CV 模型，在关联过程中，下一时刻的点迹需要与当前航迹关联确定，并转换到强化学习网络，机器应当学习目标的运动趋势。图 6.5 所示为单系统学习网络设计图。

单系统学习网络由两部分组成，即训练网络和测试网络。在学习系统模型的过程中，用训练网络学习策略，用测试网络反馈学习成果。

3. 混合系统学习

根据上述内容，为了提高学习效率和准确率，混合系统是基于单系统学习的经验来学习的。顾名思义，混合系统是由多个单系统混合组成的，即在目标运动过程中可能同时存在 CV 模型、CA 模型和 CT 模型。智能体学习的是目标的运动趋势。这三种系统模型运动趋势的差异点是 CA 模型中速度发生变化、

CT 模型中方向发生变化、CV 模型中速度和方向均不发生变化。基于这三个差异点，本节设计了混合系统学习网络。

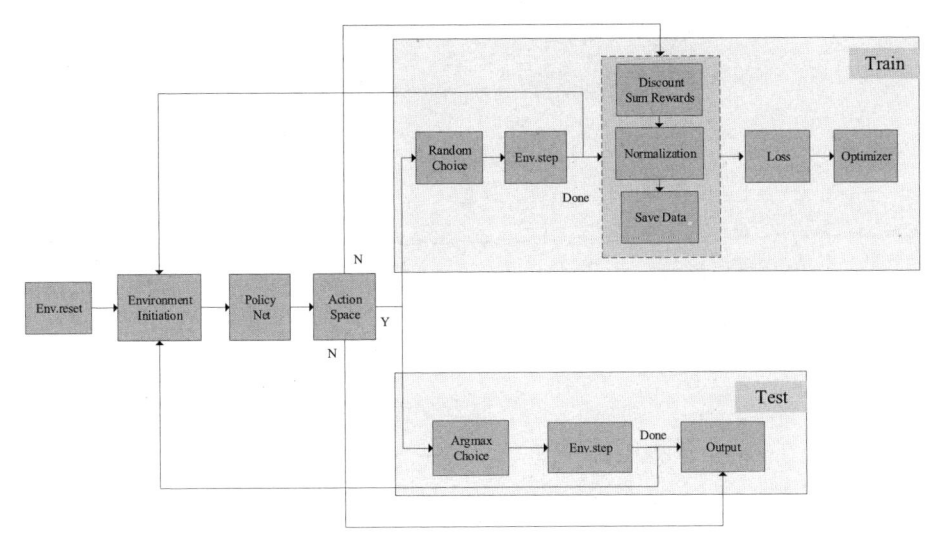

图 6.5 单系统学习网络设计图

图 6.6 所示为混合系统学习网络设计图。混合系统学习过程与单系统学习过程大致相同，只是训练网络的 Action Choice 环节有所变化，单系统学习采用的是 Random Choice，混合系统采用的是 Argmax Choice。

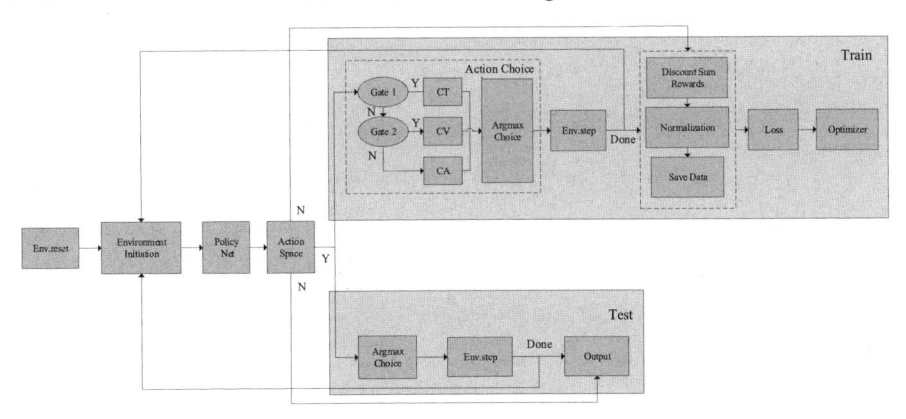

图 6.6 混合系统学习网络设计图

由图 6.6 可知，该环节中由两个门函数控制选择目标模型的类别。这里设置门函数 Gate 1 是 $s < \varepsilon_s$（ε_s 是 CT 模型的阈值），门函数 Gate 2 是 $\bar{a} < \varepsilon_v$（ε_v 是 CA 模型的阈值）。

假设输入状态 s 是 N 个时刻的点迹的平均运动趋势，也就是方向变化程度，s 越大，方向变化越小。若判定 $s < \varepsilon_s$（经实验测试设置 $\varepsilon_s = 0.9$），则当前模型为 CT 模型；反之，根据 N 个时刻的点迹计算平均加速度 $\bar{a}$，即

$$\bar{a}_i = \frac{\|X_{i+2}, X_{i+1}\|_2 - \|X_i, X_{i+1}\|_2}{T_{\text{sample}}^2}, \quad i \in (0, N-2) \tag{6.4}$$

$$\bar{a} = \frac{\sum_{i=0}^{N-2} \bar{a}_i}{N-2} \tag{6.5}$$

其中，X_i 是 i 时刻目标位置信息；T_{sample} 是采样间隔。通常，考虑到误差干扰等因素，若判定 $\bar{a} < \varepsilon_v$（经实验测试设置 $\varepsilon_v = 1$），则当前模型为 CV 模型；反之为 CA 模型。

6.2.3 训练网络与测试网络

在 USMA 网络架构中，训练网络和测试网络是系统学习网络的核心内容。训练网络和测试网络主要由三个部分组成，即环境状态的重初始化、环形波门确定有效动作区域、有效动作再选择与步进。图 6.5 和图 6.6 中还有几个小模块，如 Discount Sum Rewards 模块用于求航迹折扣累积回报的过程，Normalization 模块用于对航迹折扣累积回报进行简单的归一化处理，Save Data 模块用于保存数据，Loss 模块是交叉熵损失函数，Optimizer 模块是使用学习率为 0.01 的 Adam 优化算法。

1. 环境状态的重初始化

这一部分内容是为训练网络和测试网络提供准确的输入状态。如 6.2.1 节所述，网络输入的环境状态是 N 个时刻的点迹的平均运动趋势，Env.reset 模块提供的数据是目标的初始位置、时间、采样间隔和量测数据。本节设置了环境状态初始化过程，即 Environment Initiation 模块。这一过程与传统航迹起始方法相似，从前 N 个时刻的点迹中起始初始航迹，并计算平均运动趋势。

考虑到 N 是有限值，环境起始过程先采用穷举的方式确定 N（本节设置 $N=8$）个时刻的数据中存在的所有可能的航迹 Track，即

$$\text{Track}_i = \{x_1, x_2, \cdots, x_N\} \tag{6.6}$$

其中，Track_i 是 Track 中第 i 条航迹，运动趋势因子为

$$f = \frac{(x_j - x_{j-1})(x_{j+1} - x_j)}{\|x_j - x_{j-1}\|\|x_j - x_{j-1}\|}, \quad 1 \leq j \leq N-1 \tag{6.7}$$

按式（6.7）可得所有的运动趋势因子，即 $f_i=\{f_1,f_2,\cdots,f_{N-2}\}$。

考虑到方差具有量化数据稳定能力的特性，因此使用方差可计算所有航迹的运动趋势。对于航迹而言，运动趋势越稳定，数据波动越小，方差越小，可靠性越高，因此所有航迹运动趋势因子的方差为

$$\text{Variance}_i = \text{var}(f_i) \quad (6.8)$$

从中挑选 Variance 最小的航迹作为初始航迹，按式（6.4）可得初始环境状态。

2. 环形波门确定有效动作区域

由图 6.2 可知，每个量测都对应一个区域，目标的运动速度是受限制的。考虑到系统、随机等量测误差的干扰，设计以 $R_{\max}$ 为环形波门的外径、以 $R_{\min}$ 为环形波门的内径、以当前时刻点迹的位置为中心确定有效动作区域，如图 6.7 所示。

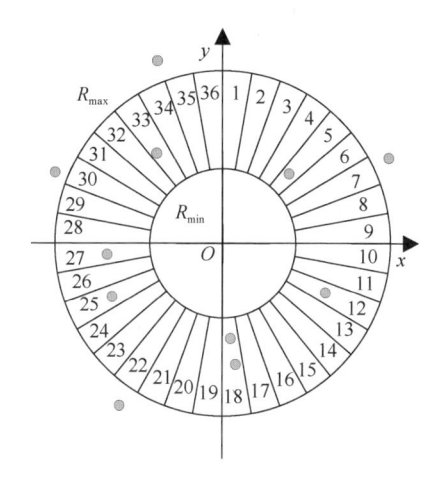

图 6.7　确定有效动作区域

$$R_{\max}=1.5v_{\max}T_{\text{sample}} \quad (6.9)$$
$$R_{\min}=0.5v_{\min}T_{\text{sample}} \quad (6.10)$$

其中，$v_{\max}$ 是目标最大运动速度；$v_{\min}$ 是目标最小运动速度；T_{sample} 是采样间隔。

由图 6.7 可知，不是所有的有效动作区域内都有量测，没有量测的区域是无效动作区域。通过当前时刻点迹的位置和下一时刻的量测数据，可以求出每个量测点所处的动作区域。假设当前时刻点迹的位置为 $X=(x,y)$，任一量测数据为 $z=(z_x,z_y)$，则对应动作区域为

$$\text{action} = \begin{cases} 9 & z_x \geqslant x,\ z_y = y \\ 18 & z_x = x,\ z_y < y \\ 27 & z_x < x,\ z_y = y \\ 36 & z_x = x,\ z_y > y \\ \dfrac{1}{10}\arctan\left(\dfrac{z_x - x}{z_y - y}\right) & z_x > x,\ z_y > y \\ 9 + \dfrac{1}{10}\arctan\left(-\dfrac{z_y - y}{z_x - x}\right) & z_x > x,\ z_y < y \\ 18 + \dfrac{1}{10}\arctan\left(\dfrac{z_x - x}{z_y - y}\right) & z_x < x,\ z_y < y \\ 27 + \dfrac{1}{10}\arctan\left(-\dfrac{z_y - y}{z_x - x}\right) & z_x < x,\ z_y > y \end{cases} \quad (6.11)$$

按照式（6.11）进行计算，可以得到下一时刻所有的有效动作区域，如果没有有效动作区域，则训练结束；反之，继续训练。这一过程对应图 6.5 和图 6.6 中的 Action Space 模块。

这个过程对量测数据进行了简单的筛选，在剔除杂波的同时，确定了每个量测对应的动作区域。这个过程既减少了算法训练的计算量，又提高了准确率，是一种非常有效的数据预处理方法。

3. 有效动作再选择与步进

动作选择过程虽对应图 6.5 的 Random Choice 模块、Argmax Choice 模块和图 6.6 中的 Argmax Choice 模块，但不同于之前的动作选择过程。通常，Random Choice 模块在 Policy Net 模块输出所有动作的概率后，从动作空间随机选择一个动作进行训练，Argmax Choice 模块从 Policy Net 模块输出的所有动作概率中选择概率值最大的动作进行测试。

这种动作选择方式明显不适用于当前环境，因为下一时刻所有动作区域不一定都是有效动作区域，智能体在选择无效动作区域后，训练会终止，可能需要很多次训练才能得到一条完整的航迹，使得训练量大大增加，影响了算法的有效性。

USMA 网络架构设置了有效动作再选择过程。这一过程是在 Policy Net 模块输出所有动作的概率后，利用 Softmax 函数，对有效动作的概率值再进行一次计算，即

$$\text{Softmax}(p_i) = \frac{e^{p_i}}{\sum_{n=1}^{C} e^{p_n}} \qquad (6.12)$$

其中，p_i 是某一有效动作的概率值；C 是有效动作的个数。

对应训练网络和测试网络，分别随机选择动作和选择概率值最大的动作，并确定量测数据集合。随机选择动作的方式能够让智能体在不断试错过程中学习策略。选择概率值最大的动作可以作为检验学习成果的手段。

动作选择完成后，下一步是步进过程，即 Env.step 模块。这个过程的目的有三个，即计算奖励值、判断是否结束训练和测试、确定新环境状态。

① 计算奖励值：可由式（6.3）计算出量测的奖励值，由图 6.7 可知，由于一个有效动作区域内不一定只有一个量测，因此选择奖励值最大的量测作为下一时刻的点迹。

② 判断是否结束训练和测试：因为数据关联过程没有明确的"终点"，所以设置训练和测试结束的标志为下一时刻没有新的量测数据。

③ 确定新环境状态：结合环境状态的重初始化，确定点迹和前 $N-1$ 个时刻已知的点迹信息，按式（6.4）和式（6.5）求出新环境状态。

6.2.4 仿真实验与结果分析

1. 仿真环境设置

假设某个雷达系统的采样周期为 $T_{\text{sample}} = 1\text{s}$，探测区域是边长为 6000m 的正方形，检测概率为 $P_D = 1$，目标的初始速度满足随机分布(30m/s,100m/s)，最大速度为 $v_{\text{max}} = 150\text{m/s}$，最小速度为 $v_{\text{min}} = 10\text{m/s}$，杂波服从均值为 λ 的泊松分布。CA 模型的加速度满足随机分布($-10\text{m/s}^2, 10\text{m/s}^2$)，CT 模型的转弯角加速度满足随机分布(0（°）/s², 0.8（°）/s²)。

目标的动态变化过程满足状态转移方程，即

$$\boldsymbol{X}_k = \boldsymbol{F}\boldsymbol{X}_{k-1} + \boldsymbol{\Gamma}\boldsymbol{v}_{k-1} \qquad (6.13)$$

其中，$\boldsymbol{F}$ 是状态转移矩阵；$\boldsymbol{\Gamma}$ 是过程噪声分布矩阵；$\boldsymbol{v}_{k-1}$ 是协方差矩阵为 $\boldsymbol{Q}_{k-1} = \text{diag}\left(\left[5^2, 5^2\right]\right)$ 的加性白噪声。对应 CA 模型、CV 模型和 CT 模型，$\boldsymbol{F}$ 和 $\boldsymbol{\Gamma}$ 的表现形式为

$$F_{CA} = \begin{bmatrix} 1 & T & \dfrac{T^2}{2} & 0 & 0 & 0 \\ 0 & 1 & T & 0 & 0 & 0 \\ 0 & 0 & 1 & 0 & 0 & 0 \\ 0 & 0 & 0 & 1 & T & \dfrac{T^2}{2} \\ 0 & 0 & 0 & 0 & 1 & T \\ 0 & 0 & 0 & 0 & 0 & 1 \end{bmatrix}, \quad \boldsymbol{\Gamma}_{CA} = \begin{bmatrix} \dfrac{T^2}{2} & 0 \\ T & 0 \\ 1 & 0 \\ 0 & \dfrac{T^2}{2} \\ 0 & T \\ 0 & 1 \end{bmatrix}$$

$$F_{CV} = \begin{bmatrix} 1 & T & 0 & 0 \\ 0 & 1 & 0 & 0 \\ 0 & 0 & 1 & T \\ 0 & 0 & 0 & 1 \end{bmatrix}, \quad \boldsymbol{\Gamma}_{CV} = \begin{bmatrix} \dfrac{T^2}{2} & 0 \\ T & 0 \\ 0 & \dfrac{T^2}{2} \\ 0 & T \end{bmatrix}$$

$$F_{CT} = \begin{bmatrix} 1 & \dfrac{\sin \omega T}{\omega} & 0 & \dfrac{\cos \omega T - 1}{\omega} \\ 0 & \cos \omega T & 0 & -\sin \omega T \\ 0 & \dfrac{1 - \cos \omega T}{\omega} & 1 & \dfrac{\sin \omega T}{\omega} \\ 0 & \sin \omega T & 0 & \cos \omega T \end{bmatrix}, \quad \boldsymbol{\Gamma}_{CT} = \begin{bmatrix} \dfrac{T^2}{2} & 0 \\ T & 0 \\ 0 & \dfrac{T^2}{2} \\ 0 & T \end{bmatrix}$$

其中，T 是采样时间间隔；ω 是 CT 模型设定的转弯率。

传感器提供的量测数据满足

$$Z_k = HX_k + W_k \tag{6.14}$$

其中，H 是量测矩阵；W_k 是协方差矩阵为 $R_k = \mathrm{diag}\left(\begin{bmatrix}10^2, 10^2\end{bmatrix}\right)$ 的高斯白噪声。

对应 CA 模型、CV 模型和 CT 模型，H 的表现形式为

$$H_{CA} = \begin{bmatrix} 1 & 0 & 0 & 0 & 0 & 0 \\ 0 & 0 & 0 & 1 & 0 & 0 \end{bmatrix}$$

$$H_{CV} = \begin{bmatrix} 1 & 0 & 0 & 0 \\ 0 & 0 & 1 & 0 \end{bmatrix}$$

$$H_{CT} = \begin{bmatrix} 1 & 0 & 0 & 0 \\ 0 & 0 & 1 & 0 \end{bmatrix}$$

2. 结果分析

USMA 算法的实验需要分为单系统学习实验和混合系统学习实验。无论

第6章 基于强化学习的数据智能关联方法

训练集还是测试集,单系统学习实验中目标的运行时间都是 20s,训练集数据量为 10000 组,杂波参数 λ 满足随机分布(0,30),每条航迹的运动模型从 CV 模型、CA 模型和 CT 模型中任选一个。测试集数据量为 15 组,杂波参数 $\lambda=5,10,20$,每种杂波参数对应 5 组数据,每条航迹的运动模型从 CV 模型、CA 模型和 CT 模型中任选一个。测试结束后,通过对比测试结果和真实量测,可计算出关联准确率,即 $P=\dfrac{N_{\text{correct}}}{N_{\text{all}}}$,其中 N_{correct} 表示与真实量测相同点迹的数量,N_{all} 表示真实量测数量,这里 $N_{\text{all}}=20$。测试完后,可求出平均关联准确率 $\overline{P}=\dfrac{1}{N_{\text{data}}}\sum_{i=1}^{N_{\text{data}}}P_i$,其中 N_{data} 表示测试集数据量,这里 $N_{\text{data}}=15$。经测试,单系统学习实验结果如表 6.1 所示。

表6.1 单系统学习实验结果

模型	CV	CT	CA
$\overline{P}$	95%	90%	95%

从结果来看,三种模型的关联准确率都比较高,能够很好地学习单系统策略。目标按单模型运动时,运动趋势没有变化,策略更容易被学习,测试结果也正好验证了理论的可靠性。

混合系统学习实验的目标运行时间是 50s,训练集数据量为 10000 组,杂波参数 λ 满足随机分布(0,30),每条航迹的运动模型由三种模型任意组合。

本节选择 NNDA 算法[4]和 PDA 算法进行对比,原因有两个:①NNDA 算法在关联点迹时是以距离最近为唯一标准的,与系统模型无关;②传统滤波算法需要先根据航迹的状态进行预测,再按照既定的数据关联准则遍历所有量测,从中找到符合条件的点迹进行跟踪滤波。预测值是基于已知的系统模型来预测的,系统模型出现偏差或未知时对算法影响很大。考虑到仿真实验中设置的是单目标运动环境,所以选择 PDA 算法代表传统滤波算法。

测试集数据量为 10 组,杂波参数 $\lambda=5$,每条航迹的运动模型由三种模型任意组合,图 6.8 所示为 $\lambda=5$、实验次数为 9 时 USMA 算法的关联结果图。实验结果表明,USMA 算法能够近似完美地关联到目标点迹,只在几个时刻出现了误差。

图 6.9 所示为 $\lambda=5$ 时 USMA 算法第 9 次实验的误选时刻,出现误选的时刻是第 39s,此刻出现了 7 个点迹,根据速度约束判断可以明显看出,可能是真实量测的点迹只有两个,即一个菱形点迹和一个六边形点迹。由于 USMA 算法的原理是根据前 8 个时刻目标的运动趋势选择下一时刻的点迹,因此六

边形点迹是正确点迹的可能性更大。纵观整个过程只有这一次误选，这一次误选也没有影响后续的关联过程。

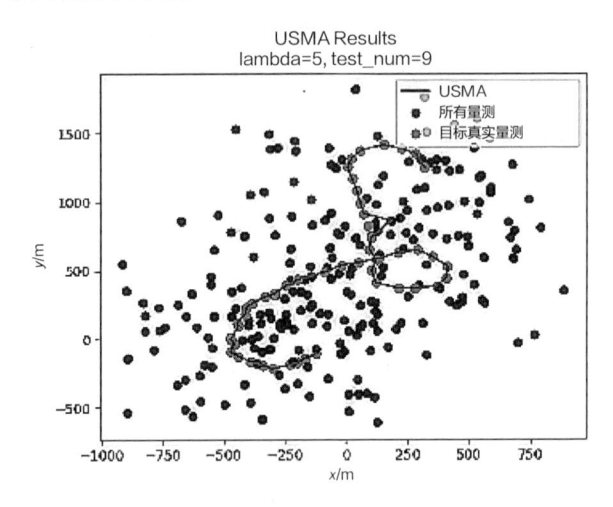

图 6.8　$\lambda=5$、实验次数为 9 时 USMA 算法的关联结果图

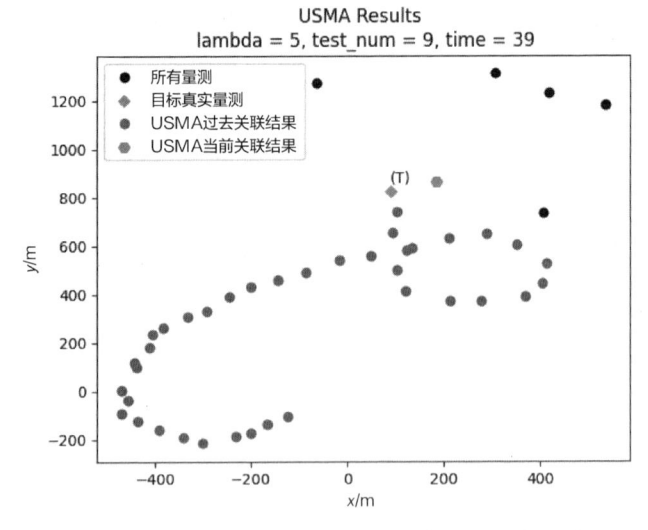

图 6.9　$\lambda=5$ 时 USMA 算法第 9 次实验的误选时刻

图 6.10 和图 6.11 所示分别为 $\lambda=5$、实验次数为 9 时 NNDA 算法和 PDA 算法的关联结果图。

通过对比可以发现，当实验场景相同时，NNDA 算法的关联结果还可以，只是在最后时刻出现了关联错误的现象；PDA 算法性能最差，在整个关联过程中出现了很多航迹中断的现象。

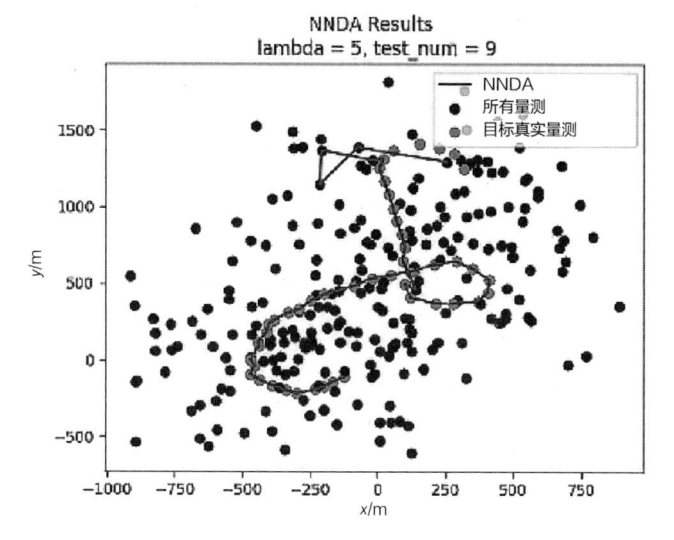

第6章 基于强化学习的数据智能关联方法

图 6.10　$\lambda=5$、实验次数为 9 时 NNDA 算法的关联结果图

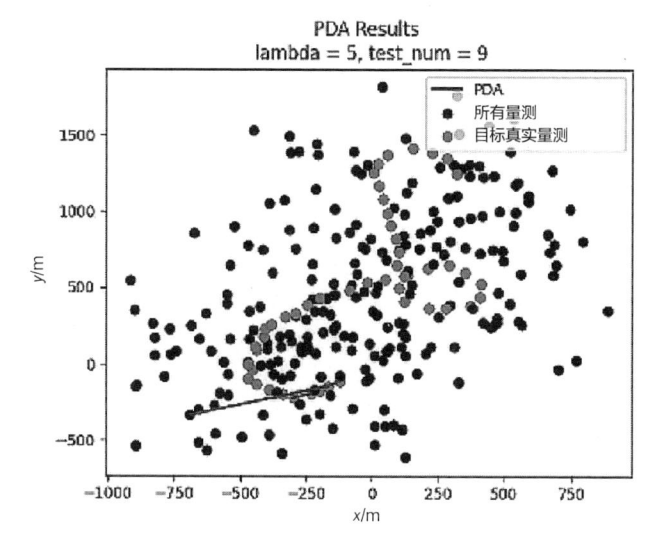

图 6.11　$\lambda=5$、实验次数为 9 时 PDA 算法的关联结果图

根据实验结果求出平均关联准确率 $\overline{P}$，如表 6.2 所示。

表 6.2　$\lambda=5$ 时三种算法的实验结果

关联准确率	USMA 算法	NNDA 算法	PDA 算法
第 1 次实验关联准确率	98%	92%	26%
第 2 次实验关联准确率	94%	82%	18%
第 3 次实验关联准确率	94%	88%	10%

续表

关联准确率	USMA 算法	NNDA 算法	PDA 算法
第 4 次实验关联准确率	96%	98%	64%
第 5 次实验关联准确率	94%	80%	14%
第 6 次实验关联准确率	100%	86%	14%
第 7 次实验关联准确率	96%	98%	16%
第 8 次实验关联准确率	96%	88%	14%
第 9 次实验关联准确率	98%	88%	14%
第 10 次实验关联准确率	96%	86%	48%
平均关联准确率 $\bar{P}$	96.2%	88.60%	23.8%

从实验结果可以看出，$\lambda=5$ 时，在系统模型未知的前提下，PDA 算法性能最差，在整个关联过程中出现了很多航迹中断的现象，$\bar{P}$ 只有 23.8%只有 23.8%。在测试实验中，NNDA 算法和 USMA 算法基本上能够找出准确点迹，没有航迹中断的现象，$\bar{P}$ 比较高，与 USMA 算法相比，NNDA 算法只以最小距离作为关联准则，导致关联性能不稳定，容易出现偏差。

总的来说，$\lambda=5$ 时，USMA 算法性能最佳，NNDA 算法次之，PDA 算法最差。

为了检验算法的抗干扰能力，下面对比在不同杂波密度下三种算法的性能，并做出分析，测试集数据量为 20 组，杂波参数 $\lambda=10,20$，每种杂波参数对应 10 组数据，每条航迹的运动模型由三种模型任意组合。

图 6.12（a）和图 6.12（b）所示分别为 $\lambda=10$ 时 USMA 算法第 1 次实验和第 4 次实验的关联结果图。$\lambda=10$ 时，USMA 算法的性能没有明显下滑，依然能够较好地关联目标，只是因为杂波增多，虽然出现了一些既与真实点迹区别度不大，又符合容错率要求的目标，使得错误次数增加，但是不会影响整体关联效果。

（a）USMA算法第1次实验的关联结果图

（b）USMA算法第4次实验的关联结果图

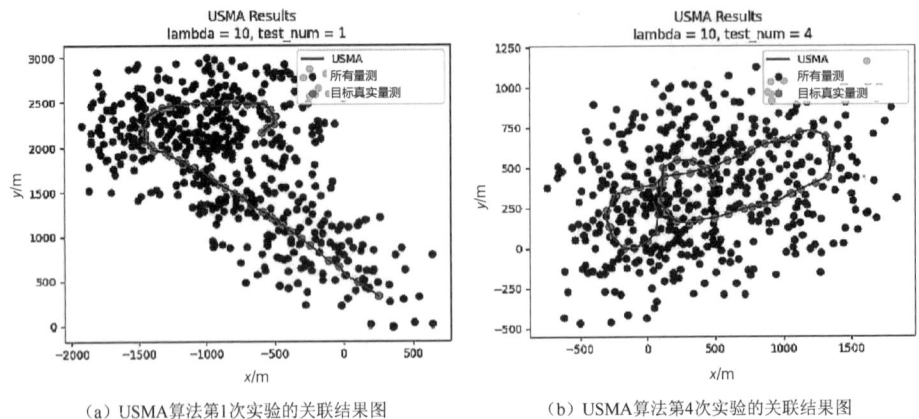

图 6.12　$\lambda=10$ 时 USMA 算法的关联结果图

图 6.13（a）和图 6.13（b）所示分别为 $\lambda=10$ 时 USMA 算法第 1 次实验和第 4 次实验的误选时刻。由图 6.13（a）可知，误选时刻是第 40s，存在 14 个点迹，可以明显看出，无论速度还是运动趋势，只有菱形点迹和六边形点迹最有可能是真实点迹。虽然这两个点迹的空间位置相近，但是相比菱形点迹，基于前 8 个时刻点迹的运动趋势来看，六边形点迹是正确点迹的可能性更大。结合图 6.12（a），选择六边形点迹没有影响到后面的关联过程。由图 6.13（b）可知，误选时刻是第 9s，存在 9 个点迹。与图 6.13（a）相似，图 6.13（b）也只有菱形点迹和六边形点迹有可能是真实点迹。从速度和运动趋势两个角度来看，六边形点迹更有可能是正确点迹。这次错误的关联同样也没有影响后面的关联过程。结合这两个例子来看，随着杂波数量的增多，考虑到量测误差的影响，可能会出现一些比真实点迹更像真实点迹的点迹，关联到这种点迹不会影响到整个关联过程，也不能完全算是关联错误。

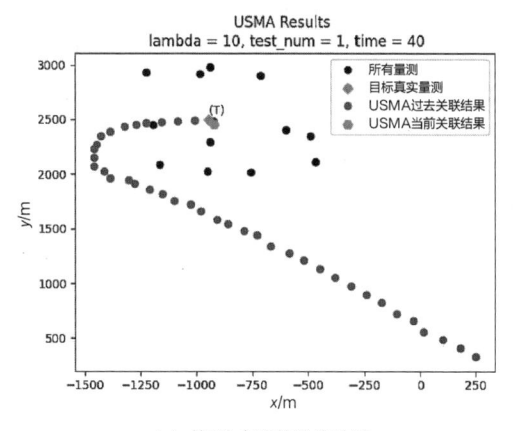

（a）第1次实验的误选时刻

（b）第4次实验的误选时刻

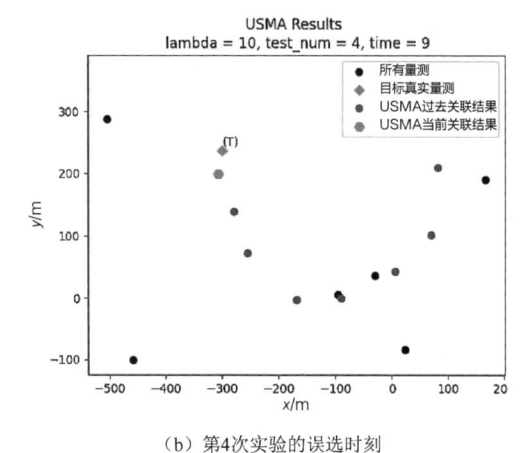

图 6.13 $\lambda=10$ 时 USMA 算法实验的误选时刻

图 6.14 和图 6.15 所示分别为 $\lambda=10$ 时 NNDA 算法和 PDA 算法的关联结果图。

(a) NNDA算法第1次实验的关联结果图　　(b) NNDA算法第4次实验的关联结果图

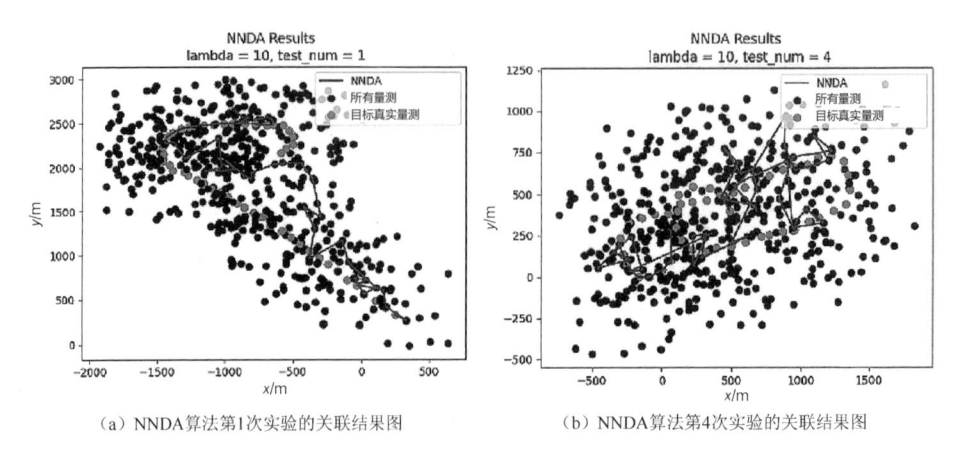

图 6.14　$\lambda=10$ 时 NNDA 算法的关联结果图

(a) PDA算法第1次实验的关联结果图　　(b) PDA算法第4次实验的关联结果图

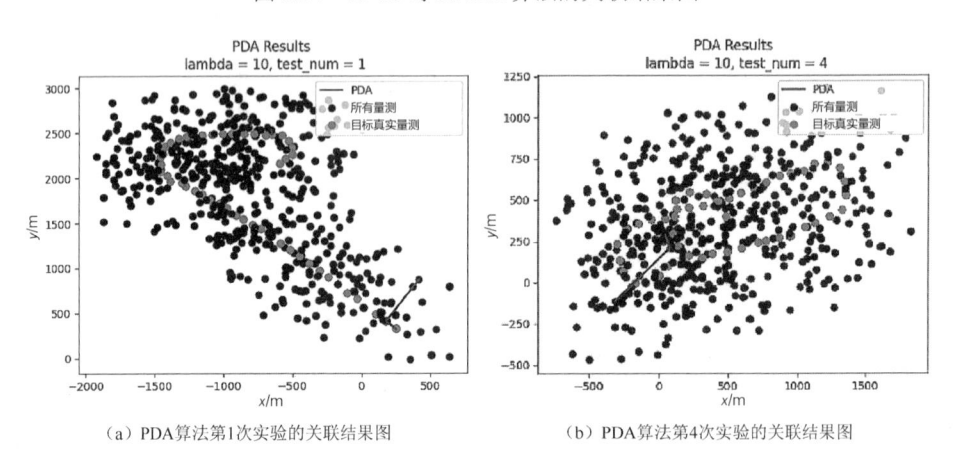

图 6.15　$\lambda=10$ 时 PDA 算法的关联结果图

通过对比可以发现，在相同实验场景中，PDA 算法的性能依然很差；NNDA 算法受杂波影响较大，出现了很多关联错误的现象。

$\lambda=10$ 时三种算法的实验结果如表 6.3 所示。从实验结果可以看出，$\lambda=10$ 时，在系统模型未知的前提下，三种算法的性能虽都有所下降，但 USMA 算法的性能仍然是最好的，基本上能够关联到目标点迹；PDA 算法的性能最差，$\overline{P}$ 只有 13.8%，出现了许多航迹中断的情况，还有许多时间段没有发现目标；NNDA 算法的 $\overline{P}$ 下降程度最大，从实验结果来看，只通过距离来关联点迹是不可靠的。

表 6.3　$\lambda=10$ 时三种算法的实验结果

关联准确率	USMA 算法	NNDA 算法	PDA 算法
第 1 次实验关联准确率	98%	30%	12%
第 2 次实验关联准确率	94%	0%	2%
第 3 次实验关联准确率	98%	32%	4%
第 4 次实验关联准确率	98%	20%	4%
第 5 次实验关联准确率	100%	72%	42%
第 6 次实验关联准确率	96%	54%	8%
第 7 次实验关联准确率	86%	92%	38%
第 8 次实验关联准确率	94%	42%	6%
第 9 次实验关联准确率	92%	36%	8%
第 10 次实验关联准确率	92%	52%	14%
平均关联准确率 $\overline{P}$	94.8%	43%	13.8%

图 6.16 所示为 $\lambda = 20$、实验次数为 4 时 USMA 算法的关联结果图。$\lambda = 20$ 时，USMA 算法受到了一定程度的影响，在关联过程中错误次数明显增加，尤其是接近"结束"时，因为整个过程没有明确的终点，所以智能体只能凭借历史经验选择目标。从实验结果来看，USMA 算法能够确定目标的整体运动趋势，关联准确率比较高。由图 6.16 可知，在接近"结束"时，出现了一整段的关联错误现象。

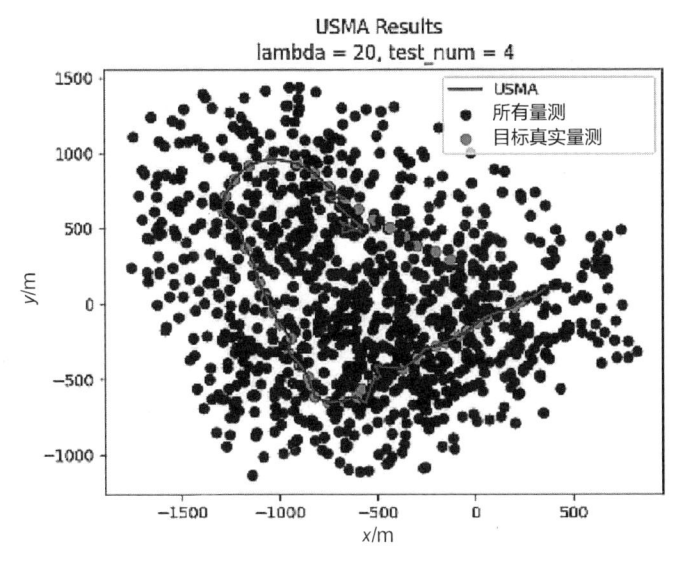

图 6.16　$\lambda=20$、实验次数为 4 时 USMA 算法的关联结果图

图 6.17 所示为 $\lambda = 20$ 时 USMA 算法第 4 次实验的误选时刻，时间区间是第

45~50s。由图 6.17 可知，第 45s 和第 46s 的点迹选择没有问题，无论速度还是运动趋势，六边形点迹都是最佳选择。在第 47s 时，菱形点迹已经超出了速度限制，只能从剩下的点迹中选择最优点迹。也就是从第 47s 开始，关联方向出现了较大偏差，已经不能关联到目标正确点迹，导致整个关联过程后段目标丢失。

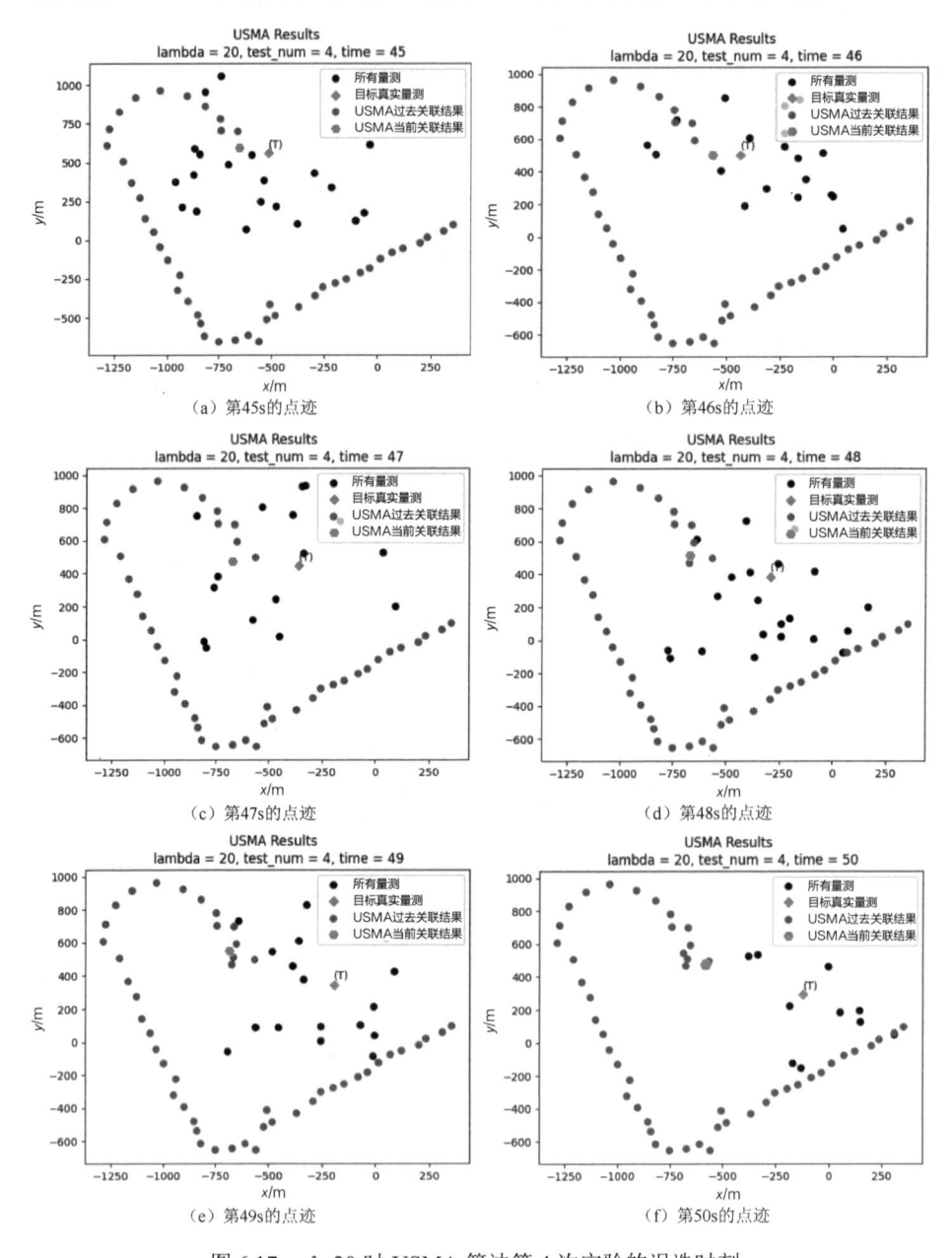

(a) 第45s的点迹

(b) 第46s的点迹

(c) 第47s的点迹

(d) 第48s的点迹

(e) 第49s的点迹

(f) 第50s的点迹

图 6.17　$\lambda=20$ 时 USMA 算法第 4 次实验的误选时刻

这种关联错误过程出现的原因是，在真实量测受误差影响位置发生变化后连续 4 个时间间隔，大量杂波干扰了选择点迹的方向，同时受限于数据关联过程没有明确的终点，使得关联过程出现较大误差。

通常，在真实环境中，杂波大都分布在目标周围，像第 4 次实验这种连续多个时间间隔都受到虚假量测错误引导的现象较少。由于数据关联过程没有明确的终点，所以若杂波分布比较密集，则在接近"结束"时容易出现关联错误现象。

图 6.18 和图 6.19 所示分别为 $\lambda=20$、实验次数为 4 时 NNDA 算法和 PDA 算法的关联结果图。

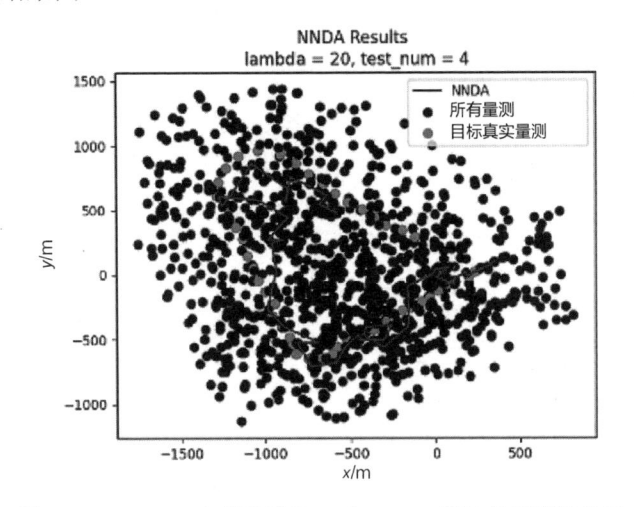

图 6.18 $\lambda=20$、实验次数为 4 时 NNDA 算法的关联结果图

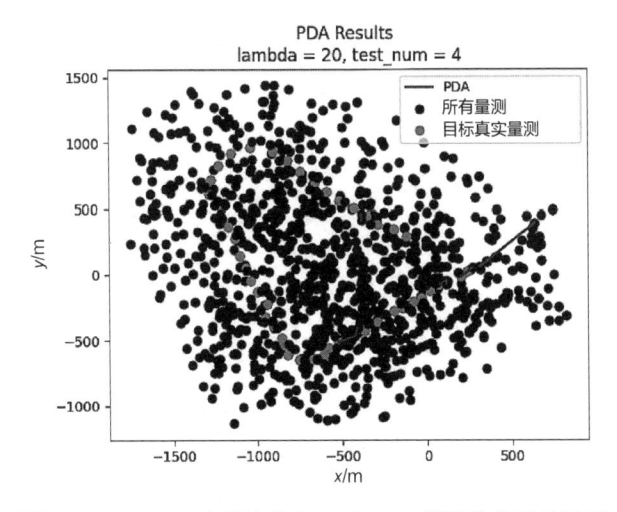

图 6.19 $\lambda=20$、实验次数为 4 时 PDA 算法的关联结果图

通过对比图 6.18 和图 6.19 可知，$\lambda = 20$ 时，在相同的实验场景下，PDA 算法和 NNDA 算法的关联结果都不乐观，关联性能受到了杂波的严重干扰。

$\lambda = 20$ 时三种算法的实验结果如表 6.4 所示。从实验结果可以看出，$\lambda = 20$ 时，USMA 算法的性能远超 NNDA 算法和 PDA 算法，关联准确率依然较高，虽然受密集杂波影响，关联航迹出现了一定偏差，但是依然能够对运动趋势做出比较准确的判断，不会出现全程漏掉目标的情况；NNDA 算法和 PDA 算法的性能依然很差，无法准确关联目标航迹。

表 6.4　λ=20 时三种算法的实验结果

关联准确率	USMA 算法	NNDA 算法	PDA 算法
第 1 次实验关联准确率	88%	26%	14%
第 2 次实验关联准确率	78%	74%	70%
第 3 次实验关联准确率	92%	40%	42%
第 4 次实验关联准确率	82%	10%	12%
第 5 次实验关联准确率	86%	18%	10%
第 6 次实验关联准确率	94%	54%	18%
第 7 次实验关联准确率	90%	88%	22%
第 8 次实验关联准确率	88%	2%	16%
第 9 次实验关联准确率	84%	66%	6%
第 10 次实验关联准确率	86%	42%	14%
平均关联准确率 $\overline{P}$	86.8%	42%	22.4%

综合杂波参数 $\lambda = 5, 10, 20$ 的测试结果，对三种算法的性能进行分析。

USMA 算法：随着杂波密度的增大，关联准确率有所下降。由于在数据关联过程中没有明确的终点，在接近"结束"时容易受虚假量测错误引导。当目标突然进行强机动时，航迹会出现一些偏差。从全局来看，USMA 算法仍然能够对系统策略做出判断，保持较好的关联性能。

① NNDA 算法：随着 λ 的增大，性能下降明显，易受杂波的错误引导，根本无法有效地关联目标点迹。从测试结果来看，只有目标运动趋势变换不明显且杂波密度不大时，关联性能才有保证。

② PDA 算法：非常依赖系统模型，在系统模型未知时，不管杂波密度增大或者减小，都会出现许多航迹中断、丢失目标的现象，算法性能极差，无法实现有效关联。

③ 综上所述，在系统模型未知时，相比 NNDA 算法和 PDA 算法，USMA 算法的性能更好，能够更好地适应环境，具有较高的关联精度。

6.3 基于 LSTM-RL 网络的数据关联网络架构

考虑目标的运动模型是无法预知的，且在关联过程中存在杂波密集、传感器量测误差较大、目标机动性强等问题，采用以训练结果的学习经验进行测试的方式，基于 LSTM-RL 网络建立了一种全新的数据关联网络架构：首先，设计了能够预测量测与不同目标航迹关联概率的策略网络，该网络利用强化学习（RL）技术的动态探索能力和 LSTM 网络的长时记忆功能；然后，利用贝叶斯网络分析当前航迹所应拟合的多项式曲线的阶数，通过最小二乘多项式曲线拟合预测下一时刻点迹的位置，并输入贝叶斯递推函数，得到每个点迹的奖励值；最后，针对目标和量测的特点，提出了可以消除部分杂波影响的自适应环形波门机制和能够自动修正数据关联错误的调整机制。

本节的安排如下：6.3.1 节引入了整体网络架构，介绍了网络的学习方式；6.3.2 节根据目标的运动趋势，定义了状态空间，并设计了初始状态提取机制；6.3.3 节充分考虑量测的分布情况，说明了环形波门筛选过程和动作选择模块；6.3.4 节定义了奖励函数，仔细分析了函数内容；6.3.5 节提出了自适应调整机制，增强了算法的鲁棒性和处理突发情况的能力；6.3.6 节利用大量单目标运动的仿真数据训练网络，测试验证了算法的性能，并做出了相应分析。

6.3.1 网络架构

在数据关联过程中，量测数据是传感器按照一定时序获得的。量测数据既包含目标的真实点迹，也包含因传感器干扰、外界环境等因素产生的杂波。在某一时刻，部分杂波可能与目标生成的点迹混合在一起，准确关联源于目标量测点迹的难度很大。本节设计了基于 LSTM-RL 网络的数据关联网络架构，如图 6.20 所示。在缺少先验信息的真实环境中：首先利用策略网络输出目标与量测的关联概率，选择概率最大的点迹进行关联；然后利用奖励函数计算当前动作的奖励值，作为对策略网络性能的反馈；最后经过学习过程，找到符合目标真实运动的最优策略，实现目标与量测的精准关联。基于 LSTM-RL 网络的数据关联网络架构包含三个核心环节，即智能体设计、动作选择和奖励函数的定义。

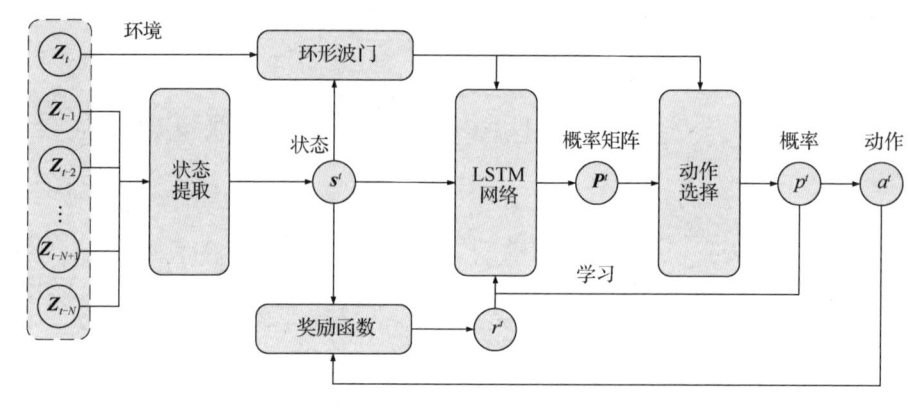

图 6.20 基于 LSTM-RL 网络的数据关联网络架构

6.3.2 智能体设计

1. 智能体定义

物体在运动时都是有惯性的。由于存在惯性，邻近时间同一个目标的运动趋势是相似的。考虑到这种情况，根据运动趋势，可以找到源于目标的真实量测，实现量测与目标的精准关联。

目标的运动趋势不能用单个时刻的点迹表示，而是用连续多个时刻的点迹近似表示。本节设计了一种"滑窗式"状态，即以前 N 个时刻关联的点迹作为状态。N 是"窗口"，N 的大小由传感器的采样间隔决定。通常，采样间隔越大，N 越小，反之亦然。

在图 6.20 中，Z_{t-N} 是 $t-N$ 时刻的量测集合，s^t 是 t 时刻由 $\{Z_{t-1}, Z_{t-2}, \cdots, Z_{t-N}\}$ 中源于目标的点迹组成的状态。

假设 $z_i^{t-N} = \begin{bmatrix} x_i^{t-N} \\ y_i^{t-N} \end{bmatrix}$ 是 Z_{t-N} 中的第 i 个点迹，x_i^{t-N} 和 y_i^{t-N} 分别是笛卡儿坐标系中 x 轴和 y 轴的位置。如果 s^t 由 $\{z_i^{t-1}, z_i^{t-2}, \cdots, z_i^{t-N}\}$ 组成，则

$$s^t = \begin{bmatrix} X^t \\ Y^t \end{bmatrix} = \begin{bmatrix} x_i^{t-1}, x_i^{t-2}, \cdots, x_i^{t-N} \\ y_i^{t-1}, y_i^{t-2}, \cdots, y_i^{t-N} \end{bmatrix} \tag{6.15}$$

2. 初始状态提取机制

根据状态的设计方式，每个状态都是由前 N 个时刻关联的点迹组成的。在整个关联过程的开始时刻，智能体的初始状态需要从前 N 个时刻的量测数据中获取。本节设计了智能体的初始状态提取机制。由于杂波是随机分布的，连续 N 个时刻的杂波很难被关联成一条完整的航迹，所以该机制定义发现智能

体的必要条件是连续 N 个时刻都存在源于目标的点迹。该机制的流程如下。

采用穷举的方式遍历 N 个时刻的量测数据，找到所有可能存在的智能体。每个智能体在相邻时刻的点迹必须符合速度门限，如式（6.16）所示，其中 T_{sample} 是传感器的采样间隔；z_i 是量测数据；$v_{\max}$ 是目标运动的最大速度；$v_{\min}$ 是目标运动的最小速度。

$$v_{\min} \leqslant \frac{\left\|\overline{z_i^{t-N} z_i^{t-N+1}}\right\|}{T_{\text{sample}}} \leqslant v_{\max} \tag{6.16}$$

根据余弦定理公式可以计算连续三个时刻航迹的运动趋势因子，即

$$f_i^{t-N+1} = \frac{\overline{z_i^{t-N} z_i^{t-N+1}} \cdot \overline{z_i^{t-N+1} z_i^{t-N+2}}}{\left\|\overline{z_i^{t-N} z_i^{t-N+1}}\right\| \left\|\overline{z_i^{t-N+1} z_i^{t-N+2}}\right\|}, \; f_i^{t-N+1} \in [-1,1] \tag{6.17}$$

根据式（6.17）可计算出一个智能体在连续 N 个时刻的运动趋势因子 $f = \{f_i^{t-2}, f_i^{t-3}, \cdots, f_i^{t-N+1}\}$，进而得到所有智能体的运动趋势。

考虑到方差具有量化数据稳定能力的特性，因此可使用方差计算所有航迹的运动趋势。对于一段航迹而言，运动趋势越稳定，数据波动越小，方差越小，可靠性越高，求得 f 的方差为

$$\text{Variance} = \text{var}(f) \tag{6.18}$$

最后智能体的状态由方差最小的目标点迹构成。

6.3.3 动作选择

在数据关联过程中，智能体需要从下一时刻的量测数据中选择最有可能源于目标的量测点迹。智能体的动作就是这种量测点迹，动作空间由所有可选择的量测点迹组成。本网络架构中的策略网络部分使用了 LSTM 网络[11]，网络的输入层是当前时刻的状态和下一时刻的一个点迹。状态与点迹的关联概率是策略网络的输出。考虑到关联概率的值域范围是[0, 1]，所以需要加一个 Sigmoid 层在策略网络的输出层后面。网络的损失函数是交叉熵损失函数，优化器采用学习率为 0.01 的 Adam 优化算法。

由于杂波是随机分布的，可能存在一些杂波与已知目标的空间距离远超智能体在单个采样间隔的运动极限，因此本节设计了环形波门筛选过程。针对训练过程和测试过程的动作选择（Selection Action）模块，分别设置了 Random Choice 函数和 Argmax Choice 函数。

1. 环形波门筛选过程

源于目标的点迹由目标生成，必然符合目标的运动规则，由目标运动的

最大速度 $v_{\max}$ 和最小速度 $v_{\min}$ 可以确定点迹的环形分布区域，找到所有可能是目标生成的点迹。源于目标的点迹会受到传感器量测误差 σ_v 的影响，速度要随着量测误差的变化而变化，令

$$v_{\max} = v_{\max} + \frac{\sigma_v^2}{T_{\text{sample}}} \tag{6.19}$$

$$v_{\min} = v_{\min} - \frac{\sigma_v^2}{T_{\text{sample}}} \tag{6.20}$$

如图 6.21 所示，在探测区域有一个目标在运动，此刻传感器探测到了 9 个点迹。由图 6.21 可知，源于目标的点迹可能有 4 个，即 z_1、z_2、z_3 和 z_4。

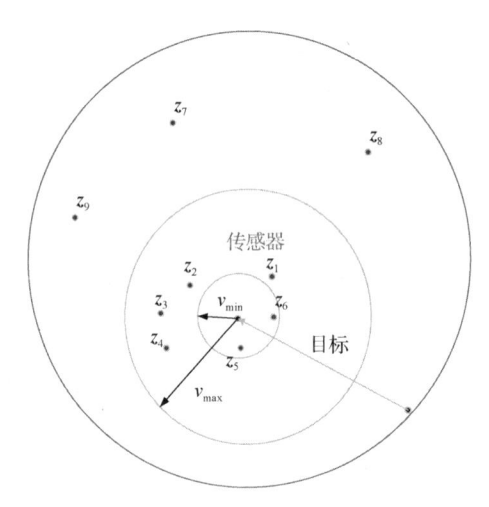

图 6.21 环形波门筛选过程

环形波门筛选过程利用目标和传感器的基本信息，将量测数据中的部分杂波剔除，不仅增加了选中源于目标点迹的可能性，还节省了策略网络的计算资源。

2. 动作选择模块

将状态和量测集合输入 LSTM 网络后，可以得到状态与每个点迹的关联概率。假设 t 时刻智能体的状态是 s^t，经过环形波门筛选后的量测集合是 $\{z_1^t, z_2^t, \cdots, z_m^t\}$，则 LSTM 网络输出的概率矩阵是 $\boldsymbol{P}^t = \left[p_1^t, p_2^t, \cdots, p_m^t \right]$。

本节设计的学习网络分为训练过程和测试过程。在训练过程中，智能体能够经过一次又一次的试错，尝试学习最符合目标运动趋势的最优策略。这个过程的动作选择模块采用 Random Choice 函数，表示智能体从 $\boldsymbol{P}^t$ 中随机选择一个点迹进行训练。在测试过程中，智能体能够基于已学习的经验进行点迹关

联。这个过程的动作选择模块采用 Argmax Choice 函数，表示智能体从 P^t 中选择概率值最大的点迹进行关联。

6.3.4 奖励函数的定义

本节定义了一个奖励函数，用于计算当前状态所选动作的真实评分。该函数的核心思想是在当前时刻的状态下，先基于贝叶斯网络预测最小二乘法的阶数，再利用最小二乘多项式曲线拟合预测下一时刻目标的位置，最后按照贝叶斯递推函数计算所选动作的奖励值。

目标的运动方式包含 CV、CT、CA 等多种运动模型。当目标在真实环境中运动时，整个过程可能存在多种运动模型，只用固定阶数的多项式难以准确描述目标的运动趋势。同样采用"滑窗式"方法，利用当前时刻状态估计，估计滑窗时间内目标运动多项式曲线的阶数。参考文献[29]中的贝叶斯网络模型，本节设计了一种 M 分类贝叶斯网络。M 表示所拟合的多项式曲线的阶数分为 M 类。如果 M 太小，则无法拟合所有可能出现的目标运动趋势。如果 M 太大，则容错率太低，拟合结果可能存在较大偏差。网络的输入是当前时刻的状态，输出是每一类阶数的概率。选择概率最大的阶数作为最小二乘法的阶数。

根据所估计的阶数 g，利用滑窗内目标状态数据，通过最小二乘多项式曲线[5]拟合预测下一时刻目标的位置，即拟合位置 $\widetilde{s^t} = \begin{bmatrix} \widetilde{X^t} \\ \widetilde{Y^t} \end{bmatrix}$ 和预测位置 $\widetilde{z^t} = \begin{bmatrix} \widetilde{x^t} \\ \widetilde{y^t} \end{bmatrix}$ 分别为

$$\widetilde{X^t} = M_t W_x \tag{6.21}$$

$$\widetilde{Y^t} = M_t W_y \tag{6.22}$$

$$\widetilde{x^t} = M_{t+1} W_x \tag{6.23}$$

$$\widetilde{y^t} = M_{t+1} W_y \tag{6.24}$$

其中，W_x 和 W_y 是拟合系数矩阵，即

$$W_x = (M_t^T M_t)^{-1} M_t^T X^t \tag{6.25}$$

$$W_y = (M_t^T M_t)^{-1} M_t^T Y^t \tag{6.26}$$

M_t 是 t 时刻的拟合信息，即

$$M_t = [T_t^0, T_t^1, \cdots, T_t^g] \tag{6.27}$$

$$T_t^g = \left[(t-1)^g, (t-2)^g, \cdots, (t-N)^g \right] \tag{6.28}$$

文献[7]中的贝叶斯递推函数将奖励函数 r^t 定义为

$$r^t = \frac{P_D r^{t-1} q^t(z_i^t)}{K_t(\mathbf{Z}_t) + P_D r^{t-1} q^t(z_i^t)} \quad (6.29)$$

$$q^t(z_i^t) = N(z_i^t; \widetilde{z^t}, \mathbf{S}^t) \quad (6.30)$$

$$\mathbf{S}^t = \text{cov}(z_i^t, \widetilde{z^t}) + \mathbf{R} \quad (6.31)$$

其中，z_i^t 表示 t 时刻从量测数据 $\mathbf{Z}_t$ 中选择的第 i 个点迹；$K_t(\mathbf{Z}_t)$ 表示 t 时刻的杂波强度，即 $K_t(\mathbf{Z}_t) = \dfrac{\text{num}_{\mathbf{Z}_t}}{\text{TS}}$，$\text{num}_{\mathbf{Z}_t}$ 是量测数据 $\mathbf{Z}_t$ 的点迹数量，TS 是传感器探测区域的面积；$\mathbf{R}$ 是量测协方差矩阵，即传感器的探测误差。

6.3.5 自适应调整机制

在真实环境中，目标的运动方式有很多，需要学习的策略也有很多，不可能将所有的策略都训练学习。当测试一种新策略时，仍然需要适应环境，很难直接选出源于目标的点迹。本节设计了一种边测试边自动调整运动趋势的机制，能够改进强化学习可迁移能力弱的缺点，如图 6.22 所示。

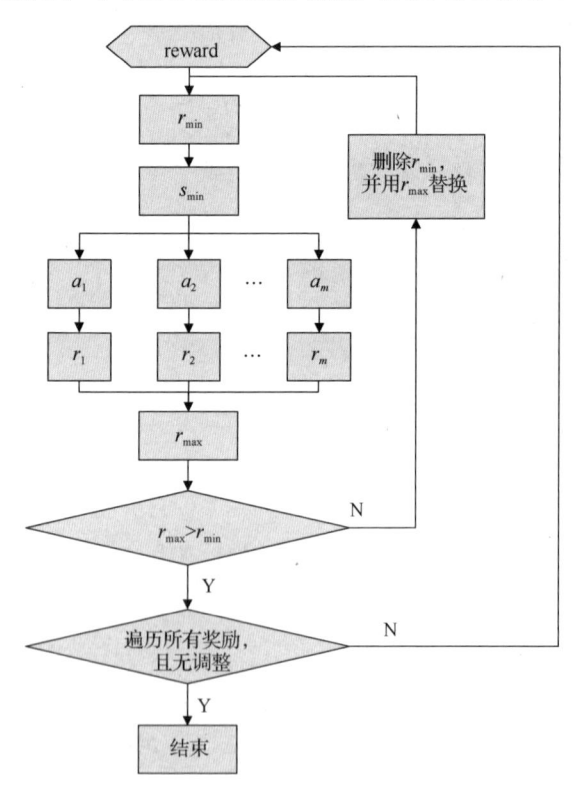

图 6.22 自适应调整机制

该机制的触发条件是，当整个测试过程结束时，如果下一时刻仍然有量测数据出现，则说明某一时刻的状态与数据关联错误，需要找到选择错误的动作进行改正。这一过程可分 4 步进行。

① 从奖励值集合 reward 中找到最小奖励值 $r_{\min}$ 和对应状态 $s_{\min}$。

② 按式（6.29）计算每个有效动作 a_i（$i=1,2,\cdots,m$）的奖励值 r_i。

③ 判断：如果最大奖励值 $r_{\max} > r_{\min}$，则选择该动作继续测试；反之，从 reward 中删除 $r_{\min}$ 继续计算。

④ 遍历 reward 中所有奖励值，如果都不需要调整，则认为已关联航迹没有问题，测试结束。

在目标数据关联测试过程中，自适应调整机制既能够自动调整航迹，使关联结果更加准确，也可以省去重新适应环境的过程，使算法更加实用。

6.3.6 仿真实验与结果分析

1. 仿真环境设置

假设某个雷达系统的采样周期为 $T_{\text{sample}} = 1\text{s}$，检测概率为 $P_{\text{D}} = 1$，探测区域是边长为 3000m 的正方形，滑动时间窗口大小 $N=5$，目标初始速度满足随机分布(30m/s,100m/s)，最大速度为 $v_{\max} = 150\text{m/s}$，最小速度为 $v_{\min} = 10\text{m/s}$，杂波服从均值为 λ 的泊松分布。CA 模型的加速度满足随机分布(-10m/s²,10m/s²)，CT 模型的转弯角加速度满足随机分布(0（°）/s², 0.8（°）/s²)。

目标的动态变化过程满足状态转移方程，即

$$X_k = FX_{k-1} + \Gamma v_{k-1} \tag{6.32}$$

其中，F 是状态转移矩阵；Γ 是过程噪声分布矩阵；v_{k-1} 是协方差矩阵为 $Q_{k-1} = \text{diag}\left(\begin{bmatrix}5^2, 5^2\end{bmatrix}\right)$ 的加性白噪声。对应 CT 模型、CA 模型和 CV 模型，F 和 Γ 的表现形式为

$$F_{\text{CT}} = \begin{bmatrix} 1 & \dfrac{\sin\omega T}{\omega} & 0 & \dfrac{\cos\omega T - 1}{\omega} \\ 0 & \cos\omega T & 0 & -\sin\omega T \\ 0 & \dfrac{1-\cos\omega T}{\omega} & 1 & \dfrac{\sin\omega T}{\omega} \\ 0 & \sin\omega T & 0 & \cos\omega T \end{bmatrix}, \quad \Gamma_{\text{CT}} = \begin{bmatrix} \dfrac{T^2}{2} & 0 \\ T & 0 \\ 0 & \dfrac{T^2}{2} \\ 0 & T \end{bmatrix}$$

$$F_{CA} = \begin{bmatrix} 1 & T & \dfrac{T^2}{2} & 0 & 0 & 0 \\ 0 & 1 & T & 0 & 0 & 0 \\ 0 & 0 & 1 & 0 & 0 & 0 \\ 0 & 0 & 0 & 1 & T & \dfrac{T^2}{2} \\ 0 & 0 & 0 & 0 & 1 & T \\ 0 & 0 & 0 & 0 & 0 & 1 \end{bmatrix}, \quad \varGamma_{CA} = \begin{bmatrix} \dfrac{T^2}{2} & 0 \\ T & 0 \\ 1 & 0 \\ 0 & \dfrac{T^2}{2} \\ 0 & T \\ 0 & 1 \end{bmatrix}$$

$$F_{CV} = \begin{bmatrix} 1 & T & 0 & 0 \\ 0 & 1 & 0 & 0 \\ 0 & 0 & 1 & T \\ 0 & 0 & 0 & 1 \end{bmatrix}, \quad \varGamma_{CV} = \begin{bmatrix} \dfrac{T^2}{2} & 0 \\ T & 0 \\ 0 & \dfrac{T^2}{2} \\ 0 & T \end{bmatrix}$$

其中，T 是采样时间间隔；ω 是 CT 模型设定的转弯率。

传感器提供的量测数据满足

$$Z_k = HX_k + W_k \tag{6.33}$$

其中，H 是量测矩阵；W_k 是协方差矩阵为 $R_k = \mathrm{diag}\left(\begin{bmatrix} \sigma_v^2 & \sigma_v^2 \end{bmatrix}\right)$ 的高斯白噪声，传感器的性能决定了量测误差 σ_v 的大小。对应 CT 模型、CA 模型和 CV 模型，H 的表现形式为

$$H_{CT} = \begin{bmatrix} 1 & 0 & 0 & 0 \\ 0 & 0 & 1 & 0 \end{bmatrix}$$

$$H_{CA} = \begin{bmatrix} 1 & 0 & 0 & 0 & 0 & 0 \\ 0 & 0 & 0 & 1 & 0 & 0 \end{bmatrix}$$

$$H_{CV} = \begin{bmatrix} 1 & 0 & 0 & 0 \\ 0 & 0 & 1 & 0 \end{bmatrix}$$

2. 结果分析

目标数据关联的实验分为训练阶段和测试阶段。训练阶段目标的运动时间是 30s。训练集数据量为 5 组，按量测误差 $\sigma_v = 0,10,20,30,40$ 等分，每组有 10000 个数据，杂波参数 λ 满足随机均匀分布(0,100)，每条航迹的运动模型由三种模型任意组合。测试阶段目标的运动时间是 50s，根据量测误差 $\sigma_v = 0,10,20,30,40$ 和杂波参数 $\lambda = 0,10,20,\cdots,90,100$，测试数据分为 55 组，每组有 100 个数据，蒙特卡罗仿真实验次数为 100。设置真实航迹的运动模型由 5 种模型组合而成，包括 CV 模型、CA 模型、CT1 模型、CT2 模型和 CT3 模型。

图 6.23 所示为真实航迹图，图中曲线是目标的真实运动航迹，"Start"是起始位置，"End"是结束位置。每组数据各不相同，如图 6.24 所示，以 $\sigma_v=20$，$\lambda=30$ 和 $\sigma_v=40$，$\lambda=100$ 两种情况为例说明环境中量测分布情况。在量测图中，黑色点迹是所有量测点迹，Target 是源于目标的真实量测。CV 模型和 CA 模型的状态转移矩阵和过程噪声分布矩阵不变，即 $\boldsymbol{F}_{CV}$、$\boldsymbol{\varGamma}_{CV}$、$\boldsymbol{F}_{CA}$ 和 $\boldsymbol{\varGamma}_{CA}$ 不变。CT 模型的 $\boldsymbol{F}_{CT}$ 和 $\boldsymbol{\varGamma}_{CT}$ 也基本不变，只有 $\boldsymbol{F}_{CT}$ 中的 ω 发生变化，对应关系为：

CT1 模型，$\omega_1=0.3$；

CT2 模型，$\omega_2=-0.3$；

CT3 模型，$\omega_3=0.5$。

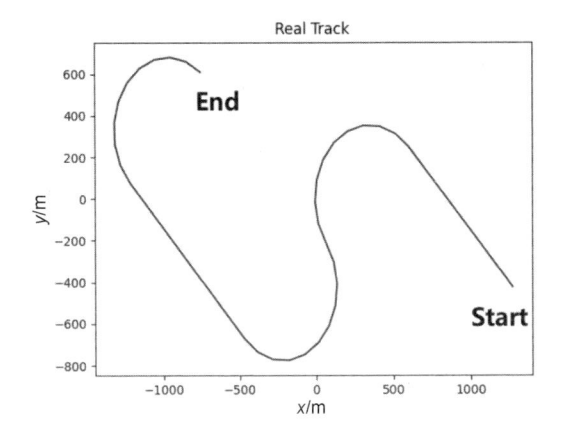

图 6.23 真实航迹图

(a) $\sigma_v=20$，$\lambda=30$

(b) $\sigma_v=40$，$\lambda=100$

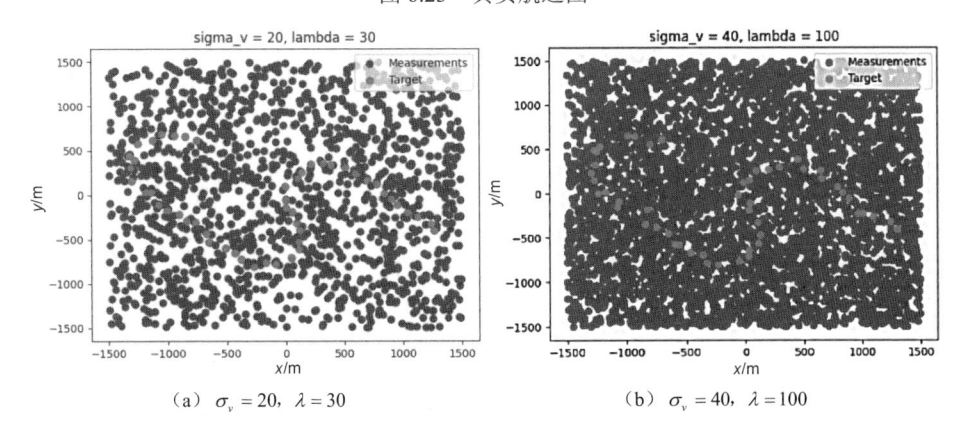

图 6.24 量测图

本节提出的算法简称为 RLDA。在 RLDA 算法的关联结果图中，灰色点迹是源于目标的真实量测，曲线是关联航迹。

经过仿真实验发现，随着 σ_v 和 λ 的增大，出现了许多关联错误的现象，使得 RLDA 算法的关联准确率下降。通过总结分析，将这些现象大致分为三类。第一类是关联过程中虽偶尔出现单个"错选"时刻，但这种"错选"并不会影响后续关联过程。例如，在 $\sigma_v = 0$，$\lambda = 100$ 和 $\sigma_v = 30$，$\lambda = 70$ 时都出现了这类现象，从图 6.25 和图 6.26 中可以看出，智能体并没有因为当前时刻的错选而影响到后续的动作选择，也不会触发自适应调整机制，智能体很难及时发现和改正错误。从全局来看，这类现象的影响很小，不会影响整个关联过程。

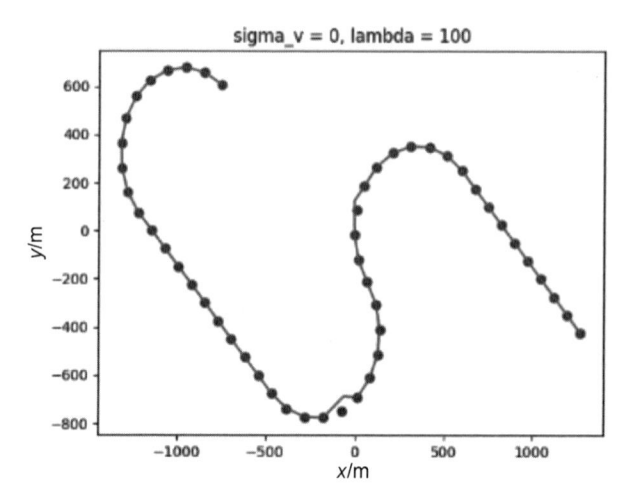

图 6.25　$\sigma_v = 0$，$\lambda = 100$ 时 RLDA 算法的关联结果图

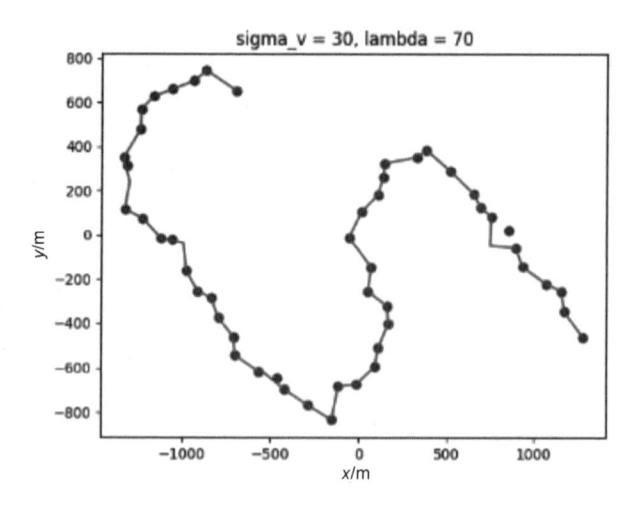

图 6.26　$\sigma_v = 30$，$\lambda = 70$ 时 RLDA 算法的关联结果图

第二类是关联过程某一段时间出现连续关联错误的现象。出现这类现象的原因与σ_v息息相关,特别是在$\sigma_v=40$时,出现的频率很高。以$\sigma_v=40$,$\lambda=100$时 RLDA 算法的关联结果图(见图 6.27)为例,深入分析出现这类现象的原因。

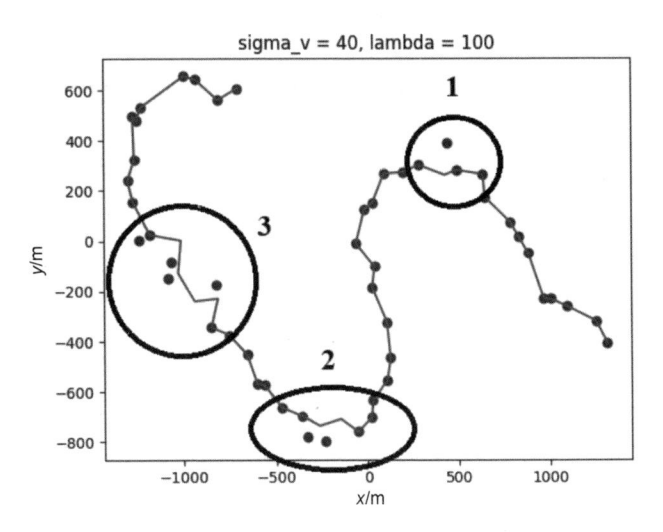

图 6.27 $\sigma_v=40$,$\lambda=100$时 RLDA 算法的关联结果图

由图 6.27 可知,总共出现了三段关联错误的航迹,即标记"1"、标记"2"和标记"3"。标记"1"明显符合第一类现象,从关联结果来看,与源于目标的真实点迹相比,关联点迹更符合目标运动趋势,智能体的选择也更恰当。标记"2"和标记"3"都符合第二类现象。受密集杂波和较大传感器探测误差的影响,这两处标记都出现了明显的关联错误现象。因为关联过程并没有中断,也没有触发自适应调整机制,智能体无法及时发现错误并做出调整。从图 6.27 中可以看到,这类现象不会影响后续的关联过程,对整个关联过程的影响不大。

第三类是关联过程即将结束时出现关联错误的现象,如图 6.28 所示。这类现象出现的原因是当目标进行强机动时,受σ_v和λ的影响,智能体很难准确关联到源于目标的点迹,容易关联错误,同时因为关联过程即将结束,所以不能通过自适应调整机制修正智能体的选择,从而无法避免这类现象。

综上所述,随着σ_v和λ的增大,RLDA 算法的性能会下降,可能会出现关联错误的现象。关联结果表明,这些现象不会影响到整个关联过程,算法的整体性能只轻微下滑,关联结果的准确率仍然满足需求,说明 RLDA 算法能够在没有任何不切实际的前提条件下有效处理强机动目标的关联问题,符合解决实际问题的要求。

sigma_v = 20, lambda = 60

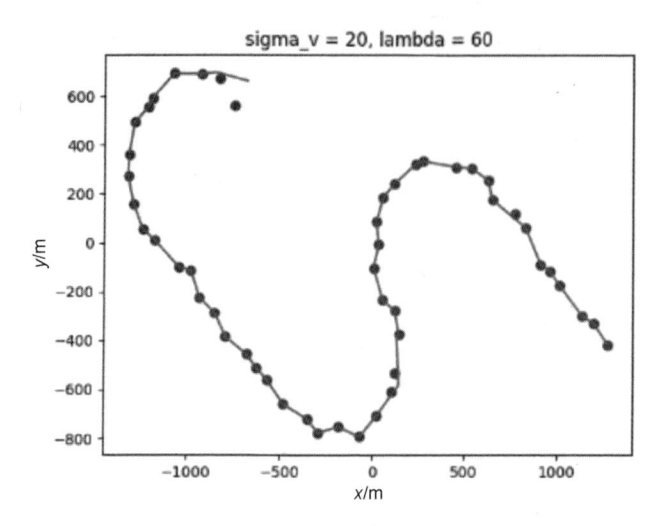

图 6.28　$\sigma_v = 20$，$\lambda = 60$ 时 RLDA 算法的关联结果图

本节选择 NNDA 算法、PDA 算法和 6.2 节提出的 USMA 算法进行对比。由于仿真环境中的目标都是强机动运动的，所以需要在 NNDA 算法和 PDA 算法的基础上加入 IMM，即 IMM-NNDA 算法和 IMM-PDA 算法，以下分别简称为 NNDA 算法和 PDA 算法。对于这两种算法本身的缺陷，假定目标的初始位置和运动模型已知。USMA 算法的环境设置与 RLDA 算法相同。

测试结束后，将测试结果与源于目标的真实点迹进行对比，可计算出关联准确率，即 $P = \dfrac{N_{\text{correct}}}{N_{\text{all}}}$，$N_{\text{correct}}$ 表示关联正确的点迹数量，N_{all} 表示源于目标的真实点迹数量，这里 $N_{\text{all}} = 50$。对于每组数据，可求出平均关联准确率 $\overline{P} = \dfrac{1}{N_{\text{data}}} \sum_{i=1}^{N_{\text{data}}} P_i$，$N_{\text{data}}$ 表示每组数据的数据量，这里 $N_{\text{data}} = 100$。4 种算法的性能对比结果如表 6.5～表 6.9 所示。

表 6.5　$\sigma_v = 0$ 时 4 种算法的性能对比结果

λ	$\overline{P}$			
	NNDA	PDA	USMA	RLDA
0	1.000	0.731	1.000	1.000
10	0.945	0.684	0.988	1.000
20	0.831	0.639	0.960	1.000
30	0.650	0.608	0.943	1.000
40	0.424	0.555	0.928	0.996
50	0.213	0.521	0.901	0.992

续表

λ	$\bar{P}$			
	NNDA	PDA	USMA	RLDA
60	0.204	0.477	0.887	0.982
70	0.189	0.449	0.871	0.970
80	0.114	0.407	0.852	0.964
90	0.088	0.395	0.828	0.962
100	0.058	0.358	0.801	0.951

表 6.6 $\sigma_v = 10$ 时 4 种算法的性能对比结果

λ	$\bar{P}$			
	NNDA	PDA	USMA	RLDA
0	1.000	0.561	1.000	1.000
10	0.944	0.548	0.973	1.000
20	0.742	0.530	0.957	1.000
30	0.577	0.509	0.928	0.993
40	0.383	0.480	0.902	0.987
50	0.284	0.462	0.874	0.982
60	0.230	0.440	0.853	0.972
70	0.179	0.436	0.824	0.964
80	0.112	0.413	0.797	0.950
90	0.095	0.408	0.764	0.946
100	0.095	0.386	0.718	0.932

表 6.7 $\sigma_v = 20$ 时 4 种算法的性能对比结果

λ	$\bar{P}$			
	NNDA	PDA	USMA	RLDA
0	1.000	0.500	1.000	1.000
10	0.942	0.490	0.953	1.000
20	0.821	0.464	0.932	1.000
30	0.552	0.446	0.907	0.996
40	0.381	0.444	0.871	0.988
50	0.219	0.413	0.830	0.970
60	0.198	0.432	0.806	0.962
70	0.157	0.372	0.771	0.956
80	0.081	0.401	0.738	0.951
90	0.054	0.375	0.699	0.938
100	0.088	0.371	0.665	0.919

表 6.8　$\sigma_v = 30$ 时 4 种算法的性能对比结果

λ	$\overline{P}$			
	NNDA	PDA	USMA	RLDA
0	1.000	0.334	1.000	1.000
10	0.927	0.329	0.924	0.996
20	0.705	0.315	0.899	0.984
30	0.564	0.331	0.867	0.975
40	0.354	0.309	0.840	0.960
50	0.208	0.298	0.813	0.954
60	0.182	0.298	0.788	0.947
70	0.145	0.298	0.751	0.929
80	0.099	0.292	0.711	0.912
90	0.049	0.289	0.670	0.902
100	0.060	0.297	0.633	0.898

表 6.9　$\sigma_v = 40$ 时 4 种算法的性能对比结果

λ	$\overline{P}$			
	NNDA	PDA	USMA	RLDA
0	1.000	0.220	1.000	1.000
10	0.930	0.183	0.891	0.990
20	0.733	0.207	0.864	0.987
30	0.440	0.218	0.828	0.969
40	0.314	0.170	0.790	0.955
50	0.179	0.194	0.757	0.947
60	0.158	0.191	0.712	0.935
70	0.119	0.188	0.676	0.923
80	0.093	0.167	0.644	0.909
90	0.056	0.159	0.608	0.897
100	0.044	0.145	0.537	0.862

实验结果表明，从整体趋势来看，RLDA 算法的 $\overline{P}$ 与 σ_v 和 λ 成反比。仔细观察数据的变化可以发现，随着 σ_v 的增大，λ 对 $\overline{P}$ 的影响也变大。当 $\sigma_v = 0,10,20,30,40$ 时，在 λ 从 0 增大到 100 的过程中，$\overline{P}$ 分别下降了 0.049、0.068、0.081、0.102 和 0.138。即便如此，$\overline{P}$ 仍然保持在 0.860 以上，具有较好的关联性能。

根据 NNDA 算法的关联机制，该算法直接选择距离目标位置预测值最小的点迹进行关联。正如以上结果，该算法受杂波影响很大，在 λ 从 0 增大到 100 的过程中，$\overline{P}$ 下降了 0.90 以上。与 λ 相比，该算法受 σ_v 的影响微乎其微。

由表 6.5～表 6.9 可知，随着 σ_v 和 λ 的增大，PDA 算法的性能逐渐下降，$\overline{P}$ 下降了 0.6 左右。

USMA 算法与 RLDA 算法相似，都摆脱了传统关联算法的局限性，直接在真实环境中关联源于目标的点迹。USMA 算法没有考虑 σ_v 的影响，正如表 6.5～表 6.9 所示，当 $\sigma_v = 0,10,20,30,40$ 时，在 λ 从 0 增大到 100 的过程中，$\overline{P}$ 分别下降了 0.199、0.282、0.335、0.367 和 0.463，$\overline{P}$ 只能保持在 0.5 以上，关联性能一般。

综上所述，RLDA 算法的关联性能最好，USMA 算法的关联性能次之，PDA 算法和 NNDA 算法的关联性能最差。实现 PDA 算法和 NNDA 算法的前提条件太多，这些前提条件大都是无法提前预知的，如目标运动模型、目标数量等。而 USMA 算法考虑得不够全面，面对复杂的真实环境时，性能不稳定。

6.4　小结

针对真实场景下数据关联过程中可能出现的问题，本章结合传统数据关联理论知识，以强化学习框架为基础，设计了两种数据关联网络架构，即 USMA 网络架构和 RLDA 网络架构，仿真结果表明：①USMA 网络架构以知识迁移的方式简化学习过程，利用神经网络实现数据的快速处理，能够从真实环境中学习目标运动趋势，最终准确关联到目标的点迹和航迹；②RLDA 网络架构通过贝叶斯网络和最小二乘多项式曲线拟合预测目标位置，利用贝叶斯递推函数计算奖励值，从而同时具备强化学习技术的动态探索能力和 LSTM 网络的长时记忆功能，能够输出智能体与所选点迹的关联概率，实现目标点迹与航迹的准确关联。

参考文献

[1] BAR-SHALOM Y, FORTMANN T E. Tracking and data association[M]. San Diego: Academic Press, 1998.

[2] STONE L D, BARLOW C A, CORWIN T L. Bayesian multiple target tracking[M]. Norwood, MA: Artech House, 1999.

[3] KAMAL A T, BAPPY J H, FARRELL J A, et al. Distributed multi-target tracking and data association in vision networks[J]. IEEE Transactions on Pattern Analysis and Machine Intelligence, 2016, 38(7): 1397-1410.

[4] FAISAL S, TUTZ G. Multiple imputation using nearest neighbor methods[J]. Information Sciences, 2021, 570(2): 500-516.

[5] WANG C, WANG H, XIONG W, et al. Data association algorithm based on least square fitting[J]. Acta Aeronautica Et Astronautica Sinica, 2016, 37(5): 1603-1613.

[6] LI Q, SONG L, ZHANG Y. Multiple extended target tracking by truncated JPDA in a clutter environment[J]. IET Signal Processing, 2021, 15(7): 238-250.

[7] QIN Z, LIANG Y, LI K, et al. Measurement-driven sequential random sample consensus GM-PHD filter for ballistic target tracking[J]. Mechanical Systems and Signal Processing, 2021, 155(4): 1-21.

[8] STREIT R, ANGLE R B, EFE M. Analytic combinatorics for multiple object tracking[M]. Cham: Springer, 2021.

[9] LIU J, WANG Z, XU M. DeepMTT: a deep learning maneuvering target-tracking algorithm based on bidirectional LSTM network[J]. Information Fusion, 2020, 53: 289-304.

[10] LIU H, ZHANG H, MERTZ C. DeepDA: LSTM-based deep data association network for multi-targets tracking in clutter[C]//2019 22nd International Conference on Information Fusion, 2019: 1-8.

[11] JITHESH V, SAGAYARAJ M J, SRINIVASA K G. LSTM recurrent neural networks for high resolution range profile-based radar target classification[C]//2017 3rd International Conference on Computational Intelligence & Communication Technology (CICT), 2017: 1-6.

[12] CUI Y, YOU H, TANG T, et al. A new target tracking filter based on deep learning[J]. Chinese Journal of Aeronautics, 2022, 35(5): 11-24.

[13] HUO W, OU J, LI T. Multi-target tracking algorithm based on deep learning[J]. Journal of Physics Conference Series, 2021, 1948(1): 1-6.

[14] 周志华. 机器学习[M]. 北京：清华大学出版社，2016.

[15] ZHANG X, LI P, ZHU Y, et al. Coherent beam combination based on Q-Learning algorithm[J]. Optics Communications, 2021, 490(1): 126930.

[16] LI H, ZHANG X, BAI J, et al. Quadric lyapunov algorithm for stochastic networks optimization with Q-Learning perspective[J]. Journal of Physics: Conference Series, 2021, 1885(4): 1-6.

[17] ZHANG Y, MA R, ZHAO D, et al. A novel energy management strategy based on dual reward function Q-Learning for fuel cell hybrid electric vehicle[J]. IEEE Transactions on Industrial Electronics, 2022, 69(2): 1537-1547.

[18] ZHANG Q, LIN M, YANG L T, et al. Energy- efficient scheduling for real-time systems based

on deep Q-Learning model[J]. IEEE Transactions on Sustainable Computing, 2017, 4(1): 132-141.

[19] VOLODYMYR M, KORAY K, DAVID S, et al. Human-level control through deep reinforcement learning[J]. Nature, 2015, 518(7540): 529-533.

[20] LI H, WANG Z, WANG J, et al. Deep reinforcement learning based conflict detection and resolution in air traffic control[J]. IET Intelligent Transport Systems, 2019, 13(6): 1041-1047.

[21] TIRINZONI A, SESSA A, PIROTTA M, et al. Importance weighted transfer of samples in reinforcement learning[C]//Proceedings of the 35th International Conference on Machine Learning, 2018: 4936-4945.

[22] GAMRIAN S, GOLDBERG Y. Transfer learning for related reinforcement learning tasks via image-to-image translation[C]//Proceedings of the 36th International Conference on Machine Learning, 2019: 2063-2072.

[23] KHAN A, JIANG F, LIU S, et al. Playing a FPS doom video game with deep visual reinforcement learning[J]. Automatic Control and Computer Sciences, 2019, 53(3): 214-222.

[24] DONG W, WANG J, WANG C, et al. Graphical minimax game and off-policy reinforcement learning for heterogeneous mass with spanning tree condition[J]. Guidance, Navigation and Control, 2021, 1(3): 1421-1429.

[25] ZHU X, LUO Y, LIU A, et al. A deep reinforcement learning-based resource management game in vehicular edge computing[J]. IEEE Transactions on Intelligent Transportation Systems, 2022, 23(3): 2422-2433.

[26] ODEKUNLE Z P. Reinforcement learning and non-zero-sum game output regulation for multi-player linear uncertain systems[J]. Automatica, 2020, 112: 108672-108680.

[27] ZHANG L D, WANG B, LIU Z X, et al. Motion planning of a quadrotor robot game using a simulation-based projected policy iteration method[J]. Frontiers of Information Technology & Electronic Engineering, 2019, 20(4): 525-537.

[28] LI Y, FANG Y, AKHTAR Z. Accelerating deep reinforcement learning model for game strategy[J]. Neurocomputing, 2020, 408(30): 157-168.

[29] LI B, YANG Y. Complexity of concept classes induced by discrete Markov networks and Bayesian networks[J]. Pattern Recognition, 2018, 82(10): 31-37.

第7章 端到端目标智能跟踪方法

7.1 引言

多目标跟踪（Multiple Target Tracking，MTT）是雷达数据处理的核心技术，其通过建立雷达每帧量测数据与不同真实目标间的对应关系，把源于同一目标的不同时刻探测信息连接起来，并经滤波估计，得到准确可靠的位置、速度等目标状态信息，从而最终实现对目标个体的实时、连续、准确的掌握。目标跟踪的输入是不同时刻目标探测数据，目标跟踪的输出是多条目标航迹，分别对应实际不同目标。每条航迹具有唯一身份标示，通常用航迹批号表示，由多个不同时刻目标状态信息构成[1]，代表所跟踪的目标。除雷达数据处理领域外，目标跟踪（Multiple Object Tracking，MOT）[2]还广泛应用于视频图像处理领域。

在 MTT 研究中，现有目标跟踪技术都需要跟踪滤波来实现目标状态的估计更新，因此第 3 章、第 4 章、第 5 章主要对智能滤波方法进行研讨。同时根据是否需要进行数据关联，现有目标跟踪技术可分为关联类目标跟踪框架技术和非关联类目标跟踪框架技术两大类别。关联类目标跟踪框架技术通常由航迹起始、数据关联和跟踪滤波三个处理部分构成，而非关联类目标跟踪框架技术则是以有限集统计理论为基础，通过采用随机有限集对多目标状态和量测信息进行描述，采用跟踪滤波进行更新，进而把多目标跟踪问题转换为单目标状态估计问题，有效避免了难以解决的数据关联问题，实现了对多目标状态的准确估计[3-7]。相比较而言，关联类目标跟踪框架技术实现简单、实用性强、效果稳定，实际运用较多，因此第 6 章进一步对点航智能关联（数据关联方法）进行了研讨。

与此同时，近几年，以深度学习为代表的人工智能技术发展迅速，基于深度学习的目标跟踪技术已经成为新的研究热点，但大多研究集中在视频图像 MOT 问题上，对雷达传感器中的 MTT 问题研究比较少。在 MOT 中[8-17]，现有研究主要是利用卷积神经网络对行人、汽车等的图像切片进行相似度量，采用循环神经网络对行人、汽车轨迹进行预测，或者构建深度神经网络实现数据互联，以有效解决目标间严重遮挡、光照剧烈变化和目标形变等问题，比如文献[15]利用深度网络实现端到端的表观特征抽取和数据关联；文献[16]构建深度匈牙利网络解决数据关联问题；文献[17]利用图 Transformer 网络实现多目标端到端跟踪。对于雷达传感器中的 MTT 问题，由于雷达量测信息含量少，没有视频图像所含信息丰富，现有深度学习应用研究主要侧重于解决跟踪滤波问题，对于数据互联问题、航迹起始问题研究比较少[18-24]，比如文献[18]基于循环神经网络和注意力机制，构建了一种新的跟踪滤波方法；文献[19]利用循环神经网络对机动目标进行跟踪滤波。

综合上述分析，有必要进一步聚焦雷达传感器中的 MTT 问题，开展深度学习目标跟踪应用研究，端到端解决多目标跟踪问题。本章在关联类目标跟踪框架下，借鉴 PDA 算法思想，以 Transformer 网络为基础，通过网络输入、网络输出和注意力机制设计，构建了基础型单目标跟踪深度神经网络（Basic Deep Neural Networks for Single Target Tracking，DeepSTT-B），并以此为基础构建了由单目标跟踪深度神经网络的位置网络部分（Position Part of Deep Neural Networks for Single Target Tracking，DeepSTT-P）和单目标跟踪深度神经网络的速度网络部分（Velocity Part of Deep Neural Networks for Single Target Tracking，DeepSTT-V）联合构成的单目标跟踪深度神经网络（Deep Neural Networks for Single Target Tracking，DeepSTT），端到端实现了数据关联和跟踪滤波功能。本章整体安排如下：首先对雷达传感器中的多目标跟踪问题进行描述；然后以 Transformer 网络为基础，构建 DeepSTT-B 网络，并进一步构建由 DeepSTT-P 网络和 DeepSTT-V 网络联合构成的 DeepSTT 网络，同时明确 DeepSTT 网络训练优化方法；最后通过实验验证，对 DeepSTT 网络的单目标和多目标跟踪性能进行效能分析。

7.2 问题描述与算法分析

本节首先对多目标跟踪问题进行建模，并对关联类目标跟踪框架进行简单描述，以明确本章算法研究的基本背景；然后对经典的 PDA 数据关联方法和 α-β 跟踪滤波方法进行简要分析，确定传统算法的核心步骤；最后通过对传统算法核心公式进行分析，指出 DeepSTT 网络设计的要点和关键。

7.2.1 多目标跟踪问题描述

假设 k 时刻目标真实状态为 $X_k = \{x_k^1, x_k^2, \cdots, x_k^{N_k}\}$，雷达传感器获取的目标量测为 $Z_k = \{z_k^1, z_k^2, \cdots, z_k^{M_k}\}$，其中 $x_k^i = [x_k^i, \dot{x}_k^i, y_k^i, \dot{y}_k^i]^T$ 表示 k 时刻第 i 个目标对应的真实状态，包括 X 方向位置 x 和速度 $\dot{x}$、Y 方向位置 y 和速度 $\dot{y}$；N_k 表示 k 时刻目标数量；$z_k^j = [x_k^j, y_k^j]^T$ 表示 k 时刻第 j 个雷达量测，包括 X 方向位置 x 和 Y 方向位置 y；M_k 表示 k 时刻雷达量测点数量。需要说明的是，雷达原始获取距离和方位极坐标系量测，需要通过坐标变换转换为直角坐标系量测，此外，这里假设雷达为两坐标雷达，也可假设为三坐标雷达，在后续处理中，对于新增加的 Z 方向信息可按照 X、Y 方向信息进行处理。

多目标跟踪问题可描述为利用雷达传感器获取的 $1\sim k$ 时刻量测 $Z_{1:k}$，对 k 时刻多目标状态 X_k 进行优化估计，从概率角度讲，多目标跟踪问题实质上为后验概率 $p(X_k|Z_{1:k})$ 求解问题。

假设目标相互独立且满足马尔可夫状态转移过程，则多目标跟踪问题可转化为单目标跟踪问题，其贝叶斯解如式（7.1）所示，其中 $g_k(Z_k|x_k^i)$ 为量测似然函数，$p_{k|k-1}(x_k^i|Z_{1:k-1})$ 为目标状态预测概率。

$$\begin{aligned} p_k(X_k|Z_{1:k}) &\approx \prod_i p_k(x_k^i|Z_{1:k}) \\ &= \prod_i \frac{g_k(Z_k|x_k^i)p_{k|k-1}(x_k^i|Z_{1:k-1})}{\int g_k(Z_k|x_k^i)p_{k|k-1}(x_k^i|Z_{1:k-1})\mathrm{d}x} \\ &= \prod_i \frac{g_k(Z_k|x_k^i)p_{k|k-1}(x_k^i|Z_{1:k-1})}{\int g_k(Z_k|x_k^i)p_{k|k-1}(x_k^i|Z_{1:k-1})\mathrm{d}x} \end{aligned} \quad (7.1)$$

7.2.2 关联类目标跟踪框架

关联类目标跟踪框架如图 7.1 所示，对于周期性获取的雷达量测进行数据关联、跟踪滤波和航迹起始等循环处理，循环周期与雷达探测周期一致。对于新获取的雷达量测，依次进行以下处理。

（1）进行已有目标航迹的数据关联处理，即对上一时刻的目标航迹与当前时刻新获取的雷达量测进行关联。

（2）如果目标航迹与雷达量测关联成功，则进行跟踪滤波处理，即利用所关联的雷达量测，采用跟踪滤波方法，对目标航迹进行更新，而对多个周期均未关联成功的航迹，考虑进行航迹终结。

第 7 章 端到端目标智能跟踪方法

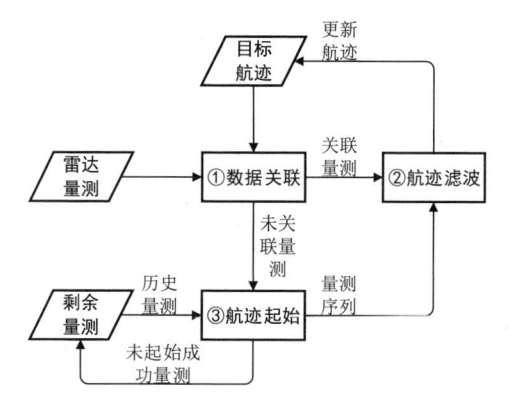

图 7.1 关联类目标跟踪框架

（3）对当前未关联量测，联合多个历史周期的剩余量测，进行航迹起始，如果起始成功，则为该量测序列建立航迹批号，并经跟踪滤波处理后，作为已有航迹进行后续处理，而对未起始成功量测，在后续处理周期中作为历史剩余量测继续参与航迹起始。

7.2.3 数据关联与跟踪滤波

经典的数据关联方法有 NN 数据关联方法、PDA 数据关联方法、JPDA 数据关联方法、MHT 数据关联方法，其中 NN 数据关联方法、PDA 数据关联方法假设目标之间是相互独立的，对各个目标航迹分别进行独立处理，NN 数据关联方法仅选择一个最优量测点进行关联，存在关联结果不稳定的问题，PDA 数据关联方法对预选波门的多个量测点进行加权关联，可适用于强杂波、目标机动等复杂跟踪环境，工程实用性强。而 JPDA 数据关联方法和 MHT 数据关联方法主要侧重于解决多目标关联波门重叠的问题，即量测与多个目标航迹存在关联可能的情况，则 JPDA 数据关联方法存在的主要问题是计算量大、有组合爆炸风险，MHT 数据关联方法存在假设数量随时间指数增长的问题。同时，PDA 数据关联方法通过加权进行关联，对多目标关联波门重叠情况具有一定适用性。另外，在跟踪滤波方面，Kalman 滤波是经典的滤波方法，α-β 滤波是线性常量增益滤波器，是 Kalman 滤波的稳态解，性能与稳态 Kalman 滤波几乎相同。综合考虑，以 PDA 数据关联方法和 α-β 滤波方法作为参考，进行 DeepSTT 网络设计。

在雷达量测相互独立的假设下，可对式（7.1）进一步进行化简，得到式（7.2），其中，$g_k(z_k^j | x_k^i)$ 为单个量测似然函数，$f_{k|k-1}(x_k^i | x_{k-1}^i)$ 为目标状态转移概率密度函数，G_k^i 表示第 i 个目标 k 时刻的预选量测。

$$p_k(X_k|Z_{1:k}) \approx \prod_i \prod_{z_k^j \in G_k^i} \frac{g_k(z_k^j|x_k^i)p_{k|k-1}(x_k^i|Z_{1:k-1})}{\int g_k(Z_k|x_k^i)p_{k|k-1}(x_k^i|Z_{1:k-1})\mathrm{d}x}$$
$$= \prod_i \prod_{z_k^j \in G_k^i} \frac{g_k(z_k^j|x_k^i)\int f_{k|k-1}(x_k^i|x_{k-1}^i)p_{k-1}(x_{k-1}^i|Z_{1:k-1})\mathrm{d}x}{\int g_k(Z_k|x_k^i)p_{k|k-1}(x_k^i|Z_{1:k-1})\mathrm{d}x} \quad (7.2)$$

采用 PDA 数据关联方法和 α-β 滤波方法，省去目标标签 i，可得 k 时刻目标状态估计为

$$\hat{x}_k = \hat{x}_{k|k-1} + K\sum_{j=1}^{|G_k^i|}\omega_j(k)(z_k^j - H_k\hat{x}_{k|k-1}) \quad (7.3)$$

$$\hat{x}_{k|k-1} = F_k\hat{x}_{k-1} \quad (7.4)$$

其中，F_k 表示状态转移矩阵；H_k 表示量测矩阵；$K = [\alpha, \beta/T]^{\mathrm{T}}$ 表示常量滤波增益，T 表示当前时刻与上一时刻的时间间隔。

在目标匀速运动假设下，联合式（7.4），把式（7.3）拆分成位置估计和速度估计两部分。经公式简单展开与合并，可得目标状态位置估计 $\hat{x}_{k,P}$ 和速度估计 $\hat{x}_{k,V}$，分别如式（7.5）和式（7.6）所示。

$$\hat{x}_{k,P} = \hat{x}_{k-1,P} + \hat{x}_{k-1,V}T + \sum_{j=1}^{|G_k^i|}K\omega_k^j(z_k^j - \hat{x}_{k-1,P} - \hat{x}_{k-1,V}T)$$
$$= \hat{x}_{k-1,P} + T\left\{\left(1 - \sum_{j=1}^{|G_k^i|}\alpha\omega_k^j\right)\hat{x}_{k-1,V} + \sum_{j=1}^{|G_k^i|}\alpha\omega_k^j\left(\frac{z_k^j - \hat{x}_{k-1,P}}{T}\right)\right\} \quad (7.5)$$
$$= \hat{x}_{k-1,P} + T\left\{\left(1 - \sum_{j=1}^{|G_k^i|}\alpha\omega_k^j\right)\hat{x}_{k-1,V} + \sum_{j=1}^{|G_k^i|}\alpha\omega_k^j\dot{z}_k^j\right\}$$

$$\hat{x}_{k,V} = \hat{x}_{k-1,V} + \sum_{j=1}^{|G_k^i|}\frac{\beta}{T}\omega_k^j(z_k^j - \hat{x}_{k-1,P} - \hat{x}_{k-1,V}T)$$
$$= \left(1 - \sum_{j=1}^{|G_k^i|}\beta\omega_k^j\right)\hat{x}_{k-1,V} + \sum_{j=1}^{|G_k^i|}\beta\omega_k^j\left(\frac{z_k^j - \hat{x}_{k-1,P}}{T}\right) \quad (7.6)$$
$$= \left(1 - \sum_{j=1}^{|G_k^i|}\beta\omega_k^j\right)\hat{x}_{k-1,V} + \sum_{j=1}^{|G_k^i|}\beta\omega_k^j\dot{z}_k^j$$

$$\omega_k^j = \frac{e_k^j}{e_0 + \sum_{j=1}^{|G_k^i|}e_k^j}, \quad j = 1, 2, \cdots, |G_k^i| \quad (7.7)$$

$$e_k^j \overset{\Delta}{=} \exp\left\{ \begin{array}{l} -\frac{1}{2}(z_k^j - \hat{x}_{k-1,P} - \hat{x}_{k-1,V}T)^{\mathrm{T}} \\ (S_k^j)^{-1}(z_k^j - \hat{x}_{k-1,P} - \hat{x}_{k-1,V}T) \end{array} \right\} \tag{7.8}$$

其中，$\dot{z}_k^j$ 为量测差分，表示量测对应的速度；可由 $\dot{z}_k^j = (z_k^j - \hat{x}_{k-1,P})/T$ 进行计算；ω_k^j 为预选量测 z_k^j 与目标互联的归一化权重；e_k^j 为预选量测与目标互联的权重因子，可由式（7.7）和式（7.8）进行计算，e_0 表示无预选量测能与目标互联的权重因子，它与杂波密度、检测概率、门概率相关[1]；S_k^j 为新息协方差。

7.2.4 DeepSTT 网络设计原则

由于位置量是时间累积量，不服从平稳分布，无法直接作为神经网络的输入和输出，需要进行时间差分处理。对式（7.5）进行简单变换，并定义 $\dot{z}_k^0 = \hat{x}_{k-1,V}$，如式（7.9）所示，可得位置差分估计 $\hat{\dot{x}}_{k,P}$，即从 $k-1$ 时刻到 k 时刻间的目标平均速度。

$$\begin{aligned} \hat{\dot{x}}_{k,P} &= \frac{\hat{x}_{k,P} - \hat{x}_{k-1,P}}{T} \\ &= \left(1 - \sum_{j=1}^{|G_k^i|} \alpha\omega_k^j\right)\hat{x}_{k-1,V} + \sum_{j=1}^{|G_k^i|} \alpha\omega_k^j \dot{z}_k^j \\ &= \sum_{j=0}^{|G_k^i|} \omega_{k,P}^j \dot{z}_k^j \end{aligned} \tag{7.9}$$

同理，式（7.6）可变换为

$$\hat{\dot{x}}_{k,V} = \left(1 - \sum_{j=1}^{|G_k^i|} \beta\omega_k^j\right)\hat{x}_{k-1,V} + \sum_{j=1}^{|G_k^i|} \beta\omega_k^j \dot{z}_k^j = \sum_{j=0}^{|G_k^i|} \omega_{k,V}^j \dot{z}_k^j \tag{7.10}$$

从信息处理角度，综合分析式（7.5）～式（7.10），可得以下结论。

（1）由式（7.9）、式（7.10）、式（7.5）和式（7.6）可知，对 k 时刻目标状态位置差分和目标速度进行估计是一种时间序列递归预测问题，不仅与 k 时刻预选量测有关，还与上一时刻目标状态有关。

（2）由式（7.9）和式（7.10）可知，k 时刻目标状态位置差分估计 $\hat{\dot{x}}_{k,P}$ 和速度估计 $\hat{\dot{x}}_{k,V}$ 的计算模式是相同的，均是对 $\{\dot{z}_k^j, j=0,1,2,\cdots,|G_k^i|\}$ 进行加权求和，权重和为 1，但 $\hat{\dot{x}}_{k,P}$ 和 $\hat{\dot{x}}_{k,V}$ 计算所采用的具体权重是不同的。

（3）由式（7.7）和式（7.8）可知，预选量测的权重由预选量测和目标状态位置估计间的负马氏距离经 Softmax 函数得到，它们之间的距离越小，预选量测权重越大，反之，它们之间的距离越大，预选量测权重越小，也就是说算法倾向于保持运动趋势不变或者小变，预选量测与目标历史运动趋势越一致，相应的权重越大，越不一致，相应的权重越小。另外需要说明的是，式（7.8）中的目标状态位置预测 $\hat{x}_{k-1,P} + \hat{x}_{k-1,V} T$ 是在目标匀速运动假设下计算得到的，不同的目标运动模型，对应的目标状态位置估计计算公式是不同的。

根据 PDA 数据关联和 α-β 滤波分析结论，在进行 DeepSTT 网络设计时，需要着重考虑以下方面。

（1）位置差分估计和速度估计输入相同、处理模式相同、输出不同，可采用相同的 DeepSTT-B 基础网络结构，通过分别训练来实现。

（2）DeepSTT-B 网络应是一种预测回归网络，具备时间序列处理能力，输入由两部分构成，一部分为历史信息序列，由以前的网络输出得到，用于目标运动模型未知时的预测，一部分为当前量测差分集 $\{\tilde{z}_k^j, j = 0,1,2,\cdots,|G_k^i|\}$，用于预测的修正。

（3）DeepSTT-B 网络对历史信息序列中的每个信息或量测差分集中的每个量测差分进行独立处理，提取每个单独量中的信息，并进行交互处理，获取整体趋势。

（4）DeepSTT-B 网络应具备注意力机制，能根据历史信息序列和量测差分集间的相互关系，对量测差分集进行加权处理，以保持运动趋势不变或者小变。

7.3　DeepSTT-B 网络设计

根据 DeepSTT-B 和 DeepSTT 网络设计要点，以 Transformer 网络为基础进行 DeepSTT-B 和 DeepSTT 网络设计。2017 年，Google 机器翻译团队中的 Ashish Vaswani 等人在文献[25]中直接摒弃了卷积神经网络（CNN）和循环神经网络（RNN）等主流处理结构，提出了基于注意力机制的 Transformer 网络。该网络具有超强的序列建模能力、全局信息感知能力和并行计算能力，目前已成为自然语言处理（Natural Language Processing，NLP）领域的主流模型，并在计算机视觉（Computer Vision，CV）领域取得性能突破和大范围应用[26-28]。

7.3.1　DeepSTT-B 网络

与 Transformer 网络类似，如图 7.2 所示，DeepSTT-B 网络整体上采用编码-解码结构，最后连接一个线性层进行输出，其中编码部分由多个编码单元构成，每个编码单元包括多头自注意力机制、加操作与层归一化和前馈网络等单元，解码部分由多个解码单元构成，每个解码单元与编码单元基本相同，不同之处在于多了一个以编码输出为（键，值）的多头注意力机制。

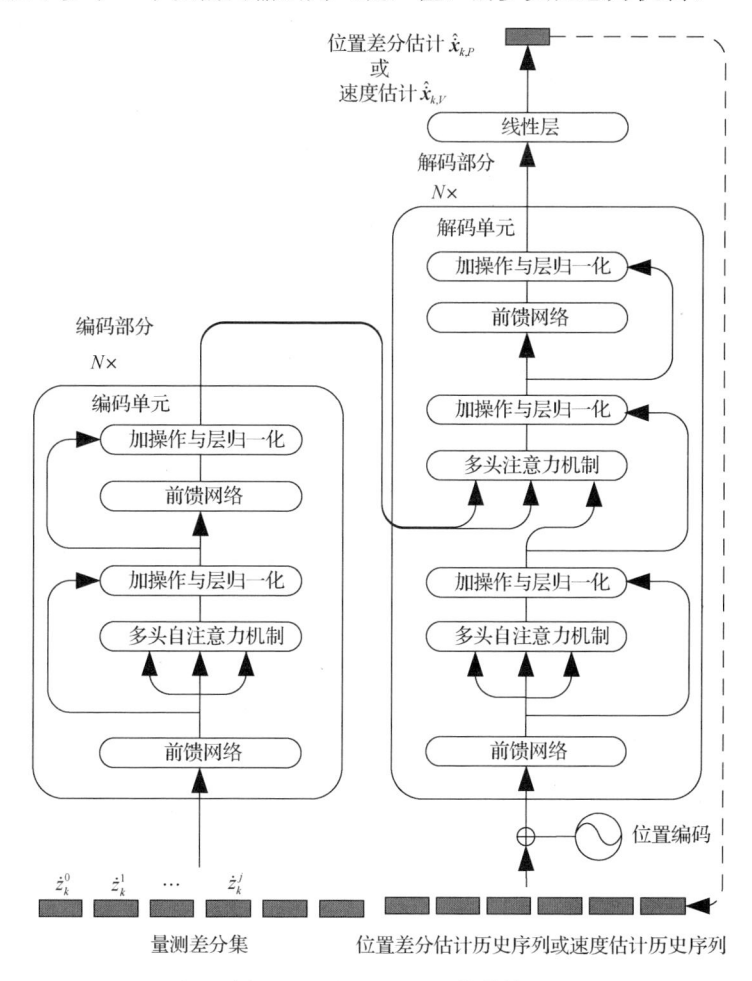

图 7.2　DeepSTT-B 网络结构

在输入、输出及注意力机制计算方法上，DeepSTT-B 网络与 Transformer 网络明显不同，具体如下。

（1）DeepSTT-B 网络是预测回归网络，网络输入是连续变量，维度较低，需要首先经前馈网络进行升维处理，网络输出是连续变量，因此直接采用线性层进行输出，后面不再连接 Softmax 函数。

（2）由于 DeepSTT-B 网络的量测差分集输入，除了 $\dot{z}_k^0$ 固定为 $\hat{\pmb{x}}_{k-1,V}$ 外，其他量测差分是无序的，因此不再进行位置编码，DeepSTT-B 网络的历史序列输入,具有时间先后顺序,需要进行位置编码,编码方式与 Transformer 网络相同。

(3) 在 DeepSTT-B 网络中,多头自注意力机制仍采用缩放点积函数 s^{dot} 作为打分函数来计算查询与键间的相似度,但解码部分的多头注意力机制将采用负马氏距离相似度计算函数 s^{mah} 来计算查询与键间的相似度。

$$s_{i,j}^{\mathrm{dot}} = s^{\mathrm{dot}}(\boldsymbol{q}_i, \boldsymbol{k}_j) = \boldsymbol{q}_i^{\mathrm{T}} \boldsymbol{k}_j / \sqrt{d} \quad (7.11)$$

$$s_{i,j}^{\mathrm{mah}} = s^{\mathrm{mah}}(\boldsymbol{q}_i, \boldsymbol{k}_j) = 2 \times \boldsymbol{q}_i^{\mathrm{T}} \boldsymbol{k}_j - \boldsymbol{q}_i^{\mathrm{T}} \boldsymbol{q}_i - \boldsymbol{k}_j^{\mathrm{T}} \boldsymbol{k}_j \quad (7.12)$$

其中,$\boldsymbol{q}_i$ 为查询向量;$\boldsymbol{k}_j$ 为注意力键-值对中第 j 个键向量,$\boldsymbol{v}_j$ 为相应的值向量;d 为 $\boldsymbol{q}_i$ 的维度;$s_{i,j}^{\mathrm{dot}}$ 为由缩放点积函数计算得到的相似度,$s_{i,j}^{\mathrm{mah}}$ 为由负马氏距离相似度计算函数计算得到的相似度。相似度 $s_{i,j}$ 经 Softmax 归一化处理,可得值向量 $\boldsymbol{v}_j$ 的加权权重。

7.3.2 DeepSTT 网络

一个完整的 DeepSTT 网络由两个 DeepSTT-B 网络构成:一个是 DeepSTT-P 网络,用于单目标的位置估计;另一个是 DeepSTT-V 网络,用于单目标的速度估计。

1. 网络输入输出

由式(7.9)可知,DeepSTT-P 网络的输出是位置差分估计 $\hat{\boldsymbol{x}}_{k,P}$,编码部分输入是量测差分集 $\{\dot{\boldsymbol{z}}_k^j, j=0,1,2,\cdots,|G_k^i|\}$,解码部分输入是位置差分估计历史序列 $\{\hat{\boldsymbol{x}}_{t,P}, t=k-l_{\mathrm{dec}},\cdots,k-2,k-1\}$,其中 l_{dec} 为历史序列长度,也是解码部分输入长度,一般设置 l_{dec} 为 5~10,也可进一步根据训练情况进行调试优化。

由式(7.10)可知,DeepSTT-V 网络的输出是速度估计 $\hat{\boldsymbol{x}}_{k,V}$,编码部分输入与 DeepSTT-P 网络相同,均是量测差分集 $\{\dot{\boldsymbol{z}}_k^j, j=0,1,2,\cdots,|G_k^i|\}$,解码部分输入是速度估计历史序列 $\{\hat{\boldsymbol{x}}_{t,V}, t=k-l_{\mathrm{dec}},\cdots,k-2,k-1\}$,$l_{\mathrm{dec}}$ 定义同上。

受杂波、目标密集等因素影响,不同时刻得到的量测差分集大小是不同的,即 $|G_k^i|$ 是变化的,在设计具体的 DeepSTT-P 网络和 DeepSTT-V 网络时,需综合考虑各种情况,合理设置编码部分输入长度 l_{enc},如果 $|G_k^i|$ 大于 l_{enc},可根据预选量测到波门中心的距离,裁去超出距离较大的预选量测,如果 $|G_k^i|$ 小于 l_{enc},可采用零向量进行补全,并在多头自注意力机制中,采用掩码方法,

通过设置权重矩阵中相应位置权重为$-\infty$来忽略补全位置信息。

在关联类目标跟踪框架中，由于一般采用3～6个量测点进行航迹起始，即在初始时刻，位置差分估计历史序列$\{\hat{\boldsymbol{x}}_{t,P}\}$和速度估计历史序列$\{\hat{\boldsymbol{x}}_{t,V}\}$的长度仅为2～5，小于设定的解码部分输入长度$l_{\text{dec}}$，此时需要对历史序列前面的空缺部分进行零向量补全，并采用与编码部分相同的掩码方法对多头自注意力机制进行处理。

此外，雷达传感器获取的回波强度信息、目标极化信息等特征量测，可以作为附加信息，对量测差分$\dot{\boldsymbol{z}}_k^j$、位置差分估计$\hat{\boldsymbol{x}}_{t,P}$和速度估计$\hat{\boldsymbol{x}}_{t,V}$进行直接扩维，以进一步提高网络跟踪性能。

2. 网络结构

在DeepSTT-P网络和DeepSTT-V网络中，多头自注意力机制、加操作与层归一化和前馈网络等网络结构与Transformer一致，不再详细介绍。这里主要对多头注意力机制中新采用的负马氏距离相似度计算函数s^{mah}进行说明。

如式（7.12）所示，在DeepSTT-P网络中，s^{mah}的输入$\boldsymbol{q}_i$为位置差分相关量，输入$\boldsymbol{k}_j$为量测差分相关量，位置差分估计$\hat{\boldsymbol{x}}_{t,P}$与量测差分$\dot{\boldsymbol{z}}_k^j$的物理含义是相同的，都表示速度，物理单位是一致的，均为m/s，两者大小、方向越相似，式（7.12）得到的相似度越大，即DeepSTT-P网络要求量测对应的位置变化，应与上一段时间的位置变化一致。

在DeepSTT-V网络中，s^{mah}的输入$\boldsymbol{q}_i$为速度估计相关量，输入$\boldsymbol{k}_j$同样为量测差分相关量，速度估计$\hat{\boldsymbol{x}}_{t,V}$与量测差分$\dot{\boldsymbol{z}}_k^j$的物理含义是相同的，都表示速度，物理单位是一致的，均为m/s，两者大小、方向越相似，式（7.12）得到的相似度越大，即DeepSTT-V网络要求量测对应的位置变化，应与上一段时间的速度变化一致。

由前面的分析可知，PDA数据关联方法倾向于保持运动趋势不变或者小变。因此，关于量测信息的加权原则，DeepSTT-P网络和DeepSTT-V网络，与PDA数据关联方法是一致的。

3. 损失函数与网络训练

DeepSTT-P网络和DeepSTT-V网络均采用均方误差（Mean Square Error，MSE）损失函数，分别如式（7.13）和式（7.14）所示。

$$\text{Loss}_P = \frac{1}{N_B} \sum_{i=1}^{N_B} (\hat{\boldsymbol{x}}_{t_i,P}^i - \dot{\boldsymbol{x}}_{t_i,P}^i)^{\text{T}} (\hat{\boldsymbol{x}}_{t_i,P}^i - \dot{\boldsymbol{x}}_{t_i,P}^i) \qquad (7.13)$$

$$\text{Loss}_V = \frac{1}{N_B} \sum_{i=1}^{N_B} (\hat{\dot{\boldsymbol{x}}}_{t_i,V}^i - \dot{\boldsymbol{x}}_{t_i,V}^i)^{\text{T}} (\hat{\dot{\boldsymbol{x}}}_{t_i,V}^i - \dot{\boldsymbol{x}}_{t_i,V}^i) \tag{7.14}$$

其中，N_B 表示批量样本大小；$\hat{\dot{\boldsymbol{x}}}_{t_i,P}^i$ 表示 DeepSTT-P 网络得到的位置差分估计，$\dot{\boldsymbol{x}}_{t_i,P}^i$ 为对应的期望真值，下标 t_i 表示该样本对应的时刻；$\hat{\dot{\boldsymbol{x}}}_{t_i,V}^i$ 表示 DeepSTT-V 网络得到的速度估计，$\dot{\boldsymbol{x}}_{t_i,V}^i$ 为对应的期望真值。

利用历史雷达探测数据构建 DeepSTT 训练集，每个样本由量测差分集、位置差分估计历史序列、速度估计历史序列、位置差分期望真值和速度估计期望真值构成，其中量测差分集中的 $\dot{\boldsymbol{z}}_k^0 = \hat{\boldsymbol{x}}_{k-1,V}$ 和两类历史序列由期望真值构成，采用导师监督法对 DeepSTT-P 网络和 DeepSTT-V 网络分别进行训练调试即可得到相应的实现网络。

7.3.3 跟踪实现

利用训练好的 DeepSTT-P 网络和 DeepSTT-V 网络进行单目标跟踪，主要包括以下步骤。

步骤 1：T_0 时刻初始化。利用航迹起始部分输出的长度为 l_0 的初始航迹段，经提取和处理，可得到 T_0 时刻目标航迹位置估计 $\hat{\boldsymbol{x}}_{T_0,P}$、位置差分估计 $\hat{\dot{\boldsymbol{x}}}_{T_0,P}$、速度估计 $\hat{\dot{\boldsymbol{x}}}_{T_0,V}$，以及长度为 l_0-1 的位置差分估计历史序列 $\{\hat{\dot{\boldsymbol{x}}}_{t,P}, t = T_0 - l_0 + 2, T_0 - l_0 + 3, \cdots, T_0\}$ 和速度估计历史序列 $\{\hat{\dot{\boldsymbol{x}}}_{t,V}, t = T_0 - l_0 + 2, T_0 - l_0 + 3, \cdots, T_0\}$。

步骤 2：k 时刻量测差分集构建。利用 $k-1$ 时刻得到的位置估计 $\hat{\boldsymbol{x}}_{k-1,P}$ 和速度估计 $\hat{\dot{\boldsymbol{x}}}_{k-1,V}$，构建预选波门，得到预选量测，根据公式 $\dot{\boldsymbol{z}}_k^j = (\boldsymbol{z}_k^j - \hat{\boldsymbol{x}}_{k-1,P})/T$，并联合 $\dot{\boldsymbol{z}}_k^0 = \hat{\boldsymbol{x}}_{k-1,V}$，构建量测差分集，并经零向量补全或超出部分裁减，得到量测差分集输入 $\{\dot{\boldsymbol{z}}_k^j, j = 0,1,2,\cdots,l_{\text{enc}}\}$。

步骤 3：k 时刻速度估计。向 DeepSTT-V 网络输入量测差分集 $\{\dot{\boldsymbol{z}}_k^j, j = 0,1,2,\cdots,l_{\text{enc}}\}$ 和速度估计历史序列 $\{\hat{\dot{\boldsymbol{x}}}_{t,V}, t = k - l_{\text{dec}} + 2, T_0 - l_0 + 3, \cdots, k-1\}$，网络输出 k 时刻速度估计 $\hat{\dot{\boldsymbol{x}}}_{k,V}$。

步骤 4：k 时刻位置估计。向 DeepSTT-P 网络输入量测差分集 $\{\dot{\boldsymbol{z}}_k^j, j = 0,1,2,\cdots,l_{\text{enc}}\}$ 和位置差分估计历史序列 $\{\hat{\dot{\boldsymbol{x}}}_{t,P}, t = k - l_{\text{dec}} + 2, T_0 - l_0 + 3, \cdots, k-1\}$，网络输出 k 时刻位置差分估计 $\hat{\dot{\boldsymbol{x}}}_{k,P}$，进一步按照式（7.9）进行换算，可得到位置估计 $\hat{\boldsymbol{x}}_{k,P}$。

步骤 5：结果输出。输出步骤 3 得到的速度估计 $\hat{\dot{\boldsymbol{x}}}_{k,V}$、步骤 4 得到的位置

估计 $\hat{x}_{k,P}$，作为 k 时刻目标跟踪估计结果。

步骤 6：$k+1$ 时刻处理。对于下一时刻雷达新获取的量测，重复步骤 2～5，对目标进行持续跟踪。如果步骤 2 连续 N_{TM} 次得到的预选量测为空，则表明该目标已经消失，此时终结该目标航迹，结束处理程序，其中 N_{TM} 一般取值为 2～3。

对于多目标跟踪问题，采用图 7.3 所示的多目标跟踪框架进行处理：首先采用航迹起始对多目标进行起始，然后为每个起始目标建立一个跟踪通道，在每个跟踪通道内，基于 DeepSTT-P 网络和 DeepSTT-V 网络，采用上述跟踪步骤对单目标进行跟踪，不同跟踪通道间并行处理，从而实现多目标跟踪。

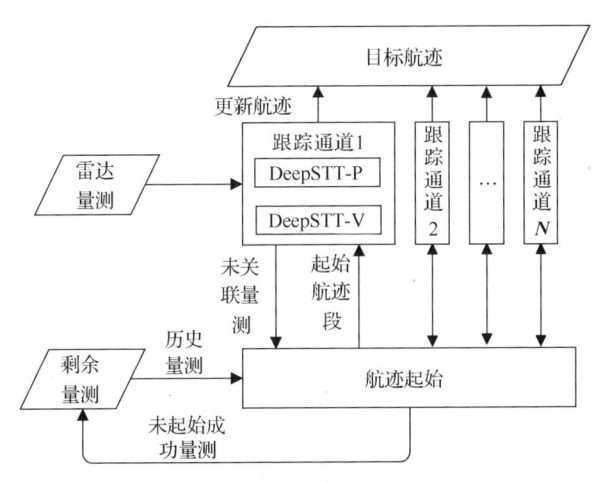

图 7.3 基于 DeepSTT 网络的多目标跟踪框架

7.4 实验验证

由于雷达目标跟踪领域尚未建立起标准的数据集，本章无法采用标准测试数据对 DeepSTT 网络进行检验。为充分验证 DeepSTT 网络的可行性和有效性，本章采用仿真分析方法，通过与典型目标跟踪方法进行比较，来对 DeepSTT 跟踪网络的性能进行全面评估。其中对比方法包括由 PDA 关联方法和 Kalman 滤波方法构成的关联类目标跟踪方法，以及 PHD 非关联类目标跟踪方法。整个实验主要利用 PyTorch 深度学习库，采用 Python 编程语言实现。

7.4.1 仿真设置

仿真场景设定为雷达单目标跟踪和雷达多目标跟踪两个不同场景。由于本章提出的 DeepSTT 网络主要解决单目标跟踪问题，对于多目标跟踪问题主要是通过把多目标跟踪问题转换为多个单目标跟踪问题，仍采用 DeepSTT 网络进行解决，如图 7.3 所示，因此整个实验验证主要是在单目标跟踪场景下对 DeepSTT 网络性能进行比较测试，在多目标跟踪场景下仅进行适用性测试。

在单目标跟踪场景中，雷达和目标仿真设置具体如下。

（1）雷达仿真设定为在强杂波环境下以 $P_d = 0.9$ 的发现概率、以 1s 为周期对真值目标进行量测，得到目标和杂波等两大类别多个量测，每个量测由 x 方向和 y 方向位置数据构成，其中目标量测通过向目标 x 方向和 y 方向真实位置添加零均值高斯白噪声得到，x 方向和 y 方向噪声的标准差均设置为 50m，而杂波量测则以目标真值为中心呈均匀分布，在 x 方向和 y 方向分布范围均为 [−500,500]m，杂波量测数量服从泊松分布，分布参数 $\lambda = 8$。

（2）真值目标仿真设定为以随机初始位置和初始速度，按照随机运动模型进行运动，时间持续 30s，目标初始位置的 x 方向和 y 方向分量在 −200~200km 范围内均匀分布，初始速度大小在 100~250m/s 范围内均匀分布，初始速度方向在 −180°~180° 范围内均匀分布，可随机选择的运动模型包括匀速（CV）、匀加速（CA）和协同转弯（CT）三种类型，其中 CV 运动模型中的过程噪声参数设置为 $10m/s^2$，CA 运动模型中的加速度参数由均值为 $10m/s^2$，方差为 $10m/s^2$ 的高斯分布采样得到，CT 运动模型中的转弯率参数由分布区间为 $\pi/60$~$\pi/15$Hz 的均匀分布采样得到。整个运动期间目标最大速度不能大于 300m/s，最小速度不能小于 50m/s。

多目标跟踪场景通过随机产生 10~20 个单目标得到，其中各个真实目标的产生方法、雷达量测产生方法与单目标跟踪场景一致。

如图 7.2 所示，DeepSTT-P 网络和 DeepSTT-V 网络结构相同、设置相同，编码和解码部分分别由 6 个编码单元和 6 个解码单元构成，其中前馈网络神经元数量为 64，多头自注意力机制和多头注意力机制的多头数量均为 4，单头输出维度均为 8，多头输出维度均为 32。DeepSTT-P 网络和 DeepSTT-V 网络的训练集基于单目标跟踪场景仿真产生，每个样本对应一个单目标跟踪场景，网络训练采用 Adam 优化器，具体构建与训练方法参见 7.3.2 节内容。训练完成后，利用训练好的 DeepSTT-P 网络和 DeepSTT-V 网络对单目标或多目标进行跟踪，具体实现方法参见 7.3.3 节内容。

7.4.2 仿真结果

DeepSTT 网络训练误差曲线如图 7.4 所示，DeepSTT-P 网络和 DeepSTT-V 网络均能得到良好训练，训练损失和验证损失曲线的变化趋势一致，均能稳定收敛，表明网络训练方差较小，性能稳定。此外，图 7.4 中验证损失稍低于训练损失主要是由网络训练和网络验证在 Dropout 和层归一化等方面存在差异造成的。

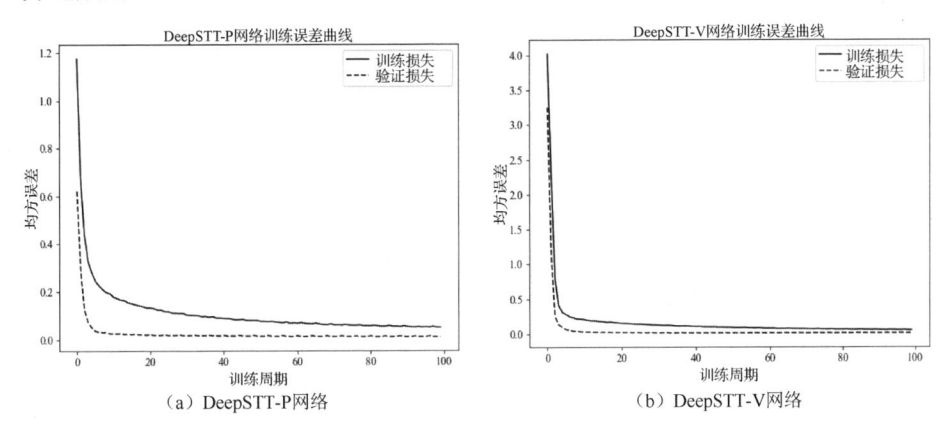

（a）DeepSTT-P网络

（b）DeepSTT-V网络

图 7.4　DeepSTT 网络训练误差曲线

在单目标跟踪场景中，DeepSTT、PHD 和 PDA 三种算法对 CV、CA 和 CT 三种运动模型的目标跟踪效果分别如图 7.5、图 7.6 和图 7.7 所示。其中对 CV、CA 和 CT 三种运动模型，PHD 和 PDA 中的滤波状态转移矩阵采用了相匹配的设置，而 DeepSTT 则保持不变，即对于不同的运动模型，PHD 和 PDA 的实现方法是不同的。

（a）不同算法跟踪效果

（b）不同算法位置估计误差

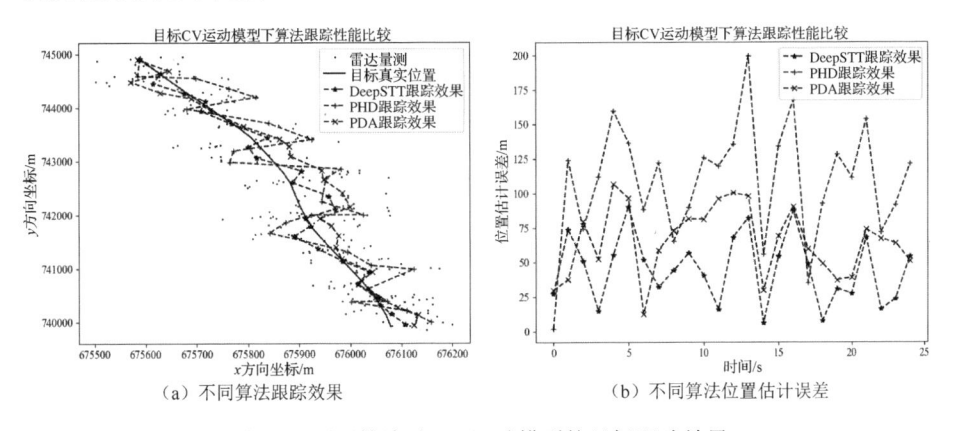

图 7.5　不同算法对 CV 运动模型的目标跟踪效果

（c）不同算法速度估计误差

图 7.5　不同算法对 CV 运动模型的目标跟踪效果（续）

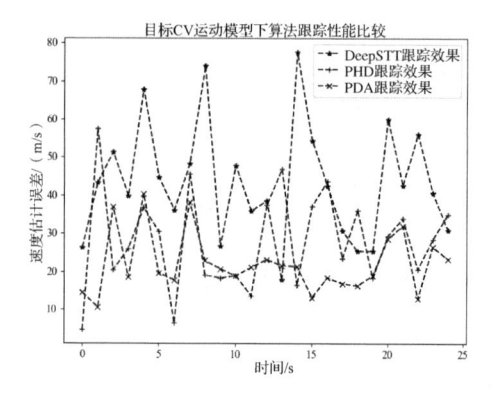

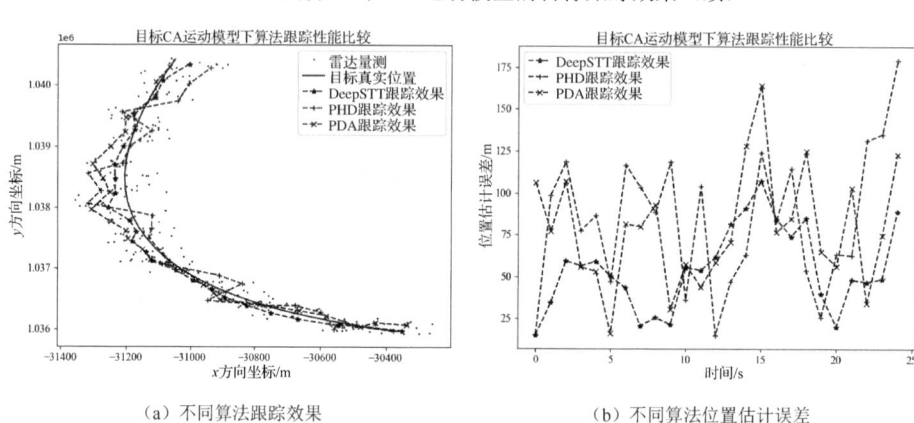

（a）不同算法跟踪效果　　　　　　　　　（b）不同算法位置估计误差

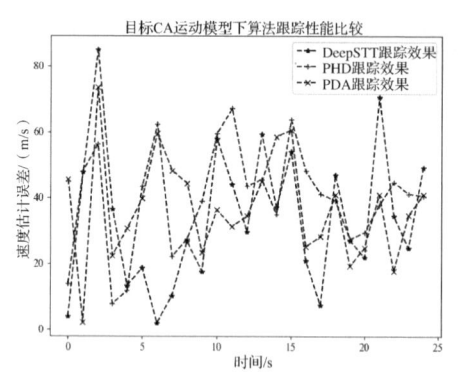

（c）不同算法速度估计误差

图 7.6　不同算法对 CA 运动模型的目标跟踪效果

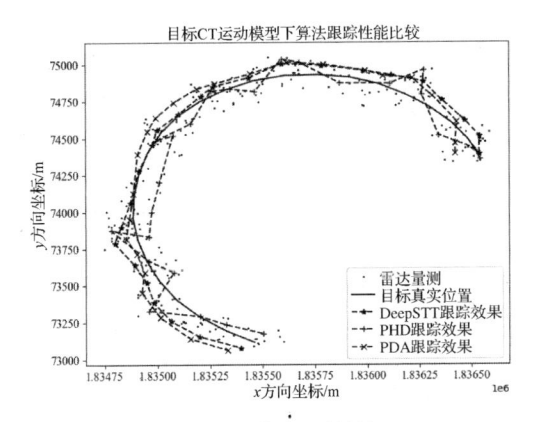

第 7 章　端到端目标智能跟踪方法

(a) 不同算法跟踪效果

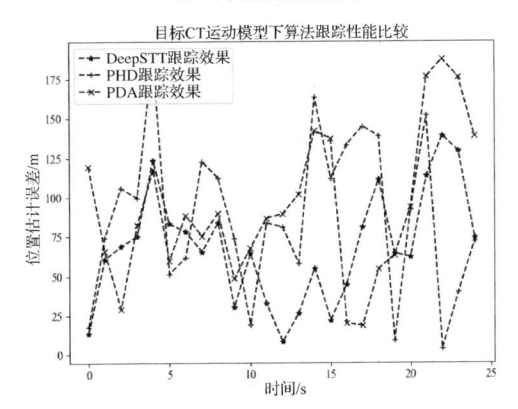

(b) 不同算法位置估计误差

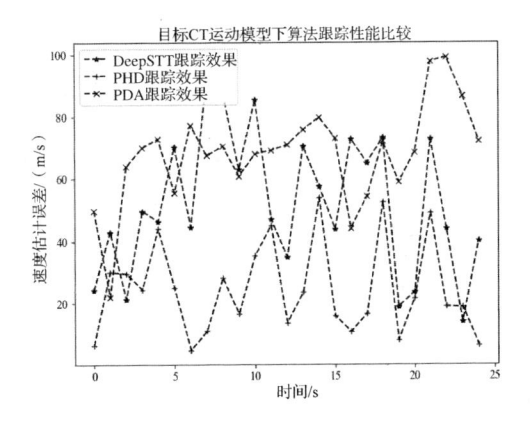

(c) 不同算法速度估计误差

图 7.7　不同算法对 CT 运动模型的目标跟踪效果

由图 7.5、图 7.6 和图 7.7 可知，在杂波单目标跟踪场景中，目标任意采用 CV、CA 或 CT 运动模型，DeepSTT 均可实现对单目标的稳定有效跟踪。因此，从单样本跟踪效果来看，DeepSTT 与 PHD 和 PDA 一样，具备杂波环境下单目标跟踪能力。

下面，通过蒙特卡罗仿真，对 DeepSTT 的位置跟踪性能和速度跟踪性能进行分析。根据单目标跟踪场景，分别构建 CV、CA、CT 三种测试集，每种测试集包含 2000 个样本，计算 DeepSTT、PHD、PDA 三种算法在不同跟踪时间点上的位置估计均方根误差和速度估计均方根误差，结果如图 7.8、图 7.9、表 7.1 和表 7.2 所示，三种算法耗时如表 7.3 所示。其中表 7.1 和表 7.2 中均方根误差中值、均方根误差均值和均方根误差方差通过对各个跟踪时间点上的均方根误差分别求取中值、均值和方差得到。需要说明的是，对于 CV、CA 和 CT 三种测试集，DeepSTT 采用同一套权重进行处理，而 PHD 和 PDA 中目标状态矩阵则是变化的，并且与目标的 CV、CA 和 CT 运动模型相匹配。

(a) CV 运动模型

(b) CA 运动模型

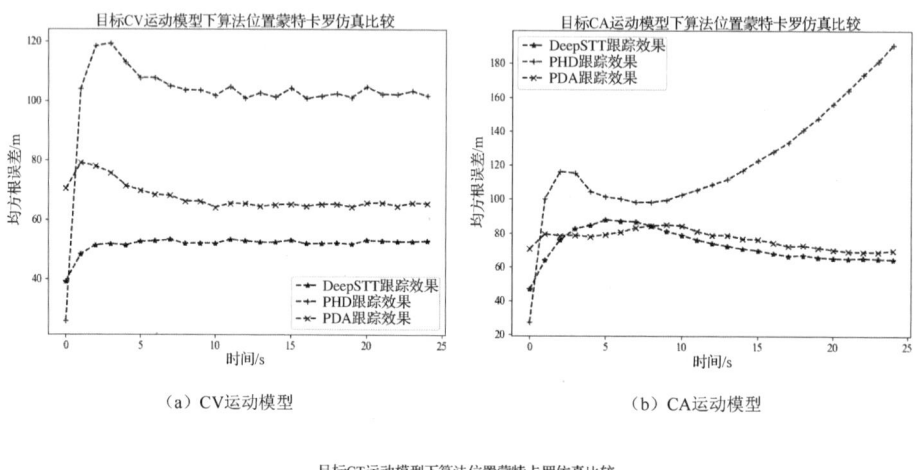

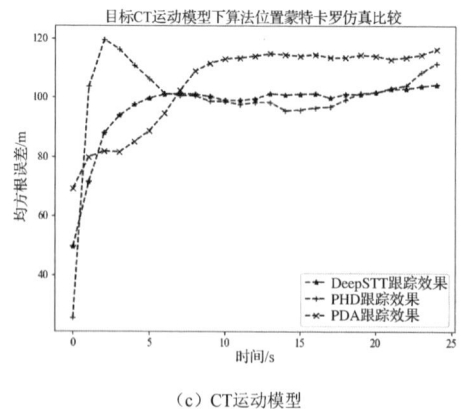

(c) CT 运动模型

图 7.8　不同算法目标位置跟踪性能比较

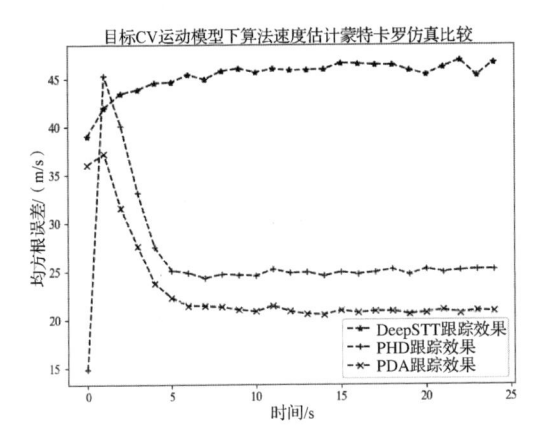

(a) CV运动模型

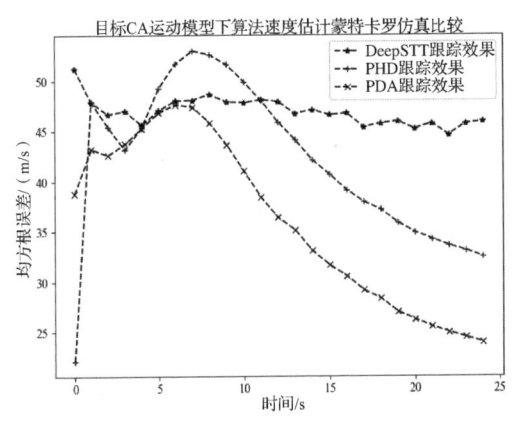

(b) CA运动模型

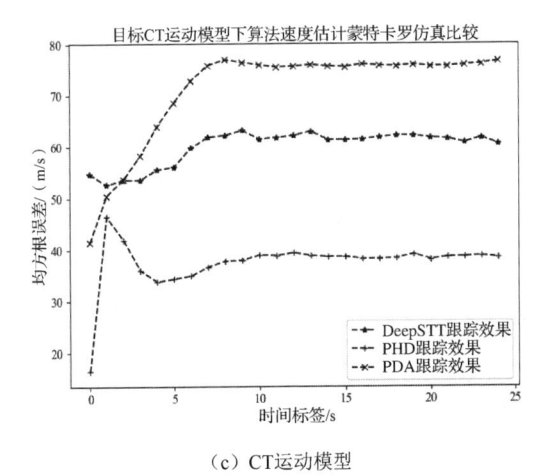

(c) CT运动模型

图 7.9 不同算法目标速度跟踪性能比较

表7.1 目标位置方向跟踪效果比较

测试集	算法	均方根误差中值/m	均方根误差均值/m	均方根误差方差/m
CV	DeepSTT	52.508	51.834	2.746
CV	PHD	103.361	101.812	16.211
CV	PDA	65.691	67.660	4.163
CA	DeepSTT	70.665	72.528	9.711
CA	PHD	115.302	121.791	33.691
CA	PDA	77.859	76.411	5.176
CT	DeepSTT	100.900	96.845	11.595
CT	PHD	100.575	99.551	16.311
CT	PDA	113.374	104.551	14.238

表7.2 目标速度方向跟踪效果比较

测试集	算法	均方根误差中值/（m/s）	均方根误差均值/（m/s）	均方根误差方差/（m/s）
CV	DeepSTT	45.793	45.214	1.672
CV	PHD	24.881	26.314	5.553
CV	PDA	20.908	23.009	4.701
CA	DeepSTT	46.744	46.930	1.389
CA	PHD	43.144	42.035	7.723
CA	PDA	36.351	36.011	8.180
CT	DeepSTT	61.575	59.993	3.282
CT	PHD	38.534	37.509	4.890
CT	PDA	75.724	71.080	9.496

表7.3 三种算法耗时

单位：s

测试集	DeepSTT	PHD	PDA
CV	1.6	992.8	63.2
CA	1.6	983.9	62.1
CT	1.4	980.9	62.8

在位置跟踪方面，由图7.8和表7.1对比分析可知：

（1）对于CV测试集，DeepSTT位置均方根误差的跟踪时刻均值和方差分别为51.834m、2.746m，PHD和PDA位置均方根误差的跟踪时刻均值和方差分别为101.812m、16.211m和67.660m、4.163m，对比可知DeepSTT在位置跟踪精确性和位置跟踪稳定性上明显优于 PHD 和 PDA。

（2）对于 CA 测试集，DeepSTT 位置均方根误差的跟踪时刻均值和方差分别为 72.528m、9.711m，PHD 和 PDA 位置均方根误差的跟踪时刻均值和方差分别为 121.791m、33.691m 和 76.411m、5.176m，对比可知 DeepSTT 在位置跟踪精确性和位置跟踪稳定性上明显优于 PHD，与 PDA 性能相近。

（3）对于 CT 测试集，DeepSTT 位置均方根误差的跟踪时刻均值和方差分别为 96.845m、11.595m，PHD 和 PDA 位置均方根误差的跟踪时刻均值和方差分别为 99.551m、16.311m 和 104.551m、14.238m，对比可知 DeepSTT 在位置跟踪精确性和位置跟踪稳定性上稍优于 PHD 和 PDA，但差距不大。

综合比较，在位置跟踪方面，DeepSTT 整体性能优于 PHD 和 PDA。

在速度跟踪方面，由图 7.9 和表 7.2 对比分析可知：

（1）对于 CV 测试集，DeepSTT 速度均方根误差的跟踪时刻均值和方差分别为 45.214m、1.672m，PHD 和 PDA 速度均方根误差的跟踪时刻均值和方差分别为 26.314m、5.553m 和 23.009m、4.701m，对比可知 DeepSTT 在速度跟踪精确性上明显差于 PHD 和 PDA，但在速度跟踪稳定性具有一定优势。

（2）对于 CA 测试集，DeepSTT 速度均方根误差的跟踪时刻均值和方差分别为 46.930m、1.389m，PHD 和 PDA 速度均方根误差的跟踪时刻均值和方差分别为 42.035m、7.723m 和 36.011m、8.180m，对比可知 DeepSTT 在速度跟踪精确性上差于 PDA，与 PHD 性能相近，并且性能差距相对于 CV 测试集明显减小，DeepSTT 在速度跟踪稳定性上具有一定优势。

（3）对于 CT 测试集，DeepSTT 速度均方根误差的跟踪时刻均值和方差分别为 59.993m、3.282m，PHD 和 PDA 速度均方根误差的跟踪时刻均值和方差分别为 37.509m、4.890m 和 71.080m、9.496m，对比可知 DeepSTT 在速度跟踪精确性上差于 PHD，优于 PDA，DeepSTT 在速度跟踪稳定性上具有一定优势。

综合比较，对于 CV 测试集，即慢变运动目标，DeepSTT 速度跟踪性能明显差于 PHD 和 PDA，但对于 CA 和 CT 测试集，即快变运动目标，DeepSTT 速度跟踪整体性能与 PHD 和 PDA 接近，但稳定性更强。由此可见，目标速度变化越快、越明显，DeepSTT 速度估计效果越好，目标速度变化越慢、越不明显，DeepSTT 速度估计效果越差。这与 DeepSTT 的特点是一致的，因为 DeepSTT 需要识别并适应多个运动模型，运动变化越剧烈，DeepSTT 识别效果越好，进而相应的速度估计精度也会越高。

另外，由表 7.3 可知，对于包含 2000 个样本的测试集，DeepSTT、PHD 和 PDA 的处理时间分别为 1.6s 左右、980s 左右和 62s 左右，可见，DeepSTT 在处理效率上具有显著优势。

综上可知，与 PHD、PDA 相同，DeepSTT 具备杂波环境下单目标跟踪能力，可实现 CV、CA 和 CT 等不同模型运动目标的稳定有效跟踪。与 PHD、PDA 相比，DeepSTT 在算法耗时、跟踪稳定性、位置跟踪精确性等方面具有优势，速度跟踪精确性方面与 PHD、PDA 性能接近。

DeepSTT 在多目标跟踪场景下的效果如图 7.10 所示，结合航迹起始算法，可实现多目标的稳定有效跟踪。

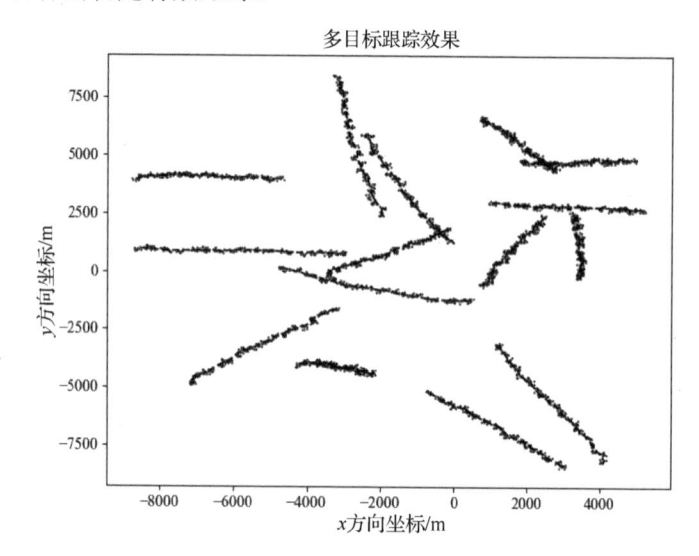

图 7.10　DeepSTT 在多目标跟踪场景下的效果

7.5　小结

第 3～5 章主要围绕跟踪滤波模块进行智能化研究，第 6 章主要围绕点航智能关联，即数据关联模块进行智能化研究，为传统目标跟踪技术进行数智赋能，以进一步提升跟踪滤波性能和环境适应性。本章则是在第 3～6 章工作的基础上，往前更进一步，对数据关联和跟踪滤波两大模块整体进行智能化实现：在关联类目标跟踪框架下，借鉴 PDA 思想，以 Transformer 网络为核心，通过网络输入、网络输出和注意力机制设计，构建了基础型单目标跟踪深度神经网络和单目标跟踪深度神经网络；在关联类目标跟踪框架下，利用初始航迹输入和实时量测数据，实现多目标航迹的持续滤波更新。通过仿真数据实验验证可以发现，本章给出的端到端目标智能跟踪方法具有关联类目标跟踪框架的实用性强、非关联类目标跟踪框架的结构统一、跟踪精度高等优点。

参考文献

[1] 何友, 修建娟, 刘瑜, 等. 雷达数据处理及应用[M]. 4版. 北京: 电子工业出版社, 2022.

[2] CIAPARRONE G, TABIK S, et al. Deep learning in video multi-object tracking: a survey[J]. Neurocomputing, 2020, 381: 61-88.

[3] ZHOU X, LI Y, HE B, et al. GM-PHD-based multi-target visual tracking using entropy distribution and game theory[J]. IEEE Transactions on Industrial Informatics, 2014, 10(2): 1064-1076.

[4] ZHAN R H, GAO Y Z, HU J M, et al. SMC-PHD based multi-target track-before-detect with nonstandard point observations model[J]. Journal of Central South University, 2015, 22(1): 232-240.

[5] LI T, CORCHADO J M, SUN S, et al. Multi-EAP: extended EAP for multi-estimate extraction for SMC-PHD filter[J]. Chinese Journal of Aeronautics, 2017, 30(1): 368-379.

[6] DAMES P M. Distributed multi-target search and tracking using the PHD filter[J]. Autonomous Robots, 2017, 44: 673-689.

[7] YANG S, TEICH F, BAUM M. Network flow labeling for extended target tracking PHD filters[J]. IEEE Transactions on Industrial Informatics, 2019, 15: 4164-4171.

[8] WOJKE N, BEWLEY A, PAULUS D. Simple online and realtime tracking with a deep association metric[C]//IEEE International Conference on Image Processing (ICIP), 2017: 3645-3649.

[9] BOCHINSKI E, EISELEIN V, SIKORA T. High-speed tracking-by-detection without using image information[C]//14th IEEE International Conference on Advanced Video and Signal-based Surveillance (AVSS), 2017: 1-6.

[10] CHU Q, OUYANG W, LI H, et al. Online multi-object tracking using CNN-based single object tracker with spatial-temporal attention mechanism[C]//IEEE/CVF International Conference on Computer Vision (ICCV), 2017: 4846-4855.

[11] SADEGHIAN A, ALAHI A, SAVARESE S. Tracking the untrackable: learning to track multiple cues with long-term dependencies[C]//IEEE/CVF International Conference on Computer Vision (ICCV), 2017: 300-311.

[12] HUANG L, ZHAO X, HUANG K. Bridging the gap between detection and tracking: a unified approach[C]//IEEE/CVF International Conference on Computer Vision (ICCV), 2019: 3998-4008.

[13] HU H, CAI Q, WANG D, et al. Joint monocular 3D vehicle detection and tracking[C]//IEEE/CVF International Conference on Computer Vision (ICCV), 2019: 5389-5398.

[14] LU Z, RATHOD V, VOTEL R, et al. Retinatrack: online single stage joint detection and tracking[C]//2020 IEEE/CVF Conference on Computer Vision and Pattern Recognition (CVPR), 2020: 14656-14666.

[15] SUN S, AKHTAR N, SONG H, et al. Deep affinity network for multiple object tracking[J]. IEEE Transactions on Pattern Analysis and Machine Intelligence, 2021, 43: 104-119.

[16] XU Y, BAN Y, ALAMEDA-PINEDA X, et al. DeepMOT: a differentiable framework for training multiple object trackers[DB/OL]. arxiv preprint arxiv. [2021-12-27].

[17] CHU P, WANG J, YOU Q, et al. TransMOT: spatial-temporal graph Transformer for multiple object tracking[C]//Proceedings of the IEEE/CVF Winter Conference on Applications of Computer Vision, 2023: 4870-4880.

[18] CUI Y Q, HE Y, TANG T T, et al. A new target tracking filter based on deep learning[J]. Chinese Journal of Aeronautics, 2021, 35(5): 11-24.

[19] XIONG W, ZHU H F, CUI Y Q. Recurrent adaptive maneuvering target tracking algorithm based on online learning[J]. Acta Aeronauticaet Astronautica Sinica, 2022, 43(5): 444-456.

[20] LIU J, WANG Z, XU M. DeepMTT: a deep learning maneuvering target-tracking algorithm based on bidirectional LSTM network[J]. Information Fusion, 2020, 53: 289-304.

[21] WANG C, ZHENG J, JIU B, et al. Model-and-data-driven method for radar highly maneuvering target detection[J]. IEEE Transactions on Aerospace and Electronic Systems, 2021, 57(4): 2201-2217.

[22] JIN X B, ROBERTJEREMIAH R J, SU T L, et al. The new trend of state estimation: from model-driven to hybrid-driven methods[J]. Sensors, 2021, 21(6): 1-25.

[23] REVACH G, SHLEZINGER N, NI X, et al. Kalmannet: neural network aided Kalman filtering for partially known dynamics[J]. IEEE Transactions on Signal Processing, 2022, 70: 1532-1547.

[24] LIU H, XIA L, WANG C. Maneuvering target tracking using simultaneous optimization and feedback learning algorithm based on elman neural network[J]. Sensors, 2019, 19(7): 1-19.

[25] VASWANI A, SHAZEER N M, PARMAR N, et al. Attention is all you need[C]//Proceedings of the 31st International Conference on Neural Information Processing Systems, 2017: 6000-6010.

[26] LIU Z, LIN Y, CAO Y, et al. Swin Transformer: hierarchical vision Transformer using shifted windows[C]//IEEE/CVF International Conference on Computer Vision (ICCV), 2021: 9992-10002.

[27] RAFFEL C, SHAZEER N M, ROBERTS A, et al. Exploring the limits of transfer learning with a unified text-to-text Transformer[J]. Journal of Machine Learning Research, 2020, 21(1): 5485-5551.

[28] WANG W, XIE E, LI X, et al. Pyramid vision Transformer: a versatile backbone for dense prediction without convolutions[C]//IEEE/CVF International Conference on Computer Vision (ICCV), 2021: 548-558.

第8章 无人艇平台视频多目标跟踪

8.1 引言

无人艇具有隐蔽性强、机动性高、人员损失小的优点，在军民领域正快速兴起。第3~7章对与雷达目标跟踪相关的智能跟踪滤波、智能数据关联和整体端到端目标跟踪方法进行了研讨，本章重点对无人艇平台光学手段海上多目标跟踪技术，即无人艇平台视频多目标跟踪技术进行研讨[1-2]。

视频多目标跟踪是计算机视觉领域的重要研究内容，目的在于估计视频中多个感兴趣目标的轨迹，一般作为中层任务服务于行为分析、轨迹分析、决策判断等高级任务，对跟踪准确性与实时性都有较高要求[3-11]。为了有效利用深度学习强大的目标检测性能，目前视频多目标跟踪算法一般遵循 TBD（Tracking By Detection）范式，即基于检测的跟踪：首先在视频数据的每一帧都进行目标检测；然后将相邻帧之间的同一目标匹配关联形成跟踪轨迹[12-20]。本章基于现有视频多目标跟踪研究成果，以 YOLOv7 目标检测和 SORT[3]跟踪框架为基础，针对无人艇平台面临的海上环境复杂、尺度变化、摄像机抖动及目标频繁遮挡等跟踪难点，研讨相匹配的方法：针对无人艇高清摄像机拍摄视频时存在的摄像机抖动问题，提出 SIFT[21]图像配准，并使用 RANSAC[22]算法对匹配上的特征点求取单应性的变化矩阵，叠加在下一帧的检测结果中进行运动补偿；针对海上船舶目标非匀速直线运动问题，在 Kalman 滤波中引入加速度参数，并将状态向量转换为观测值，建立匀加速 Kalman 滤波模型，有效提升跟踪精度；针对目标之间频繁遮挡问题，设计一种四级级联匹配机制完成跟踪器信息复用，有效利用历史观测数据及低置信度数据，解决因为遮挡导致的 ID 频繁切换问题，提升跟踪精度。

8.2 现有研究基础

8.2.1 基于检测的视频多目标跟踪

基于检测的视频多目标跟踪任务的实现主要有以下 4 个步骤：目标检测、特征提取、数据关联、目标轨迹更新。基于检测的视频多目标跟踪算法框架图如图 8.1 所示。首先对每一帧图像或视频进行目标检测，以找到图像中所有可能的目标[23]，目标检测可以采用各种现代目标检测算法，如基于深度学习的目标检测器（如 YOLO、Faster R-CNN 等）；然后对每个检测到的目标，从其周围的图像区域中提取特征，包括目标的外观特征、纹理特征等表观特征及运动特征，常用卷积神经网络（CNN）提取目标的特征向量；再将每一帧中检测到的目标与前一帧或多帧中的目标进行关联，数据关联的目标是在不同帧之间确定目标的对应关系，即将当前帧中的目标与历史帧中的目标匹配；最后确定跟踪目标的位置和状态，通过将当前帧中的目标与之前关联的目标进行比较，使用 Kalman 滤波器、粒子滤波器来实现目标位置、速度、外观等信息的更新。

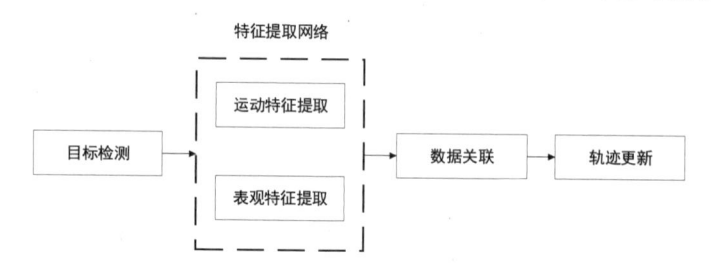

图 8.1 基于检测的视频多目标跟踪算法框架图

8.2.2 SORT 算法

SORT 是一种高效的多目标跟踪算法，基于检测的跟踪策略，可进行在线实时跟踪。SORT 使用检测算法来检测所有的跟踪目标，并利用检测信息对跟踪算法的跟踪轨迹在相邻图像中区分和连接目标。SORT 算法通过 Kalman 滤波[24]对目标的上一帧运动状态进行分析，预测目标下一帧的运动轨迹，并通过匈牙利算法进行配对，最优化地将检测与跟踪估计结果进行匹配。

Kalman 滤波器是一种效果最佳的滤波器，特点是算法简单、易于实现，并具有快速预测的优点，在线性系统中应用非常广泛。

状态方程如式（8.1）所示。
$$x_k = Ax_{k-1} + Bu_{k-1} + w_{k-1} \tag{8.1}$$
其中，x 表示状态，且 $x \in \mathbb{R}^n$；u 表示控制信号，且 $u \in \mathbb{R}^l$；A 是状态转移矩阵；B 是控制矩阵；w_k 是过程噪声。此外，假设状态不是可直接测量的，而是与可观察变量 $z \in \mathbb{R}^m$ 相关的。

量测方程如式（8.2）所示。
$$z_k = Hx_k + v_k \tag{8.2}$$
其中，H 是观测矩阵；v_k 是观测中产生的噪声。w_k 与 v_k 相互独立，且服从零均值正态分布，它们的协方差矩阵分别为 Q 和 R。

Kalman 滤波器结合先验估计和最新观察状态使用递归的方法得到最优状态估计 $\hat{x}$。它由以下两个不同的阶段组成。

在预测阶段，计算观察状态 z_k 前面的最优先验估计状态 $\hat{x}_{k|k-1}$。

在更新阶段，计算观察状态 z_k 后面的最优后验估计状态 $\hat{x}_{k|k}$。

前两个阶段计算好后，得到先验估计误差协方差矩阵 $P_{k|k-1} = E\left[e_{k|k-1}e_{k|k-1}^{\mathrm{T}}\right]$ 和后验估计误差协方差矩阵 $P_{k|k} = E\left[e_{k|k}e_{k|k}^{\mathrm{T}}\right]$，其中，

$$\begin{cases} e_{k|k-1} = x_k - \hat{x}_{k|k-1} \\ e_{k|k} = x_k - \hat{x}_{k|k} \end{cases} \tag{8.3}$$

预测步骤如下：
$$\hat{x}_{k|k-1} = A\hat{x}_{k-1|k-1} + Bu_{k-1} \tag{8.4}$$
$$P_{k|k-1} = AP_{k-1|k-1}A^{\mathrm{T}} + Q \tag{8.5}$$
$$K_k = P_{k|k-1}H^T(HP_{k|k-1}H^{\mathrm{T}} + R)^{-1} \tag{8.6}$$

更新步骤如下：
$$\hat{x}_{k|k} = \hat{x}_{k|k-1} + K_k(z_k - H\hat{x}_{k|k-1}) \tag{8.7}$$
$$P_{k|k} = (I - K_kH)P_{k|k-1} \tag{8.8}$$

其中，I 为单位矩阵；K_k 为 Kalman 增益系数，该系数决定了观察状态对于状态估计的干扰因子。在提供过程矩阵 A、B、Q、H 和 R 时，还必须在使用 Kalman 滤波器时提供 $\hat{x}$ 和 P 的初始估计。

匈牙利算法[25]的目的主要是解决分配指派问题，在视频跟踪中主要实现历史已有目标与实时目标检测框间的准确关联。在 MOT 中，利用改进的 YOLOv7-Tiny 算法作为目标跟踪的检测器，检测器会在每一帧的视野内找到目标，并提取它们的位置和目标边框信息。接着，这些信息会被录入跟踪算法中：首先使用卡尔曼滤波器对后续帧中目标的位置进行估计；然后使用匈牙利算法将检测器实时得到的检测框和跟踪算法得到的估计框进行关联配对；并

最终通过卡尔曼滤波器利用匹配的检测框,修正跟踪算法的估计框,进而得到实时目标框和目标轨迹的准确估计。

在匈牙利算法中,一般通过计算检测框和估计框的交并比并综合目标外观关联系数,来作为检测框和估计框的综合关联系数 C_{ij} ,并设置阈值以排除虚假目标,如式(8.9)所示。

$$C_{ij} = \alpha C_{\text{pos}}(i,j) + \beta C_{\text{app}}(i,j) \tag{8.9}$$

其中, C_{pos} 是交并比(IoU); C_{app} 是目标外观的关联系数,可通过巴氏距离完成计算; α 和 β 为权重系数,两者之和为1。

SORT算法预测的运动状态模型会在下一帧中保持目标标识ID的一致性。状态建模为 $X = [u,v,s,r,\dot{u},\dot{v},\dot{s},\dot{r}]^{T}$,其中, u 和 v 分别表示目标的中心点坐标; s 和 r 分别表示目标边界框的尺寸大小和比例; $\dot{u}、\dot{v}、\dot{s}、\dot{r}$ 表示目标在后续帧中预测的状态。Kalman滤波器预测的目标状态不会直接更新结果,而是当检测结果与跟踪轨迹匹配关联成功时,才会间接地更新目标运动状态。

SORT算法工作流程图如图8.2所示,具体步骤如下。

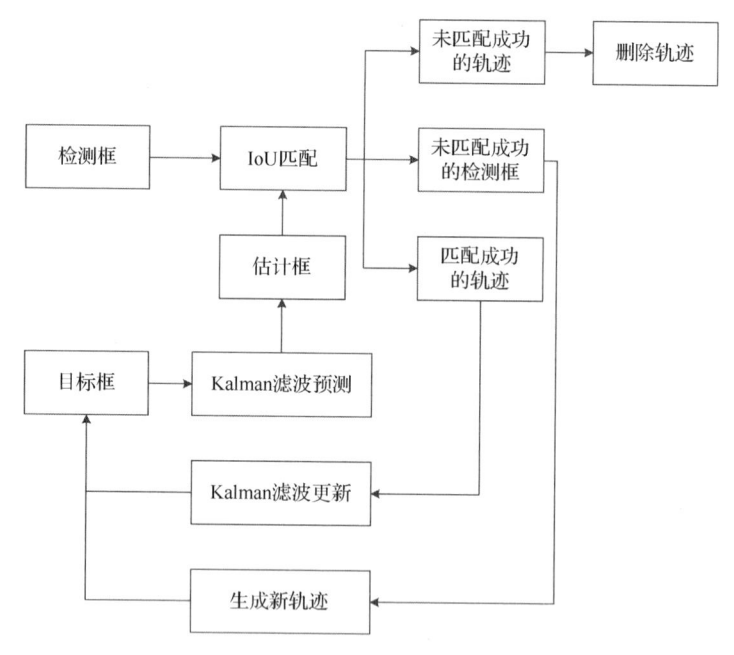

图8.2 SORT算法工作流程图

(1)初始化操作,进而预测目标边界框。

(2)在当前帧,对使用Tracks预测得到的边界框,与当前帧检测得到的目标边界框实现IoU配对,并对IoU配对进行代价矩阵计算。

（3）使用匈牙利算法对步骤（2）中获得的结果进行计算，以实现最佳的线性配对方式。此时存在三种配对情况：第一类是"Tracks 配对失败"（Unmatched Tracks），即跟踪轨迹没有匹配的检测结果。这种情况通常发生在目标超出图像区域或检测器漏检时，Tracks 不能与当前任意一个 Detection 匹配，此时应删除配对失败的 Tracks。第二类是"Detections 配对失败"（Unmatched Detections），即检测结果没有匹配的跟踪轨迹，也就是有新的目标进入画面内，因此，应为新目标初始化新跟踪轨迹。第三类是"目标检测框与 Kalman 滤波预测的目标边界框完全匹配成功"（Matched Tracks），即跟踪完全成功。在这种情况下，最终使用 Kalman 滤波器来更新跟踪轨迹。

（4）重复执行步骤（2）和（3），直到该视频序列中的每一帧都被算法跟踪到，或者所有目标都已完成跟踪，方可结束。

8.2.3 SIFT 图像配准与 RANSAC 算法

SIFT（尺度不变特征变换）是一种常用的计算机视觉算法，用于图像特征描述和匹配。它可以在不同尺度和旋转角度下提取图像的关键点，并生成对这些关键点的描述子。SIFT 算法在图像配准（图像对齐）中被广泛使用，以解决图像在尺度、旋转、平移和视角变化等方面的匹配问题。

RANSAC（随机抽样一致性）是一种常用的鲁棒估计算法，用于解决带有局外点的数据模型拟合或参数估计问题。RANSAC 算法通过随机采样数据中的子集来估计模型，并使用这些估计来评估数据中符合模型的数据点的数量。RANSAC 算法的一个关键思想是假设内点数量较多，即大多数数据点都符合所估计的模型。通过重复随机采样和拟合，RANSAC 算法能够找到一个最佳模型估计，该估计能够很好地解释观测到的数据。

RANSAC 算法在计算机视觉和计算几何等领域具有广泛的应用。它被用于图像配准、特征匹配、线段检测、相机标定及点云处理等问题中，特别是在存在大量离群点或噪声的情况下，RANSAC 算法能够提供鲁棒的参数估计。

8.3 无人艇视频多目标跟踪改进算法

8.3.1 基于图像配准的运动补偿算法 S-R 补偿

由于无人艇在海面航行时的抖动使无人艇载相机随船体晃动，影响了视频质量并破坏了 Kalman 滤波对匀速线性运动的基本假设，导致物体运动与观测视角的晃动叠加为非匀速线性运动。针对这一情况，我们使用 SIFT 图像匹配的方法计算图像的特征点，与上一帧的特征点进行匹配，使用 RANSAC 算法对匹配上的特征点求取单应性的变化矩阵，叠加在下一帧的检测结果中进行运动补偿。

SIFT 算法可以对旋转、视角变化、仿射变换保持一定的稳定性，对图像具有一定的鲁棒性。

SIFT 算法具体分为以下 4 个步骤。

（1）尺度空间的关键点检测。

通过构建高斯金字塔，对不同尺度下的图像进行模糊和降采样，从而实现多尺度的图像表示，图像的尺度空间定义为

$$L(x,y,\sigma) = G(x,y,\sigma) \times I(x,y) \qquad (8.10)$$

$$G(x,y,\sigma) = \frac{1}{2\pi\sigma} e^{-\frac{x^2+y^2}{2\sigma^2}} \qquad (8.11)$$

其中，$I(x,y)$ 为待检测图像；σ 为可变核，即尺度空间因子。

该算法在同一尺度下对相邻的尺度空间进行相减，得到高度差分尺度空间 $D(x,y,\sigma)$。其表达式为

$$D(x,y,\sigma) = [G(x,y,k\sigma) - G(x,y,\sigma)] \times I(x,y) = L(x,y,k\sigma) - L(x,y,\sigma) \qquad (8.12)$$

其中，k 为常熟因子，表示相邻的两个尺度空间的间隔。在得到差分尺度空间之后，通过比较关键点与周围 18 个邻域像素点的极值大小，从而确定候选关键点。

（2）定位关键点。

SIFT 算法通过三维二次拟合函数将候选关键点拟合到附近像素，删除具有低对比度或者边缘定位不精确的关键点，进而增强匹配的稳定性，提高图像的鲁棒性。

（3）确定关键点位置。

利用图像中关键点附近像素的梯度方向分布特征来为每个关键点指定方向。首先在以关键点为中心的领域内进行采样，并利用直方图来统计领域像素的主梯度方向，将直方图的峰值作为该特征点的主方向。其中关键点的极值和方向公式分别如式（8.13）和式（8.14）所示。

$$m(x,y) = \sqrt{(L(x+1,y) - L(x-1,y))^2 + (L(x,y+1) - L(x,y-1))^2} \qquad (8.13)$$

$$\theta(x,y) = \arctan\left[\frac{L(x,y+1) - L(x,y-1)}{L(x+1,y) - L(x-1,y)}\right] \qquad (8.14)$$

(4) 特征点匹配。

提取特征点后，采用特征点的欧氏距离作为图像的相似性进行判定。首先，选定一个待配准图像中的特征点 q_1，然后找出它与原图像中欧氏距离最小的两个关键点 p_1 和 p_2，并将这两个关键点的距离取为 d_1 与 d_2（$d_1 > d_2$）。若 d_2/d_1 小于某个阈值，则认为 q_1 与 p_2 是一对匹配点。通过调节阈值的大小来确定匹配点对的数量，本章阈值选为 0.6。

在图像进行 SIFT 匹配后，存在很多误匹配点，本章采用 RANSAC 算法去除误匹配。RANSAC 是一种鲁棒的模型拟合算法，常用于去除含有噪声或误匹配的数据。它的基本思想是通过随机采样一小部分数据进行模型拟合，并利用这个模型对其他数据进行验证。在每次迭代中，通过计算数据点到模型的误差，并根据设定的阈值确定将哪些数据点视为内点，将哪些数据点视为外点。通过迭代多次，RANSAC 算法能够筛选出拟合效果较好的内点，并通过这些内点重新拟合出最佳的模型。这种算法能有效地去除误匹配，对于一些应用中的异常值或噪声数据，不会对最终拟合结果产生较大的影响。RANSAC 算法广泛应用于计算机视觉、机器学习和图像处理等领域。例如，在图像配准中去除误匹配的特征点，从点云数据中估计地面平面模型等。通过 RANSAC 算法，可以提高模型拟合的鲁棒性，并得到更准确和可靠的结果。式（8.15）为 RANSAC 算法去除误匹配过程中的单应性矩阵。

$$s\begin{bmatrix}x'\\y'\\1\end{bmatrix}=\begin{bmatrix}h_{11}&h_{12}&h_{13}\\h_{21}&h_{22}&h_{23}\\h_{31}&h_{32}&h_{33}\end{bmatrix}\begin{bmatrix}x\\y\\1\end{bmatrix} \quad (8.15)$$

其中，(x,y) 表示目标点的位置；(x',y') 表示场景图对应点的位置；s 为尺度参数。RANSAC 算法在已知的数据集中寻找 4 个样本点，并保证这 4 个样本点之间不共线，然后计算出单应性矩阵。若此模型是最优模型，则对应的代价函数最小。其代价函数为

$$J=\sum_{i=1}^{n}\left(x_i'-\frac{h_{11}x_i+h_{12}y_i+h_{13}}{h_{31}x_i+h_{32}y_i+h_{33}}\right)^2+\left[y_i'-\frac{h_{21}x_i+h_{22}y_i+h_{23}}{h_{31}x_i+h_{32}y_i+h_{33}}\right]^2 \quad (8.16)$$

RANSAC 算法步骤如下：

（1）随机选择：从数据集中随机选择一小部分数据点作为内点，用于拟合模型。使用所选的数据点拟合模型。

（2）内点判定：对于剩余的数据点，计算其到模型的距离，并将距离小于阈值的数据点归为内点，否则归为外点。

（3）模型评估：根据内点数量评估模型的性能，若内点数量越多，则模型越好。

（4）终止条件判断：判断内点数量是否达到设定的阈值，如果是，则认为模型已经拟合得足够好，可以终止算法，否则返回步骤（1）。

（5）最优模型选择：从拟合的模型中选择内点最多的模型作为最优模型，并通过最优模型重新拟合内点。

图 8.3 所示为 S-R 运动补偿算法的流程图，图 8.4 所示为图像配准结果图。通过 SIFT 图像配准+RANSAC 算法剔除误匹配点，并将结果叠加在下一帧的检测结果中，可以有效减少因无人艇载摄像机抖动造成的跟踪精度缺失影响。

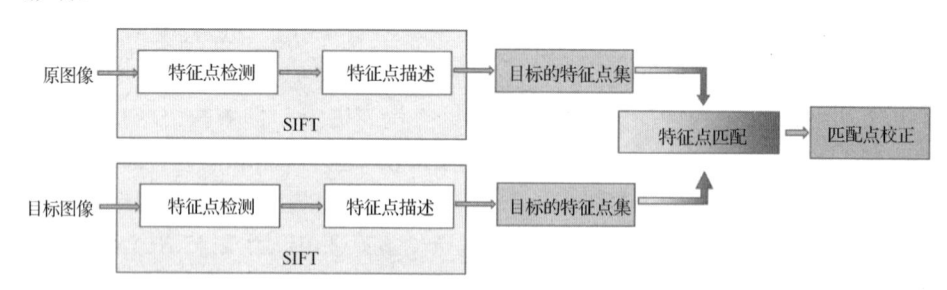

图 8.3　S-R 运动补偿算法的流程图

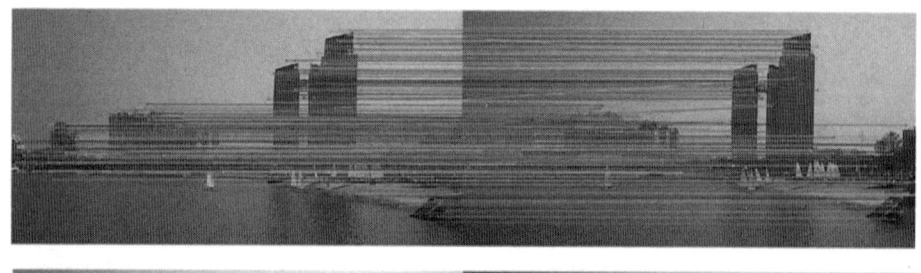

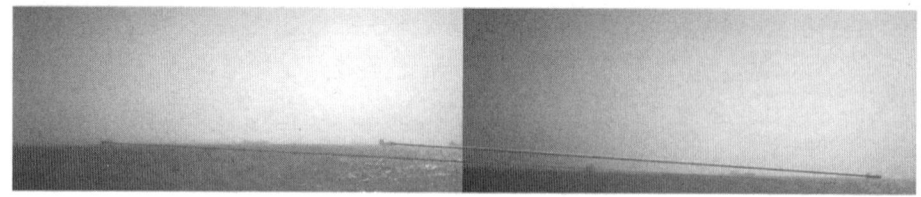

图 8.4　图像配准结果图

8.3.2　引入加速度参数的 Kalman 滤波

原运动状态预测更新算法使用匀速线性滤波，W 帧的状态向量 x_W 由 8 维空间向量 $(x, y, r, h, \dot{x}, \dot{y}, \dot{r}, \dot{h})$ 组成，仅引入位置和方向上的速度参数，未考虑加速度。Kalman 滤波器针对匀速直线运动，对其进行预测更新，但在本章所采用的无人艇拍摄的海上船舶数据集的实际计算中,目标运动状态是不确定的,有可能出现突然加/减速或停顿的情况,导致滤波器预测效果不佳。故本章在原始状态向量中引入了加速度参数 a,并计算了状态转移矩阵 $A(\Delta t)$ 和观测矩阵 H。状态转移矩阵 $A(\Delta t)$ 用于更新非匀速运动目标的状态,而观测矩阵 H 用于将状态向量转换为观测值。在对目标进行状态预测和更新后,建立匀加速 Kalman 滤波模型,以满足运动目标的跟踪需求。

令 $p = (x, y, r, h)^{\mathrm{T}}$,$v = (\dot{x}, \dot{y}, \dot{r}, \dot{h})^{\mathrm{T}}$,$a = (\ddot{x}, \ddot{y}, \ddot{r}, \ddot{h})^{\mathrm{T}}$,采样周期为 Δt,根据 W-1 帧的状态可以推出当前的状态方程[见式(8.17)],进而得到状态转移矩阵 $A(\Delta t)$ [见式(8.18)]。

$$\begin{cases} p_W = p_{W-1} + v_{W-1}\Delta t + 0.5 a \Delta t^2 \\ v_W = v_{W-1} + a\Delta t \\ a_W = a_{W-1} \end{cases} \quad (8.17)$$

$$A(\Delta t) = \begin{bmatrix} 1 & 0 & 0 & 0 & \Delta t & 0 & 0 & 0 & 0.5\Delta t^2 & 0 & 0 & 0 \\ 0 & 1 & 0 & 0 & 0 & \Delta t & 0 & 0 & 0 & 0.5\Delta t^2 & 0 & 0 \\ 0 & 0 & 1 & 0 & 0 & 0 & \Delta t & 0 & 0 & 0 & 0.5\Delta t^2 & 0 \\ 0 & 0 & 0 & 1 & 0 & 0 & 0 & \Delta t & 0 & 0 & 0 & 0.5\Delta t^2 \\ 0 & 0 & 0 & 0 & 1 & 0 & 0 & 0 & \Delta t & 0 & 0 & 0 \\ 0 & 0 & 0 & 0 & 0 & 1 & 0 & 0 & 0 & \Delta t & 0 & 0 \\ 0 & 0 & 0 & 0 & 0 & 0 & 1 & 0 & 0 & 0 & \Delta t & 0 \\ 0 & 0 & 0 & 0 & 0 & 0 & 0 & 1 & 0 & 0 & 0 & \Delta t \\ 0 & 0 & 0 & 0 & 0 & 0 & 0 & 0 & 1 & 0 & 0 & 0 \\ 0 & 0 & 0 & 0 & 0 & 0 & 0 & 0 & 0 & 1 & 0 & 0 \\ 0 & 0 & 0 & 0 & 0 & 0 & 0 & 0 & 0 & 0 & 1 & 0 \\ 0 & 0 & 0 & 0 & 0 & 0 & 0 & 0 & 0 & 0 & 0 & 1 \end{bmatrix}$$

(8.18)

W 帧的观测值 Z_W 和观测矩阵 H 分别如式(8.19)和式(8.20)所示,匀加速 Kalman 滤波的状态和观测表达式如式(8.21)所示。

$$Z_W = H \begin{bmatrix} p_W \\ v_W \\ a_W \end{bmatrix} \quad (8.19)$$

$$H = \begin{bmatrix} 1 & 0 & 0 & 0 & 0 & 0 & 0 & 0 & 0 & 0 & 0 & 0 \\ 0 & 1 & 0 & 0 & 0 & 0 & 0 & 0 & 0 & 0 & 0 & 0 \\ 0 & 0 & 1 & 0 & 0 & 0 & 0 & 0 & 0 & 0 & 0 & 0 \\ 0 & 0 & 0 & 1 & 0 & 0 & 0 & 0 & 0 & 0 & 0 & 0 \end{bmatrix} \quad (8.20)$$

$$\begin{cases} \boldsymbol{x}_W = \begin{bmatrix} \boldsymbol{p}_W \\ \boldsymbol{v}_W \\ \boldsymbol{a}_W \end{bmatrix} = \boldsymbol{A}(\Delta t)\boldsymbol{x}_{W-1} + \boldsymbol{w}_{W-1} \\ \boldsymbol{Z}_W = \boldsymbol{H}\boldsymbol{x}_W + \boldsymbol{v}_W \end{cases} \quad (8.21)$$

其中，w_{W-1} 是 $W-1$ 帧中的过程噪声，表示状态转移矩阵与实际过程之间的误差，一般建模为期望为 0，协方差为 Q 的高斯噪声；Q 为过程激励噪声协方差，表示无法直接观测到的信息，是 Kalman 滤波器中用于估计离散时间过程的状态变量，也叫作预测模型本身带来的噪声。

v_W 是当前 W 帧中的高斯观测噪声，也叫作观测噪声，服从期望为 0，协方差为 R 的高斯分布；R 为观测噪声协方差，在滤波器实际实现过程中，R 一般可以观测得到，是滤波器的已知条件。w_{W-1} 和 v_W 的初值是自适应的，当进行预测、更新步骤迭代时，参数会自动进行更新。

利用 YOLOv7-Tiny-SC2 模型进行目标检测，将得到的检测值作为 Kalman 滤波器的初始值，并在滤波器中引入加速度参数，通过预测下一帧目标运动状态和基于下一帧检测值的目标运动状态修正来获得较准确的跟踪效果。

8.3.3 多级级联匹配

由于目标间相互遮挡的原因，每经历一个步长，历史观测数据的价值逐渐降低，即前 N 个时刻的检测框已经完全无法和当前的检测框建立关联。对此，在每条轨迹中至少存储一条历史观测数据，并跟随每一次的仿射变换矩阵更新历史观测数据。得到更新之后的历史观测量与下一时刻的观测量距离更接近，可以考虑作为 Kalman 滤波预测结果的补充。将历史观测数据纳入级联匹配可以提升低速目标的跟踪效果。图 8.5 所示为多级级联匹配流程图。

（1）充分利用置信度低的检测框信息。

目标检测过程往往会出现虚检现象，为了减少虚检框的产生，往往在检测阶段就通过设定阈值（通常会设置为 0.5～0.8）的方式筛除了一些检测框。检测过程是单一时刻的静态检测过程，而跟踪过程是连续过程，可以根据目标运动状态的连续性，回收利用在检测过程中置信度较低的检测框（可以回收利用所有置信度在 0.3 以下的检测框）。对于高置信度检测框匹配后仍剩余的轨迹预测框，可以尝试使用低置信度检测框进行再匹配。级联匹配共经历 4 轮，依次是高置信度检测框匹配 Kalman 预测框、高置信度检测框匹配历史观测数据、低置信度检测框匹配 Kalman 预测框、低置信度检测框匹配历史观测数据。经过多重匹配，检测框和轨迹已经得到了极大程度的关联匹配。

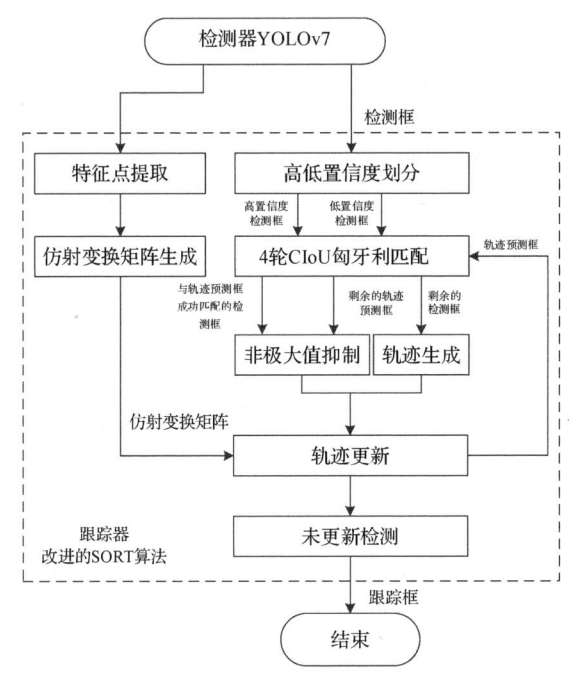

图 8.5　多级级联匹配流程图

（2）避免未匹配检测框和轨迹对跟踪结果的干扰。

引入的历史观测数据和低置信度检测框可能会导致一个目标被重复跟踪，对此采用以下策略。

① 轨迹生成策略：只为置信度非常高的未匹配检测框创建新的轨迹。

② 类别切换策略：对于已有的轨迹，只有置信度比较高的检测框类别可以修正对轨迹类别的判断，并且每一次完成切换后至少维持三帧的稳定。

③ 非极大值抑制策略：如果有多条轨迹竞争匹配一个检测框，那么在完成匹配后，将该检测框分配给存在时间最久的轨迹使其延续，并立刻删除其他同类竞争轨迹，避免同一物体被多条轨迹追踪而导致 ID 反复切换。

8.4　实验对比及分析

8.4.1　数据集构建

海上船舶多目标跟踪数据集格式按照 MOT Challenge16 数据集架构进行设计。对无人艇上高清摄像机和光电跟踪仪拍摄的海上船舶视频进行标注，使用跟踪标注软件 DarkLabel 对视频进行一帧一帧的标注。该数据集共包含 38 个视频序列，每个视频序列含有 300～1500 不同帧数的图像。该数据集共包含 7 类海面目标，分别为帆船类（sailing_boat）、渔船类（fishing_boat）、漂浮目标类（floater）、客船类（passenger_ship）、快艇类（speedboat）、货船类（cargo）和其他特殊船舶（special_ship）。

从该数据集中可看出，其与常规目标检测数据集不同，数据是在船行驶过程中采集的，当载有摄像头的船速或者被采集目标的船速过快时，会产生持续的运动模糊图像，摄像机的抖动进一步加剧这一问题，从而严重影响了跟踪质量，如图 8.6 所示。在密集场景中，船舶之间可能相互遮挡，包括同类物体间的遮挡和不同类物体间的遮挡。这种遮挡现象可能导致大量的误检和漏检，如图 8.7 所示。

图 8.6　数据问题：摄像机抖动

图 8.7　数据问题：遮挡目标

8.4.2　评估指标

首先计算每类目标的 MOTA 和 IDF1 指标，然后计算两个指标的调和平均数，最后分别乘每类目标的数量占比权重，得到精确度得分。

第 i 类目标的调和平均数的计算公式为

$$S_i = \frac{2 \times \text{MOTA}_i \times \text{IDF1}_i}{\text{MOTA}_i + \text{IDF1}_i} \tag{8.22}$$

其中，MOTA 用于评估多目标跟踪算法的精确度指标，综合考虑了多目标跟踪算法的漏检和误检情况，其计算公式为

$$\text{MOTA} = 1 - \frac{\sum_t (\text{FN}_t + \text{FP}_t + \text{IDSW}_t)}{\sum_t \text{GT}_t} \tag{8.23}$$

其中，FN、FP、IDSW 分别为虚检率、漏检率及 ID 交换。

IDF1 用于评估多目标跟踪算法的识别准确率。它衡量了跟踪算法在正确识别检测框的同时，对每个跟踪目标进行唯一身份标识的能力，其计算公式为

$$\text{IDF1} = \frac{2\text{TP}}{2\text{TP}+\text{FP}+\text{FN}} \tag{8.24}$$

其中，TP 为正确率。

每类目标的数量占比权重 λ 如表 8.1 所示。

表 8.1 每类目标的数量占比权重 λ

类别	1	2	3	4	5	6	7	合计
权重	0.40	0.10	0.05	0.15	0.10	0.15	0.05	1

最终精确度得分为

$$S = \sum_{i}^{7} S_i \lambda_i \tag{8.25}$$

8.4.3 消融实验

为了更深入地评估不同模块对检测结果的影响，设计了消融实验，探究各个模块对整体算法性能的贡献。通过表 8.2 可以看出，使用 SIFT+RANSAC 图像防抖方法（S-R 运动补偿）后有效性得到进一步的验证，成功将 MOTA 值和 IDF1 值分别提升了 0.0434 和 0.0284，这一结果明确表明，通过图像配准技术，可以将前后两帧图像中的特征点进行匹配并将这些特征点叠加到下一帧图像中。这种方法能够有效补偿由于艇载摄像机抖动带来的观测误差，从而提升跟踪器在相邻帧框选关键内容匹配的能力；此外，引入改进的 Kalman 滤波算法后，大幅降低了运动特性不足导致的预测错误问题，MOTA 值提升了 0.0631，且由于跟踪稳定性得到很大提升，ID 标识能力也更加稳定，IDF1 值提升了 0.0401；在多级级联匹配方面，融合了 F-Mate 算法后，MOTA 值提升

了 0.0518，IDF1 值提升了 0.0704，表明充分利用历史信息及对低置信度检测框的匹配，能够有效地增强网络抗遮挡能力，减少 ID 标识频繁切换的次数，从而提高跟踪的准确性。值得注意的是，将三个模块同时嵌入算法后，MOTA 和 IDF1 指标的增量远超单一模块的改进。表明三个模块之间的整合并不会相互影响，能够有效协同工作，算法的综合性得到了显著提升。综合考虑所有改进措施后，我们的跟踪算法的 Overall 值达到了 54.09%，相比改进前的算法在数值上提升了 10.01%，证明了经过多个模块的协同优化，算法对于频繁遮挡、非匀速运动的目标的跟踪能力得到了显著提高。

表 8.2 追踪模块消融实验

S-R 运动补偿	改进的 Kalman 滤波	F-Mate	MOTA/%	IDF1/%	Overall/%
			43.78	44.38	44.08
√			48.12	47.22	47.61
	√		50.09	48.39	49.23
		√	48.96	51.42	50.74
√	√	√	54.27	53.19	54.09

8.4.4 与其他 SOTA 算法的对比及分析

针对测试集进行对比实验，实验结果如表 8.3 所示。相比于 Bytetrack 算法，尽管本章所提算法的运算速度较为缓慢，但 MOTA 和 IDF1 指标均有提升；相比于 StrongSORT 算法，本章所提算法的 IDF1 稍有下降，而 MOTA 略有提升，并且在跟踪速度方面相较 StrongSORT 算法，实现了两倍的加速；相比于 FairMOT 算法，所提算法在 MOTA 与 IDF1 分别提升 0.1293 和 0.1158 的基础上，处理速度仅下降了 4.6FPS。通过实验可知，相对于其他 SOTA 算法，所提算法具备明显的优越性，能够更好地平衡跟踪速度与跟踪精度，并且所提算法的处理速度为 21.3FPS，能够满足无人艇载设备实际运用需求。

表 8.3 本章所提算法在测试集上的表现结果和其他 SOTA 算法的对比

算法	MOTA/%	IDF1/%	Overall/%	处理速度/FPS
SORT	43.78	44.38	44.08	32.2
FairMOT	41.34	42.33	41.79	25.9
StrongSORT	53.23	54.75	53.71	7.1
Bytetrack	53.61	53.74	53.69	29.6
本章所提算法	54.27	53.91	54.09	21.3

8.4.5 "杰瑞杯"海面 RGB-T 目标跟踪竞赛情况

可见光传感器凭借低成本、纹理特征丰富等优势，已成为海面无人平台主要感知设备，在海上目标跟踪与识别过程中发挥了关键作用。但在海上复杂场景下，如图 8.8 所示，可见光图像存在目标检测不到、有效特征无法提取等严重问题，海上目标跟踪与识别面临巨大挑战。而热红外传感器可在照明条件差、雨雾等复杂环境中对海上目标进行有效成像，与可见光图像具有较强的互补性。为此，2024 年第三届全国信息融合挑战赛暨"杰瑞杯"可见光—红外视频海面目标跟踪竞赛利用无人艇可见光与红外复合模组，同步采集可见光和红外原始图像，以期解决弱特征目标难检测，异构信息、不稳定目标难关联等海面多目标跟踪难题。可见光—红外安装位置及双模态感知视场如图 8.9 所示。

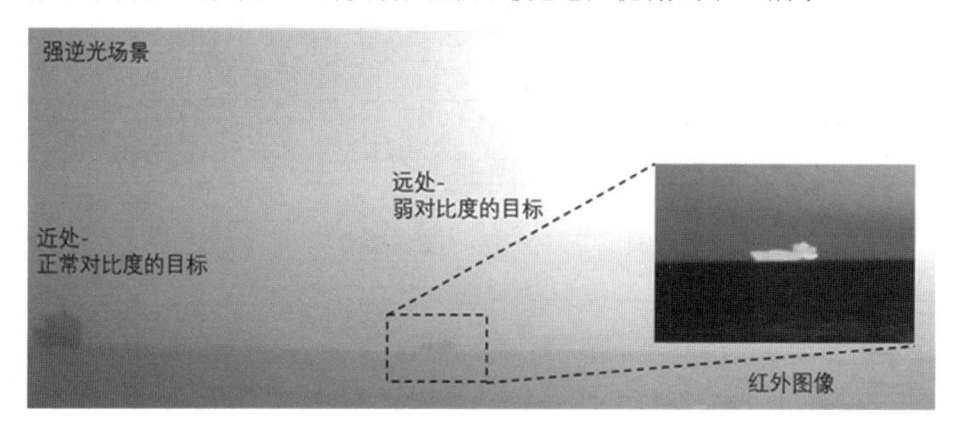

图 8.8 复杂场景海面目标可见光—红外对比示意图

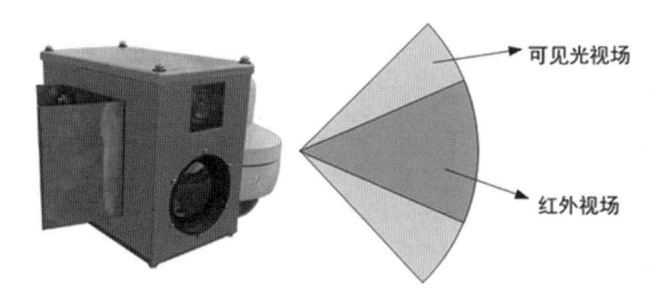

图 8.9 可见光—红外安装位置及双模态感知视场图

1. 竞赛数据集描述

该竞赛数据集包含 112 个视频序列，每个视频序列包含红外序列和对应的可见光序列。数据标注格式如表 8.4 所示，选用 MOT（Multiple Object

Tracking）标注格式，标注目标在视频中的轨迹和位置，包含字段。数据集中检测类别以及对应标签如表 8.5 所示。

表 8.4　数据标注格式

位置	名称	描述
1	帧号	目标所在当前帧的编号
2	轨迹号	目标所在当前轨迹的编号
3	标注框信息	目标标注框的左上角点的 x 值
4	标注框信息	目标标注框的左上角点的 y 值
5	标注框信息	目标标注框宽 w 值
6	标注框信息	目标标注框高 h 值
7	置信度	标注时目标的置信度，通常为 1
8	类别	海面目标类别，见类别表
9	遮挡程度	0 代表不遮挡，1 代表部分遮挡，2 代表严重遮挡

表 8.5　检测类别及对应标签

序号	可见光图像类别	类别说明	权重 λ
0	cargo	货船、工程船、挖泥船等大型船舶	0.40
1	passenger_ship	渔船、客船、游船、拖船等中型船舶	0.20
2	speedboat	快艇、摩托艇等小型船舶	0.15
3	buoy	航标等航道标志物	0.10
4	floater	浮球等海面漂浮物	0.10
5	other	海面礁石、管道型浮排、海警船、养殖区等其他目标	0.05

2. 总体方案

为了解决该竞赛提出的问题，实现可见光—红外视频的海面多目标融合跟踪，本节进一步提出了一种基于改进 YOLOv7 框架的可见光—红外融合检测跟踪方法。具体技术方案如图 8.10 所示。首先对可见光图像训练集进行图像增广，增加训练样本的数量，提高模型泛化能力；接着利用 YOLOv7 模型分别训练可见光图像与红外图像数据集，得到训练模型；然后，利用训练好的 YOLO 模型分别对可见光图像以及红外图像测试集进行目标检测，检测结果通过决策级融合算法映射到可见光图像上；最后利用前文提出的无人艇视频多目标跟踪改进算法对融合的检测框进行目标跟踪，得到最终的结果。

（1）图像增广

针对测试集视角差异导致的船舶漏检问题，采用目标提取结合旋转、翻转、尺度变换等几何变换，通过图像增广方法优化训练集特征表达能力，弥补原始训练集视角覆盖不足的缺陷，部分结果如图 8.11 所示。

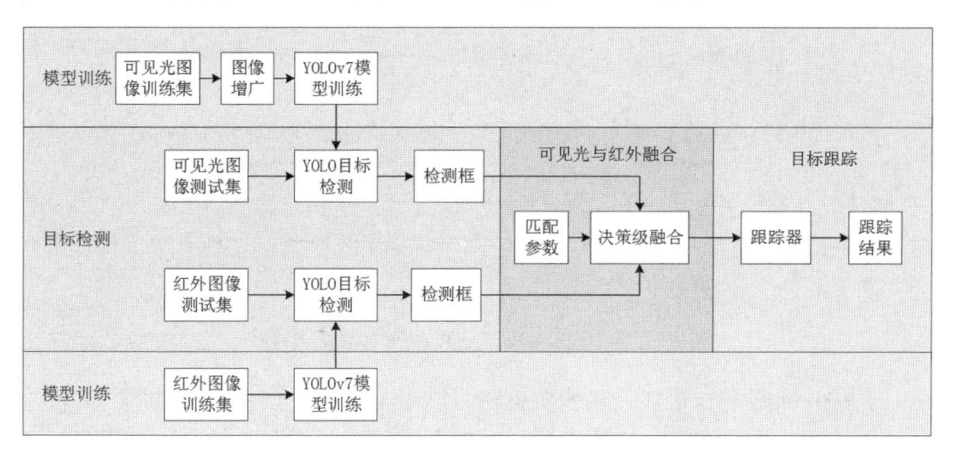

图 8.10　技术方案

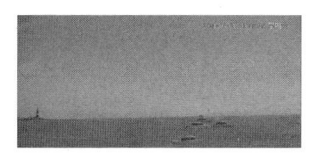

(a) 正面/后面视角增广　　(b) 侧面视角增广　　(c) 水平翻转增广

图 8.11　图像增广方法示例

将经过图像增广的图像样本整合至原始训练集，并训练得到新的目标检测模型。典型结果如图 8.12 所示，相较于基准模型，经过图像增广后，原始模型中存在的漏检问题得到有效改善，边界框定位精度得到有效提升。

(a) 未进行图像增广的检测效果　　(b) 部分图像增广的检测效果

图 8.12　图像增广前后对比

（2）可见光与红外决策级融合

该技术部分在独立处理双模态数据后加权融合结果，兼具准确性和实时性优势，可见光与红外决策级融合算法流程图如图 8.13 所示。具体流程包括：①可见光—红外图像配准对齐；②基于 YOLO 的双模态目标检测；③以可见光为基准的检测结果映射。相较于像素级融合的高计算成本及特征级融合的信息损失，该技术部分通过层级决策优化，有效平衡了计算效率与识别精度。

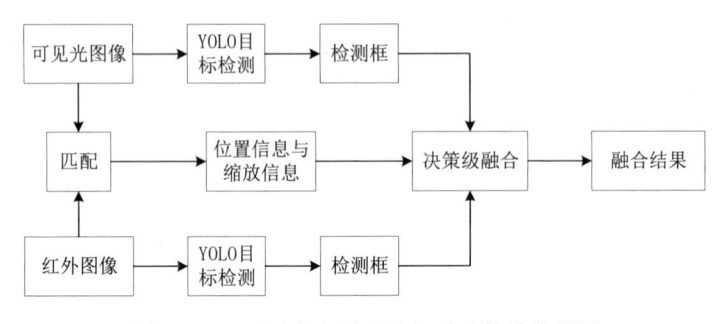

图 8.13 可见光与红外决策级融合算法流程图

其中决策级融合模块，对检测框进行映射与合并，具体流程如下：首先，将红外检测框进行缩放与位置映射，映射到可见光图像上。接着，两两遍历可见光与红外检测框，对于交并比大于阈值的可见光与红外检测框，仅保留可见光检测框，红外检测框舍弃；对于不满足交并比的检测框全部保留下来。最后，遍历完成得到融合后的检测框，继续跟踪操作。融合算法流程图如图 8.14 所示。

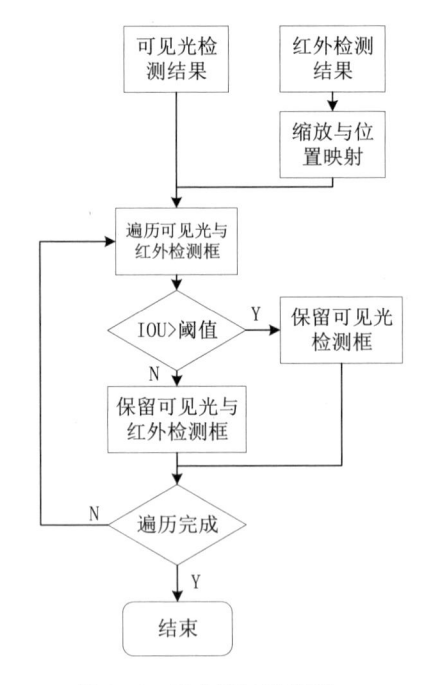

图 8.14 融合算法流程图

选取雨天、夜晚与存在黑框遮挡的三种场景的三段测试视频进行匹配与融合，检测结果对比如图 8.15 所示。

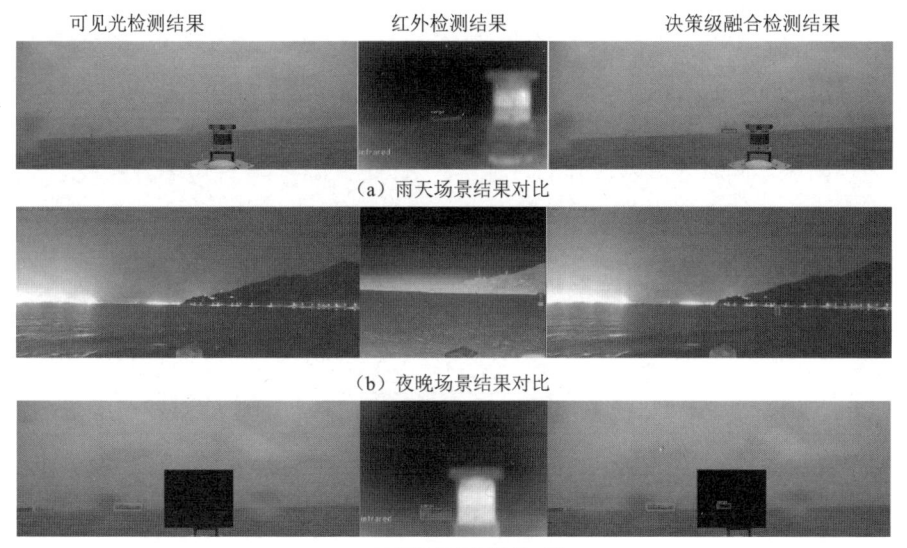

第8章　无人艇平台视频多目标跟踪

可见光检测结果　　　　红外检测结果　　　　决策级融合检测结果

（a）雨天场景结果对比

（b）夜晚场景结果对比

（c）黑框遮挡场景结果对比

图 8.15　不同场景下检测结果对比

（3）无人艇视频多目标跟踪改进算法

使用 8.3 节提出的无人艇视频多目标跟踪改进算法作为跟踪器，该算法针对 SORT 跟踪算法在帧率低、目标小、镜头晃动等场景下的局限性进行优化。经过验证，在上述特殊场景中的跟踪效果相比于其他 SORT 有较大提升，可视化了该算法在连续三帧的跟踪效果，如图 8.16 所示。

frame1　　　　　　frame2　　　　　　frame3

（a）小目标跟踪效果对比

frame1　　　　　　frame2　　　　　　frame3

（b）大目标跟踪效果对比

图 8.16　跟踪效果可视化

（注：浅灰色方框为检测框，浅灰色虚线框为 SORT 算法预测框，深色虚线框为本算法最优估计框）

3. 总体性能

表 8.6 展示了该算法的性能评估结果，整体而言，MOTA、IDF1 和 Si 的得分分别达到了 62.14%、60.08%和 57.16%，说明该算法不仅在目标跟踪精度方面表现出色，同时还具备较强的目标身份保持能力，在双模态多目标跟踪任务中展现了显著的性能优势。

表 8.6　算法性能评估结果

类别	cargo	passenger_ship	speedboat	buoy	floater	other	平均
MOTA/%	76.34	81.66	43.07	28.40	6.71	79.96	62.14
IDF1/%	68.87	62.44	40.90	37.01	11.28	68.77	60.08
Si/%	72.41	70.77	41.96	32.14	8.41	73.94	57.16

8.5　小结

本章重点对无人艇平台光学手段海上多目标跟踪技术，即无人艇平台视频多目标跟踪技术进行研讨，在现有视频多目标跟踪研究成果的基础上，针对无人艇平台面临的海上环境复杂、尺度变化、摄像机抖动及目标频繁遮挡等跟踪难点，通过图像配准、匀加速 Kalman 滤波模型和多级级联匹配，对现有视频多目标跟踪研究成果进行了适配。同时，设计了模块消融实验与对比实验，论证了本章所提算法的有效性。

参考文献

[1] ZHOU Z G, HU X X, LI Z M, et al. A fusion algorithm of object detection and tracking for unmanned surface vehicles[J]. Front Neurorobot, 2022, 16(4): 1-16.

[2] ZHANG W, GAO X Z, YANG C F, et al. A object detection and tracking method for security in intelligence of unmanned surface vehicles[J]. Journal of Ambient Intelligence and Humanized Computing, 2020, 13(3): 1279-1291.

[3] BEWLEY A, GE Z, OTT L, et al. Simple online and realtime tracking[C]//2016 IEEE International Conference on Image Processing (ICIP), 2016: 3464-3468.

[4] REN S Q, HE K M, GIRSHICK R, et al. Faster R-CNN: towards real-time object detection

with region proposal network[J]. IEEE Transactions on Pattern Analysis and Machine Intelligence, 2017, 39(6): 1137-1149.

[5] ZHU J, YANG H, LIU N, et al. Online multi-object tracking with dual matching attention networks[C]//Proceedings of the European Conference on Computer Vision (ECCV), 2018: 366-382.

[6] BERGMANN P, MEINHARDT T, LEAL-TAIXE L. Tracking without bells and whistles[C]// Proceedings of the IEEE/CVF International Conference on Computer Vision, 2019: 941-951.

[7] SONG G, LIU Y, WANG X. Revisiting the sibling head in object detector[C]//Proceedings of the IEEE/CVF Conference on Computer Vision and Pattern Recognition, 2020: 11563-11572.

[8] ZHENG Z H, WANG P, REN D W, et al. Enhancing geometric factors in model learning and inference for object detection and instance segmentation[J]. IEEE Transactions on Cybernetics, 2022, 52(8): 8574-8586.

[9] GAO L, HE Y, SUN X, et al. Incorporating negative sample training for ship detection based on deep learning[J]. Sensors, 2019, 19(2): 1-20

[10] CHU P, LING H. FAMnet: joint learning of feature, affinity and multi-dimensional assignment for online multiple object tracking[C]//Proceedings of the IEEE/CVF International Conference on Computer Vision, 2019: 6172-6181.

[11] GEVORGYAN Z. SIoU loss: more powerful learning for bounding box regression[DB/OL]. arxiv preprint arxiv. [2023-08-20].

[12] RSHICK R. Fast R-CNN[C]//Proceedings of the IEEE International Conference on Computer Vision, 2015: 1440-1448.

[13] REN S, HE K, GIRSHICK R, et al. Faster R-CNN: towards real-time object detection with region proposal networks[J]. Advances in Neural Information Processing Systems, 2015, 28: 1-9.

[14] REDMON J, DIVVALA S, GIRSHICK R, et al. You only look once: unified, real-time object detection[C]//Proceedings of the IEEE Conference on Computer Vision and Pattern Recognition, 2016: 779-788.

[15] ZHOU D F, FANG J, SONG X B, et al. IoU loss for 2D/3D object detection[C]//Proceedings of 2019 International Conference on 3D Vision, 2019: 85-94.

[16] ZHENG Z H, WANG P, LIU W, et al. Distance-IoU loss: faster and better learning for bounding box regression[J]. Artificial Intelligence, 2020, 34(7): 12993-13000.

[17] 唐崇武，刘洪喜，代长安. 基于改进 YOLOv3 算法的舰船目标检测识别系统[J]. 航空电子技术，2022，53(2)：39-46.

[18] JOCHER G, STOKEN A, BOROVEC J, et al. YOLOv5: v3.1-bug fixes and performance improvements[J]. Zenodo, 2020,10: 52-59.

[19] Ge Z, Liu S, Wang F, et al. YOLOX: exceeding YOLO series in 2021[DB/OL]. arxiv preprint arxiv. [2023-08-20].

[20] WANG C Y, BOCHKOVSKIY A, LIAO H. YOLOv7: trainable bag-of-freebies sets new state-of-the-art for realtime object detectors[C]//2023 IEEE/CVF Conference on Computer

Vision and Pattern Recognition (CVPR), 2023: 7464-7475.

[21] 刘佳，傅卫平，王雯，等. 基于改进 SIFT 算法的图像匹配[J]. 仪器仪表学报，2013，34(5)：1107-1112.

[22] 杨琼楠，马天力，杨聪锟，等. 基于优化采样的 RANSAC 图像匹配算法[J]. 激光与光电子学进展，2020，57(10)：259-266.

[23] 孙嘉燚，苍岩. 基于多目标追踪方法的猪只个体识别算法[J]. 应用科技，2022，49(2)：75-80.

[24] KALMAN R E. A new approach to linear filtering and prediction problems[J]. Journal of Basic Engineering, 1960, 82: 35-45.

[25] 柳毅，佟明安. 匈牙利算法在多目标分配中的应用[J]. 火力与指挥控制，2002，27(4)：34-37.

第 9 章 航行特征机器学习目标识别方法

9.1 引言

第 3～7 章对智能跟踪滤波、智能数据关联和整体端到端目标跟踪方法进行了研讨，第 8 章对无人艇平台视频多目标跟踪技术进行了研讨，第 9 章和第 10 章将重点对目标识别方法进行研讨。当前目标识别主要围绕可见光图像、SAR 图像和一维距离像等包含目标外部轮廓特征比较丰富的信息进行算法研究，对基于航行特征的目标识别方法研究比较少。目标航迹是可以广泛获取的，更为重要的是可以远距离获取的，因此利用目标航迹信息，根据航行特征进行目标识别具有重要的应用价值[1-2]，因此第 9 章和第 10 章将重点对基于航行特征的目标识别方法进行研讨。

目标航迹蕴含着丰富的目标运动特性，因此基于航行特征的目标识别是目标识别领域中一个重要的研究方向。针对空中目标航迹特征建模，已经有了大量的研究，并且取得了较高的识别准确率。但目前对于海面目标航迹特征建模，尚缺乏广泛的研究，海面目标与空中目标的运动特点存在较大差异：空中目标在三维空间中运动，速度和方向机动多，特征变化明显；而海面目标可近似看作是二维运动的，速度和方向机动较空中目标更加缓慢，如加速度变化率、航向变化率方差等复杂建模特征对于海面目标航迹不完全适用。在海面目标航迹特征建模的研究中，文献[3]将海面航迹分为转向、直行和抛锚三种运动状态，并为每种状态提取了相应的特征，用于识别渔船和货船。然而，运动状态判别准则较为复杂，阈值设置存在困难。在提取抛锚状态特征时，文献[3]设置了抛锚次数的特征量，这一方法在处理时间跨度较长的航迹时才具备意义，不适用于实时在线识别。文献[4]通过提取海面目标的航向与航速相关特征，构建了一个 308 维的特征向量，从而实现了对货船、渔船和客船三类海面目标的识别。然而，该方法的特征维度较大，导致模型参数众多，运算量也较大。此外，文中所构建的航速航向矩阵元素统计意义不明确，存在结果不可靠的问题。针对海面目标航迹特征建模方法，需要进一步深入研究。

本章针对海面目标的运动特点，从航速和航向方面构建特征向量，提出了一种海面目标航迹特征建模方法，使相同类型的航迹在特征空间中表现出较强的内聚性，不同类型的航迹在特征空间中表现出较强的分离性，并在此基础上，采用机器学习方法实现对目标类型的识别，实验验证了所提方法的有效性，以及海面目标识别研究的可行性。此外，本章构建了基于 AIS 的海面目标航迹数据集，用于后续的实验验证。本章的具体内容安排如下：9.2 节介绍了航迹特征建模；9.3 节介绍了航迹数据集构建；9.4 节介绍了几种分类器设计；9.5 节详述了本章的实验对比及分析，具体包括特征量筛选、特征可视化分析、实验结果；9.6 节对本章内容进行了总结。

9.2 航迹特征建模

原始航迹序列可以表示为 $\{P_1, P_2, P_3, \cdots, P_i, \cdots, P_n\}$，其中每个航迹点 P_i 又具有多维信息，包括时间戳、经度、纬度、航速和航向。原始的航迹信息维度为 $n \times 5$，n 为航迹序列长度，每个航迹点包含 5 维信息，共计 $5 \times n$ 个数据。本节通过设计特征量，构建用于判别目标类型的特征向量。特征量由原始信息计算得出，其构成的特征向量为 $\{F_1, F_2, F_3, \cdots, F_j, \cdots, F_m\}$，维度为 $1 \times m$。构建完特征向量后利用分类器对特征向量进行分类，输出目标类型。

9.2.1 平均航速

目标的平均航速是整条航迹所有航迹点航速的算术平均值，即

$$v_a = \frac{1}{n} \sum_{i=1}^{n} v_i \qquad (9.1)$$

平均航速反映了船舶目标航速的平均水平，不同类型船舶受其载重量和动力系统的影响，以不同的航速水平行进。作为一种基础的运动特征，平均航速可以区分运动差异较大的船舶目标。

9.2.2 最大航速

目标的平均航速捕捉的是船舶目标航速的平均水平，而最大航速反映了船舶在高速航行过程中的运动水平，对于不同类型的船舶也具有区分性，定义如下：

$$v_m = \max_{i \in [1, n]} v_i \qquad (9.2)$$

9.2.3 高速航行比例

目标在某一时间段可能会加速到较高航速,但其在高速状态下的持续航行能力具有差异性,这种差异性无法仅通过平均航速和最大航速来捕捉。因此,本节设计了高速航行比例这一特征量,以更准确地定量表示高速下的航迹点比例。具体方法是计算航速值的第二三分位数 v_h,并统计航速值大于 v_h 的航迹点比例 p_{v_h}。p_{v_h} 的计算步骤如下。

步骤1:将航迹中的航速值从小到大排序。

步骤2:将位置为 $\frac{2}{3}n$ 的航速值赋值给 v_h。

步骤3:计算 p_{v_h},计算公式为

$$p_{v_h} = \frac{\text{count}(v \geq v_h)}{n} \tag{9.3}$$

其中,$\text{count}(v \geq v_h)$ 表示航速值不低于 v_h 的航迹点个数。

9.2.4 低速航行比例

为刻画不同目标在低速状态下持续航行能力的差异性,本节设计了低速航行比例 p_{v_l}。p_{v_l} 的计算步骤如下。

步骤1:将航迹中的航速值从小到大排序。

步骤2:将位置为 $\frac{1}{3}n$ 的航速值赋值给第一三分位数 v_l。

步骤3:计算 p_{v_l},计算公式为

$$p_{v_l} = \frac{\text{count}(v \leq v_l)}{n} \tag{9.4}$$

其中,$\text{count}(v \leq v_l)$ 表示航速值不超过 v_l 的航迹点个数。

9.2.5 加速机动因子

目标的加速能力是目标的重要运动性能,反映了目标在提高速度方面的能力,本节设计加速机动因子 λ,来描述目标的加速能力。用相邻航迹点的航速差值来表示目标在各个航迹点处的加速度大小。加速机动因子 λ 的计算步骤如下。

步骤1:计算相邻航迹点的航速差值,计算公式为

$$\Delta v_i = v_i - v_{i-1}, i \in [2, 3, \cdots, n] \tag{9.5}$$

步骤 2：将航速差值从小到大排序。

步骤 3：将位置为 $\frac{2}{3}n$ 的航速差值赋值给第二三分位数 Δv_h。

步骤 4：得到大于 Δv_h 的航速差值集合，即

$$A = \{\Delta v_i \mid \Delta v_i > \Delta v_h, i \in [2,3,\cdots,n]\} \tag{9.6}$$

步骤 5：计算集合 A 的算术平均值，即

$$\lambda = \frac{1}{m_v}\sum \Delta v_i, \Delta v_i \in A \tag{9.7}$$

其中，m_v 为集合 A 的元素个数。

9.2.6 航向累计变化量

不同类型的目标在航向保持上存在差异，小型船舶的航迹往往更加曲折，大型船舶的航迹通常比较平缓，这直接反映了不同目标在方向机动上的频繁性。图 9.1 所示为渔船的航迹，图 9.2 所示为客船的航迹，渔船在方向上频繁机动，而客船在方向上机动较小。因此本节设计了航迹累计变化量这一特征量来刻画目标的方向机动量。航向累计变化量定义如下：

$$c_s = \sum_{i=2}^{n}|c_i - c_{i-1}| \tag{9.8}$$

其中，c_i 为目标在第 i 个航迹点处的航向值。定义向右机动航向差值为正，向左机动航向差值为负。在同一条航迹中，如果目标先进行 θ 度方向机动，再进行 $-\theta$ 度方向机动，为避免因直接对航向变化量相加出现抵消的情况，式（9.8）在计算相邻航迹点的航向变化量时，采用了取绝对值的处理方式，从而使 c_s 准确地反映出目标的方向机动量。

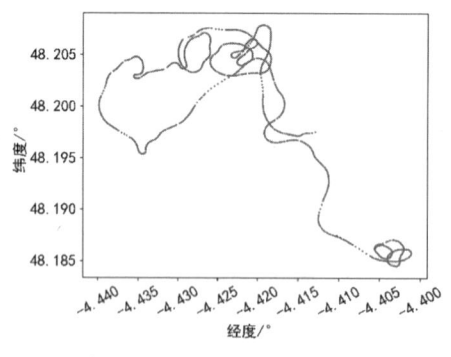

图 9.1　渔船的航迹

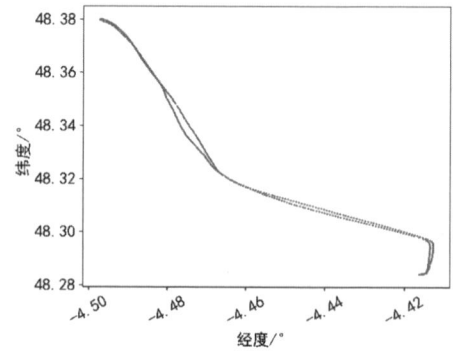

图 9.2　客船的航迹

9.2.7 转向机动因子

目标的转向能力也是目标的重要机动性能，c_s 描述的是目标的方向机动量，反映的是船舶是否频繁地进行方向机动，无法描述船舶的转向能力。本章用相邻航迹点的航向差值表示船舶的向心加速度，反映船舶航向变化的快慢。计算航向差值大于第二三分位数部分的均值作为转向机动因子 c_o。转向机动因子 c_o 的计算步骤如下：

步骤 1：计算相邻航迹点的航向差值，即
$$\Delta c_i = c_i - c_{i-1}, i \in [2,3,\cdots,n] \quad (9.9)$$

步骤 2：将航向差值从小到大排序。

步骤 3：将位置为 $\dfrac{2}{3}n$ 的航向差值赋值给第二三分位数 Δc_h。

步骤 4：得到大于 Δc_h 的航速差值集合，即
$$B = \{\Delta c_i \mid \Delta c_i > \Delta c_h, i \in [2,3,\cdots,n]\} \quad (9.10)$$

步骤 5：计算集合 A 的算术平均值，即
$$c_o = \frac{1}{m_c} \sum \Delta c_i, \Delta c_i \in B \quad (9.11)$$

其中，m_c 为集合 B 的元素个数。

9.3 航迹数据集构建

船舶自动识别系统（Automatic Identification System，AIS）数据中记录了大量的海面目标航迹信息，其中不仅包含航迹的运动信息，还包含目标的身份信息，简化了标签的标注工作，可对本章所提算法进行验证。本章使用网络公开的欧洲 AIS 数据集进行实验，欧洲 AIS 数据集是用于海上情报、监视和侦察的数据集。它的时间跨度为 6 个月，从 2015 年 10 月 1 日到 2016 年 3 月 31 日，提供在凯尔特海和比斯开湾（法国）的船舶位置。在此数据集中有 41 种船舶类型，有 1900 多万条 AIS 记录。其中主要有 9 类目标：渔船、军事舰船、搜索救援船、拖船、客船、货船、油轮、游船及其他。下面介绍航迹数据集的构建过程及分析。

9.3.1 AIS 数据

本研究采用网络公开的历史 AIS 数据进行实验，AIS 数据由海面船舶目标自身上报，并由监管设备接收和保存的数据[5-8]，其中包括了目标的静态信息和动态信息。图 9.3、图 9.4 所示分别为静态数据文件和动态数据文件中各字段的格式。其中静态信息包括 sourcemmsi、imonumber、callsign、shipname、shiptype、tobow、tostern、tostarboard、toport、eta、draught、destination、mothershipmmsi、t；动态信息包括 sourcemmsi、navigationalstatus、rateofturn、speedoverground、courseoverground、trueheading、lon、lat、t。其中各字段的含义如表 9.1、表 9.2 所示。

	A	B	C	D	E	F	G	H	I	J	K	L	M	N
1	sourcemmsi	imonumber	callsign	shipname	shiptype	tobow	tostern	tostarboard	toport	eta	draught	destination	mothershipmmsi	t
2	304091000	9509255	V2GU5	HC JETTE-MARIT	70	130	30	18	6	2022/4/9 20:00	10.1	BREST		1443650423
3	228037600	0	FIHX	AEROUANT BREIZH	30	6	9	5	2	00-00 24:60	0			1443650457
4	228064900	8304816	FITO	VN SAPEUR	51	21	54	10	6	2022/9/29 12:00	5.9	RADE DE BREST		1443650471
5	227705102	262144	FGD5860	BINDY	60	9	26	5	4	00-00 24:60	0			1443650474

图 9.3　静态数据文件中各字段的格式

	A	B	C	D	E	F	G	H	I
1	sourcemmsi	navigationalstatus	rateofturn	speedoverground	courseoverground	trueheading	lon	lat	t
2	245257000	0	0	0.1	13.1	36	-4.46572	48.38249	1443650402
3	227705102	15	-127	0	262.7	511	-4.49657	48.38242	1443650403
4	228131600	15	-127	8.5	263.7	511	-4.64433	48.09225	1443650404
5	228051000	0	-127	0	295	511	-4.48511	48.38132	1443650405

图 9.4　动态数据文件中各字段的格式

表 9.1　静态信息字段含义

字段	含义
sourcemmsi	船舶 MMSI 标识符
imonumber	国际海事组织船舶识别号
callsign	船舶注册国指定的国际无线电呼号
shipname	船名
shiptype	船舶类型代码
tobow	驾驶舱到船头的距离（米）
tostern	驾驶舱到船尾的距离（米），tobow+ tostern=船长
tostarboard	右舷距离（米）
toport	左舷距离（米），tostarboard+ toport=船宽
eta	预计到达时间
draught	吃水深度（米）
destination	本次行程目的地（手动输入）
mothershipmmsi	母船 MMSI 标识符
t	时间戳

表 9.2 动态信息字段含义

字段	含义
sourcemmsi	船舶 MMSI 标识符
navigationalstatus	航行状态
rateofturn	转弯率
speedoverground	对地航速
courseoverground	对地航向
trueheading	真实朝向
lon	经度
lat	纬度
t	时间戳

其中，MMSI 为水上移动业务标识码（Maritime Mobile Service Identify），是船舶无线电系统发送的 9 位数码，用于唯一标识船舶，具有船舶"身份证信息"作用。在动态数据中，每个航迹点信息都对应一条 MMSI 信息，用来标识该船舶，因此需要保留 MMSI 信息，作为航迹数据的标签。国际海事组织船舶识别号、船舶注册国指定的国际无线电呼号及船名与 MMSI 有类似的功能，由于在动态数据中保留了 MMSI 信息，因此不再保留国际海事组织船舶识别号、船舶注册国指定的国际无线电呼号及船名字段。船舶类型代码代表了船舶类型信息，需要保留，每种船舶类型对应一个船舶类型代码取值范围，可根据取值范围查询对应的船舶类型。船长宽及吃水深度信息是船舶的重要属性，由于本研究中利用航迹的动态信息识别目标类型，因此不保留驾驶舱到船头的距离、驾驶舱到船尾的距离、右舷距离、左舷距离、吃水深度字段。本次行程目的地是一种重要的情境信息，由于该信息是手动输入的，并且渔船、游船等没有明确的目的地港口，这一字段信息缺失严重，因此不保留这一字段。母船 MMSI 标识符为船舶曾用的识别号，因需要使用最新的识别号信息，与船舶类型对应，因此不保留这一字段。

航行状态字段中，未定义航向状态较多，不予保留。转弯率字段中，数据不精确，存在明显的偏差，不予保留。对地航速与对地航向字段反映了目标的运动信息，予以保留。真实朝向是船舶船首与正北方向的夹角，与船舶真实的运动方向有偏差，不予保留。经度、纬度、时间戳字段反映了目标在不同时刻所处的位置信息，予以保留。预计到达时间字段信息偏差较大，不予保留。

综上，保留字段为：船舶 MMSI 标识符、船舶类型代码、对地航速、对地航向、经度、纬度及时间戳。

9.3.2 数据集构建流程

数据集构建流程如图 9.5 所示。

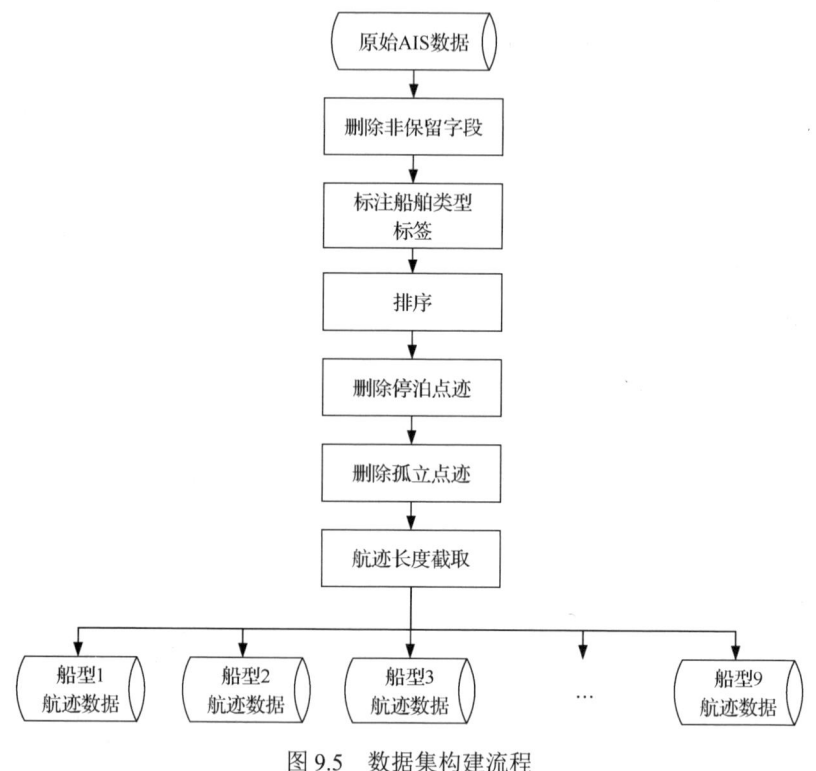

图 9.5 数据集构建流程

第一步，对于原始 AIS 数据，删除非保留字段。

第二步，标注船舶类型标签。根据数据文件中的船舶类型代码字段，查询对应的船舶类型，利用数字 1~9 表示 9 类船舶。

第三步，对航迹点进行排序。动态数据中每行代表一个时刻的航迹点信息，排序采用三级排序，第一级为船舶类型代码，第二级为船舶 MMSI 识别号，第三级为时间戳，排序后的航迹数据，第一级、第二级相同的航迹点序列代表一条航迹。

第四步，删除异常点。原始的航迹数据中，由于一些异常点需要剔除，包括停泊点迹和孤立点迹，设置停泊点迹阈值为 1 节，删除航速不超过 1 节的航迹点；孤立点迹是指在一条航迹中，与前后点迹相差较远的点迹，在发生时刻上表现为与前后时刻的点迹差距较远。孤立点迹的判断与删除流程如图 9.6 所示。在读取了排序后的航迹数据后，遍历所有航迹点，计算每个航迹点与上一航迹点的时间间隔，以及其与下一航迹点的时间间隔。

$$\Delta t_{i-1} = t_i - t_{i-1}$$
$$\Delta t_{i+1} = t_{i+1} - t_i$$
(9.12)

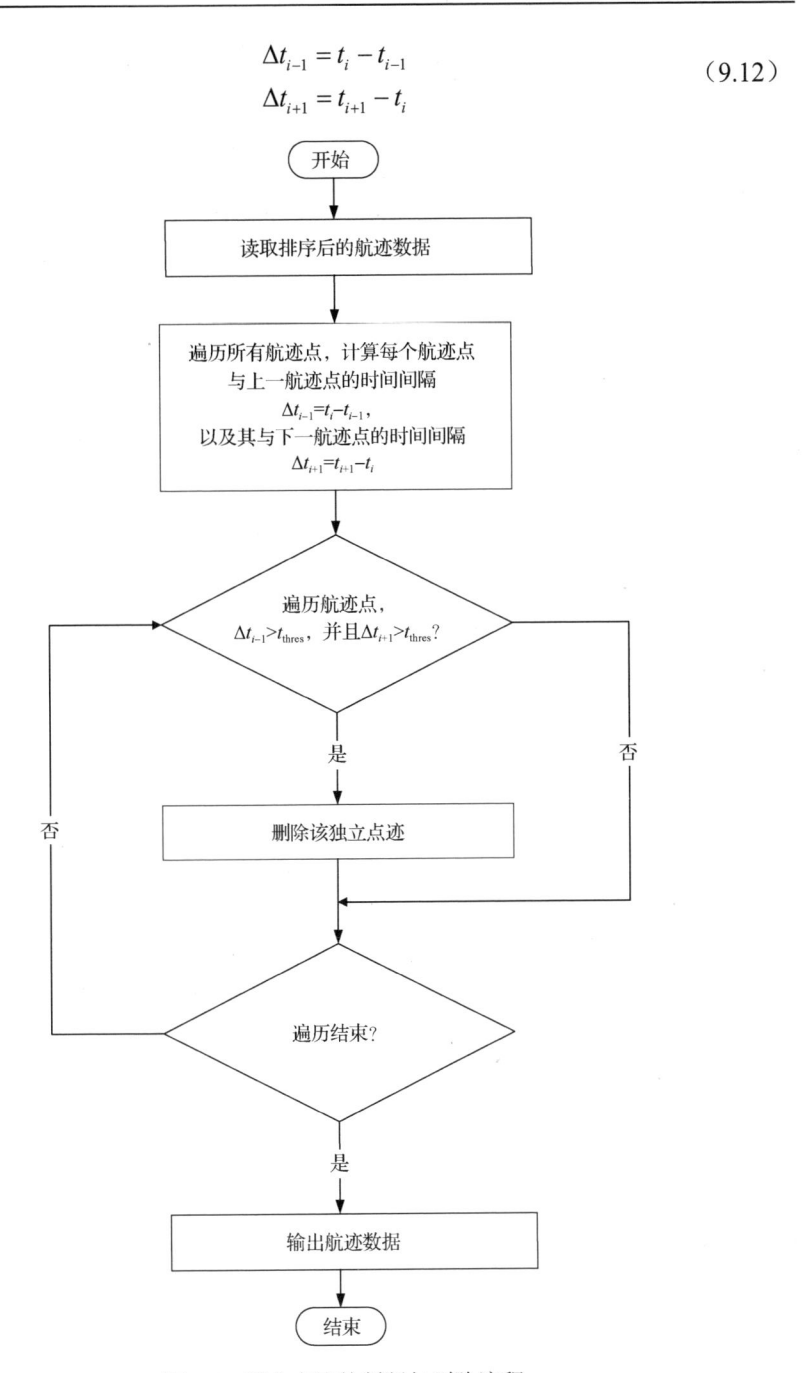

图 9.6 孤立点迹的判断与删除流程

计算完毕后,再次遍历所有航迹点,设置时间间隔阈值 t_{thres},若两点之间的时间间隔超过阈值 t_{thres},则这两点不属于同一条连续采样的航迹,判断每个航迹点与上一航迹点和下一航迹点时间间隔 Δt_{i-1}、Δt_{i+1} 是否都超过阈值 t_{thres}，若都超过 t_{thres}，则该点迹为孤立点迹，执行删除操作，遍历结束后，得到删除孤立点后的航迹数据。在计算时间间隔 Δt_{i-1}、Δt_{i+1} 的过程中，对于航迹数据的第一点与上一点的时间间隔，以及最后一点与下一点的时间间隔，取超过阈值 t_{thres} 的数值即可。图 9.7 所示为删除孤立点迹前后，部分区域的对比效果。

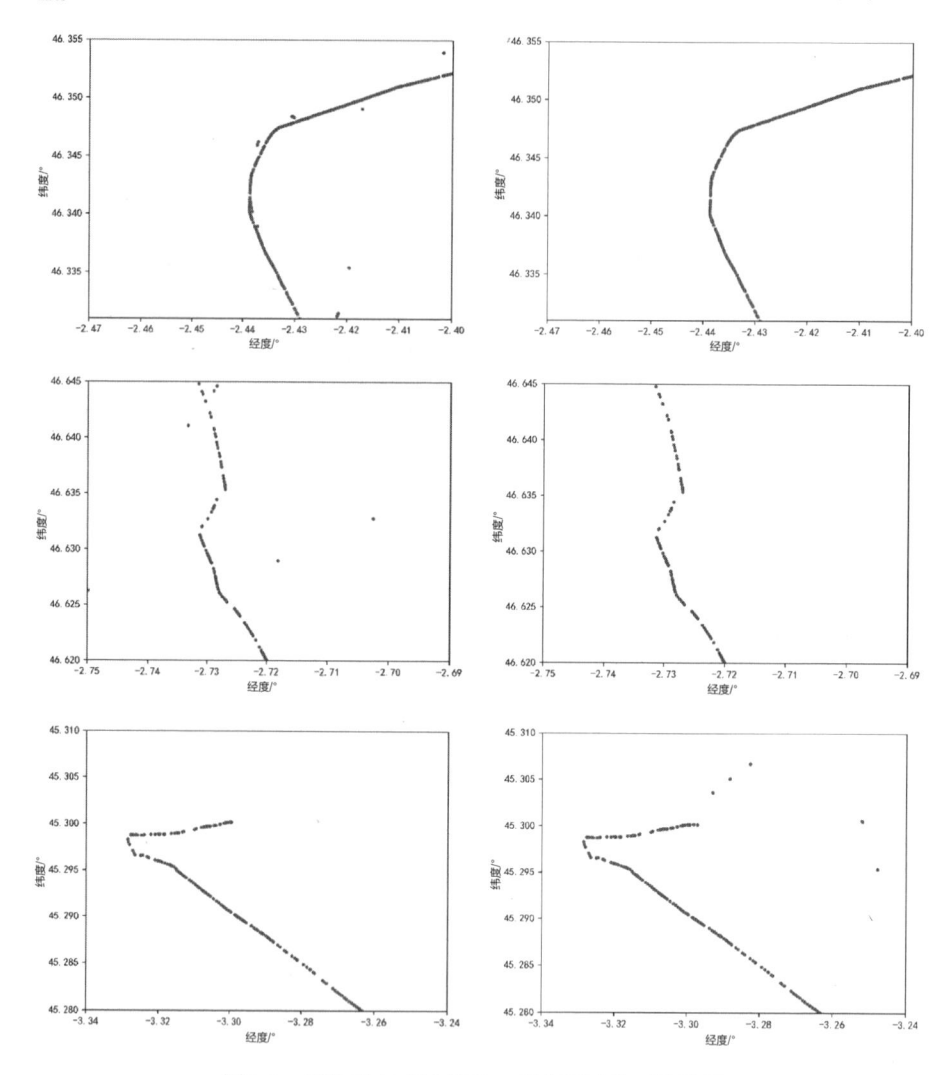

图 9.7 删除孤立点迹前后，部分区域的对比效果

最后按照所需航迹长度截断每条航迹即可。将清洗后的数据集划分为 80% 的训练集和 20% 的测试集，利用训练集训练识别模型，利用测试集评估模型的识别能力。

9.3.3 数据分析

在使用航迹数据之前，需要分别从航速分布、航向分布方面进行分析。图 9.8（a）和图 9.8（b）所示分别为不同类型目标的航速、航向的分布情况，其中横坐标表示航迹点的航速（航向），纵坐标表示同一船舶类型不同航迹点对应航速（航向）所占比例。纵坐标的值越大，表示横轴对应的航速（航向）所占比例越大，反映了目标航速（航向）的集中区域。不同类型目标的航速（航向）的集中区域存在明显差异，反映了不同类型目标的运动特征存在差异。

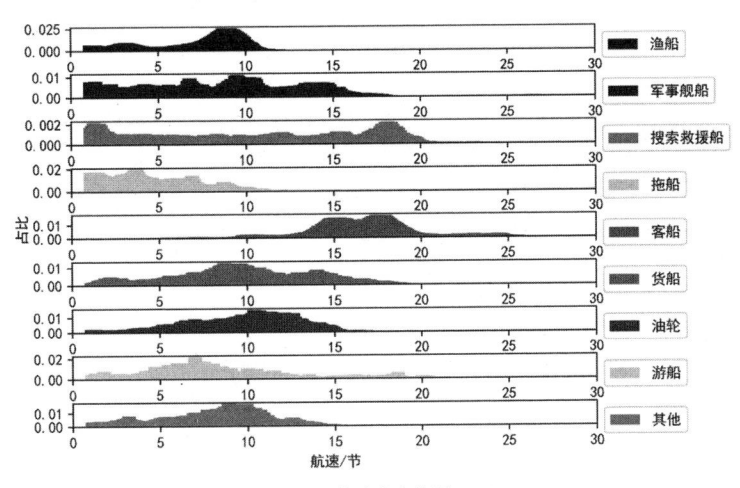

(a) 航速分布情况

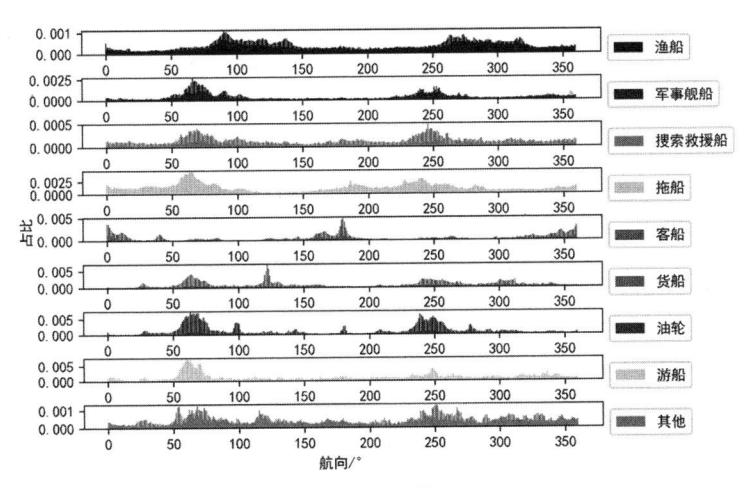

(b) 航向分布情况

图 9.8 航速和航向的分布情况

9.4　分类器设计

提取航迹特征后，可以得到航迹的特征向量：

$$f = \left[v_a, v_m, p_{v_h}, p_{v_l}, \lambda, c_s, c_o \right] \tag{9.13}$$

接下来选择分类器并根据特征向量对航迹进行分类，此任务属于有监督学习，本章选择支持向量机（Support Vector Machine，SVM）[9-11]、决策树[12-13]、随机森林[14-16]和多层感知机（Multi-Layer Perceptron，MLP）[17-20]作为分类器。

支持向量机是一种经典的机器学习分类器，通过有监督学习在训练样本中寻找一个超平面，使得不同类型的航迹样本能够分开，从而达到分类的目的。在经过训练得到这个超平面后，保存模型参数，就可以部署支持向量机模型到对未知样本的分类识别任务中。

决策树是一种以树结构进行决策的分类器，通过对各个内部节点上的属性进行判断，得出叶节点上的分类结果，实现目标属性与目标类型的映射关系。

随机森林是一种集成学习方法，以决策树为基学习器，将多个决策树结合起来，从而获得比单一决策树更优异的性能。

MLP被广泛地应用到分类器的设计中，与其他分类器相比，其具有强大的非线性函数拟合能力，能够通过训练，拟合输入与输出之间的映射，在有监督学习领域中占据重要地位。本章采用含有ReLU激活函数[21]的MLP，第一层和第三层均为全连接（Fully Connected Layer，FC）层。MLP网络结构如表9.3所示。

表9.3　MLP网络结构

网络层	输入尺寸	输出尺寸
FC-1	$b \times d$	$b \times 100$
ReLU	$b \times 100$	$b \times 100$
FC-2	$b \times 100$	$b \times 3$

表9.3中，b为每一批次训练过程中的样本数量；d为输入特征向量的维度。

9.5 实验对比及分析

9.5.1 特征量筛选

特征量可能存在冗余的情况,从而对于分类器造成额外的算力负担。本节对特征量进行筛选,采用主成分分析法(PCA)[22]计算特征量对主成分的贡献度,选取贡献度大的特征量组成最终的特征向量,结果如图9.9所示,第5个特征量的贡献度较小,因此舍弃第5个特征量,选择第1、2、3、4、6和7个特征量作为最终的特征向量。

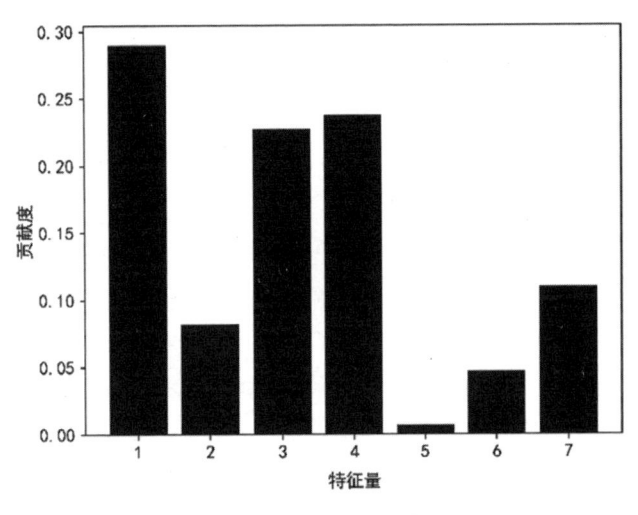

图9.9 特征量贡献度

9.5.2 特征可视化分析

为了对特征向量进行直观的了解,采用t分布-随机近邻嵌入(t-Distributed Stochastic Neighbour Embedding,t-SNE)算法[23]对特征分布进行可视化,如图9.10所示,相同类型目标航迹的特征呈现出聚集性,不同类型目标航迹具有可分性。特征分布从直观上进一步地表明,利用提取到的特征向量区分不同类型目标航迹具有可行性。

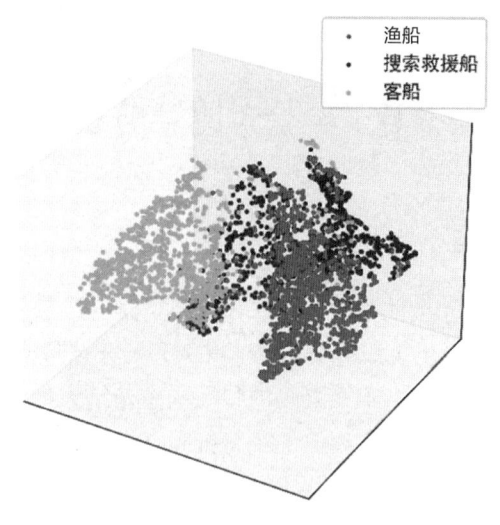

图 9.10 特征可视化

9.5.3 实验结果

1. 有效性验证与分类器选择

本节通过利用多种分类器对提取的特征向量进行有监督分类。通过观察分类准确率、平均精确度、平均召回率和 F1 得分来验证本章所提方法的有效性，并且通过对比不同分类器的指标，选择表现最为优异的分类器。实验结果如表 9.4 所示，各类指标均在 75%以上，表明各分类器能够有效地根据航迹信息识别目标类型。此外，MLP 的 4 种指标均超过其他 3 种分类器，而且均在 80%以上。因此选择 MLP 作为目标识别的分类器进行后续实验。

表 9.4 4 种分类器的识别指标对比

分类器	分类准确率	平均精确度	平均召回率	F1 得分
SVM	78.39%	79.80%	78.39%	77.65%
决策树	75.20%	76.64%	75.20%	75.04%
随机森林	76.47%	77.21%	76.47%	75.46%
MLP	**81.17%**	**82.28%**	**81.17%**	**81.26%**

2. 不同特征量的识别准确率验证

为了检验各个特征量对于目标的真实识别情况，分别用各个特征量对目标航迹进行识别，结果如图 9.11 所示，识别准确率最高的特征量为第二个特征量和第一个特征量,识别准确率均超过了60%,识别准确率最低的为第三个特征量和第四个特征量,识别准确率均在37%以上,排名靠前的两个特征量分别为最大航速和平均航速,说明不同类型目标的航速特征最具区分性。第五个和第六个特征量为航向累计变化量和转向机动因子,高速航行比例与低速航行比例的排名靠后,说明海面目标在航向变化上的特征比航速变化特征更加明显,海面目标在短时间内的航速变化不显著,导致高速航行比例或者低速航行比例对不同目标的区分性不强,而在航向变化上则表现出更好的区分性,从直观来看,渔船这类小目标的航迹更加曲折,相较于客船这类大目标,航向上的机动更加频繁。

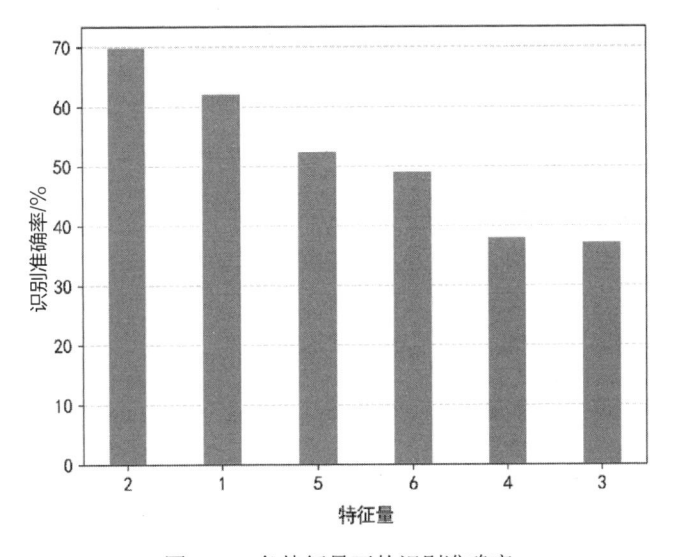

图 9.11　各特征量下的识别准确率

3. 对比实验

下面将本章所提方法与文献[1]中的方法进行对比。选取的评估指标有识别准确率、特征向量维度、参数量,以及程序的运行时间。测试两种方法在本章训练集上的表现。文献[1]中的方法也是对航迹信息提取特征向量,利用 MLP 分类器对三类海面目标进行分类。由于文献[1]中没有公开数据集,本节通过复现算法,在本章数据集中进行测试。表 9.5 所示为对比实验结果,文献[1]中的方法的识别准确率达到了 79.23%,比本章所提方法的识别准确率在数值上低 0.0194,由此可见本章所提方法也达到了较高的目标识别能力,能够有效地利用航迹信息对海上目标进行识别。文献[1]中的特征量虽然根据目标的位置信息计算而来,反映了目标的航向和航速的特点,但是所提取的航迹特征不具有明确的实际意义，可解释较差。本章所提方法提取的特征量具有明确的运动学意义，所得出来的识别结果更加可靠。此外，文献[1]中提取的特征向量达到了 308 维，这个维度随着数据集的变化而变化，对于航速的离散化处理因数据集而异，而本章仅通过 6 个特征量就达到了几乎同等的识别能力。文献[1]中模型参数量为 39603，而本章模型仅含有 1003 个参数，占用算力更少，程序运行时间减少了 122.2ms，响应更快，更能满足工程应用中快速识别的要求。综上所述，本章所提方法较于文献[1]中的方法更加优异。

表 9.5 对比实验结果

方法	识别准确率	特征向量维度	参数量	程序的运行时间/ms
文献[1]中的方法	79.23%	308	39603	463.3
本章所提方法	**81.17%**	6	1003	341.1

9.6 小结

本章提出了一种航行特征机器学习目标识别方法，根据海面目标的运动特点，从航迹信息中提取运动特征，构建特征向量，利用机器学习分类器对特征向量进行分类，输出目标类型信息，进而实现海面目标类型的识别。实测数据验证表明：与文献[1]中的方法相比，本章所提方法的识别准确率在数值上提升了 0.0194，所提取的特征向量维度从 308 维减少至 6 维，提取的特征向量更加高效。此外，本章所提取的特征量具有明确的运动学意义，识别结果更加可靠。

参考文献

[1] ESPINDLE L P, KOCHENDERFER M J. Classification of primary radar tracks using Gaussian mixture models[J]. IET Radar Sonar & Navigation, 2010, 3(6): 559-568.

[2] ZHAN W, YI J, WAN X, et al. Track-feature-based target classification in passive radar for low-altitude airspace surveillance[J]. IEEE Sensors Journal, 2021, 21(8): 10017-10028.

[3] SHENG K, LIU Z, ZHOU D, et al. Research on ship classification based on trajectory features[J]. Journal of Navigation, 2018, 71(1): 100-116.

[4] ICHIMURA S, ZHAO Q. Route-based ship classification[C]//2019 IEEE 10th International

[5] MIRATSU R, FUKUI T, ZHU T, et al. Evaluation of ship operational effect based on long-term encountered sea states using wave hindcast combined with storm avoidance model[J]. Marine Structures, 2022, 86: 622-636.

[6] WENG J, LI G, ZHAO Y. Detection of abnormal ship trajectory based on the complex polygon[J]. Journal of Navigation, 2022, 75(4): 206-223.

[7] HARUN-AL-RASHID A, YANG C S, SHIN D W. Detection of maritime traffic anomalies using satellite-AIS and multisensory satellite imageries: application to the 2021 Suez Canal obstruction[J]. Journal of Navigation, 2022, 75(5): 1082-1099.

[8] DREYER L O. Relation analysis of ship speed & environmental conditions: can historic AIS data form a baseline for autonomous determination of safe speed[J]. Journal of Navigation, 2023, 76(2-3): 340-374.

[9] SCH B H, LKOPF, SMOLA A, et al. New support vector algorithms[J]. Neural Computation, 2000, 12(5): 1207-1245.

[10] PAN Y, QIN J, HOU Y, et al. Two-stage support vector machine-enabled deep excavation settlement prediction considering class imbalance and multi-source uncertainties[J]. Reliability Engineering & System Safety, 2024, 241: 109578.

[11] FENG Z, ZHAO S, HE S, et al. Support vector machine-based method for colorimetric characterization of computer-controlled liquid crystal displays[J]. Optical Engineering, 2024, 63(2): 024104.

[12] CHEN C, GENG L, ZHOU S. Design and implementation of bank CRM system based on decision tree algorithm[J]. Neural Computing & Applications, 2021, 33(14): 8237-8247.

[13] XU J, LIU Z. A gradient boosting decision tree based correction model for AIRS infrared water vapor product[J]. Geophysical Research Letters, 2023, 50(14): 104072.

[14] BELGIU, PHOTOGRAMM D. Random forest in remote sensing: a review of applications and future directions[J]. ISPRS J PHOTOGRAMM, 2016, 114: 24-31.

[15] LI Y, YANG Y, HE J, et al. An age classification model based on DNA methylation biomarkers of aging in human peripheral blood using random forest and artificial neural network[J]. Cellular and Molecular Biology, 2024, 70(1): 155-163.

[16] MORADI E, TAVILI A, DARABI H, et al. Assessing wildfire impact on trigonella elliptica habitat using random forest modeling[J]. Journal of Environmental Management, 2024, 353 (Feb.27):120209.

[17] HAYKIN S. Neural networks: a comprehensive foundation[M]. Upper Saddle River: Prentice Hall PTR, 1998.

[18] GHAZVINI M, VAREDI-KOULAEI S M, AHMADI M H, et al. Optimization of MLP neural network for modeling flow boiling performance of Al_2O_3/water nanofluids in a horizontal tube[J]. Engineering Analysis with Boundary Elements, 2022, 145: 363-395.

[19] GONG N, ZHANG C, ZHOU H, et al. Classification of hyperspectral images via improved

cycle-MLP[J]. IET Computer Vision, 2022, 16(5): 468-478.

[20] ZHANG H, DONG Z X, LI B, et al. Multi-scale MLP-mixer for image classification[J]. Knowledge-based Systems, 2022, 258: 1-7.

[21] NAIR V, HINTON G E. Rectified linear units improve restricted boltzmann machines[C]//Twenty-Seventh International Conference on Machine Learning (ICML 2010), 2010: 807-814.

[22] MARX B D. A user's guide to principal components[J]. Technometrics, 1993, 35(1): 83-85.

[23] DER MAATEN L V, HINTON G. Visualizing data using T-SNE[J]. Journal of Machine Learning Research, 2008, 9(86): 2579-2605.

第 10 章　航行特征深度学习目标识别方法

10.1　引言

第 9 章属于传统特征建模方法，具有可解释性强的优势，实现了对渔船、搜索救援船及客船三类目标的识别，但是当目标类型增多时，识别难度增大，传统特征建模方法识别准确率明显下降，无法准确地识别目标类型。考虑到深度学习强大的特征学习表示能力，本章探讨了深度学习解决方案，构建了概率深度学习模型，提取航迹特征，得到航迹信息的特征表示，并用于区分不同类型的目标，实现对目标的端到端识别。本章的具体内容安排如下：10.2 节介绍了基于贝叶斯-Transformer 神经网络模型的目标识别方法；10.3 节介绍了融合情境信息的海面目标识别方法；10.4 节对本章进行了总结。

10.2　基于贝叶斯-Transformer 神经网络模型的目标识别方法

概率深度模型被广泛应用于各类可信研究中[1-9]，通过将贝叶斯理论与神经网络相结合，对于识别结果的概率既能反映随机不确定性，也能反映认知不确定性[10]，可以实现目标的可靠识别。实验结果表明，所提模型识别准确率较高，并且可以提供更加可靠的识别结果概率。

10.2.1　贝叶斯-Transformer 神经网络模型

1．总体网络结构

目标航迹是一种多维时间序列，每条航迹属于一种目标类型，将航迹所属的目标类型作为航迹的标签。贝叶斯-Transformer 神经网络模型（BTNN）训练属于监督学习，图 10.1 所示为 BTNN 的结构。BTNN 包含 4 个部分：位置编码、贝叶斯-Transformer 编码模块、贝叶斯全连接层和 Softmax 层。第一步，对航迹点进行编码。航迹具有明显的时间顺序性，因此在输入神经网络前需要对其进行位置编码。编码公式为

$$\mathrm{PE}(p, 2i) = \sin\left(p / 10000^{2i/d}\right)$$
$$\mathrm{PE}(p, 2i+1) = \cos\left(p / 10000^{2i/d}\right)$$
（10.1）

其中，p 代表位置；i 代表位置 p 处第 i 维信息；d 代表一个航迹点位置的维数。

第二步，采用贝叶斯-Transformer 编码模块对航迹特征进行提取，得到航迹在特征空间中的表示。第三步，将贝叶斯-Transformer 编码模块得到的航迹特征表示在贝叶斯全连接层中进行降维。第四步，通过 Softmax 层输出预测的概率分布，根据最大的概率值对应的类别，实现对航迹的分类。网络模型的权重服从分布 $p(w|T,Y)$，此分布通过变分估计方法获得[11]。网络模型的核心部分在 10.2.1 节进行详细介绍；关于贝叶斯原理在网络模型中的应用将在 10.2.3 节进行陈述。

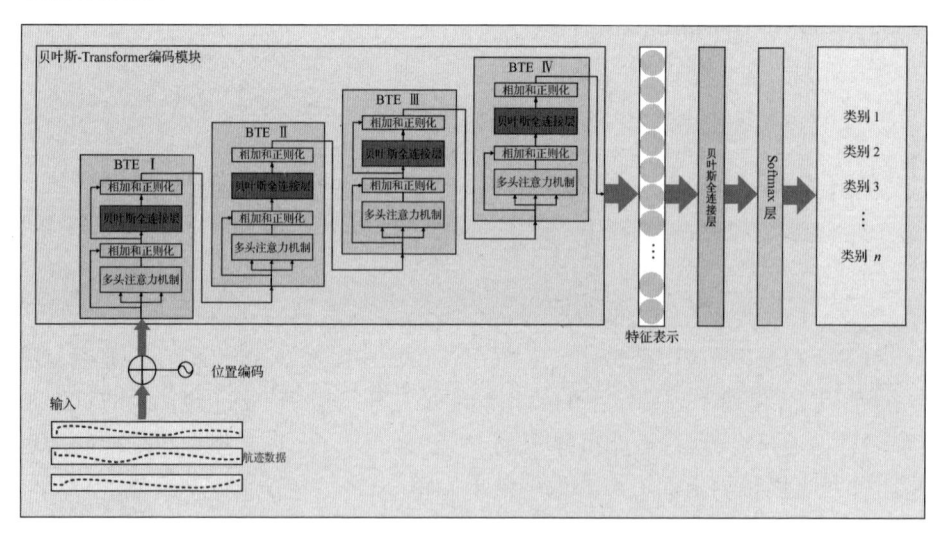

图 10.1　BTNN 的结构

2. 航迹编码模块

本节所提的网络模型的研究基础为 Transformer 神经网络[12]，在此基础上针对本章任务做出以下两方面的改进：第一是网络模型的剪枝与维度变化，第二是贝叶斯原理的引入，构建概率深度学习模型。Transformer 最开始是为机

器翻译问题设计的，解决了一种"序列到序列"的问题，即模型的输入和输出均为序列数据，在性能上超过了以卷积神经网络（CNN）为基础的模型，以及以循环神经网络（RNN）为基础的模型。Transformer 完全抛弃了循环神经网络结构，能够实现数据的并行输入，提升了计算资源的利用率，加快了网络模型对于数据的处理速度。由于其充分发挥了注意力机制在网络模型中的作用，在处理序列数据方面具有明显的优势，已经被广泛应用于自然语言处理（NLP）的各项任务中[13-19]。鉴于 Transformer 具有的以上优势，以及目标航迹属于典型的序列数据，且前后具有顺序性，本节以 Transformer 结构为基础解决航迹识别问题。基于航迹的目标识别属于分类任务，输入数据为多维航迹序列，输出数据为目标类型，设置数字与目标类型的对应关系，从而使网络模型的输出为一个数字。因此，本任务无须产生并且输出序列数据，本任务可归结为"序列到数字"的问题。原始的 Transformer 网络模型中包含两个主要模块：编码模块和解码模块。解码模块的输出为序列，针对本任务的需求，仅采用全连接层和 Softmax 层作为本任务的解码模块。编码模块包含两个部分：多头自注意力机制和前馈层。多头自注意力机制用来捕捉序列中不同位置之间的关系。多头自注意力机制的每个头相当于一个子空间，每个头使用自注意力机制，其中查询矩阵 $\boldsymbol{Q}$、键矩阵 $\boldsymbol{K}$ 和值矩阵 $\boldsymbol{V}$ 为输入航迹数据的线性投影。多头自注意力机制通过点乘计算得到每个键矩阵 $\boldsymbol{K}$ 对查询矩阵 $\boldsymbol{Q}$ 的权重，然后按照权重将值矩阵 $\boldsymbol{V}$ 聚合在一起，得到对应于查询矩阵 $\boldsymbol{Q}$ 的输出：

$$\text{Attention}(\boldsymbol{Q},\boldsymbol{K},\boldsymbol{V}) = \text{Softmax}\left(\frac{\boldsymbol{Q}\boldsymbol{K}^{\text{T}}}{\sqrt{d_k}}\right)\boldsymbol{V} \tag{10.2}$$

多头自注意力机制的计算方式为

$$\text{MultiHead}(\boldsymbol{Q},\boldsymbol{K},\boldsymbol{V}) = \text{Concat}(\text{head}_1,\text{head}_2,\cdots,\text{head}_h)\boldsymbol{W}^O \tag{10.3}$$

$$\text{Head}_i = \text{Attention}(\boldsymbol{Q}\boldsymbol{W}_i^Q, \boldsymbol{K}\boldsymbol{W}_i^K, \boldsymbol{V}\boldsymbol{W}_i^V) \tag{10.4}$$

$\boldsymbol{W}_i^Q$、$\boldsymbol{W}_i^K$、$\boldsymbol{W}_i^V$ 和 $\boldsymbol{W}^O$ 是实现线性映射的参数矩阵，其中 $\boldsymbol{W}_i^Q$、$\boldsymbol{W}_i^K$、$\boldsymbol{W}_i^V$ 将航迹数据映射到不同子空间内，从而能够关注到不同子空间内的信息。前馈层包含两个全连接层，在前馈层中，数据的维度先升高后降低，最后使得输入/输出维度一致。但是在本节所提的模型中，无须保证每个编码模块的输入/输出维度保持一致。因此，本节对前馈层进行简化，减少前馈层中的全连接层，仅保留一层全连接层，后续实验验证了其有效性，在保证识别能力的前提下简化了模型复杂度。在本节所提模型中，第二部分包括 4 个贝叶斯-Transformer 编码子模块（Bayesian-Transformer Encoders，BTE），分别记作 BTE Ⅰ、BTE Ⅱ、BTE Ⅲ、BTE Ⅳ。为了便于维度参数的设置，这里设定 BTE Ⅰ和 BTE Ⅲ的输入/输出维度不变，BTE Ⅱ和 BTE Ⅳ的输入/输出维度发生变化，在进行 BTE

的维度选择实验时，仅需对不同的 BTE Ⅱ和 BTE Ⅳ维度进行实验即可。在 BTE Ⅱ中，前馈层将输入数据的维度升高到 d_1 维，从而为注意力计算提供高维信息。这一设计使得网络能够更加高效地从航迹中提取不同位置之间的特征。BTE Ⅳ的输出展平后得到特征向量，作为输入的特征表示，此特征向量的维度 d_2 取决于 BTE Ⅳ中的前馈层输出维度。实验部分表明网络模型的设计是合理且有效的。此外，实验部分对参数 d_1 与 d_2 的最优值也进行了选择。

3. 网络模型训练与识别结果概率计算

在 BTNN 中，预测的不确定性有两个来源：随机不确定性和认知不确定性。随机不确定性源于数据中固有的不确定性，认知不确定性源于模型本身的不确定性。BTNN 能够同时反映两种不确定性，而非概率神经网络模型只能反映随机不确定性。原因是非概率神经网络模型的权重参数是固定值，训练后保持不变。BTNN 的权重参数服从分布 $p(w|T,Y)$，满足贝叶斯公式：

$$p(w|T,Y) = \frac{p(T,Y|w)p(w)}{p(T,Y)} \quad (10.5)$$

其中，w 代表模型参数；T 代表航迹数据集；Y 是航迹标签。$p(w|T,Y)$ 为后验概率，是 w 在数据 (T,Y) 条件下的概率。但是 $p(w|T,Y)$ 很难通过式（10.5）直接计算得到。D.P.Kingma 等人在文献[20]中提供了一种变分估计（Variational Inference，VI）的方法替代复杂的后验概率计算。使用一种简单的高斯变分分布 $q_\theta(w)$ 去拟合权重的后验分布。θ 是变分参数集合，代表期望分布。BTNN 的训练过程的目的是得到近似 $p(w|T,Y)$ 分布的 $q_\theta(w)$ 概率分布。其中，利用 KL（Kullback-Leibler）散度来度量 $q_\theta(w)$ 与 $p(w|T,Y)$ 的近似程度，即优化目标：

$$\mathrm{KL}\{q_\theta(w) \| p(w|T,Y)\} = \int q_\theta(w) \log \frac{q_\theta(w)}{p(w|T,Y)} \mathrm{d}w \quad (10.6)$$

训练的目标是最小化 $\mathrm{KL}\{q_\theta(w)\| p(w|T,Y)\}$。将式（10.6）等号右侧的 $p(w|T,Y)$ 替换为 $p(w,T,Y)/p(T,Y)$ 可得

$$\begin{aligned}
&\mathrm{KL}\{q_\theta(w)\| p(w|T,Y)\} \\
&= \int q_\theta(w) \log \frac{q_\theta(w) p(T,Y)}{p(w,T,Y)} \mathrm{d}w = \int q_\theta(w) \log \frac{q_\theta(w) p(w) p(T,Y)}{p(w) p(w,T,Y)} \mathrm{d}w \\
&= \int q_\theta(w) \log \frac{q_\theta(w)}{p(w)} \mathrm{d}w - \int q_\theta(w) \log \frac{p(w,T,Y)}{p(w) p(T,Y)} \mathrm{d}w \\
&= \int q_\theta(w) \log \frac{q_\theta(w)}{p(w)} \mathrm{d}w - \int q_\theta(w) \log \frac{p(w,T,Y)}{p(w)} \mathrm{d}w + \log p(T,Y)
\end{aligned} \quad (10.7)$$

舍弃 $\log p(T,Y)$ 常数，进一步可得损失函数为

$$\text{loss}_{\text{VI}} = \text{KL}\big[q_\theta(w) \| p(w)\big] - E_{q_\theta(w)}\big[\log\big(p(T,Y|w)\big)\big] \quad (10.8)$$

VI 模型中的参数可以用高斯分布代替：

$$w \sim q_\theta(w) = N\big(\boldsymbol{\mu}_w, \boldsymbol{\sigma}_w^2\big) \quad (10.9)$$

根据文献[20]，将随机变量 w 重新参数化为

$$w = \boldsymbol{\mu}_w + \epsilon \boldsymbol{\sigma}_w, \epsilon \sim N(0,1) \quad (10.10)$$

这样反向传播可以通过 w 进行，因为 $\epsilon \sim N(0,1)$ 没有可调参数，所以不需要更新。采用 Adam 算法，更新权重的高斯分布 $q_\theta(w)$ 的均值和方差，直到模型收敛，保存最优的一次模型参数用来识别航迹所属的目标类型。关于识别结果概率的计算，需要通过重采样进行，因为网络的权重不是固定值，而是服从分布 $p(w|T,Y)$。因此每次利用模型对航迹进行识别时，从此分布中随机选择模型权重，需要通过多次采样，输出多次的识别结果概率，根据多次的识别结果概率计算最终的识别结果概率与预测结果。更具体地，相同的航迹输入 T_i 被识别 H 次。每一次得到一个多项条件概率分布（Multinomial Conditional Probability Distribution）：$p(Y_i|T_i,w_t) = n$ 个目标类别的多项分布（Multinomial Distribution with n Target Classes）：

$$p(Y_i|T_i,w_t) = \big(p_1^t(T_i,w_t), p_2^t(T_i,w_t), \cdots, p_k^t(T_i,w_t), \cdots, p_c^t(T_i,w_t)\big) \quad (10.11)$$

其中，$t \in [1,2,3,\cdots,H]$。每一次获得的 $p(Y_i|T_i,w_t)$ 对应于一次权重采样 w_t。对于每一个类别 $m \in [1,2,3,\cdots,c]$，平均概率的计算公式为

$$p_m(T_i,w) = \frac{1}{H}\sum_{t=1}^{H} p_m^t(T_i,w_t) \quad (10.12)$$

通过最高的平均识别结果概率 $\max(p_m(T_i,w))$ 确定预测类型，即航迹所属的目标类型。至此，得到识别结果概率：

$$p_{\text{pred}} = \max\left(\frac{1}{H}\sum_{t=1}^{H} p_m^t(T_i,w_t)\right) \quad (10.13)$$

绘制某航迹样本的多次识别结果概率得到图 10.2，从图 10.2 中可以看出，识别结果概率在不同目标类型上的分布体现了随机不确定性，识别结果概率在某一类型上的分布体现了认知不确定性，式（10.13）计算得到的识别结果概率能同时捕捉随机不确定性和认知不确定性，其中随机不确定性反映样本数据误差，而认知不确定性则反映识别模型本身的误差，通过认知不确定性，可清晰度量模型所输出的识别结果的确信程度。

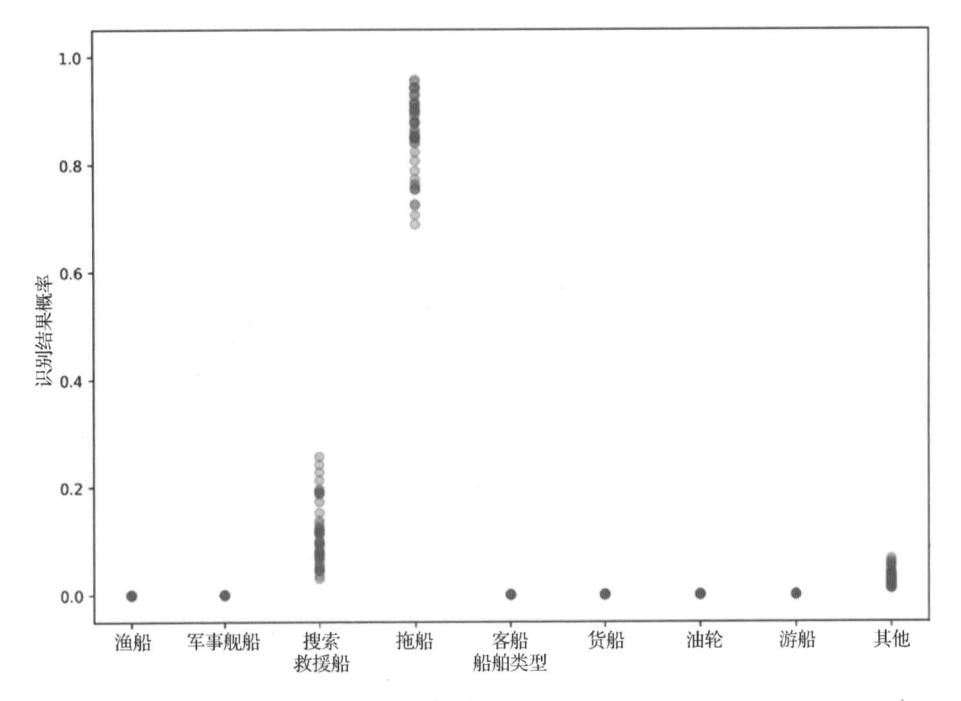

图 10.2　9 种目标类型的多项分布：$\left(p_1^t(T_i,w_t),p_2^t(T_i,w_t),\cdots,p_k^t(T_i,w_t),\cdots,p_9^t(T_i,w_t)\right)$

10.2.2　实验对比及分析

1. 归一化处理

在航迹数据中，不同维度的信息数值分布是不同的，量纲存在差异，由于神经网络对于数据的分布具有很高的敏感性，为保证神经网络能够收敛，因此需要对航迹数据进行归一化处理。

将每个航迹点的信息进行归一化处理，本章采用 0-1 标准化。

$$x_i = \frac{x_i - x_{\min}}{x_{\max} - x_{\min}} \tag{10.14}$$

其中，$x_{\max} = \max\limits_{i=1:N} x_i$，$x_{\min} = \min\limits_{i=1:N} x_i$。对于航速和航向的归一化，$N$ 为数据集中所有船型的航迹点数；对于时间戳和经纬度的归一化，N 为每个船型的航迹点数，以实现将每种类型航迹的时间戳和位置统一到同一起点。需要注意的是，在进行归一化处理后，依旧保留原始的未归一化数据，便于研究分析。

2. 表示空间维度分析与选择

本节目的是分析不同的维度 d_1 与 d_2 对于识别能力的影响，并且选择最优的维度设置。维度 d_1 与 d_2 对于网络模型的识别能力有着十分重要的影响。维度太高可能会造成维度冗余,使网络模型的参数量增加,从而使训练时间大幅增加;维度太低可能会丢失航迹信息,使网络学习到的有用信息减少,从而影响模型的识别能力。本节利用识别准确率作为评估识别能力的指标。本节对比实验分别设置 $d_1 \in [5,10,15,20]$ 和 $d_2 \in [30,60,90,120,150,180,210]$,共 28 组对比实验。表 10.1 列出了模型在训练集和测试集上的识别准确率。通过分析可以发现,训练集和测试集上的识别准确率相似,表明模型泛化能力较好。此外,还可以看到,高维度 d_1 与 d_2 下的模型的识别能力更强。当 d_1 与 d_2 的值增大时,识别准确率上升,尤其在 d_1 与 d_2 的值位于低值区间时,这种变化趋势更加明显。从 BTNN 的结构上进行分析,输入的航迹数据仅包含基础的动态信息(时间戳、纬度、经度、航速和航向)。高维度的编码模块和多头注意力模块使得模型能够提取到更多的高级运动特征。如果最终特征向量的维数较低,则特征表示空间中轨迹间的类间距离较短,模型很难将不同目标区分开;类间距离越长,不同目标之间的特征识别能力越强。但是当 d_1 与 d_2 的值很高时,继续提高 d_1 与 d_2 的值对于识别准确率的提升没有较大影响,说明维度已经达到了饱和。通过对比分析不同 d_1 与 d_2 值下的识别准确率,最终确定 $d_1=10$ 和 $d_2=180$。结果表明本节所提模型合理有效。

表 10.1　模型在训练集和测试集上的识别准确率

	d_2=30		d_2=60		d_2=90		d_2=120		d_2=150		d_2=180		d_2=210	
	训练集	测试集	训练集	测试集	训练集	测试集	训练集	测试集	训练集	测试集	训练集	测试集	训练集	测试集
d_1=5	0.3613	0.3402	0.8646	0.8657	0.9155	0.8791	0.9342	0.9046	0.9500	0.9130	0.9630	0.9160	0.9494	0.9076
d_1=10	0.3625	0.3402	0.9131	0.8746	0.9321	0.8804	0.9669	0.9273	0.9675	0.9265	0.9747	0.9396	0.9592	0.9226
d_1=15	0.3699	0.3402	0.9310	0.9007	0.9312	0.9020	0.9601	0.9199	0.9664	0.9240	0.9737	0.9351	0.9721	0.9354
d_1=20	0.3670	0.3402	0.9005	0.8864	0.9604	0.9255	0.9661	0.9337	0.9699	0.9218	0.9744	0.9343	0.9636	0.9340

3. 评价指标

在二分类问题中,用于评估模型的重要指标为精确度、召回率和 F1 得分,分别定义为

$$\text{Precision} = \frac{\text{TP}}{\text{TP} + \text{FP}} \qquad (10.15)$$

$$\text{Recall} = \frac{\text{TP}}{\text{TP} + \text{FN}} \qquad (10.16)$$

$$\text{F1-score} = \frac{2 \times \text{Precision} \times \text{Recall}}{\text{Precision} + \text{Recall}} \tag{10.17}$$

其中，TP 代表将正类预测成正类的个数；FP 代表将负类预测成正类的个数；FN 代表将正类预测成负类的个数。F1 得分通过将精确度与召回率相结合来评估模型分类性能，越接近于 1 代表模型的识别能力越强。

对于多分类模型的评估，可以考查模型在两个水平上的分类能力，一个是类级别水平上的分类能力，另一个是总体级别水平上的分类能力。对于类级别，考查模型对于每一类的分类能力，模型在总体级别水平上的分类能力无法代表其在每一类上的表现情况，因此有必要对每一类的识别能力进行评估。在对模型每一类的分类能力进行评估时，可将待评估类别视为正类，其余类别视为负类。这样可以使用二分模型中的评估指标完成类级别的评估。

对于总体级别水平上的分类能力，无法直接采取上述二分类指标进行评估，因为类别不仅仅包括一个正类和一个负类。针对多分类问题，需要采取加权指标评估模型分类能力，分别是加权精确度、加权召回率和加权 F1 得分，分别定义为

$$\text{Weighted-Precision} = \sum_{i=1}^{n} \omega_i \times \text{Precision}_i \tag{10.18}$$

$$\text{Weighted-Recall} = \sum_{i=1}^{n} \omega_i \times \text{Recall}_i \tag{10.19}$$

$$\text{Weighted-F1-score} = \sum_{i=1}^{n} \omega_i \times \text{F1-score}_i \tag{10.20}$$

其中，ω_i 代表第 i 个类别的目标的样本在所有样本中的比例；n 代表类别总数。加权后的指标能够更全面地反映模型在总体上的分类水平，并且考虑了不同类别样本数量不均衡的问题，因此该指标更加科学和有效。

4. 对比实验

下面将本节所提模型与文献[21-23]及文献[24]中的模型进行对比，来评估本节所提模型的目标识别能力。首先对模型在类级别上的识别能力进行评估，采取类级别的评估指标：精确度、召回率和 F1 得分。将结果绘制成曲线得到图 10.3。图 10.3 分别展示了训练集和测试集上不同模型对于各个类别的识别情况，通过对比可以发现，本节所提模型的目标识别能力均超过了其他 4 种模型。对于大部分类别的目标，本节所提模型的精确度和召回率均超过了其他模型，在训练集中，除油船目标外，本节所提模型识别的所有目标类型指标均大于 0.9，而其他的一些方法的指标低于 0.8；对于油船，本节所提模型的精确度为 0.8903，召回率为 0.8586，F1 得分为 0.8742，而其他模型对于油船的识别指标均远低于本节所提模型。在测试集中，大多数目标类型的识别指标都是下

降的。但是，与其他模型相比，本节所提模型取得了更好的效果。虽然本节所提模型对游艇的精确度低于其他模型，但 F1 得分几乎与其他模型持平。综合考虑精确度与召回率，并根据式（10.17）计算出的 F1 得分可知，本节所提模型在所有目标类型的整体识别能力方面优于其他模型。

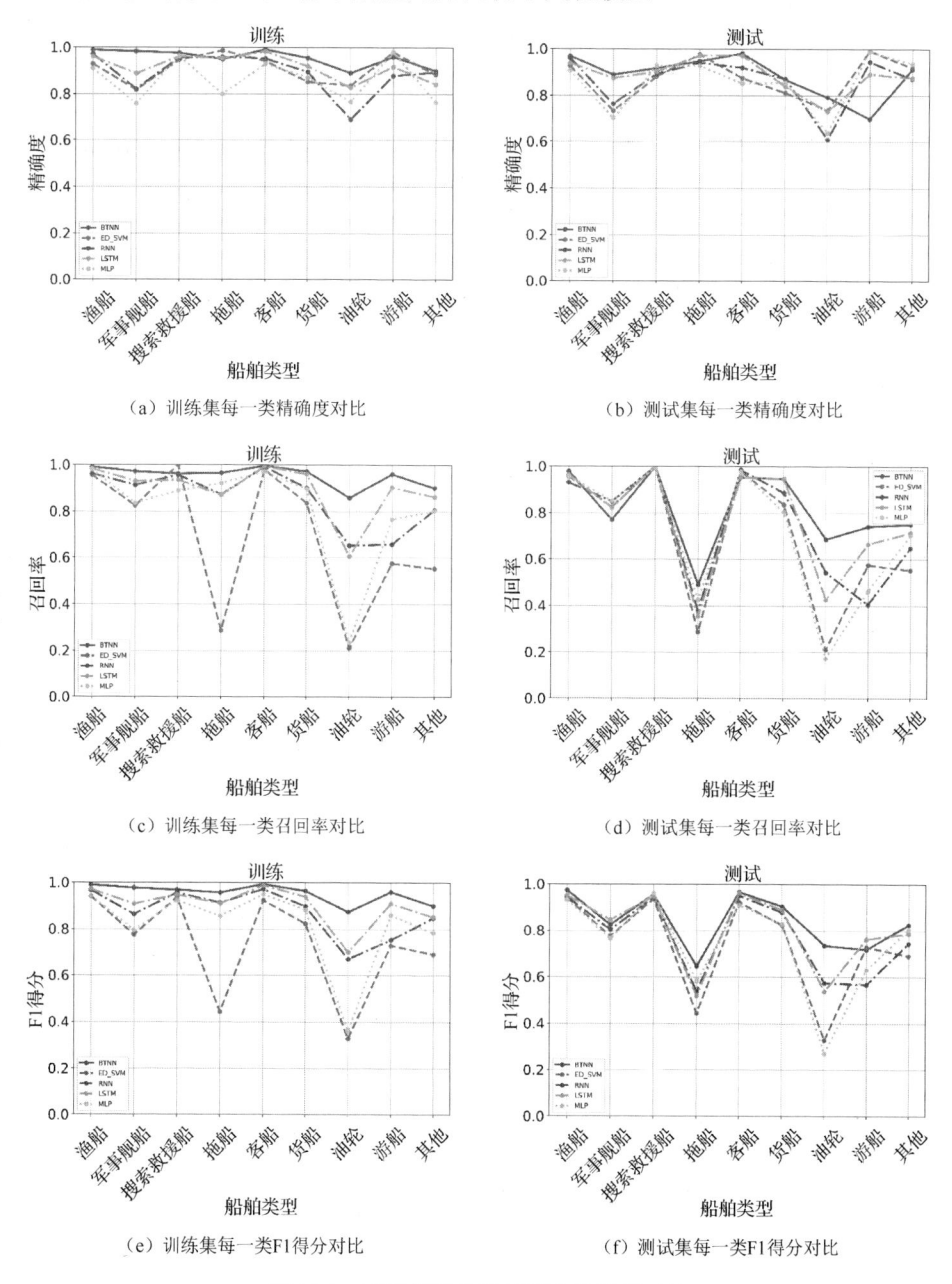

(a) 训练集每一类精确度对比

(b) 测试集每一类精确度对比

(c) 训练集每一类召回率对比

(d) 测试集每一类召回率对比

(e) 训练集每一类F1得分对比

(f) 测试集每一类F1得分对比

图 10.3　不同模型的类级别实验结果对比

在进行完类别上的评估之后，对模型的总体表现进行评估，采用加权指标及识别准确率对模型进行评估，实验结果如表 10.2 所示，本节所提模型在各指标上的得分都高于其他模型，说明本节所提模型在整体表现上较好。虽然本节所提模型的一些指标在类层次上与其他模型相似，但加权指标明显高于其他模型。结果表明，相比其他模型，本节所提模型能够更有效地提取特征，并且能够更加准确地对不同目标进行识别。

表 10.2 训练集和测试集中不同模型对训练数据和测试数据中的目标识别的加权精确度、加权召回率、加权 F1 得分和识别准确率

模型	加权精确度		加权召回率		加权 F1 得分		识别准确率	
	训练数据	测试数据	训练数据	测试数据	训练数据	测试数据	训练数据	测试数据
ED_SVM	0.9154	0.8784	0.9170	0.8806	0.9084	0.8652	0.9355	0.8958
RNN	0.9324	0.9014	0.9328	0.9016	0.9322	0.8968	0.9328	0.9016
LSTM	0.9455	0.9107	0.9468	0.9124	0.9451	0.9053	0.9468	0.9124
MLP	0.8988	0.8757	0.9016	0.8822	0.8925	0.8679	0.9016	0.8822
BTNN（本节所提模型）	0.9704	0.9303	0.9704	0.9313	0.9703	0.9282	0.9747	0.9396

5. 网络抗噪声测试

在现实世界中，噪声无处不在，航迹数据的收集通常也来自不同信源，数据中的噪声问题影响着模型的识别能力，因此考查模型在面对噪声数据时的表现能力十分重要。本节对不同噪声水平下的模型进行了测试。同时，将本节所提的贝叶斯-Transformer 神经网络模型（BTNN）与非贝叶斯-Transformer 神经网络模型（NBTNN）进行了比较，实验表明引入贝叶斯原理使得 BTNN 的抗噪声能力有所提高。数据集加入了均值为 0、标准差 f 为 0.05～0.3 的高斯噪声，来代表不同等级的噪声，f 越高，代表噪声水平越高。图 10.4 显示了 BTNN 和 NBTNN 在不同噪声等级下的识别准确率。由于噪声的存在，航迹中包含的运动特性会受到干扰，使得模型的识别能力下降。如图 10.4 所示，当 f 小于 0.28 时，识别准确率保持在 0.75 以上。由此可见，BTNN 具有较好的抗噪声能力。此外，在面对含有噪声的数据时，BTNN 的性能优于 NBTNN，这表明贝叶斯原理在神经网络中的应用是有意义的，非贝叶斯神经网络的参数是固定值，模型因此就是固定的，在面对噪声数据时，模型的鲁棒性较于贝叶斯神经网络差。

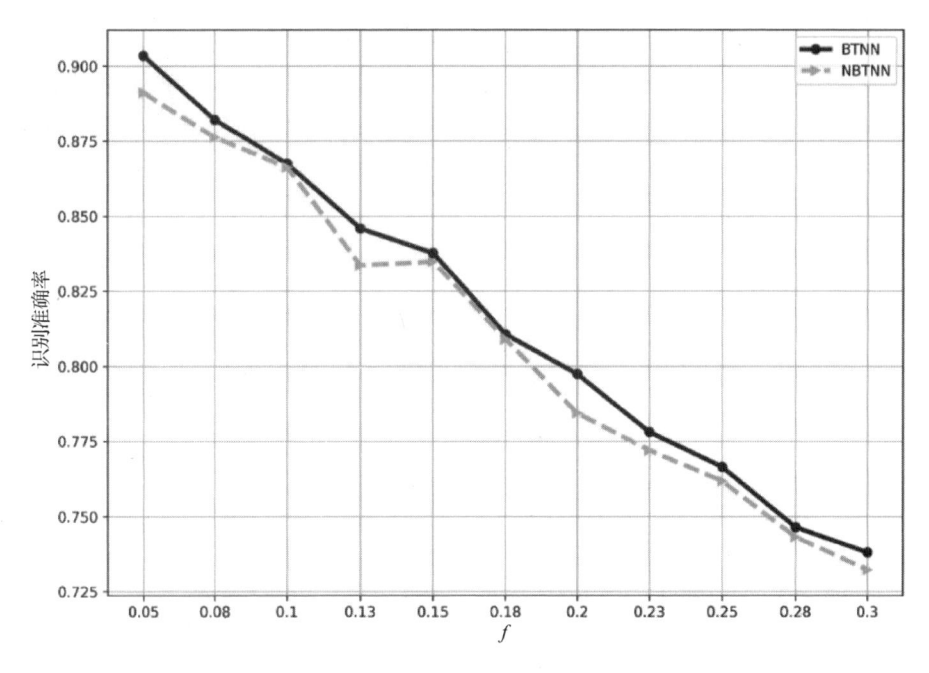

图 10.4　BTNN 和 NBTNN 在不同噪声等级下的识别准确率

此外，如果模型对于误分类的样本，识别结果概率仍然很高，则证明识别结果概率是不合理的，将给决策者造成严重误判，相反，如果在识别错误的情况下，识别结果概率很低，即模型"不太相信"这个识别结果，会给指挥员起到警示作用，减少误判情况的发生。选取在高噪声环境下模型误分类的样本，对其识别结果概率进行分析，来评估模型识别结果概率的合理性。首先，将概率值取值范围 0 到 1 平均分成 10 段，区间长度为 0.1。然后，统计每个区间 j 中误分类的样本个数（ $\text{num}_{ij}, i \in [\text{BTNN,NBTNN}]$ ），得到每个分段中样本的比例。

$$\text{percentage}_{ij} = \frac{\text{num}_{ij}}{\text{num}_i} \times 100\% \tag{10.21}$$

图 10.5（a）中的柱状图展示了实验结果。在被 BTNN 误分类的样本中，只有 0.4%的识别结果概率大于 0.9，但对于 NBTNN，有 3.5%的误分类样本识别结果概率在 0.9 以上。这意味着 NBTNN 对于 3.5%的误分类样本具有很高的识别结果概率。另外，将图 10.5（a）中横坐标的概率间隔重新设置为 0.2 和 0.5，即分别平均分成了 5 段和 2 段，对应图 10.5（b）和图 10.5（c）。由图 10.5（b）可知，在被 BTNN 误分类的样本中，有 2.3%的识别结果概率大于 0.8，对于 NBTNN，这一比例为 13.2%。图 10.5（c）显示，在被 BTNN 误分类的样本中，有 40.2%的识别结果概率大于 0.5，对于 NBTNN，这一比例为 59.2%。结果表

明，在被 BTNN 误分类的样本中，大部分样本的识别结果概率较低。换言之，BTNN 对误分类样本的分类结果不是很有"信心"，这对于决策者来说是很重要的，可以起到提醒作用，相反，如果在识别错误的情况下，依然具有较高的识别结果概率，将给决策者带来错误指示，甚至引导决策者做出错误的判断。因此，对于误分类样本，识别结果概率越低，模型的性能越好。与 NBTNN 相比，BTNN 对于误分类样本的识别结果概率普遍较低，因此 BTNN 的识别结果概率更加可信。

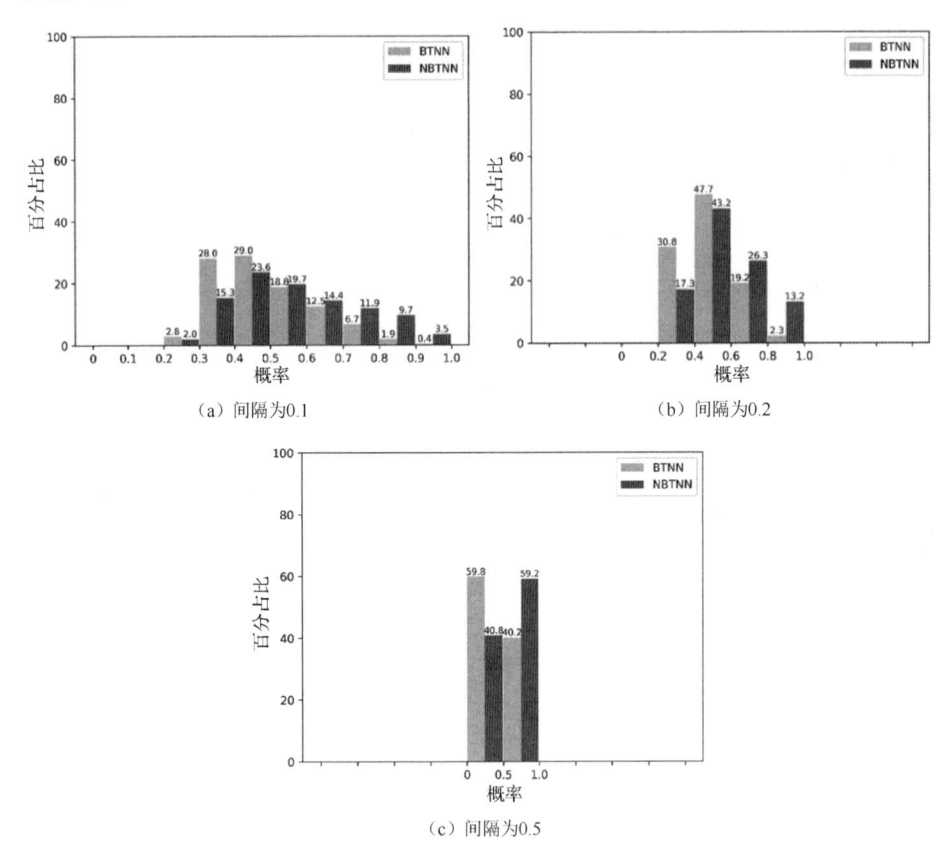

图 10.5 不同识别结果概率段误分类样本百分占比的比较

10.2.3 本节小结

针对目标类型增多时特征建模识别方法准确率下降的问题，以及需要获取可靠的识别结果概率需求，本节提出了一种贝叶斯-Transformer 神经网络模型，即 BTNN。在不同的维度参数下进行了实验，选出了最佳的维度参数。结果表明，本节所构建的网络模型对不同类型目标航迹的分类是有效的。为了验证模型的泛化性能，在测试集上进行实验，测试本节所提模型是否可以使用训练集中没有出现的数据识别目标。通过对实验结果的分析可知，训练集和测试集的准确率是相似的，结果表明，该模型具有良好的泛化能力。训练后的模型可以利用其航迹信息对目标进行识别。在对比实验部分将 BTNN 与 ED_SVM[21]、RNN[22]、LSTM[23]和 MLP[24]模型进行比较，在类级别评估实验中，BTNN 获得了比其他模型更好的指标，表明该模型对各类海面船舶的识别是有效的。加权精确度、加权召回率和加权 F1 得分的结果表明，BTNN 在整体水平上也表现较好。但也有一些局限性。例如，BTNN 在识别某些类型目标的能力方面与其他模型相似。虽然 BTNN 比其他模型更能准确识别拖船目标，但拖船召回率仍然较低，这意味着数据集中许多拖船目标无法被 BTNN 识别。网络抗噪声测试实验证明了贝叶斯原理应用的有效性。在数据中加入不同等级的噪声，结果表明，BTNN 能够保持较高的识别准确率，并优于 NBTNN。此外，在高噪声环境下，BTNN 也可以提供更可靠的识别结果概率，BTNN 提供的识别结果概率比 NBTNN 更可靠，验证了概率深度学习的有效性。被 BTNN 误分类的样本大部分的识别结果概率较低。相反，NBTNN 对误分类样本有更高的识别结果概率，这意味着 NBTNN 对误分类结果是有信心的，目标将因此逃避监督，造成决策者的误判。因此，BTNN 能提供更可靠的识别结果概率。而在以往的研究中，研究人员往往忽视了这种影响。

本节仍然有一些局限性需要注意，BTNN 是一个对数据集要求较高的数据驱动模型，神经网络需要学习大量的历史数据，只有经过历史数据的训练，模型才能用于识别未知类型的目标。因此，历史数据的积累和格式化数据集的建立也是一项重要的工作。由于模型仅仅采用航迹信息进行识别，忽略了航迹的背景信息，因此限制了识别能力的提升。

10.3 融合情境信息的海面目标识别方法

当前，在基于航迹识别海面目标的研究中，缺乏对情境信息的利用。目标所处的地理背景不是空白的，经过的不同区域具有不同的背景信息，这为目标航迹增加了情境属性。远洋货轮的航迹多出现在深海，而游艇的航迹则多分布在近岸水域。从不同类型目标的情境信息中进行规律挖掘，对航迹信息进行增强，提升不同类型目标航迹的可分性，从而更准确地识别海面目标。

在 10.2 节的研究中，设计概率深度学习模型对航迹进行识别，达到了较高的识别准确率，但是当减少数据集的规模时，模型的识别能力下降，这是概率深度学习模型普遍面临的困难，模型用来学习的数据减少，使得模型获取到的信息减少，从而影响了模型的识别能力。因此本节通过融合情境信息，对航迹信息进行情境增强，提升模型的目标识别能力，在航迹数量规模较小的情况下，提升模型的识别能力。本节通过构建情境信息知识库，设计情境量，将情境信息转化为数值信息；通过设计融合识别神经网络模型，分别对航迹信息和情境信息提取特征，将提取到的特征进行融合，实现对航迹信息的情境增强，达到提升识别能力的目的。利用公开的 AIS 数据进行实验，验证情境增强的有效性。最后为了验证所提情境增强方法的普适性，选取另一片海域的航迹数据进行实验，结果表明所提方法可以适用于不同情境下的目标识别。

10.3.1 情境信息建模

目标通常处于某种情境之中，受其约束，可以通过对航迹信息进行情境增强来提高目标识别的准确率。情境增强后的航迹信息可以表示为$\{T;C\}$，其中T表示航迹信息，C表示情境信息。因此，基于情境增强航迹信息的目标识别是根据$\{T;C\}$预测目标类型y值。

目标经过的海域具有背景知识，不同位置处的情境信息具有差异性，提取这些背景知识用于增强航迹信息，从而更加有效地区分不同类型目标间的特征差异。为了可视化航迹数据的地理位置分布，将航迹数据进行热图绘制，深色表示出现频繁的区域，灰色越深表示对应区域出现的频率越高，图 10.6（a）展示了所有类型的船舶活动热图，图 10.6（b）～图 10.6（j）分别展示了 9 种类型船舶的活动范围，客船、货船、油轮的活动范围更广，在远离海岸线的海域出现的频率也比较高，另外 6 类船舶主要在靠近海岸线的区域活动。发现部分类型（如军事舰船、搜索救援船、拖船和游船）集中活动区域重合严重，接下来采用网格图的方式放大每种类型船舶的活动区域，如图 10.7 所示，颜色越深，目标出现的频率越高。对于活动范围重叠明显的目标，通过放大后发现其频繁出现区域也具有很大的差异性。通过上述对地理位置分布情况的对比分析可以发现，不同类型的船舶经常活动的区域存在差异性，因此不同类型船舶的航迹所处的情境信息也具有差异性，挖掘情境信息对航迹进行增强有助于提高模型对目标的识别能力。更具体地，不同类型船舶频繁出现的区域到海岸的距离是不同的。此外，不同区域的交通密度也不同。本节提取了三种情境信息：海上交通密度、目标到海岸的距离（离岸距离）和目标到港口的距离（离港口距离）。下面是情境信息的分析与建模过程。

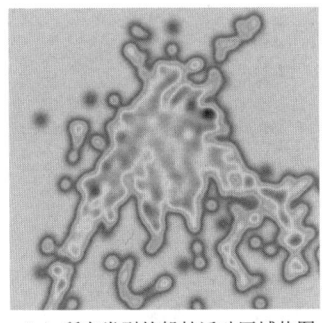

(a) 所有类型的船舶活动区域热图 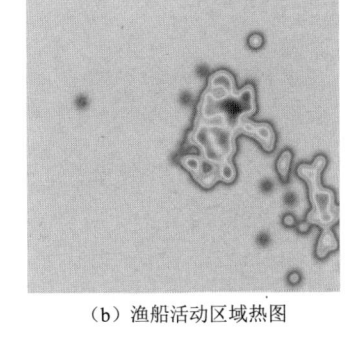　　　　　　(b) 渔船活动区域热图

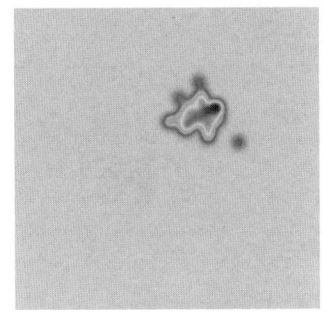

(c) 军事舰船活动区域热图 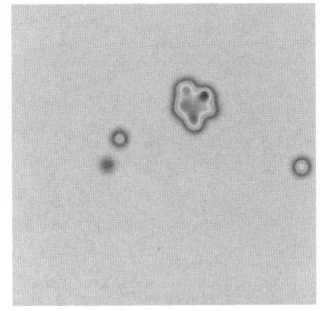　　　　　　(d) 搜索救援船活动区域热图

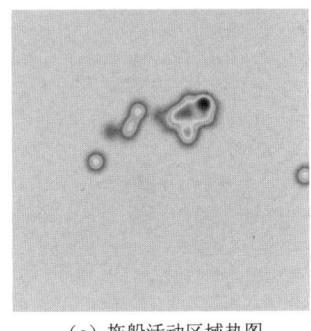

(e) 拖船活动区域热图 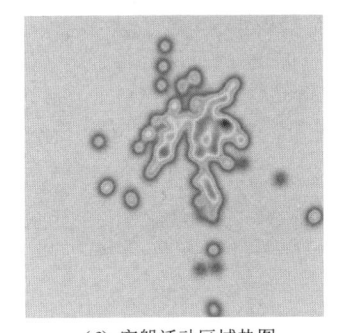　　　　　　(f) 客船活动区域热图

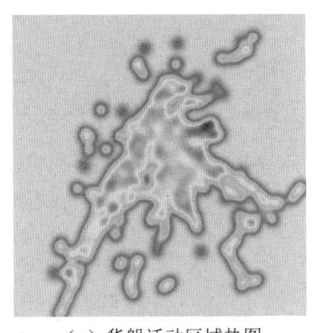

(g) 货船活动区域热图 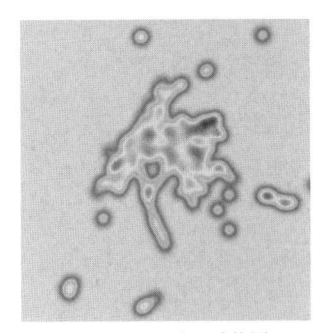　　　　　　(h) 油轮活动区域热图

图 10.6　总体活动区域热图

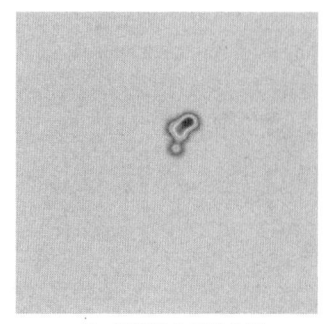

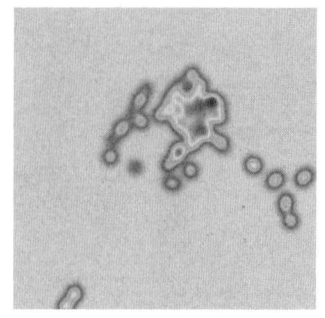

（i）游船活动区域热图　　　　　　　　（j）其他船舶活动区域热图

图 10.6　总体活动区域热图（续）

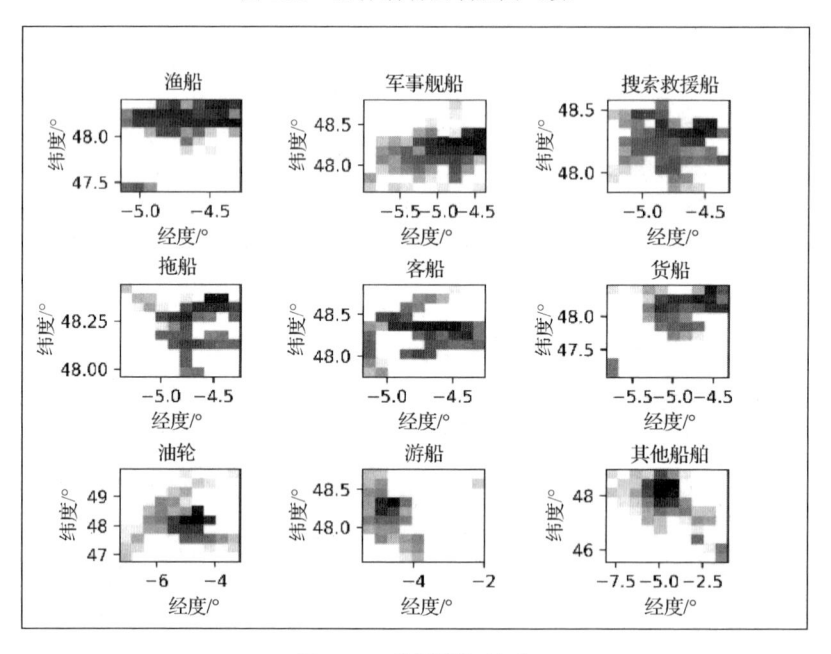

图 10.7　热图详细显示

1. 海上交通密度

海上交通密度反映历史数据中海域上经过船舶的密集程度，不同类型目标频繁出现的海域所具有的交通密度具有差异性，我们可利用网络模型学习其规律，进而为目标识别提供依据。首先将海域细分成网格，计算每个网格内历史数据中的交通密度，计算公式为

$$\text{density}_i = \frac{n_i}{a} \tag{10.22}$$

其中，density_i 表示第 i 个网格的交通密度；n_i 表示第 i 个网格的船舶数量；a 表

示网格的面积。得到海上交通密度网格图后，判断航迹中每个航迹点所处的网格，从而得到每个航迹点所处位置的海上交通密度。将每个航迹点所处位置的海上交通密度按照时间顺序排列起来，就得到了目标航迹的第一个情境信息。

2. 离岸距离

不同类型的船舶执行的任务取决于船舶属性，这会造成船舶远洋或者近岸航行的区别，历史航行数据中表现出来的这一统计特性，可以用于对未知船舶的识别。船舶在每个轨迹点处的离岸距离按照时间顺序排列起来，形成了轨迹段的离岸距离向量信息，本节将这一向量信息作为第二个情境信息。目标航迹的离岸距离情境信息可以表示为

$$\boldsymbol{dc} = \{dc_1, dc_2, dc_3, \cdots, dc_n\} \tag{10.23}$$

3. 离港口距离

船舶在海上的航行不是毫无指向性的随机行驶，它们的路线规划受任务驱动，通常表现出从某港口出发前往另一港口，中途会出现避让、抛锚休息等情况，但是总体上呈现目的指向性。因此船舶的始发港口和目的港口这一情境信息，可以作为统计特征用于未知目标的识别。而在现实环境中，难以获取目标从始发港口到目的港口的整条航迹，当获得的是中间某段航迹时，难以直接获取目标的始发港口与目的港口。但是船舶在每个航迹点处与各大港口的距离容易获得。通过计算可得到一条航迹中每个航迹点与各大港口的距离，由此可以得到一个距离矩阵：

$$\boldsymbol{dp} = \begin{vmatrix} dp_{11} & dp_{12} & dp_{13} & \cdots & dp_{1m} \\ dp_{21} & dp_{22} & dp_{23} & \cdots & dp_{2m} \\ dp_{31} & dp_{32} & dp_{33} & \cdots & dp_{3m} \\ \vdots & \vdots & \vdots & & \vdots \\ dp_{n1} & dp_{n2} & dp_{n3} & \cdots & dp_{nm} \end{vmatrix} \tag{10.24}$$

其中，m 表示港口的数量；n 表示一条航迹中的航迹点数量。在船舶行驶过程中，船舶与始发港口的距离变大，与目的港口的距离缩短，这一过程会体现在距离矩阵中。例如，目标的始发港口为港口 1，目的港口为港口 2，那么矩阵 $\boldsymbol{dp}$ 的第一列总体呈现变大的趋势，第二列总体呈现变小的趋势。将始发港口与目的港口这一信息转化为这种矩阵的形式，既将信息转化为了规范化数据，又解决了始发港口与目的港口难以获取的问题，为使用深度学习方法创造了条件。本节将航迹点与各个港口的距离作为第三个情境信息，利用深度学习端到端的学习能力，自动提取特征用于区分不同类型的目标。此外，也有一些船

舶的航迹指向性不明显，如渔船，受其特殊任务影响，在到达捕鱼海域后为找寻最佳捕鱼位置及时机，航迹呈现曲折不规律的情况。这并不影响神经网络的处理，因为其指向性不明显恰好与其他指向性明显的类型区分开。

10.3.2 基于情境增强的航迹识别方法

1. 总体流程

如图 10.8 所示，基于情境增强的航迹识别方法分为两个部分，第一部分为离线训练，第二部分为在线识别。离线训练的目的是得到可以用来识别目标的网络模型，在线识别的目的是根据未知目标类别的航迹数据来识别目标类别。对于离线训练部分，首先根据历史航迹数据，以及情境知识库，计算出航迹对应的情境量，得到情境增强后的历史航迹数据；然后搭建网络模型，利用历史航迹数据训练网络模型；最后保存训练好的网络模型。对于在线识别部分，首先根据航迹信息，调用情境知识库的信息，计算出航迹对应的情境量，得到情境增强后的待识别航迹数据；然后调用离线训练过程中训练好的网络模型，将待识别的航迹数据输入网络模型中，输出目标类别，完成在线识别目标类别任务。

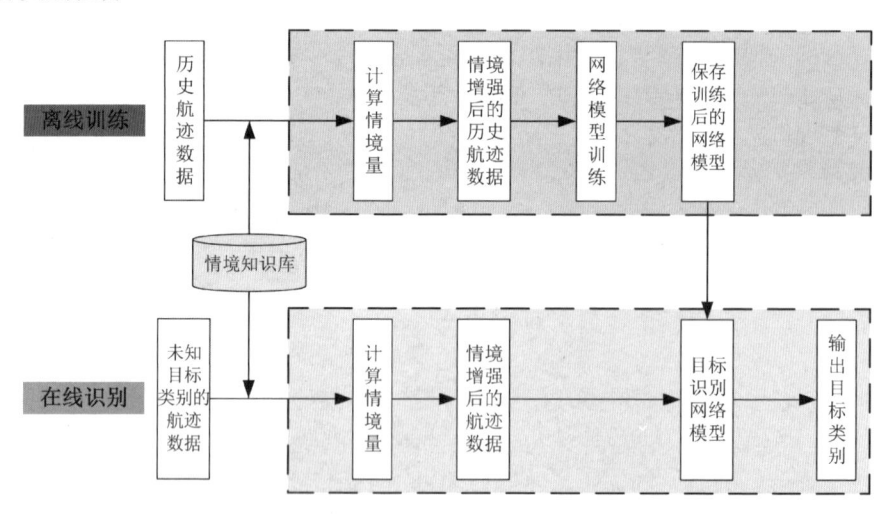

图 10.8 本节所提方法的总体流程

为了实现有效的在线识别，离线训练是前提任务。相比于在线识别，离线训练在消耗时间、占用算力、硬件配置等方面没有严格的限制。在线识别的应用场景多样，天基、岸基、舰载等平台都是在线识别的应用场景，具有快速、硬件配置有限、算力有限等特点。本节所提方法的特点符合实际情况，离线训练需要大量历史数据的收集、情境知识库构建、模型训练等工作,消耗时间长、占用算力多、硬件配置要求高;而在线识别部分的消耗时间、占用算力、硬件配置要求均明显降低。

2. 特征提取与融合网络模型

图 10.9 所示为融合情境信息目标识别网络模型图,包含数据输入模块、特征提取与融合模块,以及分类识别模块。数据输入模块完成对格式化数据的读取,特征提取与融合模块完成对航迹信息和情境信息的特征提取,并将提取到的特征进行融合,得到融合特征。分类识别模块由全连接层和 Softmax 层构成,输出目标的类别信息。

在特征提取与融合模块中,对于航迹信息的特征提取,本节继续以 Transformer 网络模型为基础网络,与第 9 章提出的对 Transformer 网络模型的剪枝与维度变化一致,构建航迹编码模块,提取航迹特征。输入的航迹数据格式为 $M \times L \times D_T$,其中 M 代表训练过程中每一批次的样本数量;L 代表一个航迹样本的长度,即一个航迹样本包含的航迹点个数;D_T 代表每个航迹点的维度。由于情境信息维度大,变化特征易于理解,规律更易挖掘,并同时考虑到 LSTM 网络具有参数量小、易于网络收敛的优势,因此采用 LSTM 网络提取情境信息中的特征信息。情境信息的输入格式为 $M \times L \times D_C$,其中 D_C 表示每个航迹点情境信息的维度,为三种情境信息维度之和。

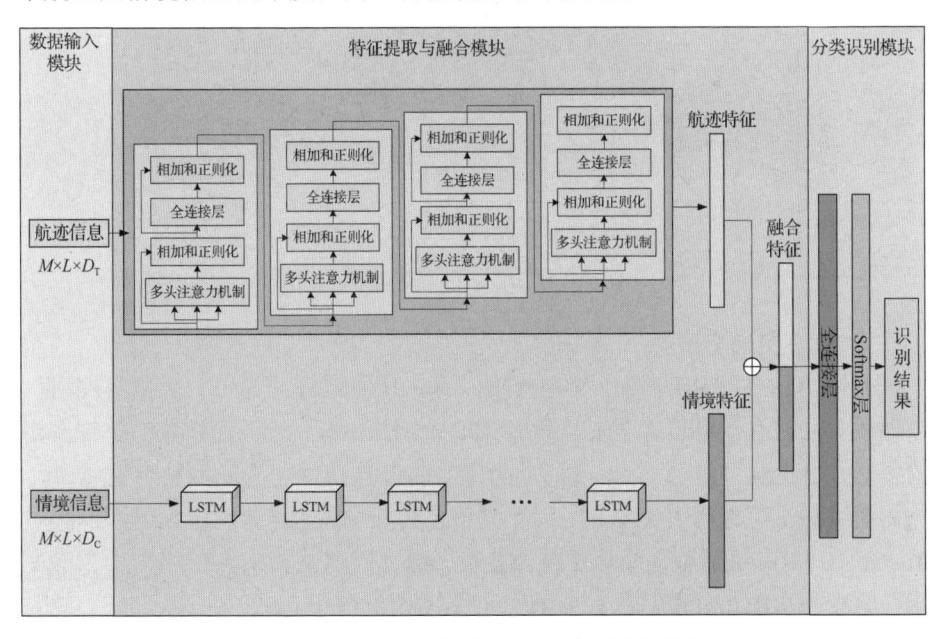

图 10.9 融合情境信息目标识别网络模型图

10.3.3 实验对比及分析

1. 情境知识库构建与情境量计算

按照 10.3.2 节中的内容，利用欧洲 AIS 数据构建对应的情境知识库。情境知识库的构建为计算航迹对应的情境量做准备，情境知识库的构建过程是提取航迹背景的过程，而计算每条航迹对应情境量的过程是将情境背景量化的过程，整个步骤实现了将定性的情境背景知识转化为网络模型可以定量计算的输入数据。本实验所用的 AIS 数据发生在凯尔特海和比斯开湾（法国），AIS 数据图如图 10.10 所示。白色部分代表大海，灰色部分代表陆地，点代表历史数据中的航迹点。下面以构建此海域情境知识库为例介绍情境知识库中每个情境知识的构建过程，以及通过情境知识库计算情境量的过程。

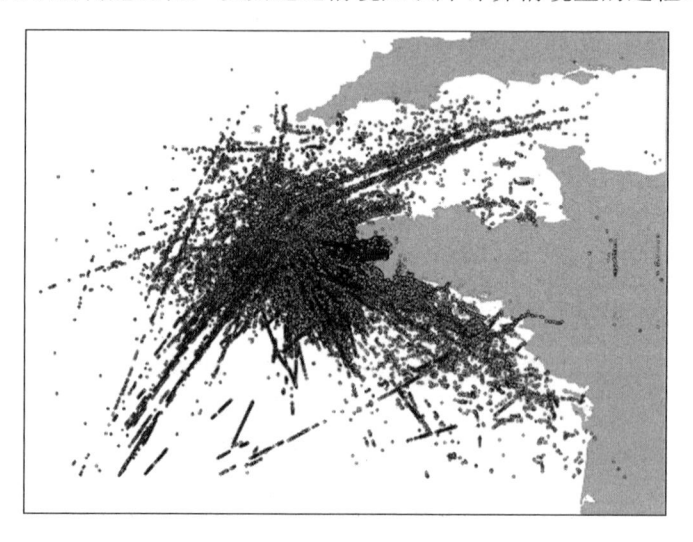

图 10.10　AIS 数据图

1）海上交通密度

利用 AIS 数据构建海上交通密度网格，将海域划分为等大的方形网格，该地图总共包含 10000 个网格，每行 100 个网格，每列 100 个网格。单位网格的物理尺寸为 $4.8' \times 4.3'$。计算每个网格的航迹点密度作为此网格交通密度，从而得到海上交通密度网格图，每个网格包含两个属性，即网格编号和网格数值。图 10.11 展示了海上交通密度网格图，颜色随着网格中数值增大而由深变浅，直观地反映出此海域不同位置处的交通密度情况。

海上交通密度知识库建立完毕后，可以为航迹样本计算对应的海上交通密度情境量，首先根据经纬度信息查询航迹点所在网格的编号，读出网格数值，赋予航迹点海上交通密度信息。

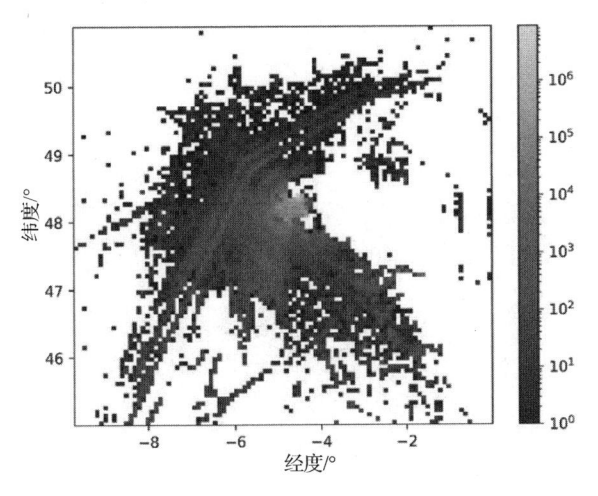

图 10.11　海上交通密度网格图 1

2）离岸距离

离岸距离，即目标与海岸线的距离，真实海域中海岸线绵延曲折，可以看作凸多边形与凹多边形的无规则组合，计算海域上一点到海岸线的精确距离比较困难，而此任务无须得到精确的离岸距离，只需要通过这一情境量反映出目标距离海岸线的远近即可。基于此，本节提出一种近似距离计算方法，在构建不同区域情境知识库时均可使用。首先在海岸线上每隔一定的距离进行点标记，标记点间隔视历史航迹数据距离海岸线远近而定，若距离海岸线普遍较远，则增大标记点间隔，反之减小。标记完海岸线后，得到若干标记点，计算目标与所有标记点的距离，最小距离为目标与海岸线的近似距离。标记点的标记过程为知识库建立过程，根据标记点计算航迹的离岸距离的过程为情境量的计算过程。图 10.12 所示为海岸线上的标记点。

3）离港口距离

计算目标与各港口的距离，该距离通过目标经纬度和港口经纬度计算得出。首先根据历史航迹数据，找出船舶频繁靠泊的港口，然后记录这些港口的经纬度信息，在计算航迹的离港口距离时，直接读取港口经纬度，得到航迹的离港口距离情境量。选取港口并且保存港口经纬度信息的过程为离港口距离知识库建立过程，根据港口位置计算航迹的离港口距离的过程为情境量的计算过程。在本实验中，参数 n 和 m 分别为 30 和 20。由于识别任务通常集中在海洋某一部分区域的船舶上，港口数量不多，始发港口或目的港口可能在地图段之外,在这种情况下,所选港口无法提供十分全面的情境信息。然而事实上,航迹信息占据主导地位,情境信息是一种增强航迹的辅助信息,其目的是提高识别能力,因此情境信息不是主要的识别信息,情境信息越全面,对提高识别能力越有帮助,但是缺乏综合的情境信息并不会使模型无法收敛,只是会限制识别能力的提高。如何获得更加全面的情境信息,也是在未来研究中需要继续深入挖掘的方向。

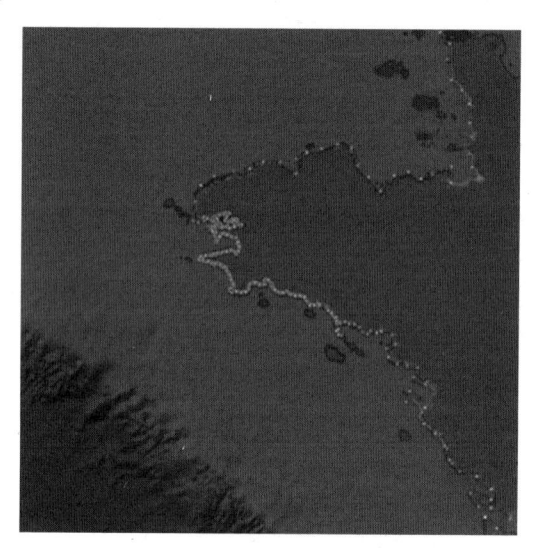

图 10.12 海岸线上的标记点 1

2. 情境增强有效性验证

本组实验对情境增强的有效性进行验证,选取的实验指标为识别准确率,设置三个子实验进行对比。三个子实验的输入数据分别为:无情境增强下的航迹信息、情境增强后的航迹信息,以及仅情境信息。三个子实验编号为 a、b、c。实验 a 和实验 b 在测试集上的识别准确率分别为 89.32%、97.13%,混淆矩阵分别如图 10.13(a)和图 10.13(b)所示。对比实验 a 和实验 b,在加入情境信息后,识别准确率在数值上提高了 0.0781,实验结果证明对航迹进行情境信息增强可以提高目标识别的能力。进一步地,为证明对航迹特征与情境特征进行融合的有效性,设置实验 c,混淆矩阵如图 10.13(c)所示,在输入仅为情境信息时,识别准确率为 48.85%。将实验中的航迹样本进行编号,保存实验 a 正确识别与错识别的样本编号,另外保存实验 b 正确识别与错识别的样本编号,通过对比保存的上述编号,进行统计分析。分析得出,对于实验 a,模型仅根据航迹信息识别目标,错识别样本比例为 10.68%，而这 10.68%错识别的样本，在实验 b 根据情境信息的识别结果中，错识别样本的 35.48%被正确识别。这表明在进行目标识别时，情境信息对于航迹信息，具有一定的互补性，通过把情境信息特征融合到航迹特征中，能够使融合特征更具可分性。此外，特征融合的操作起到了"1+1>2"的效果，如果将航迹信息错识别的样本根据情境信息进行识别，识别准确率在数值上提高了 0.0379，而将航迹特征与情境特征进行融合后，识别准确率在数值上提高了 0.0781。

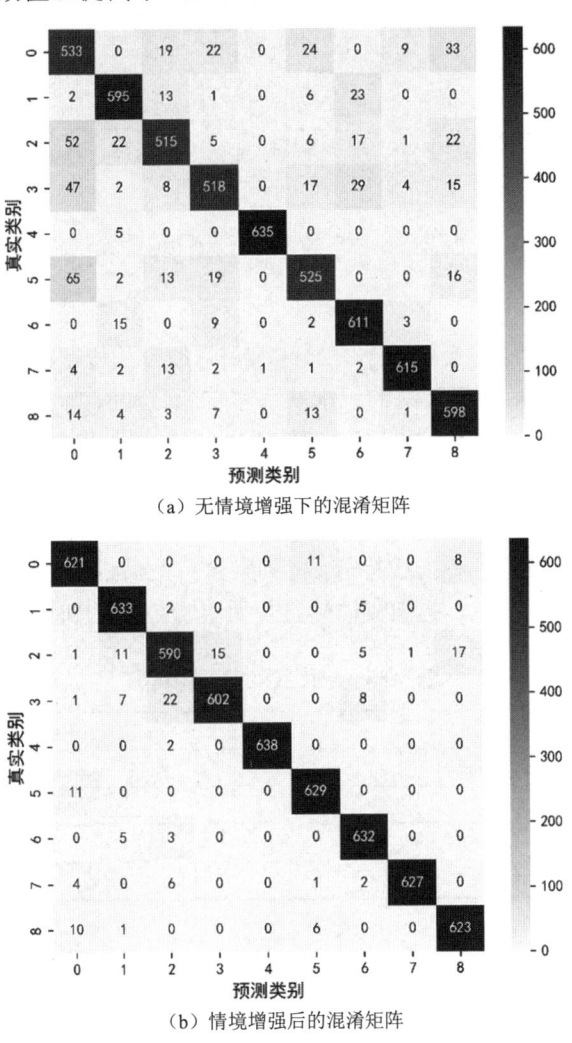

（a）无情境增强下的混淆矩阵

（b）情境增强后的混淆矩阵

图 10.13　实验结果的混淆矩阵

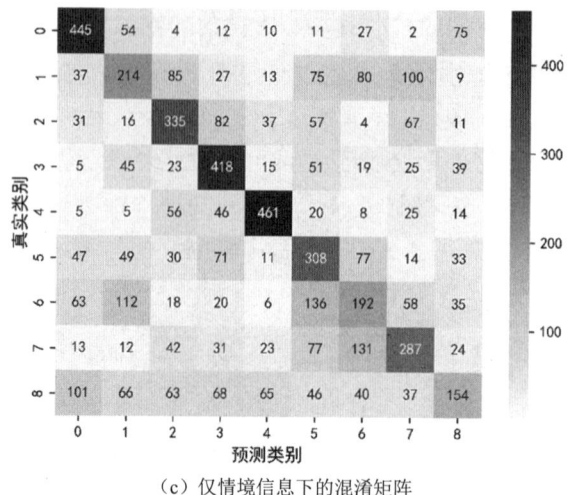

(c）仅情境信息下的混淆矩阵

图 10.13　实验结果的混淆矩阵（续）

3. 对比实验

将本节所提方法与文献[21]、[24]和[22]中的方法进行对比，表 10.3 中的实验结果表明，本节所提方法的识别准确率均超过现有方法。深度学习具有强大的信息提取能力，RNN[22]采用的 GRU 网络内核更是提高了网络对于长序列的处理能力，其内部的重置门与更新门结构使得网络能够记忆长序列信息，并且解决梯度消失问题。本节所提方法中的网络模型基于 Transformer 和 LSTM 网络分别提取航迹特征和情境特征，得到融合特征后进行识别，使得网络模型能够充分利用两种信息，提取到的特征更具区分性，达到较高的识别准确率。

表 10.3　对比实验识别准确率

方法	识别准确率
ED_SVM[21]	0.9066
MLP[24]	0.9189
RNN[22]	0.9571
本节所提方法	0.9714

4. 抗噪声测试

为了验证本节所提方法在不同噪声程度下的识别能力，本实验对输入数据添加高斯噪声，噪声采用均值 $\mu_{noise}=0$，标准差 $\sigma_{noise}=f$ 的高斯噪声。实验测试了噪声因子 f 分别取 0.05、0.08、0.10、0.13、0.15、0.18、0.20、0.23、0.25、0.28、0.30 时，4 种方法的识别准确率，图 10.14 展示了 4 种方法的识别

准确率在 f 不断增大时的变化曲线,随着 f 不断增大,4 种方法的识别准确率都呈现下降趋势,但是在不同程度的噪声情况下,本节所提方法的识别准确率均高于其他方法。当 f 增大到 0.30 时,本节所提方法识别准确率为 0.8631,保持较高水平,证明了本节所提方法在噪声环境下同样具备较强的识别能力。

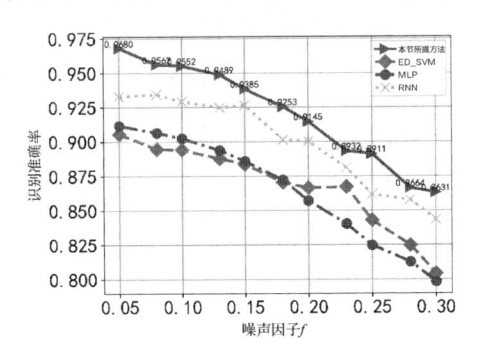

图 10.14 噪声状态下识别准确率对比

5. 在其他海域数据集上的验证

为了证明本节所提方法的通用性,将其应用于北美东海岸附近的一个海域。在这个区域,海上交通流量的强度较低。从 AIS 数据中选择了 4 种主要的船舶类型:渔船、游船、客船和货船。图 10.15 所示为海上交通密度网格图。图 10.16 所示为海岸线上的标记点。设置两组实验,第一组实验仅通过航迹信息识别目标,而第二组实验则通过情境增强后的航迹信息识别目标。第一组实验的识别准确率为 79.61%,第二组实验的识别准确率为 87.34%。通过在航迹中融合情境信息,识别准确率在数值上提高了 0.0773。结果表明,该方法在不同场景下也具有较好的适用性。

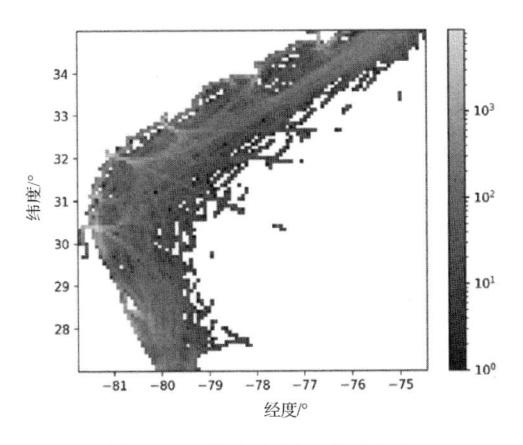

图 10.15 海上交通密度网格图 2

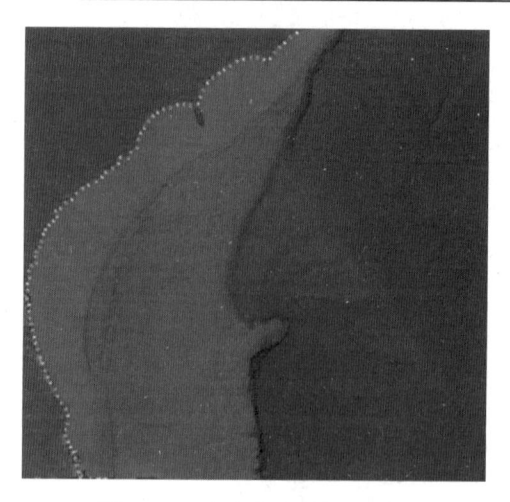

图 10.16　海岸线上的标记点 2

10.3.4　本节小结

　　本节提出了一种融合情境信息的海面目标识别方法。通过构建情境知识库，可以对航迹信息进行情境增强，使航迹更具辨识性。使用深度学习模型自动提取航迹特征和情境特征，对特征进行融合，得到综合特征。采用离线训练和在线识别的方式来完成识别任务。利用 AIS 数据进行验证，结果表明，该方法具有较高的识别准确率和较强的抗噪声能力。情境增强方法可以有效提高识别能力。在其他交通流量不一致的海域进行实验，同样取得了较好的结果，验证了该方法的普适性。

　　本研究也存在一定的局限性。情境知识库的构建是一个复杂的过程。例如，岸上选择的标记数量较多，选择工作困难。标记点选择的不确定性和海岸距离的近似计算导致情境信息提取存在一定的偏差。此外，识别任务通常集中在某块海域，船舶的起始港口或目的港口可能在关注的海域之外，因此目标到港口的距离的情境信息可能不全面。由于在目标识别任务中航迹信息占据主导因素，因此由以上因素造成的情境信息偏差与不全面，不会导致模型不收敛或者识别任务的失败，但是限制了目标识别能力的提高。在今后的工作中，应更加重视情境信息提取的准确性。本研究尝试利用情境信息对航迹进行增强，利用融合神经网络实现增强过程，来提高模型对目标的识别能力。实验结果表明了该方法的可行性与有效性。因此，在未来的工作中，可以继续沿此方向深入研究，考虑提取更丰富、更深层次、更准确的情境信息辅助航迹信息进行海面目标识别。

10.4　小结

本章介绍了基于贝叶斯-Transformer 神经网络模型的目标识别方法和融合情境信息的海面目标识别方法这两种深度学习目标识别方法：给出的基于贝叶斯-Transformer 神经网络模型的目标识别方法有效解决了目标类型增多时特征建模识别方法准确率下降的问题，同时给出了识别结果概率，以便于人机协同对识别结果进行合理采信；给出的融合情境信息的海面目标识别方法，通过构建海上交通密度、离岸距离、离港口距离等情境知识库，对航迹信息进行了有效情境增强，使航迹更具辨识性。相较于可见光图像、SAR 图像和一维距离像等目标信息，目标航迹具有更广泛的获取途径，且更重要的是能够在远距离下获取，第 9 章和第 10 章利用航迹信息，采用机器学习和深度学习分类方法，基于航行特征对目标进行识别，给出了一种不同的目标识别途径，可作为现有可见光图像、SAR 图像和一维距离像识别途径的补充和加强。

参考文献

[1] SZYMANSKI N J, BARTEL C J, ZENG Y, et al. Probabilistic deep learning approach to automate the interpretation of multi-phase diffraction spectra[J]. Chemistry of Materials, 2021, 33(11): 4204-4215.

[2] LV M, LI J, NIU X, et al. Novel deterministic and probabilistic combined system based on deep learning and self-improved optimization algorithm for wind speed forecasting[J]. Sustainable Energy Technologies and Assessments, 2022, 52: 102186.

[3] FENG D, HARAKEH A, WASLANDER S L, et al. A review and comparative study on probabilistic object detection in autonomous driving[J]. IEEE Transactions on Intelligent Transportation Systems, 2021, 23(8): 9961-9980.

[4] HERTEL V. Probabilistic Deep learning methods for capturing uncertainty in SAR-based water segmentation maps[D]. Stuttgart: Universität Stuttgart, 2022.

[5] SRINIVASU P N, BHOI A K, JHAVERI R H, et al. Probabilistic deep Q network for real-time path planning in censorious robotic procedures using force sensors[J]. Journal of Real-Time Image Processing, 2021, 18(5): 1773-1785.

[6] SUN H, BOUMAN K L. Deep probabilistic imaging: uncertainty quantification and multi-modal solution characterization for computational imaging[C]//Proceedings of the Proceedings of the AAAI Conference on Artificial Intelligence, 2021: 2628-2637.

[7] DINH X T, PHAM H V. Social network analysis based on combining probabilistic models with graph deep learning[C]//Communication and Intelligent Systems: Proceedings of ICCIS 2020, 2021: 975-986.

[8] ZJAVKA L. Power quality statistical predictions based on differential, deep and probabilistic learning using off-grid and meteo data in 24-hour horizon[J]. International Journal of Energy Research, 2022, 46(8): 10182-10196.

[9] LIN J, MA J, ZHU J. A privacy-preserving federated learning method for probabilistic community-level behind-the-meter solar generation disaggregation[J]. IEEE Transactions on Smart Grid, 2021, 13(1): 268-279.

[10] KIUREGHIAN A D, DITLEVSEN O. Aleatory or epistemic? Does it matter? [J]. Structural Safety, 2009, 31(2): 105-112.

[11] JORDAN M I, GHAHRAMANI Z, JAAKKOLA T S, et al. An introduction to variational methods for graphical models[J]. Machine Learning, 1999, 37: 183-233.

[12] VASWANI A, SHAZEER N M, PARMAR N, et al. Attention is all you need[C]//Proceedings of the 31st International Conference on Neural Information Processing Systems, 2017: 6000-6010.

[13] GUREVYCH I, KOHLER M, SAHIN G G. On the rate of convergence of a classifier based on a Transformer encoder[J]. IEEE Transactions on Information Theory, 2022, 68(12): 8139-8155.

[14] SALTZ P, LIN S Y, CHENG S C, et al. Dementia detection using Transformer-based deep learning and natural language processing models[C]//Proceedings of the 2021 IEEE 9th International Conference on Healthcare Informatics (ICHI), 2021: 509-510.

[15] WANG R, AO J, ZHOU L, et al. Multi-view self-attention based Transformer for speaker recognition[C]//2022 IEEE International Conference on Acoustics, Speech and Signal Processing (ICASSP), 2022: 6732-6736.

[16] LI Z, ZHANG Z, ZHAO H, et al. Text compression-aided Transformer encoding[J]. IEEE Transactions on Pattern Analysis and Machine Intelligence, 2021, 44(7): 3840-3857.

[17] SOYALP G, ALAR A, OZKANLI K, et al. Improving text classification with Transformer[C]// Proceedings of the 2021 6th International Conference on Computer Science and Engineering (UBMK), 2021: 707-712.

[18] MORAIS E, KUO H-K J, THOMAS S, et al. End-to-end spoken language understanding using Transformer networks and self-supervised pre-trained features[C]//2021 IEEE International Conference on Acoustics, Speech and Signal Processing (ICASSP), 2021: 7483-7487.

[19] SUN L, YAN H. Feature fusion Transformer network for natural language inference[C]//Proceedings of the 2022 IEEE International Conference on Mechatronics and Automation (ICMA), 2022: 1009-1014.

[20] KINGMA D P, WELLING M. Auto-encoding variational bayes[C]//International Conference on Learning Representations, 2013: 1-14.

[21] VRIES G K D D, SOMEREN M V. Machine learning for vessel trajectories using compression, alignments and domain knowledge[J]. Expert Systems with Applications, 2012, 39(18): 13426-13439.
[22] BAKKEGAARD S, BLIXENKRONE-MOLLER J, LARSEN J J, et al. Target classification using kinematic data and a recurrent neural network[C]//Proceedings of the 2018 19th International Radar Symposium (IRS), 2018: 1-10.
[23] TAN H X, AUNG N N, TIAN J, et al. Time series classification using a modified LSTM approach from accelerometer-based data: a comparative study for gait cycle detection-sciencedirect[J]. Gait & Posture, 2019, 74: 128-134.
[24] ICHIMURA S, ZHAO Q. Route-based ship classification[C]//Proceedings of the 2019 IEEE 10th International Conference on Awareness Science and Technology (ICAST), 2019: 1-6.

第11章 可见光遥感图像与SAR图像关联

11.1 引言

近年来，陆、海、空、天平台观测技术和无人控制技术日新月异，可获取的预警探测信息日益丰富，综合利用多源信息，可提高目标跟踪的连续性和目标识别的准确性。多源信息关联对源于同一目标的多源多类信息进行关联判断，围绕目标，把源于不同手段的多角度多维度观测信息聚合在一起，是实现多源信息融合跟踪与识别的关键。为此，第11～14章对多源信息关联的重要方向——多模态信息关联技术进行了重点研讨。

SAR图像具有全天候、全天时工作的特点，但在成像过程中易受到相干斑点噪声的影响，使目标细节信息模糊，视觉解译难度大。相比于SAR图像，可见光图像具有图像内容直观易懂、色彩信息丰富、目标结构特征明显等优点，但受光照、云雾、季节、阴影等因素的影响较大。同时结合SAR图像和可见光图像能够实现两者优势互补。因此，构建一个可见光图像和SAR图像的多源关联体系不仅能让监视系统在任何现实情况下正常工作，还能增加目标位置信息和特征信息，进而提高目标跟踪的连续性和目标识别的准确性。

随着特征表示学习的大力发展，多源关联技术在自然图像领域得到了广泛研究，其中包括图像与文本的关联[1-2]，图像与音频的关联[3-4]，RGB图像与红外图像的关联[5-6]，然而自然图像与遥感图像在图像内容上的巨大差异使得这些算法难以取得较好的表现。除此之外，还有部分工作[7-9]研究了多光谱和全色遥感图像间的多源关联，但SAR图像有特殊的成像机理，存在大量相干斑点噪声，同时不具备可见光图像中丰富的颜色信息。基于这些因素，现有算法难以直接用于SAR图像与可见光图像的多源关联任务。

为了解决上述问题，本章提出了深度多源哈希网络（Deep Cross-Modality Hashing Network，DCMHN）用于实现SAR图像与可见光图像的多源关联。首先，针对SAR图像与可见光图像颜色信息差异大，提出了图像变换机制，将RGB三通道的可见光图像转换生成4种不同类型的单通道图像（红、蓝、绿、灰度图像），将生成的不同类型的光谱图像输入网络中，增加了训练数据的多样性，同时打乱了颜色通道，让网络更加关注于图像的纹理和轮廓信息，而对颜色信息不敏感。然后，针对成像机理差异导致两种模态图像内容异构，提出了图像对训练策略，随机选择 4 种变换生成的单通道图像与各自对应的 SAR 图像或可见光图像组成图像对作为网络的输入，提取出联合多源特征，在一定程度上消除了多源图像间的差异。最后，采用三元组损失函数和哈希函数相结合的方式帮助网络模型提取判别性图像特征，提高关联效率。由于目前没有公开的 SAR 和可见光遥感图像多源数据集，本章构建了一个 SAR-可见光双模态遥感图像数据集（SAR-Optical Dual-Modality Remote Sensing Image Dataset，SODMRSID），如图 11.1 所示。在 SODMRSID 上的实验结果验证了本章所提算法的有效性。

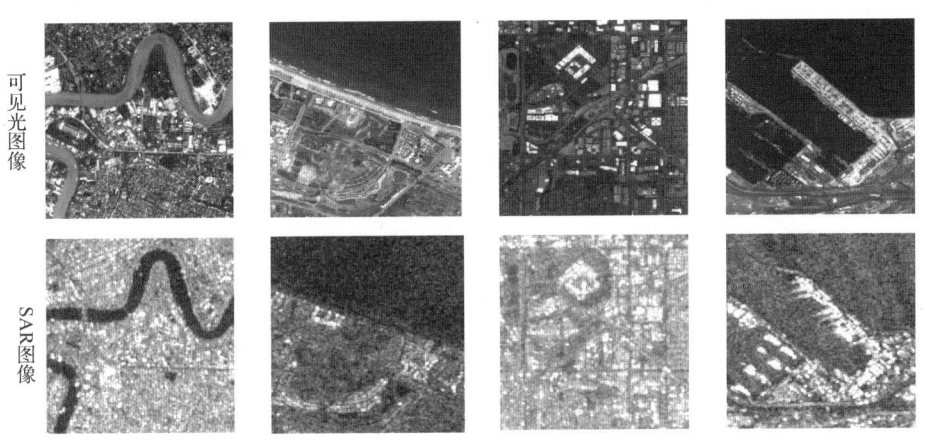

图 11.1　SODMRSID 的样例

本章的主要内容具体安排如下：11.2 节介绍了研究基础，包括 SAR 图像关联学习算法和有监督多源哈希关联算法；11.3 节介绍了深度多源关联算法 DCMHN，包括图像变换机制、图像对训练策略和三元组哈希损失结构；11.4 节详述了实验对比及分析；11.5 节总结了本章的研究内容。

11.2　研究基础

11.2.1　SAR 图像关联学习算法

由于可见光遥感图像与 SAR 图像的成像机理不同，它们之间的关联难度大，准确率低。随着深度神经网络的大力发展，近年来有许多工作基于

SAR图像的特殊成像内容，通过提取深度特征来提升关联准确率。文献[10]中，作者设计了一个基于图像压缩的关联技术用于测量原始TerraSAR-X图像与去噪TerraSAR-X图像间的相似性。另外，在文献[11]中，基于局部相似性度量和语音分类，作者提出了一个通用性SAR图像关联算法。在文献[12]中，作者提出了图像重排序法用于提升SAR图像的关联准确率。在文献[13]中，作者充分考虑了SAR图像的多尺度特性和斑点噪声，提出了基于内容的SAR图像关联算法。在文献[14]中，作者基于哈希二值编码提出了一个快速关联算法用于SAR图像关联任务，该算法不仅提升了关联速度，还减少了存储。在文献[15]中，作者提出了一个无监督领域自适应模型，用于解决SAR图像关联任务中缺少标记图像数据的难题。以上算法都用于解决同模态SAR图像关联问题，但难以直接用于SAR图像与可见光遥感图像间的多源关联问题。

11.2.2 有监督多源哈希关联算法

为了在数据关联任务中降低存储消耗，加快关联速度，哈希算法近几年受到了广泛关注。考虑到不同模态之间的特征异构问题，有监督多源哈希关联算法致力通过采用哈希二值编码为不同模态的特征构建语义关联关系。在文献[16]中，作者提出了语义最大关联（SCM）算法，将语义标签信息整合成哈希二值编码以加快关联速度，降低存储消耗。在文献[17]中，作者充分利用图像的语义信息和数据的流形结构构建异构模态间关联关系。在文献[18]中，为了产生更具判别性的哈希编码，作者构建了"modality-specific"哈希函数。以上传统算法都基于手工特征学习到的二值编码，特征提取过程相对独立，极大程度上限制了其在许多实际场景中的应用。

鉴于深度特征强大的表征能力，基于深度学习的多源哈希算法相较于传统多源哈希算法性能更优。在文献[19]中，作者提出了一个端到端的网络通过输出紧致的哈希编码，学习到不同模态中特有的特征信息。然而该网络仅用于解决图像与文本间的多源关联问题，不是一个通用的算法模型，难以扩展到其他多源关联任务中。在文献[20]中，作者提出了多源哈希（DCMH）算法，通过运用哈希编码和特征学习策略，该深度网络框架能够采用原始数据集进行从头训练。在文献[21]中，作者基于对抗学习策略提出了对抗多源关联（ACMR）算法，通过训练模型学习到具有判别性的模态变换二值编码。以上基于深度学习的多源哈希算法在关联效率和关联准确率上都明显优于传统多源哈希算法。但是这些算法大都适用于自然图像与文本的多源关联任务，图像的空间分辨率和光谱分辨率与遥感图像不同。因此这些算法难以有效应对复杂的可见光遥感图像与 SAR 图像的多源关联任务。

11.3 深度多源哈希算法 DCMHN

本节主要介绍了 DCMHN 算法的具体结构，其中包括图像变换机制、图像对训练策略和三元组哈希损失结构，算法的整体框架如图 11.2 所示。首先，11.3.1 节介绍了图像变换机制，将 RGB 三通道的可见光图像转换成 4 种单通道图像用于网络的输入，增加输入模态的多样性。然后，11.3.2 节介绍了图像对训练策略，从不同模态的输入图像中提取极具判别性的特征。最后，11.3.3 节介绍了三元组哈希损失结构，在提高关联效率的同时降低数据存储消耗。

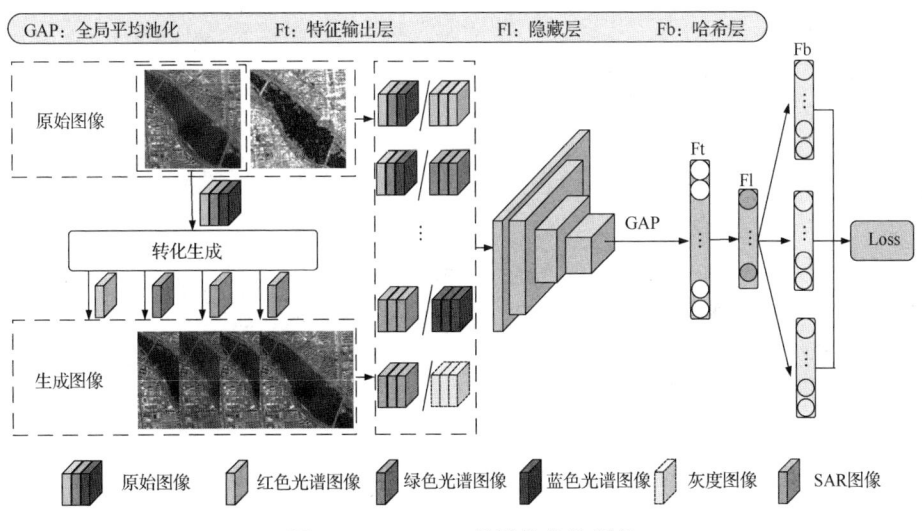

图 11.2 DCMHN 算法的整体框架

11.3.1 图像变换机制

模态异构是可见光遥感图像与 SAR 图像的多源关联的关键问题，两者的传感器在同一场景区域获取的图像差异大。可见光遥感图像通常包含多个波段强度信息，便于目标识别和场景分类，SAR 图像仅以二元复数形式记录单波段的回波信息。可见光遥感图像中的颜色信息远比 SAR 图像丰富，但不能忽视的是 SAR 图像中包含了目标和场景丰富的集合及属性信息。

基于以上分析，希望通过训练学习使网络将注意力更多关注到 SAR 图像和可见光遥感图像的轮廓及纹理信息，而对颜色信息不敏感。为了实现这一目的，在训练中加入不同光谱特征的多源图像，让网络学习同一场景下具有不同光谱信息的多源图像，与 11.3.2 节中的图像对训练策略相结合，打乱了光谱通道，使网络无法去学习光谱通道中的颜色信息，而更加关注于轮廓信息。在本节中，设计了一种图像变换机制来生成同一场景下具有不同光谱信息的多源图像。对于每幅 RGB 三通道的可见光原始图像，将其每个光谱通道分离后生成各自的 R、G、B 单通道图像。除此之外，为了增加模态多样性，将原始图像变换为灰度图像。本章中，原始图像用 x_i^O 表示，由其转换生成的单通道红色光谱图像、绿色光谱图像、蓝色光谱图像和灰度图像分别用 x_i^R、x_i^G、x_i^B、x_i^H 表示。转换后的样例图像如图 11.3 所示。将转换图像加入训练集中极大程度提高了模态的多样性，让网络在同一场景的图像中能"看"到更多的模态信息，以学习到不同模态间的共有特征，减小了模态异构对关联结果的影响。

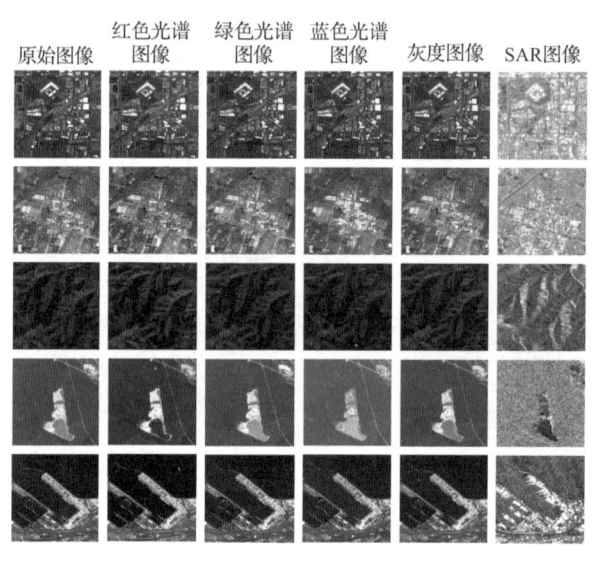

图 11.3　转换后的样例图像

11.3.2　图像对训练策略

考虑到图像内容的复杂性和不同模态间的差异性，同一类别不同模态的图像存在较大差异。如图 11.4 所示，图像的类间距离大于图像的类内距离［见图 11.4（a）］，这种情况在多源数据中更加明显［见图 11.4（b）］。这些问题将影响多源图像的关联准确率，导致模型的训练效果变差。从不同模态的图像中

第 11 章　可见光遥感图像与 SAR 图像关联

提取有足够判别性的特征是一个亟待解决的关键问题。

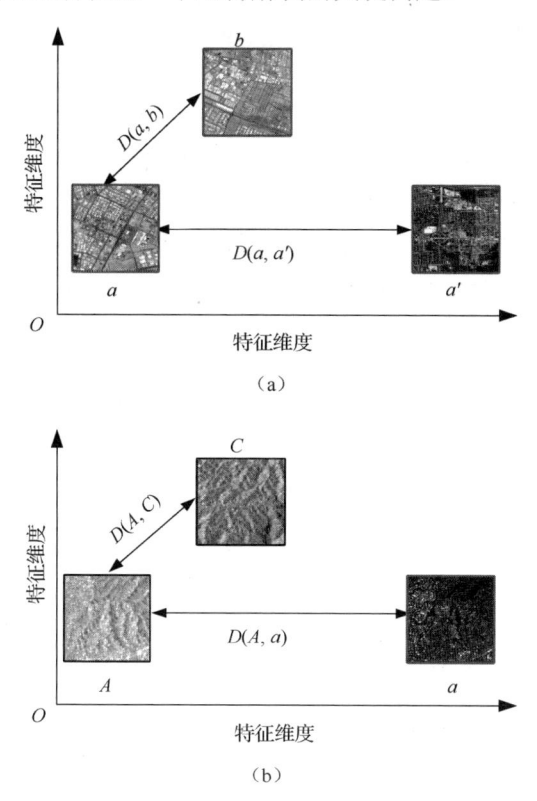

（a）

（b）

图 11.4　模态差异导致的难区分样本数据:

图 11.4（a）中"a"和"a'"表示可见光传感器捕获到的住宅区类别的不同图像，"b"表示可见光传感器捕获到的工厂类别图像；图 11.4（b）中"a"和"A"分别表示住宅区类别可见光图像和 SAR 图像，"C"表示山脉类别 SAR 图像。

为了解决此问题，本节提出了图像对训练策略。对于给定的原始图像，从所有变换生成的图像 x_i^R，x_i^G，x_i^B，x_i^H 中选择一幅与之相对应的可见光图像 x_i^O 或者 SAR 图像 x_i^S 组成一组图像对一同输入网络中。考虑到可见光图像的光谱通道数与变换后的单通道图像不一致，将所有变换生成的单通道图像及 SAR 图像中每个通道复制后转换为三通道图像，再输入网络中进行训练，使每个模态的图像能够适应同一网络结构。采用图像对训练策略能够在极大程度上消除由模态异构造成的模态间和模态内样本难区分的问题，促使网络在多源数据中提取更具判别性的特征。

11.3.3 三元组哈希损失结构

为在提取强大判别特征的同时，加快关联速度，本节提出了基于哈希算法的三元组损失函数，使同类图像的哈希编码在哈希空间中距离更近，而不同类图像的哈希编码在哈希空间中距离更远。

在训练过程中，采用特征提取器 ResNet18 和 ResNet50 从最后一个卷积层的输出中得到输入图像的特征图像，然后引入全局平均池化（GAP）层提取出图像的统一特征。随后引入隐藏层，用于引导构建统一特征和二值编码间的关联关系，使其在进行二值编码转换时不会丢失掉过多信息，保护图像丰富的语义信息。对于图像 x_i，隐藏层的输出用 f_i 表示，$f_{ik} \in [0,1]$（$k=1,2,\cdots,K$）表示通过 Sigmoid 激活函数后的 k 阶向量。

本节引入三元组损失函数帮助网络提取更具判别性的特征。对于每个三元组图像 $I = \{(x_i^a, x_i^p, x_i^n)\}$，通过网络从隐藏层 F1 中输出深度特征 $T = \{(f_i^a, f_i^p, f_i^n)\}$。通过三元组损失函数，使锚点图像 x_i^a 与所有正例图像 x_i^p 在特征空间中的距离更近，与所有负例图像 x_i^n 的距离更远。三元组损失函数定义为

$$L_{\text{Triplet}} = \sum_{i=1}^{m} \left[d(f_i^a, f_i^p) - d(f_i^a, f_i^n) + \alpha \right] \tag{11.1}$$

其中，m 表示小批次训练中每一批次训练样本的大小；d 表示相似性度量；α 表示门限值。

当采用 Sigmoid 激活函数对隐藏层中每个神经元进行运算后，其输出值 f_{ik} 被限定在[0,1]范围内，受到文献[22]的启发，设计正则化损失函数让输出的特征值更加逼近 0、1 二值。正则化损失函数定义为

$$L_{\text{Reg}} = \sum_{i=1}^{m} \| f_i - 0.5e \|_2^2 \tag{11.2}$$

其中，e 表示所有元素为 1 的 K 维向量。

为了提高网络的收敛速度和训练质量，增加关联准确率，设计平衡损失函数让多源数据中正负样本的数量在训练过程中更平均。通过优化平衡损失函数，让 f_{ik} 中每一比特 k 中 0 和 1 的数量相等。平衡损失函数定义为

$$L_{\text{Balancing}} = \sum_{i=1}^{m} (\text{mean}(f_i) - 0.5)^2 \tag{11.3}$$

其中，$\text{mean}(\cdot)$ 表示对向量中的元素取平均值。总损失函数定义为

$$L_{\text{Total}} = L_{\text{Triplet}} + \beta L_{\text{Reg}} + \gamma L_{\text{Balancing}} \tag{11.4}$$

其中，β 和 γ 表示超参数。

采用总损失对网络训练完后，设计哈希层将高纬度的深度特征映射成紧致的 K 比特哈希编码。为了得到哈希二值编码，将训练后输出的特征值通过简单的门限值进行量化，该量化过程如下：

$$b_i = \left(\text{sgn}(f_i - 0.5) + 1\right)/2 \quad (11.5)$$

其中，b_i 表示二值编码向量；$\text{sgn}(\cdot)$ 表示符号函数，当 $x>0$，$\text{sgn}(x)=1$，当 $x \leqslant 0$ 时，$\text{sgn}(x)=-1$。

11.4 实验对比及分析

为验证本章所提算法（DCMHN 算法）的有效性，本节在提出的多源遥感图像数据集中进行了一系列关联实验。11.4.1 节介绍了 SAR-可见光双模态遥感图像数据集，11.4.2 节介绍了实验设置和评估标准，11.4.3 节验证了 DCMHN 算法的有效性，11.4.4 节分析了参数 α、β、γ 对多源关联结果的影响，11.4.4 对比分析了 DCMHN 算法和一些基线算法的关联结果。

11.4.1 SAR-可见光双模态遥感图像数据集

随着遥感数据获取能力的大幅度提升，目前已有大量公开的遥感图像数据集。这些图像数据集通常来自同一个传感器源的单模态数据集。然而单模态数据难以应对日益复杂的战场环境和数据异构的现实场景。为有效解决多源数据短缺的问题，文献[20]提出了全色和多光谱遥感图像多源数据集，文献[23]提出了可见光遥感图像和文本多源数据集，文献[24]提出了可见光遥感图像和语音多源数据集。为了进一步完善全天时、全天候的遥感图像关联体系，构建可见光和 SAR 多源遥感图像数据集是一个亟待解决的问题。因此，本章构建了目前首个 SAR-可见光双模态遥感图像数据集（SODMRSID）。

SODMRSID 分别从 SAR 和可见光传感器源中获取图像。SODMRSID 中包含了大量的一一对应的图像对，每一组图像对中由一幅 SAR 图像和一幅可见光图像组成，任意一组图像对中的两幅图像为同一场景区域，但由于不同的几何和辐射外观，两幅图像反映了该区域的不同方面。该数据集中的所有图像横跨了 4 个季节。SODMRSID 的构建基于数据集 SEN1-2[25]，文献[25]介绍了从

Sentinel-1[26]和 Sentinel-2[27]中捕获到的一共 282384 幅遥感图像。SODMRSID 的具体信息如表 11.1 所示。

表 11.1 SODMRSID 的具体信息

数据模态	卫星传感器	空间分辨率	光谱通道数	图像尺寸
SAR 图像	Sentinel-1	10m	1	256×256
可见光图像	Sentinel-2	10m	3	256×256

SODMRISD 中一共有 24000 幅图像,12 个类别,其中包括农田、海滩、森林、港口、工厂、湖泊、草地、山脉、池塘、住宅区、河流和水。每个类别有 1000 个 SAR-可见光图像对,图像样例如图 11.5 所示。SAR-可见光图像对数据集用 $D = \{(x_i^S, x_i^O, L_i) | i = 1, 2, \cdots, N\}$ 表示,其中,i 表示图像对的标注索引;N 表示 SODMRSID 图像对的数量;$x_i^S \in \mathbb{R}^{256 \times 256}$ 表示 SAR 图像;$x_i^O \in \mathbb{R}^{256 \times 256 \times 3}$ 表示可见光图像;L_i 表示图像的标签。

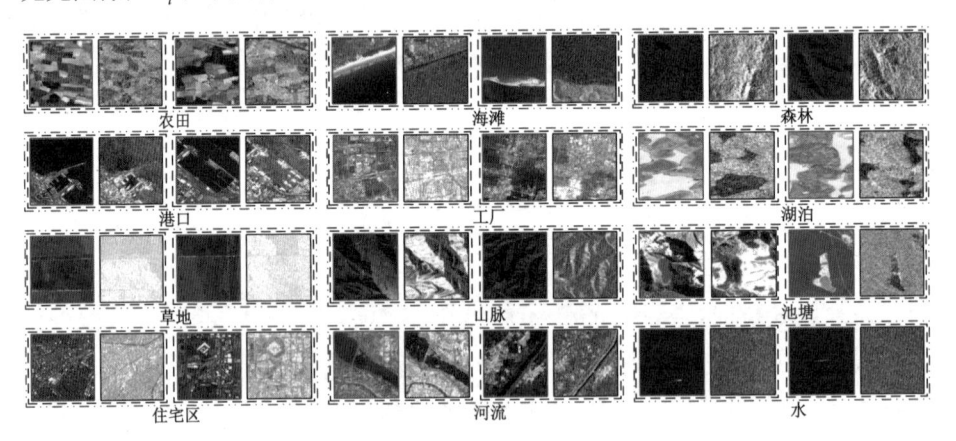

图 11.5 SODMRSID 图像样例

11.4.2 实验设置和评估标准

在训练过程中,将 SODMRSID 分为两个子集用于构建训练集和测试集,训练集和测试集分别用 $D_{train} = \{(S_i, O_i, L_i) | i = 1, 2, \cdots, V\}$ 和 $D_{test} = \{(S_i, O_i, L_i) | i = 1, 2, \cdots, Q\}$ 表示,其中,V 和 Q 分别设置为 7500 和 500,即 7500 个样本对用于训练,而剩下的 500 个样本对用于测试。

在实验中采用 ResNet18 和 ResNet50 分别作为深层特征提取器和浅层特征提取器,DCMHN 算法的网络结构如表 11.2 所示。采用 Adam 优化器,学习率设置为 0.001。实验部分采用 k 精确度（Precision@k）和平均精度均值（mAP）作为关联结果的评估标准。另外本节所有实验都采用 PyTorch 深度学习框架，同时实验计算机设备搭载了 NVIDIA RTX 2080Ti GPU。

表 11.2　DCMHN 算法的网络结构

层结构	输出大小	18-layer	50-layer
Conv1	128×128	7×7, 64, stride2	
Conv2	64×64	3×3 maxpool, stride2	
Conv2	64×64	$\begin{bmatrix}3\times3,64\\3\times3,64\end{bmatrix}\times2$	$\begin{bmatrix}1\times1,64\\3\times3,64\\1\times1,256\end{bmatrix}\times3$
Conv3	32×32	$\begin{bmatrix}3\times3,128\\3\times3,128\end{bmatrix}\times2$	$\begin{bmatrix}1\times1,128\\3\times3,128\\1\times1,512\end{bmatrix}\times4$
Conv4	16×16	$\begin{bmatrix}3\times3,256\\3\times3,256\end{bmatrix}\times2$	$\begin{bmatrix}1\times1,256\\3\times3,256\\1\times1,1024\end{bmatrix}\times6$
Conv5	8×8	$\begin{bmatrix}3\times3,512\\3\times3,512\end{bmatrix}\times2$	$\begin{bmatrix}1\times1,512\\3\times3,512\\1\times1,2048\end{bmatrix}\times3$
GAP	1×1	全局平均池化	
Ft	1×1	512	2048
Fl	1×1	k	k
Fb	1×1	k	k

11.4.3　DCMHN 算法有效性实验

为了验证 DCMHN 算法的有效性，本节定量评估了该算法在以下 4 种损失函数下的整体性能：①只采用三元组损失函数（β 和 γ 设置为 0）；②结合三元组损失函数和正则化损失函数（β 设置为 1，γ 设置为 0）；③结合三元组损失函数和平衡损失函数（β 设置为 0，γ 设置为 1）；④同时结合三元组损失函数、正则化损失函数和平衡损失函数（β 设置为 1，γ 设置为 1）。在不同损失函数和不同哈希编码长度下，前 200 个关联图像精确度（Precision@200）和平均精度均值（mAP）的结果如表 11.3 和表 11.4 所示。在表 11.3 中，对于 SAR→Optical 关联任务，在相同的特征提取网络和哈希编码长度下，三种损失函数相结合的总损失函数的关联效果优于其他三种损失函数的关联效果。如表 11.4 所示，在 SAR→Optical 关联任务中，结合三种损失函数能够取得最佳的关联效果。除此之外，Optical→SAR 关联任务的关联精确度在同等条件下优于 SAR→Optical 关联任务。主要是因为 SAR 图像的特征信息与可见光图像相比更少，同时 SAR 图像中的相干斑点噪声使特征表示结果不够精确。另外，在两个多源关联任务中，深层特征提取器的关联效果优于浅层特征提取器，但提升效果不明显。

表 11.3　SAR→Optical 关联任务中不同损失函数下的关联结果

特征提取器	β	γ	Precision@200				mAP			
			K=8bit	K=16bit	K=24bit	K=32bit	K=8bit	K=16bit	K=24bit	K=32bit
ResNet18	0	0	0.4756	0.5088	0.5675	0.6167	0.4745	0.5045	0.5512	0.6212
	1	0	0.5802	0.6055	0.6712	0.7267	0.5821	0.6027	0.6687	0.7301
	0	1	0.5598	0.6212	0.7189	0.7502	0.5538	0.6106	0.7000	0.7326
	1	1	0.7923	0.8020	0.8066	0.8192	0.7788	0.7892	0.8007	0.8084
ResNet50	0	0	0.4865	0.5506	0.6478	0.7145	0.4854	0.5521	0.6426	0.7023
	1	0	0.6006	0.6198	0.7023	0.7456	0.5823	0.6182	0.6832	0.7399
	0	1	0.6043	0.6786	0.7196	0.7545	0.5854	0.6656	0.7131	0.7412
	1	1	0.8194	0.8230	0.8252	0.8298	0.8132	0.8161	0.8177	0.8201

表 11.4　Optical→SAR 关联任务中不同损失函数下的关联结果

特征提取器	β	γ	Precision@200				mAP			
			K=8bit	K=16bit	K=24bit	K=32bit	K=8bit	K=16bit	K=24bit	K=32bit
ResNet18	0	0	0.5120	0.6203	0.7032	0.7820	0.5001	0.6199	0.7088	0.7792
	1	0	0.6098	0.7023	0.7613	0.8246	0.5632	0.6723	0.7538	0.8016
	0	1	0.6692	0.7582	0.7902	0.8198	0.6628	0.7502	0.7719	0.8002
	1	1	0.8418	0.8503	0.8684	0.8643	0.8253	0.8521	0.8589	0.8659
ResNet50	0	0	0.5038	0.6692	0.7412	0.8087	0.5003	0.6321	0.7213	0.7901
	1	0	0.6001	0.6887	0.7612	0.8202	0.5752	0.6818	0.7723	0.8167
	0	1	0.7009	0.7612	0.7992	0.8294	0.7001	0.7574	0.7871	0.8198
	1	1	0.8621	0.8598	0.8705	0.8619	0.8572	0.8618	0.8620	0.8717

不同哈希编码长度下，不同损失函数的 mAP 曲线如图 11.6 所示。其中，baseline 表示仅采用三元组损失函数。从图 11.6 中可以清晰看出，采用三种损失函数相结合的总损失函数比其他损失函数在关联精确度方面有更稳定且明显的优势，该总损失函数能对不同哈希编码长度有稳定可靠的关联结果。这主要因为总损失函数结合了引入的损失函数，网络通过训练能够输出更为有效的二值编码，更具判别性。将三元组损失函数与平衡损失函数或者正则化损失函数相结合的关联精确度比单独采用三元组损失函数的关联精确度更高。另外，随着哈希编码长度的增加总损失函数对应的关联精确度逐步提升。图 11.7

分析了当哈希编码长度为 32bit 时，关联精确度随最多可关联图像数量的变化情况。从图 11.7 中的精确度曲线可以看出，总损失函数明显优于其他损失函数，证明了 DCMHN 算法强大的关联能力。

图 11.6 不同哈希编码长度下，不同损失函数的 mAP 曲线

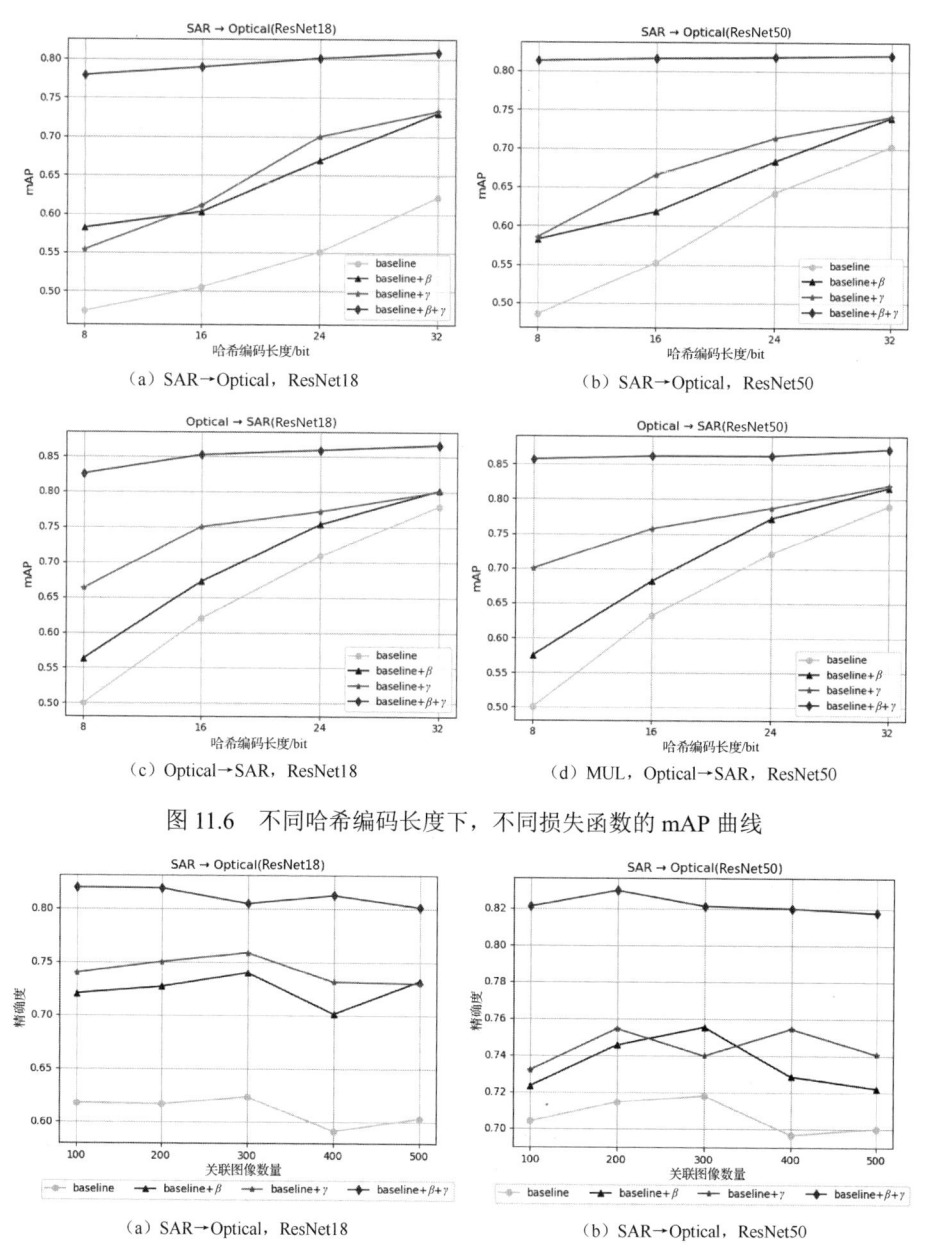

图 11.7 不同损失函数下，前 n 个图像关联精确度曲线

(c) Optical→SAR, ResNet18

(d) Optical→SAR, ResNet50

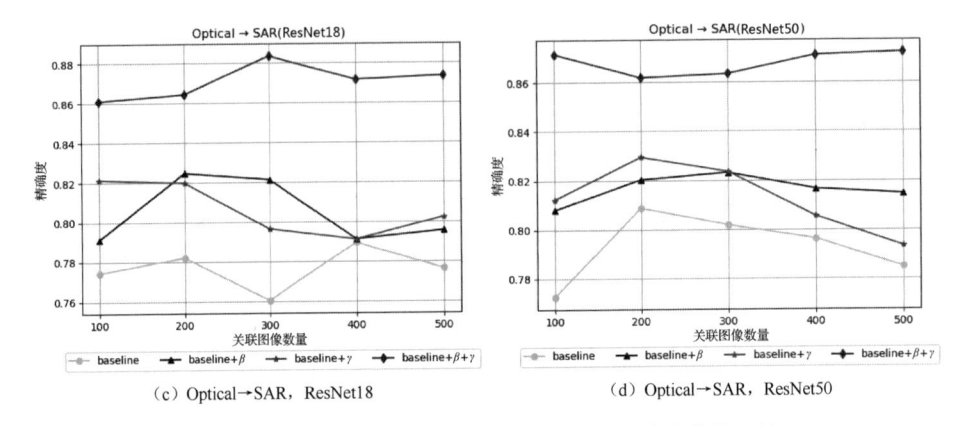

图 11.7　不同损失函数下, 前 n 个图像关联精确度曲线（续）

此外，为了实现特征可视化，在网络结构固定的情况下，使用 t-分布随机邻域嵌入（t-SNE）算法，构建不同损失函数下特征的二维表示，实验结果如图 11.8 所示，该结果直观反映了在不同损失函数下，SAR 图像和可见光图像的特征分布。图 11.8（d）中各类别的特征分布比图 11.8（a）～图 11.8（c）都更紧凑，因为采用总损失函数进行训练，网络能输出更具判别性的二值编码使同类别的样本更聚集，不同类别的样本更分散。

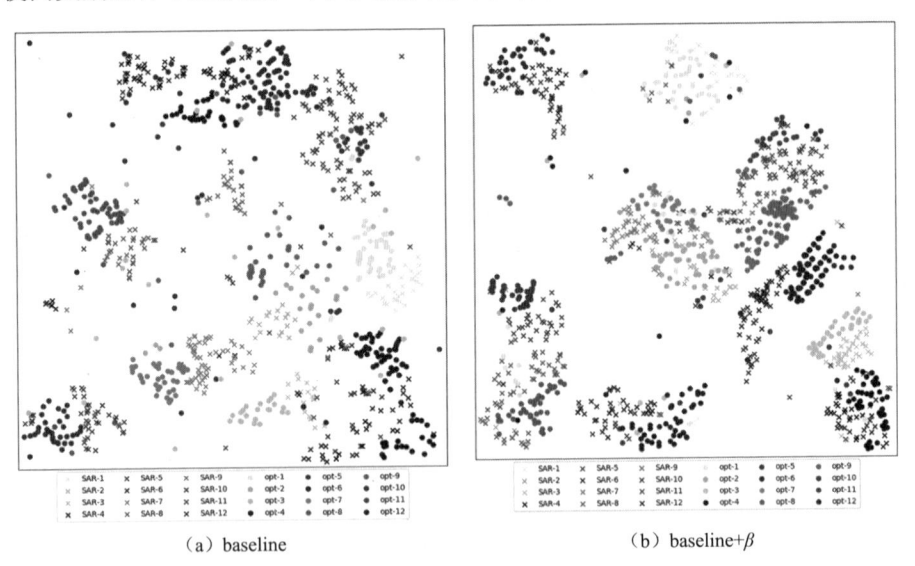

(a) baseline

(b) baseline+β

图 11.8　不同损失函数下的特征可视化分析

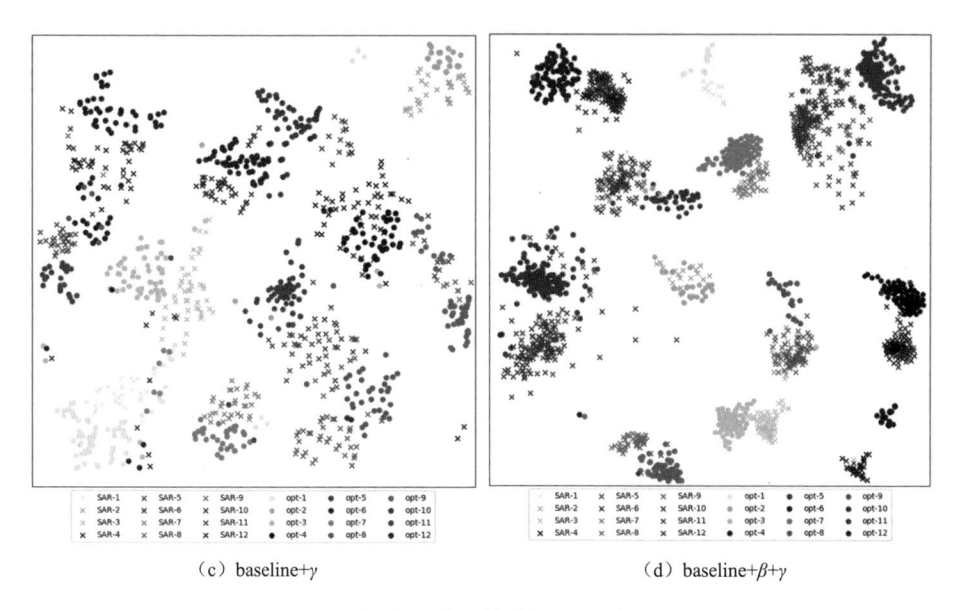

(c) baseline+γ　　　　　　　　　　(d) baseline+β+γ

图 11.8　不同损失函数下的特征可视化分析（续）

11.4.4　参数分析

本节实验主要分析当哈希编码长度为 32bit 时，超参数 α、β 和 γ 对关联精确度的影响。当 γ 和 β 设置为 1 时，表 11.5 显示了 α 取值范围为[0.1,0.9]时，多源关联任务的关联精确度。从表 11.5 中可以看出，当 α 取值为 0.3 时，在 Optical→SAR 和 SAR→Optical 两个多源关联任务中能达到最佳的 mAP 值，随着 α 的增加，关联精确度逐渐下降。合理设置门限值能够提升 DCMHN 算法提取特征的判别性。当 α 设置为 0.3，γ 设置为 1 时，表 11.6 显示了 β 取值范围为[0,4]时，多源关联任务的关联精确度。从表 11.6 中可以看出，当 β 取值为 1 时，关联结果最佳；当 β 取值为 0 时，关联精确度低，表明引入适当比重的正则化损失函数能够帮助网络输出更为有效的二值编码。当 α 设置为 0.3，β 设置为 1 时，表 11.7 显示了 γ 取值范围为[0,4]时，多源关联任务的关联精确度，实验结果表明 γ 取值为 1 时关联结果最佳。

表 11.5　不同 α 下所提算法的 mAP

多源关联任务	特征提取器	$\alpha=0.1$	$\alpha=0.3$	$\alpha=0.5$	$\alpha=0.7$	$\alpha=0.9$
SAR→Optical	ResNet18	0.8025	0.8084	0.8031	0.8028	0.8017
	ResNet50	0.8198	0.8201	0.8169	0.8154	0.8133

续表

多源关联任务	特征提取器	α=0.1	α=0.3	α=0.5	α=0.7	α=0.9
Optical→SAR	ResNet18	0.8641	0.8659	0.8652	0.8643	0.8636
	ResNet50	0.8706	0.8717	0.8714	0.8708	0.8702

表 11.6　不同 β 下所提算法的 mAP

多源关联任务	特征提取器	β=0	β=0.5	β=1	β=2	β=4
SAR→Optical	ResNet18	0.7326	0.7843	0.8084	0.7967	0.7845
	ResNet50	0.7412	0.7895	0.8201	0.8169	0.8105
Optical→SAR	ResNet18	0.8002	0.8567	0.8659	0.8443	0.8326
	ResNet50	0.8198	0.8603	0.8717	0.8606	0.8488

表 11.7　不同 γ 下所提算法的 mAP

多源关联任务	特征提取器	γ=0	γ=0.5	γ=1	γ=2	γ=4
SAR→Optical	ResNet18	0.7267	0.7825	0.8084	0.8074	0.7932
	ResNet50	0.7456	0.7903	0.8201	0.8180	0.8043
Optical→SAR	ResNet18	0.8016	0.8243	0.8659	0.8534	0.8512
	ResNet50	0.8167	0.8298	0.8717	0.8602	0.8565

为了更直观显示出参数对关联结果的影响，绘制 mAP 值随参数变化的条形图，如图 11.9 所示。可以看出，图 11.9（a）和图 11.9（b）中 mAP 值较平稳，受参数 α 影响较小。而图 11.9（c）和图 11.9（f）中 mAP 值起伏较大，表明 DCMHN 算法对参数 β 和 γ 更敏感，若将该算法运用到其他数据集中需对其进行不断调整，以达到最优。

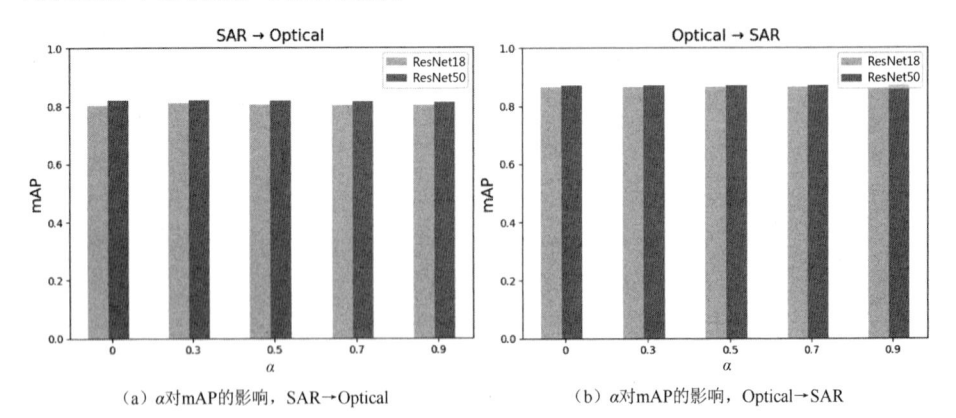

(a) α 对 mAP 的影响，SAR→Optical

(b) α 对 mAP 的影响，Optical→SAR

图 11.9　不同参数对关联结果的影响

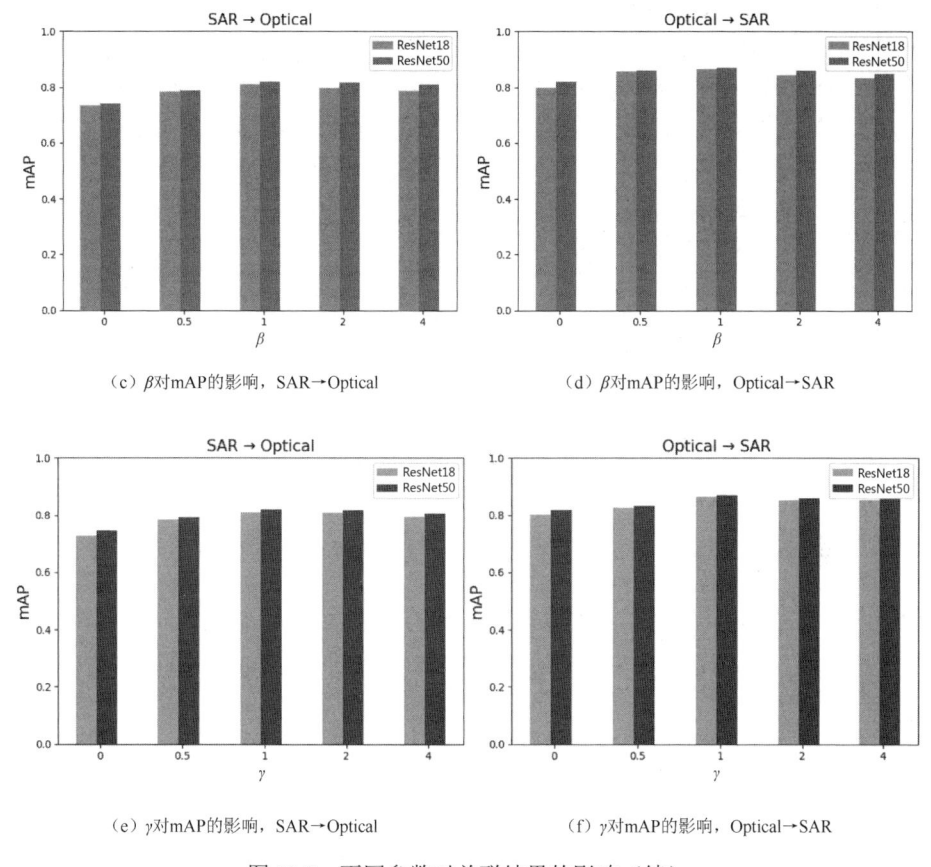

(c) β 对 mAP 的影响，SAR→Optical

(d) β 对 mAP 的影响，Optical→SAR

(e) γ 对 mAP 的影响，SAR→Optical

(f) γ 对 mAP 的影响，Optical→SAR

图 11.9　不同参数对关联结果的影响（续）

11.4.5　对比实验

本节将 DCMHN 算法与不同的基线算法在不同哈希编码长度下进行对比，验证算法的优越性。所有算法都是在构建的数据集 SODMRSID 中进行训练和测试的，关联精确度如表 11.8 所示。其中，DCMHN_18 表示 DCMHN 算法采用 ResNet18 作为特征提取器，DCMHN_50 表示采用 ResNet50 作为特征提取器。表 11.8 中的所有算法除了 DCH[16]和 SCM[28]都是基于深度特征的算法，而这两种算法采用了手工提取特征。从对比实验结果可以看出，DCH 和 SCM 等基于手工特征的哈希算法在两个关联任务中关联精确度最低，它们难以保留遥感图像丰富的语义信息，无法学习到判别性的哈希二值编码。而 DCMH[21]算法和 DVSH[19]算法的关联精确度相较于基于手工特征的哈希算法有了较大提升，因为深度网络能够输出更为有效的哈希二值编码。然而这些算法主要用于自然图像和文本间的关联任务，难以适用于 SAR 图像和可见光遥感图像间的复杂关联任务。值得注意的是，SIDHCNNs[20]算法通过采用两个并行深度网络结构保护各自模态中的特有信息，相较于其他基线算法表现最佳。SIDHCNNs 算法的目的是处理多光谱和全色遥感图像的多源关联任务，SAR 图像内容的复杂性限制了该算法在 SODMRSID 多源数据上的表现，难以直接用于 SAR 图像和可见光遥感图像间的多源关联任务。在不同的哈希编码长度下，DCMHN_18 算法在 SAR→Optical 和 Optical→SAR 两个多源关联任务中的关联精确度高于其他所有基线算法，而 DCMHN_50 算法在所有算法中关联结果最佳。

表 11.8　不同哈希编码长度下不同算法的 mAP 对比

多源关联任务	特征提取器	K=8bit	K=16bit	K=24bit	K=32bit
SAR→Optical	DCH[16]	0.1325	0.1742	0.1754	0.1788
	SCM[28]	0.1862	0.1893	0.1942	0.1976
	DCMH[21]	0.3623	0.3629	0.3657	0.3677
	DVSH[19]	0.3729	0.3765	0.3772	0.3783
	SIDHCNNs[20]	0.4123	0.4134	0.4216	0.4233
	DCMHN_18	0.7788	0.7892	0.8007	0.8084
	DCMHN_50	0.8132	0.8161	0.8177	0.8201
Optical→SAR	DCH[16]	0.2213	0.2314	0.2363	0.2376
	SCM[28]	0.1921	0.1954	0.2013	0.2019
	DCMH[21]	0.4123	0.4142	0.4145	0.4178
	DVSH[19]	0.4353	0.4432	0.4486	0.4491
	SIDHCNNs[20]	0.4812	0.4844	0.4873	0.4876
	DCMHN_18	0.8253	0.8521	0.8589	0.8659
	DCMHN_50	0.8572	0.8618	0.8620	0.8717

11.5　小结

针对 SAR 和光学传感器成像机理不同导致图像异构、多源图像难度量、无法关联的问题，本章提出了一个深度多源哈希网络（DCMHN）用于实现 SAR 图像与可见光遥感图像的多源关联。针对 SAR 图像颜色信息少，而可见光遥感图像颜色信息丰富，提出了图像变换生成机制，将三通道图像转换生成为 4 种不同类型的单通道图像,提高模态多样性,打乱颜色通道,让网络更加关注多源图像的纹理和轮廓信息,而对颜色信息不敏感。针对多源图像同类图像差异大,异类图像差异小的问题,本章提出了图像对训练策略,帮助网络提取到更具判别性的多源图像特征。针对深度网络模型关联效率低的问题,本章提出了三元组哈希损失函数,帮助网络输出更有效的二值编码以表示图像特征,提升了关联精确度,加快了关联速度。本章提出了 SAR-可见光双模态遥感图像数据集(SODMRSID),弥补了该领域数据集的空缺。最后开展实验测试本章所提算法在 SODMRSID 上的有效性,实验结果表明本章所提算法明显优于现有相关算法。

参考文献

[1] WANG L, LI Y, HUANG J, et al. Learning two-branch neural networks for image-text matching tasks[J]. IEEE Transactions on Pattern Analysis and Machine Intelligence, 2019, 41(2): 394-407.

[2] YANG M, ZHAO W, XU W, et al. Multitask learning for cross-domain image captioning[J]. IEEE Transactions on Multimedia, 2019, 21(4): 1047-1061.

[3] MIN X, ZHAI G, ZHOU J, et al. A multimodal saliency model for videos with high audio-visual correspondence[J]. IEEE Transactions on Image Processing, 2020, 29: 3805-3819.

[4] PAREKH S, ESSID S, OZEROV A, et al. Weakly supervised representation learning for audio-visual scene analysis[J]. IEEE/ACM Transactions on Audio, Speech, and Language Processing, 2020, 28: 416-428.

[5] XIANG X, LV N, YU Z, et al. Cross-modality person re-identification based on dual-path multi-branch network[J]. IEEE Sensors Journal, 2019, 19(23): 11706-11713.

[6] WU A, ZHENG W, YU H, et al. RGB-infrared cross-modality person re-identification[C]// IEEE International Conference on Computer Vision (ICCV), 2017: 5390-5399.

[7] LI Y, ZHANG Y, HUANG X, et al. Learning source-invariant deep hashing convolutional neural networks for cross-source remote sensing image retrieval[J]. IEEE Transactions on Geoscience and Remote Sensing, 2018, 56(11): 6521-6536.

[8] XIONG W, XIONG Z, CUI Y, et al. A discriminative distillation network for cross-source remote sensing image retrieval[J]. IEEE Journal of Selected Topics in Applied Earth Observations and Remote Sensing, 2020, 13: 1234-1247.

[9] XIONG W, LV Y, ZHANG X, et al. Learning to translate for cross-source remote sensing image retrieval[J]. IEEE Transactions on Geoscience and Remote Sensing, 2020, (99):1-15.

[10] ESPINOZA-MOLINA D, CHADALAWADA J, DATCU M. SAR image content retrieval by speckle robust compression based methods[C]//10th European Conference on Synthetic Aperture Radar, 2014: 1-4.

[11] JIAO L, TANG X, HOU B, et al. SAR images retrieval based on semantic classification and region-based similarity measure for earth observation[J]. IEEE Journal of Selected Topics in Applied Earth Observations and Remote Sensing, 2015, 8(8): 3876-3891.

[12] TANG X, JIAO L. Fusion similarity-based reranking for SAR image retrieval[J]. IEEE Geoscience and Remote Sensing Letters, 2017, 14(2): 242-246.

[13] TANG X, JIAO L, EMERY W J. SAR image content retrieval based on fuzzy similarity and relevance feedback[J]. IEEE Journal of Selected Topics in Applied Earth Observations and Remote Sensing, 2017, 10(5): 1824-1842.

[14] ZHANG K, LI B, TAO R. SAR image retrieval based-on fly algorithm[C]//10th International Conference on Advanced Computational Intelligence (ICACI), 2018: 502-507.

[15] YE F, LUO W, DONG M, et al. SAR image retrieval based on unsupervised domain adaptation and clustering[J]. IEEE Geoscience and Remote Sensing Letters, 2019, 16(9): 1482-1486.

[16] ZHANG D, LI W J. Large-scale supervised multimodal hashing with semantic correlation maximization[C]//28th AAAI Conference on Artificial Intelligence, 2014: 2177-2183.

[17] JIANG Q Y, LI W J. Discrete latent factor model for cross-modal hashing[J]. IEEE Transactions on Image Processing, 2019, 28(7): 3490-3501.

[18] XU X, SHEN F, YANG Y, et al. Learning discriminative binary codes for large-scale cross-modal retrieval[J]. IEEE Transactions on Image Processing, 2017, 26(5): 2494-2507.

[19] CAO Y, LONG M, WANG J, et al. Deep Visual-semantic hashing for cross-modal retrieval[C]// Proceedings of the 22nd ACM SIGKDD International Conference on Knowledge Discovery and Data Mining, 2016: 1445-1454.

[20] JIANG Q Y, LI W J. Deep cross-modal hashing[C]//Proceedings of the IEEE Conference on Computer Vision and Pattern Recognition, 2017: 3232-3240.

[21] WANG B, YANG Y, XU X, et al. Adversarial cross-modal retrieval[C]//Proceedings of the 25th ACM International Conference on Multimedia, 2017: 154-162.

[22] YANG H F, LIN K, CHEN C S. Supervised learning of semantics preserving hash via deep convolutional neural networks[J]. IEEE Transactions on Pattern Analysis and Machine Intelligence, 2018, 40(2): 437-451.

[23] GOU M, YUAN Y, LU X. Deep cross-modal retrieval for remote sensing image and audio[C]//10th IAPR Workshop on Pattern Recognition in Remote Sensing (PRRS), 2018: 1-7.

[24] LU X, WANG B, ZHENG X, et al. Exploring models and data for remote sensing image caption generation[J]. IEEE Transactions on Geoscience and Remote Sensing, 2017, 2(8): 2183-2195.

[25] SCHMITT M, HUGHES L H, ZHU X X. The SEN1-2 dataset for deep learning in SAR-optical data fusion[J]. ISPRS Annals of the Photogrammetry, Remote Sensing and Spatial Information Sciences, 2018: 10-12.

[26] TORRES R, SNOEIJ P, GEUDTNER D, et al. GMES sentinel-1 mission[J]. Remote Sensing of Environment, 2012, 120: 9-24.

[27] DRUSCH M, DEL U, CARLIER S, et al. Sentinel-2: ESA's optical high-resolution mission for GMES operational services[J]. Remote sensing of Environment, 2012, 120: 25-36.

[28] XU X, SHEN F, YANG Y, et al. Learning discriminative binary codes for large-scale cross-modal retrieval[J]. IEEE Transactions on Image Processing, 2017, 26(5): 2494-2507.

第 12 章 可见光遥感图像与文本信息关联

12.1 引言

在海上目标信息获取过程中，遥感图像和文本是较为常见的信息模态，建立遥感图像信息与文本信息关联关系，实现两种模态数据之间的关联检索，有助于获得同一目标多方面信息，进而可充分有效利用多源情报信息，增强目标跟踪与识别能力。由于遥感图像与文本信息在数据结构方面存在明显差异，因此遥感图像与文本信息间的相似性度量和关联关系构建面临挑战。本章主要对可见光遥感图像与英文文本信息和中文文本信息关联进行研讨：针对可见光遥感图像与英文文本信息关联，研讨了一种基于深度哈希的相似度矩阵辅助遥感图像跨模态关联方法；针对可见光遥感图像与中文文本信息关联，研讨了一种基于多粒度特征的遥感图像跨模态关联方法。

12.2 遥感图像与英文文本跨模态关联

近年来，深度学习与跨模态哈希方法相互结合，使得模型更加高效地获取不同模态的特征表示，而且无监督跨模态哈希关联方法无须人工标签信息，在解决跨模态关联问题上展现出更高的优越性。但现有实现方法仍存在一些问题，通常是对跨模态的相似度信息进行学习，而且没有标签信息辅助，会造成模型无法正确有效地获取不同模态之间的语义关联关系，影响模型的关联性能。此外，深度哈希方法大多通过深度神经网络获取的原始特征直接生成哈希码，哈希码转化过程中会造成部分语义信息的损失，造成生成的哈希特征难以对各模态信息进行准确表征及对潜在关联关系的充分挖掘。

针对上述问题，本节研讨了一种基于深度哈希的相似度矩阵辅助遥感图像跨模态关联方法，利用遥感图像和文本的原始特征和哈希特征分别构造对应的相似度矩阵，通过矩阵损失函数的约束，用原始特征构造的相似度矩阵来指导哈希特征相似度矩阵的生成,以捕获潜在的语义相关性,并尽可能保留与原始特征的语义相似性,减小生成哈希特征后的语义信息损失,进一步与无监督对比学习的方法相结合,增强了学习特征的判别性,提高无监督跨模态哈希关联方法的性能。本节具体内容安排如下:12.2.1 节介绍了哈希关联问题的相关研究基础;12.2.2 节对本节所提方法的特征提取、相似度矩阵、损失函数部分进行详细论述;12.2.3 节详述了实验对比及分析,具体包括数据集与实验设置、本节所提方法与基准方法的对比及分析、消融实验、参数分析实验。

12.2.1 研究基础

1. 无监督跨模态哈希关联方法

跨模态哈希关联方法可分为有监督和无监督两种,在计算机视觉领域对跨模态哈希关联方法的研究比较广泛,文献[1]提出了一种端到端深度跨模态哈希方法,将特征学习和哈希码学习集成到同一框架中。文献[2]提出了一种用于跨模态检索的多任务一致性保持对抗性哈希方法,利用标签学习不同模态信息一致的特征表示,用对抗性学习策略来增强跨模态信息的语义一致性。上述是两种有监督跨模态哈希关联方法,由于不需要人工标注可以节省大量人力物力,无监督跨模态哈希关联方法越来越受到更多的关注。文献[3]将矩阵分解和拉普拉斯约束结合到网络训练中,显式约束哈希码以保持原始数据的邻域结构,优化特征学习和二值化过程。文献[4]基于不同模态的邻域信息构建联合语义相似度矩阵(该矩阵同时集成了多模态相似信息),提出了跨模态检索的深度联合语义重构哈希方法。文献[5]通过构造联合模态相似度矩阵和基于分布的相似性决策和加权方法,充分保留了实例间的跨模态语义关联信息。文献[6]提出了一种用于无监督跨模态检索的多路径生成对抗哈希方法,该方法充分利用生成对抗网络(GAN)的无监督表示学习能力捕获跨模态数据的底层流形结构,实现了多种模态信息关联。

2. 遥感领域哈希关联方法

目前跨模态哈希关联方法在遥感领域的研究相对较少,文献[7]提出了一种基元敏感多码哈希(Primitive-sensitive Multi-code Hashing)遥感图像单模态检索方法,先通过基元敏感簇(Primitive-sensitive Clusters)对遥感图像进行建模,然后进一步映射为哈希码,能够更准确地对遥感图像语义内容进行表征。文献[8]研究了基于哈希网络的 SAR 图像与可见光图像间的遥感跨模态关联问题,通过引入图像转换的策略并采用图像对训练的思想,增强不同模态遥感图像间的关联性。文献[9]提出了一种新的无监督对比哈希算法用于解决遥感图像与文本间的跨模态关联问题，算法主要通过利用设计的一个多目标损失函数来进行无监督的跨模态表示学习。无监督哈希关联方法在实值的二值化过程中会导致部分语义信息的损失，以及原有结构被破坏，而且没有充分考虑模态内数据结构和模态间邻域结构的匹配关联，由于遥感图像语义丰富，哈希学习过程的语义损失对遥感跨模态关联的影响更为显著，故采用哈希方法实现遥感图像跨模态准确关联关系的建立更具挑战性，对不同模态间语义一致性的挖掘及优化计算等仍是目前研究的一个重要方向。

12.2.2　基于深度哈希的相似度矩阵辅助遥感图像跨模态关联方法

本节所提方法的整体框架如图 12.1 所示，分为两个结构相似的网络模型分支，分别用于处理遥感图像和文本数据。对于各模态信息的处理，首先通过对应模态的特征提取深度神经网络模型（ImageNet、TxtNet）获取到遥感图像和文本的原始特征表示，再通过哈希模块学习得到相应的哈希特征表示。为了在哈希方法学习过程中尽可能保持不同模态信息间的语义相关性，分别构造了原始特征和哈希特征的相似度矩阵，通过原始特征相似度矩阵指导哈希特征相似度矩阵的学习，减小哈希学习过程的语义信息损失，并与对比学习相结合以进一步挖掘不同模态信息间潜在的语义相关性。模型整体主要通过相似度矩阵损失及对比损失的约束进行关联关系的学习，以进一步提高最终哈希特征模态间的语义相关性，实现对跨模态信息之间关联关系的无监督学习。

1. 特征提取

各模态的特征提取过程首先通过深度神经网络分别获取遥感图像和文本信息的原始特征表示，然后进一步输入到哈希模块中学习相应的哈希特征表示。在本节提出的基准方法中，遥感图像的特征表示是通过采用卷积神经网络模型 ResNet18，并经全连接层处理得到的，而文本的特征表示则是采用自然语言处理领域的 BERT 模型，并通过将最后 4 层隐藏状态求和得到的。最终得到的遥感图像和文本的特征表示维度均为 768 维。在哈希网络模型的学习训练阶段，遥感图像特征提取网络模型和文本特征提取网络模型的权重保持冻结，而且这两种模态特征提取网络模型是可以灵活替换的。获得不同模态的原始特征表示后，将其输入到哈希模块中进行哈希特征的学习。通常，转化过程使用符号函数将特征转换为"-1"和"+1"的形式。然而，这种方法可能导致神经网络模型在反向传播过程出现梯度消失的问题，从而使得模型无法进行有效训练。因此在训练过程中，本节所提方法的哈希模块由两层全连接层构成，并采用反正切函数作为最后一层的激活函数，使得最后输出类似哈希码形式的哈希特征表示。哈希模块的目的是通过哈希函数的学习从遥感图像和文本原始语义特征信息生成准确的哈希特征表示，在这个过程中不同模态的语义信息相似的实例能够表示成相似的哈希码。

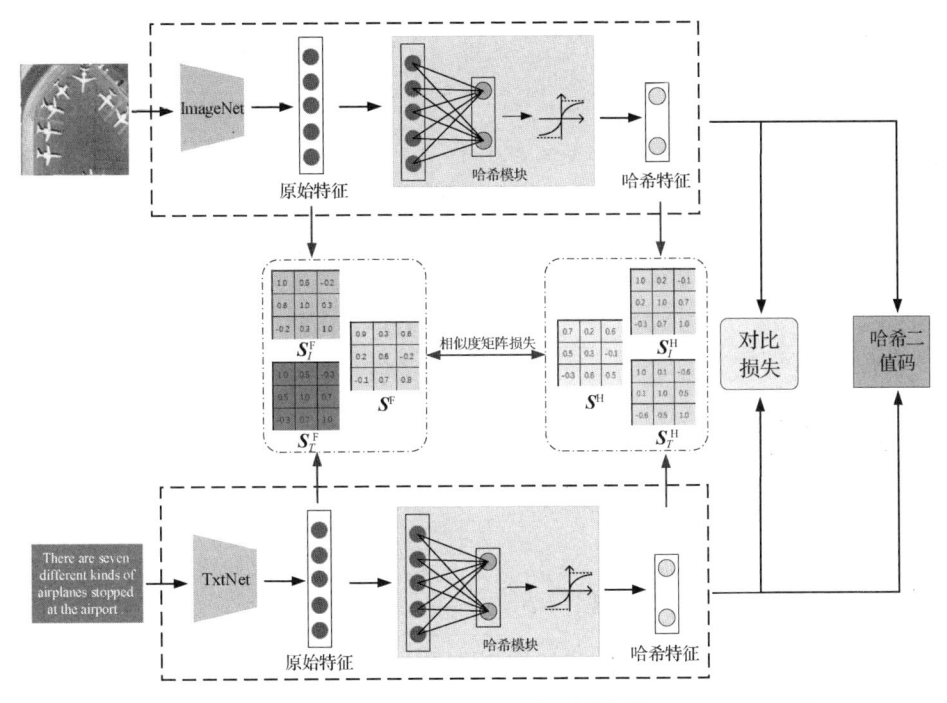

图 12.1　本节所提方法的整体框架

2. 相似度矩阵

无监督跨模态哈希关联方法无法通过标签获得不同模态间的关联信息，而从深度神经网络中提取的特征中包含丰富的语义信息。在文献[3,10]中已经证明，学习保留原始特征数据邻域结构的二进制码能够有效改进深度哈希网络的无监督训练。哈希特征相似度矩阵反映了哈希码在汉明空间中的邻域结构。因此，本节所提模型通过分别利用原始特征表示和哈希特征表示构造相似度矩阵，并通过对原始特征之间的相似度与哈希特征之间的相似度进行语义对齐，以增强不同模态之间的语义信息相关性，从而提高无监督跨模态哈希关联方法的关联效果。

对于每个批次样本，遥感图像和文本对分别经 ImageNet、TxtNet 获得相应的原始特征表示，进一步经正则化处理后表示为 I 和 T，其中遥感图像特征

表示 $I = \{v_i\}_{i=1}^N$，$v_i \in \mathbb{R}^{d_v}$，文本特征表示 $T = \{t_i\}_{i=1}^N$，$t_i \in \mathbb{R}^{d_t}$。采用计算余弦相似度的方法来构造这两种模态特征表示模态内及模态间的相似度矩阵，用于描述遥感图像与文本的原始邻域结构信息及跨模态间的语义关系。同模态遥感图像间的相似度矩阵为 $S_I^F = \{s_{I_{ij}}^F\}_{i,j=1}^N$，同模态文本间的相似度矩阵为 $S_T^F = \{s_{T_{ij}}^F\}_{i,j=1}^N$，两种模态间的相似度矩阵为 $S^F = \{s_{ij}^F\}_{i,j=1}^N$，其中 $s_{I_{ij}}^F$、$s_{T_{ij}}^F$、s_{ij}^F 的定义分别为

$$s_{I_{ij}}^F = \cos(I_i, I_j) = \frac{I_i I_j^T}{\|I_i\|_2 \|I_j\|_2},$$

$$s_{T_{ij}}^F = \cos(T_i, T_j) = \frac{T_i T_j^T}{\|T_i\|_2 \|T_j\|_2}, \quad (12.1)$$

$$s_{ij}^F = \cos(I_i, T_j) = \frac{I_i T_j^T}{\|I_i\|_2 \|T_j\|_2}$$

不同模态的相似度矩阵通常互为补充，通过将同模态遥感图像间的相似度矩阵 S_I^F、同模态文本间的相似度矩阵 S_T^F，以及两种模态间的相似度矩阵 S^F 融合成一个模态间联合相似度矩阵，以获得对不同模态实例之间语义关系的准确描述。可以表示为

$$S = \alpha S_I^F + \beta S_T^F + \gamma S^F \quad (12.2)$$

其中，α、β、γ 为权衡参数；$\alpha + \beta + \gamma = 1$，$\alpha, \beta, \gamma \geq 0$，可用于调节不同模态邻域关系的重要性。

对于遥感图像与文本的哈希特征，使用与原始特征表示相同的计算方式构建相似度矩阵，可以得到对应的模态内和模态间的哈希特征相似度矩阵 S_I^H、S_T^H、S^H，能够描述不同模态信息哈希特征间的相关关系邻域结构。如模态间的哈希特征相似度矩阵 $S^H = \cos(H_I, H_T)$，其中的元素由遥感图像 i 和文本 j 的哈希特征计算：

$$s_{ij}^H = \cos(H_I, H_T)_{ij} = \frac{H_{I,i} H_{T,j}^T}{\|H_{I,i}\|_2 \|H_{T,j}\|_2} \quad (12.3)$$

哈希二值码的语义描述通常偏离特征的实际语义，导致模型效果下降。通过构造模态间联合相似度矩阵来指导哈希特征相似度矩阵的生成，可以学习原始数据的邻域结构，从而提高哈希特征的实例间原始语义相关度。最终，生成的哈希二值码能更好地保留语义信息，从而有效改进深度哈希网络模型的无监督训练[4]。

3. 损失函数

为了有效地进行无监督跨模态哈希学习，本节设计了一个新的损失函数组合，通过对比损失与相似度矩阵损失的相互结合，增强哈希表示的判别性，提高模型关联检索的准确性。

对比损失可以显著提高无监督表示学习的能力。在本节所提模型中，我们采用了归一化温度尺度交叉熵目标函数来计算对比损失。在对比损失中主要考虑遥感图像文本对模态间的对比损失，匹配的图文对的特征表示在共同特征空间中的距离尽可能近，而不匹配的图文对的特征表示在共同特征空间中的距离尽可能远。通过使用对比损失来使匹配的遥感图像和文本之间的语义信息对齐。不同模态间的对比损失是无监督表示学习的主要目标函数，通过模态间对比学习使遥感图像和文本之间的互信息最大化，挖掘跨模态信息潜在的关联关系，使模型学习到的特征更具判别性，从而增强模型的表征学习能力。对比损失有如下定义：

$$L_c = -\log \frac{S(f(x_j), g(y_j))}{\sum_{k=1}^{M} S(f(x_j), g(y_k))} \quad (12.4)$$

其中，$S(u,v) = \exp(\cos(u,v)/\tau)$，$\cos(u,v) = \frac{uv^T}{\|u\|\|v\|}$ 为余弦相似度，τ 为温度系数；M 为批次大小。

相似度矩阵损失通过最小化原始特征相似度矩阵与哈希特征相似度矩阵之间的重构误差来学习原始特征的邻域结构，挖掘模态内及模态间潜在的语义相关性，从而弥补转化为哈希特征后语义信息的不足。

$$L_m = L_{inter} + L_{intra} \quad (12.5)$$

$$L_{inter} = \left\| \eta S^F - S^H \right\|_F^2 + \sum_{i=1}^{N} \left\| \eta \times 1 - \mathrm{diag}\left(s_{ii}^H\right) \right\|^2 \quad (12.6)$$

$$L_{intra} = \frac{1}{2}\left(\left\|S_I^F - S_I^H\right\|_F^2 + \left\|S_T^F - S_T^H\right\|_F^2\right) + \frac{1}{2}\left(\left\|\eta S^F - S_I^H\right\|_F^2 + \left\|\eta S^F - S_T^H\right\|_F^2\right) \quad (12.7)$$

其中，η 为权衡参数，其设置可以使得相似度矩阵间的语义对齐更加灵活。

通过模态内及模态间相似度矩阵的语义对齐，尽可能地保留遥感图像原始特征和文本原始特征间的邻域结构关系，充分挖掘潜在的语义相关信息，更好地建立不同模态间的关联关系。

最终的总体损失函数是对比损失函数和相似度矩阵损失的加权和：

$$L = \lambda L_c + \mu L_m \quad (12.8)$$

其中，λ、μ 为平衡两个损失函数之间关系的超参数。

12.2.3 实验对比及分析

为了验证本节所提方法的有效性，下面在公开的遥感数据集中进行了一系列验证实验，介绍了所使用数据集及相关实验设计；对本节所提方法与基准方法进行了对比分析；通过消融实验进一步验证了模型的有效性；对主要参数进行了分析。

1. 数据集与实验设置

在本节实验中，我们使用 RSICD 数据集[11]和 UCM 数据集[12]。RSICD 数据集共包含 31 类 10921 幅遥感图像，每幅图像包含 5 句对应的文本描述，是一个大规模的遥感图像描述数据集。UCM 数据集包含 21 类 2100 幅遥感图像，每幅图像同样有 5 句对应的文本描述，其中，文本描述都为英文句子。在训练过程中，每幅图像只使用一个随机选择的文本描述，输入图像的大小为 224×224，遥感图像的特征提取使用预训练的 ResNet18，而文本描述的特征提取则使用预训练的"BERT-Base-Uncased"。批大小设置为 256，学习率设置为 0.0003，共训练 100 次，训练时采用 Adam 优化器。损失函数中超参数设置为 $\alpha=0.25$，$\beta=0.25$，$\gamma=0.5$，$\eta=1.5$，$\lambda=0.001$，$\mu=0.1$。实验在 PyTorch 框架下进行编码，模型在搭载一块 GeForce RTX 2080Ti GPU 的工作站上训练测试。

为评估本节所提方法，在实验中进行了遥感图像检索及文本检索的关联检索任务，采用平均精度均值（mAP）作为模型的评价指标，mAP 是评价模型关联检索性能的常用指标，其定义为

$$\text{mAP} = \frac{1}{N}\sum_{i=1}^{N}\frac{1}{r_i}\sum_{j=1}^{k}P_i(j)\times\text{rel}_i(j)k \tag{12.9}$$

其中，N 是查询集的大小；r_i 是与查询样本 i 相关的项数；k 是数据库中的样本数。

在本节的实验中，采用前 20 个检索到的样本的平均精度均值（表示为 mAP@20）作为模型的评价指标，Top-k 的精确度 $P(k)$ 是检索样本按与查询样本的汉明距离排序后，由返回的前 k 个样本的精确度计算得到的，定义为

$$P(k) = \frac{\sum_{i=1}^{k}\text{rel}(i)}{k} \tag{12.10}$$

这里 $\text{rel}(i)$ 是一个样本相关性指示符，如果查询和检索到的样本相匹配，

则该指示符等于1，否则等于0。汉明距离是由两个二进制码中不同位的个数定义的，汉明距离排序用于哈希值的排序，它根据查询样本和检索样本之间的汉明距离对检索到的样本进行排序。这里$P(k)$较大的值对应更好的检索结果。

2. 本节所提方法与基准方法的对比及分析

为了验证本节所提方法的有效性，在 RSICD 数据集和 UCM 数据集上将其与文献[9,13]中的方法 DUCH，以及几种不同的跨模态哈希基准方法进行了对比，分别为 CPAH[2]、DJSRH[4]、JDSH[5]。为了保证对比的公平性，对比实验数据划分与文献[9]保持一致，数据集通过随机选择分为训练集、查询集和检索集（分别为50%、10%和40%），在相同的实验设置下训练模型。表12.1和表12.2分别展示了不同方法在 RSICD 数据集和 UCM 数据集上，使用 mAP@20 指标评估图像检索文本和文本检索图像任务的结果，实验中对比了4种不同哈希码位数 B=16、32、64、128。

表 12.1　在 RSICD 数据集上不同方法的 mAP@20 指标比较

方法	图像检索文本（I→T）				文本检索图像（T→I）			
	B=16	B=32	B=64	B=128	B=16	B=32	B=64	B=128
CPAH[2]	0.428	0.587	0.636	0.696	0.452	0.598	0.667	0.706
DJSRH[4]	0.411	0.665	0.688	0.722	0.422	0.685	0.705	0.733
JDSH[5]	0.385	0.720	0.796	0.815	0.418	0.751	0.799	0.815
DUCH[9,13]	0.684	0.791	0.836	0.829	0.697	0.780	0.824	0.826
本节所提方法	0.708	0.802	0.823	0.832	0.736	0.818	0.845	0.850

表 12.2　在 UCM 数据集上不同方法的 mAP@20 指标比较

方法	图像检索文本（I→T）				文本检索图像（T→I）			
	B=16	B=32	B=64	B=128	B=16	B=32	B=64	B=128
CPAH[2]	0.706	0.802	0.891	0.914	0.782	0.891	0.987	0.982
DJSRH[4]	0.686	0.711	0.735	0.754	0.738	0.755	0.776	0.800
JDSH[5]	0.462	0.751	0.820	0.829	0.509	0.794	0.884	0.904
DUCH[9,13]	0.760	0.794	0.844	0.870	0.799	0.851	0.916	0.927
本节所提方法	0.789	0.816	0.841	0.860	0.848	0.894	0.926	0.951

通常哈希码位数越多，模型效果越好，因为其可以存储的语义信息更丰富。在 RSICD 数据集上，本节所提方法除在 B=64 时，图像检索文本任务的 mAP@20 低于 DUCH 方法外，在其他情况下均优于其他对比方法，而且在哈希码位数少的情况下优势更明显。例如，在 B=16 时，相比于 DUCH 方法，本

节所提方法在两种检索任务上的 mAP@20 分别提升了 0.024、0.039，而在 B=128 时分别提升了 0.003、0.024。在 UCM 数据集上，本节所提方法除在 B=64、128 时，图像检索文本任务的 mAP@20 低于 DUCH 方法外，在其他情况下与无监督的方法 DJSRH、JDSH、DUCH 相比均取得了最好的 mAP@20 分数，而且优势相对比较明显。而与有监督方法 CPAH 相比，在哈希码位数为 16 和 32 时，本节所提方法优于该方法，尤其在哈希码位数为 16 时优势更为明显，但在哈希码位数为 64 和 128 时，本节所提方法与 CPAH 方法还有一定的差距。通过分析表 12.1 和表 12.2 中的数据可以得出，在哈希码位数较少时本节所提方法的优势相对更明显，这更好地说明了本节所提方法的有效性，哈希码位数较少时其能够存储的信息有限，因此在哈希码转化过程中，哈希码位数较少时语义信息损失可能会更严重，哈希码位数较多时本身可存储的语义信息更加丰富，所以提升效果有限。而本节所提模型的设计能够使得最终得到的哈希特征中尽可能保留更多的语义信息，减少了原始特征转化为哈希特征时的语义损失，故生成的哈希码中保存了更具辨别性的语义信息，使得关联结果更加准确。

基准方法仅将数据集的 50%用作模型训练学习可能不够充分，为充分学习遥感图像与文本间的关联关系并进一步检验本节所提方法的有效性，我们对数据集划分比例进行了优化。优化后训练集与测试集的比例为 7∶3，并在相同的实验条件及划分下与遥感领域最新提出的无监督跨模态哈希关联检索方法 DUCH 进行了对比，实验结果对比如表 12.3 所示。此外，我们将遥感图像的特征提取使用的预训练的 ResNet18 替换为预训练的 ViT 后进行模型效果的对比，一方面能够验证模型的灵活性及有效性，另一方面可进一步探索遥感图像特征提取网络模型对最终关联检索效果的影响。

表 12.3 方法优化后实验结果对比（mAP@20）

数据集	方法	图像检索文本（I→T）				文本检索图像（T→I）			
		B=16	B=32	B=64	B=128	B=16	B=32	B=64	B=128
RSICD	DUCH	0.698	0.795	0.838	0.838	0.732	0.825	0.850	0.856
	本节所提方法	0.748	0.815	0.839	0.850	0.796	0.845	0.868	0.872
	本节所提方法（ViT）	0.805	0.875	0.893	0.907	0.819	0.882	0.892	0.891
UCM	DUCH	0.768	0.824	0.896	0.910	0.802	0.862	0.938	0.953
	本节所提方法	0.831	0.871	0.899	0.912	0.873	0.922	0.942	0.957
	本节所提方法（ViT）	0.905	0.915	0.933	0.939	0.923	0.947	0.961	0.969

从表 12.3 中可以看出，当仅对数据集划分比例进行优化后，相比于 DUCH 方法，本节所提方法的效果提升更加明显，而且在两个数据集上不同任务下的 mAP@20 指标均优于 DUCH 方法，说明了优化后模型学习到的语义信息更加丰富，也进一步验证了本节所提方法的有效性。本节所提方法在 $B=16$ 和 $B=32$ 时的效果提升最为显著，再次说明本节所提方法能更好地保留原始语义相关性，能够在哈希学习过程中减少语义损失，实现更准确的关联检索。此外，当遥感图像特征提取网络模型使用预训练的 ViT 时，本节所提方法在两种任务的各个指标上都会有更进一步的提高，模型整体性能都有所提升，说明了原始特征提取模块对模型最终结果有重要影响，同时验证了本节所提模型的灵活性及可扩展性，可根据需要设计替换相关模块改善模型性能。

3. 消融实验

为了验证本节所提模型中各损失函数设置发挥的作用，我们通过进行消融实验对不同损失函数的有效性进行了检验。我们在不同哈希码位数下都进行了模型简化实验，以充分检验本节所提模型的整体性能，在本节中两种数据集划分比例上的实验结果如表 12.4 和表 12.5 所示，其中，"L_m+L_c" 表示本节所提的完整模型，采用对比损失与相似度矩阵损失的加权组合（$\mu=0.1$，$\lambda=0.001$）；"L_m" 表示模型仅使用相似度矩阵损失（$\lambda=0$，$\mu=1$）；"L_c" 表示模型只采用对比损失（$\lambda=1$，$\mu=0$）。

表 12.4 消融实验结果（50%训练）

数据集	模型	图像检索文本（I→T）				文本检索图像（T→I）			
		$B=16$	$B=32$	$B=64$	$B=128$	$B=16$	$B=32$	$B=64$	$B=128$
RSICD	L_m+L_c	0.708	0.802	0.823	0.832	0.736	0.818	0.845	0.850
	L_m	0.632	0.770	0.817	0.834	0.656	0.785	0.824	0.848
	L_c	0.703	0.787	0.818	0.828	0.710	0.796	0.820	0.833
UCM	L_m+L_c	0.789	0.816	0.841	0.860	0.848	0.894	0.926	0.951
	L_m	0.747	0.817	0.851	0.859	0.813	0.877	0.934	0.943
	L_c	0.760	0.808	0.842	0.863	0.823	0.890	0.935	0.948

表 12.5 消融实验结果（70%训练）

数据集	模型	图像检索文本（I→T）				文本检索图像（T→I）			
		$B=16$	$B=32$	$B=64$	$B=128$	$B=16$	$B=32$	$B=64$	$B=128$
RSICD	L_m+L_c	0.748	0.815	0.839	0.85	0.796	0.845	0.868	0.872
	L_m	0.682	0.802	0.842	0.851	0.692	0.820	0.862	0.869
	L_c	0.741	0.812	0.836	0.849	0.770	0.828	0.851	0.867

续表

数据集	模型	图像检索文本 (I→T)				文本检索图像 (T→I)			
		B=16	B=32	B=64	B=128	B=16	B=32	B=64	B=128
UCM	L_m+L_c	0.831	0.871	0.899	0.912	0.873	0.922	0.942	0.957
	L_m	0.817	0.859	0.869	0.879	0.841	0.898	0.913	0.930
	L_c	0.835	0.867	0.885	0.898	0.869	0.917	0.940	0.952

通过分析模型的消融实验结果可以看出，在仅使用一种损失的情况下，虽然在部分任务中的指标可以达到较好的效果，但由于部分语义信息的损失造成模型的整体性能并不理想。同样这在哈希码位数较少时表现得更为突出，而本节所提模型中通过相似度矩阵损失与对比损失的相互结合，使得模型在哈希学习过程中能够保留更多模态内及模态间的语义相关信息，且能够使学习到的哈希特征更具判别性，提高了模型整体关联检索的性能，实验验证表明本节所提方法是有效的。为更直观地对比分析消融实验，我们将上述实验结果分别绘制在图 12.2 和图 12.3 中。

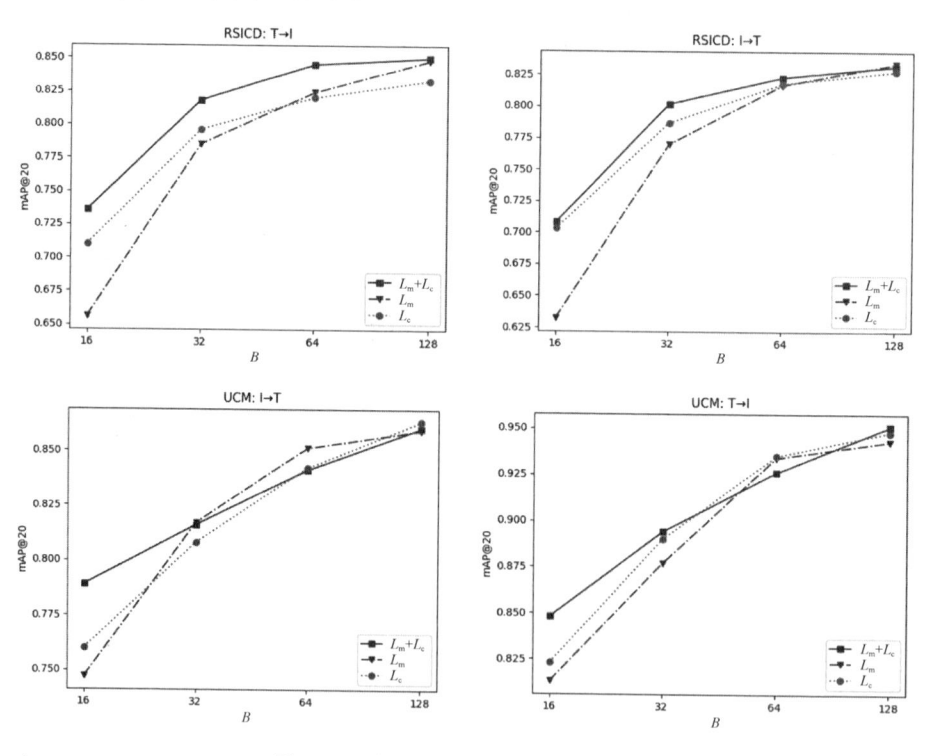

图 12.2 消融实验结果（50%训练）

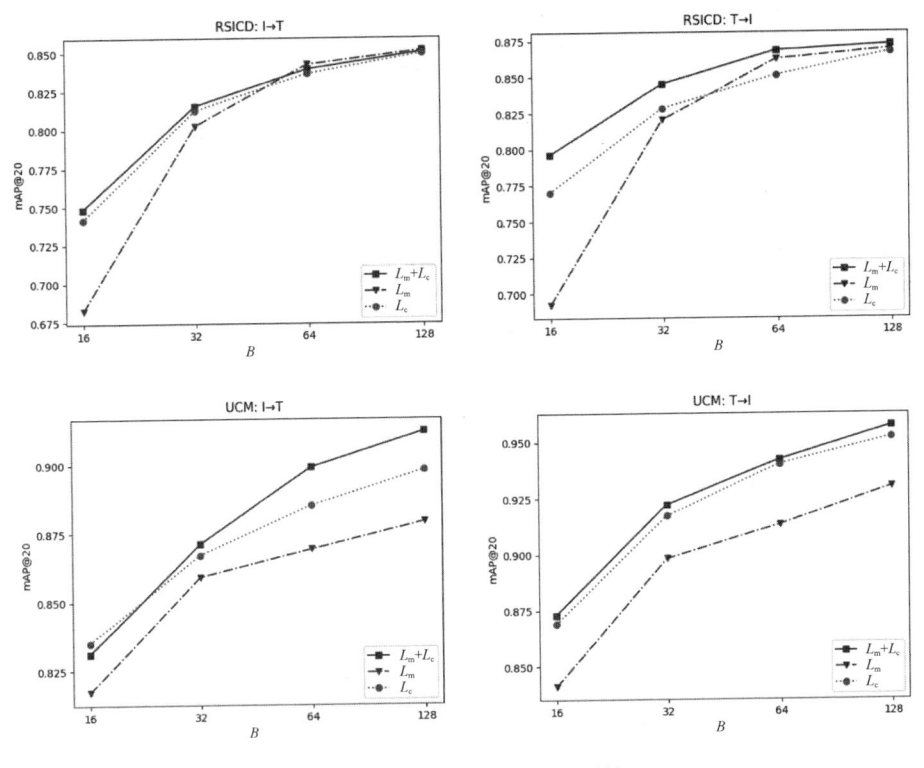

图 12.3　消融实验结果（70%训练）

4. 参数分析实验

下面主要对损失函数［式（12.8）］中的两个超参数 λ 和 μ 进行分析，以探究不同参数设置对模型性能的影响。我们在 RSICD 数据集上（50%训练）分析两个超参数对关联效果的影响，将 μ 的值固定为 0.1，λ 的取值分别为 0.1、0.01、0.001、0.0001 时，在不同哈希码位数下得到的实验结果如图 12.4（a）和图 12.4（b）所示，从结果可以看出，当 $\lambda=0.001$ 时模型的效果最好。同样，将 λ 的值固定为 0.001，μ 的取值分别为 1、0.1、0.01、0.001 时，在不同哈希码位数下得到的实验结果如图 12.4（c）和图 12.4（d）所示，从结果可以看出，当 $\mu=0.1$ 时模型的性能达到最佳。因此，在 $\mu=0.1$ 且 $\lambda=0.001$ 时，两种损失的相互结合能使模型发挥出最好的性能，使得本节所提方法达到最优的关联效果。

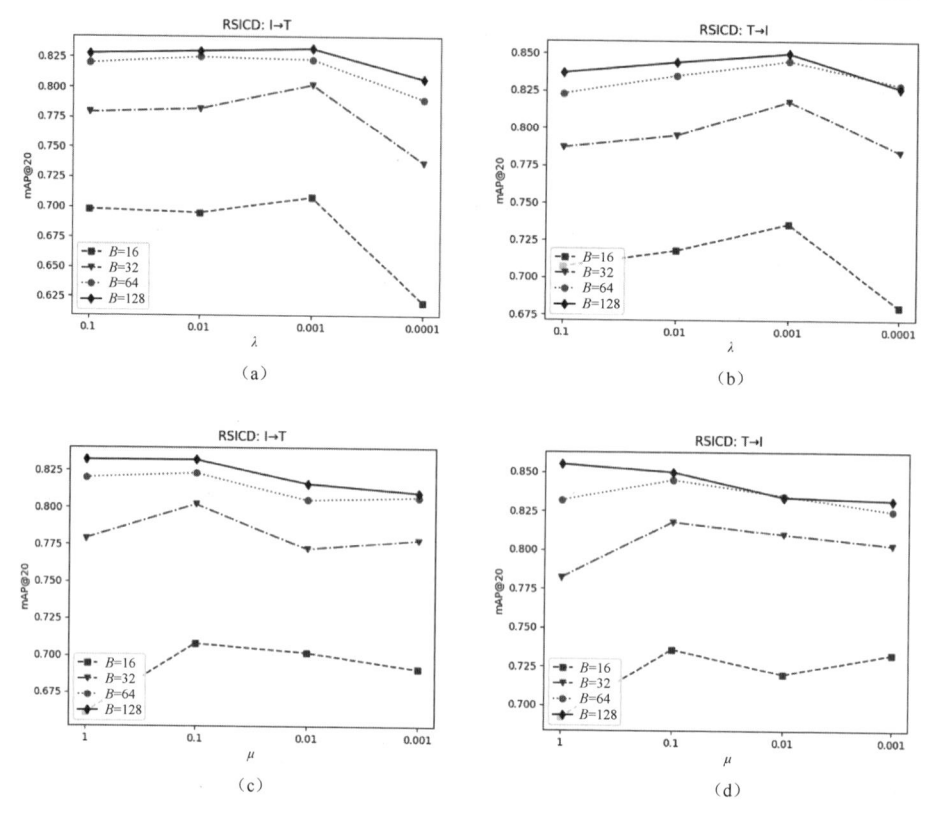

图 12.4 不同参数设置下，不同哈希码位数的模型性能折线图

12.3 遥感图像与中文文本跨模态关联

12.2 节中提出的遥感图像与文本跨模态关联方法为基于哈希的方法，虽然能够实现快速关联，但由于哈希码转化过程中难以避免部分原始特征语义信息的损失，模型仍难以实现更精确的关联，且当前对遥感图像与文本跨模态关联方法的研究采用的数据集中的文本描述通常为英文。而基于实值表示的方法可以有效减小跨模态信息间的异构鸿沟，有助于构建更准确的关联关系，考虑到遥感图像的成像特点及中文文本语法语义的复杂性，本节主要关注遥感图像与中文文本准确跨模态关联关系构建的问题。

受到计算机视觉领域对多模态数据间关联问题研究的影响，在遥感领域，已有部分学者开始关注基于实值表示的遥感图像与文本跨模态关联方法，文献[14]提出了一种适用于多源输入的非对称多模态特征匹配网络，同时构建了一个细粒度且更具挑战性的遥感图像-文本匹配数据集（Remote Sensing Image-Text Match Dataset，RSITMD）。文献[15]提出了一种基于信息融合和多粒度特征表示的跨模态关联方法，通过网络模型捕获跨模态互补信息和融合特征，从而实现遥感图像-文本检索，充分利用了模态间的融合信息、互补信息。文献[16]提出了一种新的基于全局特征信息和局部特征信息的遥感图像与文本跨模态检索框架，并设计了一个多级信息动态融合模块，对不同层次的特征进行整合使得全局特征信息和局部特征信息互为补充，并设计了一种多元重排序的方法进一步提高检索准确性。

目前的遥感领域跨模态关联方法主要基于英文文本数据集，缺乏对遥感图像与中文文本之间关联关系的建模。由于中英文之间存在差异，直接应用这些方法可能会导致中文文本中部分细粒度信息的丢失，不利于准确的跨模态关联关系模型的建立。在遥感图像与中文文本之间建立直接的关联关系，有利于充分保留中文文本的细粒度信息，实现两种模态信息之间的准确匹配。由于中文和英文在语法和语义上存在差异，而且在对文本进行处理时，中文文本并没有像英文句子中空格那样的自然空间来明确分词，因此容易导致文本表达的多样性及差异性。例如，图12.5中的文本描述，英文语句中的各单词表意比较明确，但中文语句中"住宅区"三个字分词后可能会产生歧义，这时联系词语前后的内容来确定其在对应语句中表达的意思就显得十分必要，即需要更细粒度地分析文本。此外，中文在我们实际生活中更为常用且方便，故遥感图像与中文文本之间关联关系模型的构建同样具有重要研究价值。

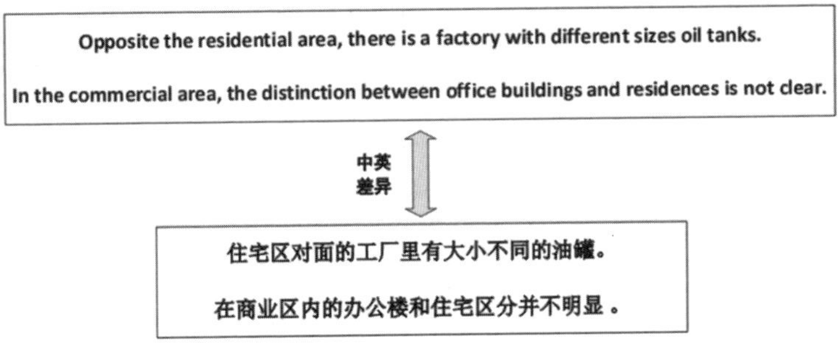

图 12.5 中英文本差异

针对上述问题，为克服遥感图像与中文文本之间的语义鸿沟，实现两种模态数据之间的准确关联，本节提出了一种基于多粒度特征的遥感图像跨模态关联方法。首先，针对遥感图像设计了多尺度特征融合模块，针对中文文本设计了多粒度特征融合模块获取细粒度的文本特征信息及全局特征信息。然后，通过引入注意力机制及特征融合表示策略使模型能够学习到辨别性更高的特征表示，充分挖掘单模态的高层语义信息及不同模态间潜在的关联关系。最后，在遥感领域现有的公开数据集的基础上构建了遥感图像和中文文本匹配的数据集，并在所建数据集上验证了本节所提方法的有效性。

本节的具体内容安排如下：12.3.1 节介绍了研究基础；12.3.2 节具体介绍了本节所提方法的内容，包括遥感图像特征表示、中文文本特征表示、共同语义空间的构建；12.3.3 节详述了实验对比及分析，具体包括数据集构建、实验设置、与其他基准方法的对比及分析、消融实验。

12.3.1 研究基础

下面主要对本节所提方法中特征提取模块涉及的两部分核心内容——卷积神经网络和注意力机制进行相关的介绍。

1. 卷积神经网络

卷积神经网络在 LeNet[17]网络中首次被提出，2012 年，AlexNet[18]的提出标志着卷积神经网络逐渐开始兴起，卷积神经网络现已在不同领域的诸多任务中展现出巨大优势。相较于全连接网络，卷积神经网络的显著特点是局部连接和权值共享，这使得其运算量大大减少，其主要由卷积层、池化层和非线性激活函数交替组合构成。卷积是一种具有平移不变性的运算，其输出为输入的局部加权组合，通过不同权重及卷积核大小的选择揭示原始输入的不同性质。池化操作的目标是使得特征图对位置及尺寸的变化保持一定的不变性，提高模型的泛化能力，同时进一步减少运算量，最常用的两种池化方式是最大池化和平均池化。激活函数的引入增强了网络的非线性，使网络模型能够更好更快地学习。

近年来，随着卷积神经网络的应用越来越广泛，众多性能强大的卷积神经网络涌现出来，如 VGG、CaffeNet、GoogLeNet 和 ResNet 等。VGG 对网络结构的深度进一步扩展，同时提出了卷积块的概念，后续成为 FCN、U-Net 和 SegNet 等网络的基础结构。ResNet 通过引入深度残差模块解决了深层网络的梯度消失问题，并且将网络的层数再度提高使网络结构更深，同时使模型效果有了很大的提升，一提出就得到了广泛关注。

2. 注意力机制

注意力机制是人类感知的重要组成部分，它可以聚焦于输入的关键区域以获得所需的特征。基于注意力的模型在自然领域和遥感图像领域的相关任务中得到了应用,而且已经被证明是有效的。在特征提取过程中引入注意力机制,可以获得更精细的特征表示。文献[19]提出了 SE(Squeeze-and-Excitation)注意力,SE-attention 模块以特征图为输入,实现了对各个特征通道相互依赖关系的建模,获得各个通道特征图的重要程度,重点关注判别性强的特征,能够进一步提高卷积神经网络模型的表征能力。SE-attention 模块结构如图 12.6 所示,首先输入图像 $X \in \mathbb{R}^{H \times W \times C}$ 经过全局平均池化被压缩为 $X_1 \in \mathbb{R}^{1 \times 1 \times C}$,然后通过两个全连接层建模各通道间的相关性,最后通过 Sigmoid 激活函数转化为权重。具体过程可以表示为

$$X_1 = \text{GAP}(X) \tag{12.11}$$

$$X' = \sigma\big(\text{FC}\big(\text{ReLU}\big(\text{FC}(X_1)\big)\big)\big) \times X \tag{12.12}$$

其中,$\text{GAP}(\cdot)$ 表示全局平均池化;$\text{FC}(\cdot)$ 代表全连接层;σ 为 Sigmoid 激活函数;X' 为模块的最终输出,$X' \in \mathbb{R}^{H \times W \times C}$。

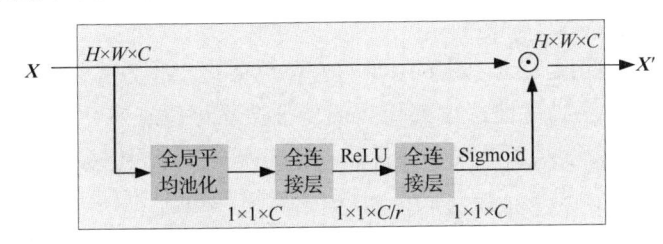

图 12.6 SE-attention 模块结构

12.3.2 基于多粒度特征的遥感图像跨模态关联方法

跨模态关联关系构建的主要挑战是克服不同模态数据之间的语义差异和异构性差异。遥感图像和文本两种模态数据之间存在异构鸿沟,这是对跨模态数据进行表征时要解决的首要问题,再通过利用不同模态信息间语义一致性,充分学习不同模态数据的特征表示,进而在共同特征空间中建立关联关系,实现遥感图像与文本之间的跨模态检索。本节所提模型的构建从获取遥感图像多尺度与中文文本的多粒度表示出发,挖掘两种模态信息之间潜在的关联关系。针对遥感图像成像范围广且内容丰富,以及中文文本语法语义复杂的特点,分别设计了遥感图像特征提取网络模型结构和中文文本特征提取网络模型结构,来获取两种模态信息的多粒度特征表示。特征学习阶段将各模态的高层语义特征映射到同一个特征空间中,在这个共同的空间中对不同模态信息进行相似性度量,通过损失函数的约束进行模态间关联关系的学习。本节所提方法的结构框架如图 12.7 所示。

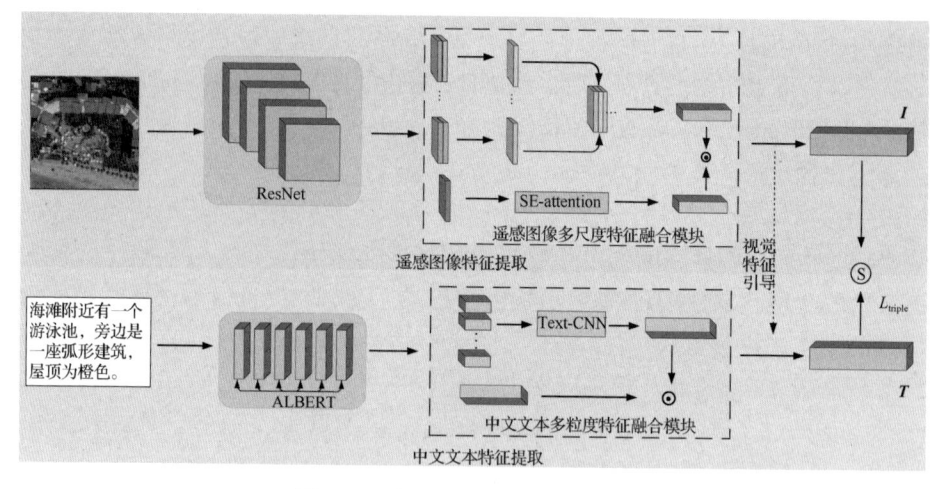

图 12.7 本节所提方法的结构框架

1. 遥感图像特征表示

与自然场景图像相比,遥感图像的内容更复杂、语义信息更丰富,而且图像中的目标具有多尺度性,仅使用全局特征虽然可以表示图像所包含的大部分信息,但可能会忽略部分细节信息。本节设计的遥感图像多尺度特征融合模块将图像全局特征和残差精化的多尺度特征进行融合,并引入了 SE 注意力机制,通过 SE-attention 模块实现对各个特征通道相互依赖关系的建模,提高模型对遥感图像的表征能力。遥感图像特征提取过程示意图如图 12.8 所示。

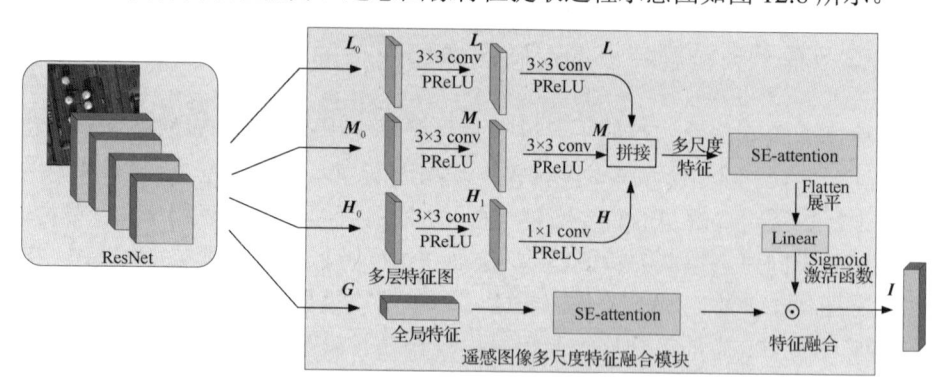

图 12.8　遥感图像特征提取过程示意图

残差精化模块[20]的设计有助于模型提取到图像的精细化特征,深层特征提取模块的特征图尺度大,能够捕获图像中突出对象的高级语义信息;而浅层特征提取模块的特征图尺度小,能够提取目标精细语义信息。本节的网络模型在获得遥感图像特征表示时遵循了类似的设计并做了改进,使用的遥感图像特征提取网络模型为在 ImageNet 数据集上预训练的 ResNet18[21]，在提取遥感图像的全局特征同时，可以得到其中各层的特征图，获得一组多尺度特征图。对不同层输出的特征图进行上采样操作，再对特定层的特征图进行拼接，分别获得遥感图像的底层特征图、中层特征图和高层特征图，使用不同大小的卷积核对各层特征图采样的同时使特征图相匹配，并通过 PReLU 激活函数进行处理。进一步将各层特征图进行拼接整合，并经 SE-attention 模块处理后得到图像的多尺度特征表示。最后将提取的全局特征与多尺度特征融合，得到的 512 维向量作为遥感图像多粒度特征表示。最终遥感图像的特征表示为

$$L_0 = \text{Maxpool}\big(\text{ReLU}(F_1)\big) \tag{12.13}$$

$$M_0 = \text{Cat}\big(F_2, \text{Upsample}(F_3)\big) \tag{12.14}$$

$$H_0 = \text{Cat}\big(F_4, \text{Upsample}(F_5)\big) \tag{12.15}$$

$$I = \sigma\Big(\text{Linear}\big(\text{Flatten}\big(\text{SEattention}\big(\text{Cat}(L, M, H)\big)\big)\big)\Big) \times \text{SEattention}(G) \tag{12.16}$$

其中，F_i 表示特征提取的卷积神经网络第 i 层的输出特征；L、M、H 分别表示得到的输入图像的底层特征图、中层特征图、高层特征图；$\text{Cat}(\cdot)$ 表示维数一致的特征向量在通道数维度上进行拼接；$\text{Upsample}(\cdot)$ 表示上采样；$\text{SEattention}(\cdot)$ 表示 SE-attention 模块。

2. 中文文本特征表示

在自然语言处理领域，基于自注意力（Self-attention）机制的 Transformer 架构提出后，BERT 系列模型在各项自然语言任务中取得了出色的效果。中文文本语法语义相对比较复杂，而且句子的词与词之间没有像英文单词间的空格作为天然分隔符。因此，在中文文本输入模型前先通过用于中文文本分词的 jieba 分词模块对句子进行分词，然后考虑到中文文本语法语义较复杂，为充分利用文本信息学习其特征表示，本节在设计中文文本特征提取网络模型时使用了基于 BERT 架构的轻量化 ALBERT[23]模型，并与 Text-CNN[24]模型相结合以获取中文文本的多粒度特征表示。相比早期的词嵌入方法，ALBERT 模型可以获取更加丰富和全局的中文文本特征表示，如字面特征、句法特征及语义特征。与英文文本分词后得到的结果不同，中文文本由连续的字序列构成且其之间没有分隔符，分词后会得到字或词的形式而不是像单个英文单词那样统一的形式，而且中文文本的分词还容易产生歧义，因此使用 Text-CNN 模型，通过滑窗和卷积操作实现对中文文本局部上下文细粒度特征的提取。本节所提模型采用卷积核大小为 2~4 的卷积层组合对 ALBERT 模型获得的分词特征向量进行进一步处理。通过不同尺度的卷积核，捕获句子中多种字词组合的

局部特征，从而获得更细粒度的特征信息。最终，将这种多尺度卷积核提取的局部上下文特征信息与 ALBERT 模型生成的全局特征信息进行融合，以得到中文文本的多粒度特征表示，从而使模型对中文文本的表征更加准确。中文文本特征提取过程示意图如图 12.9 所示。

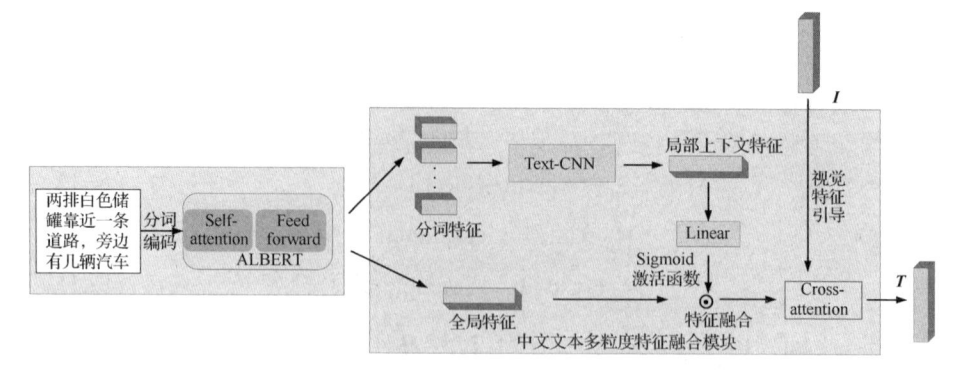

图 12.9 中文文本特征提取过程示意图

中文文本特征提取过程可以表示为

$$T_{1:n} = [t_1, t_2, t_3, \cdots, t_n] \tag{12.17}$$

$$F_{s,i} = \text{ReLU}(W_s \cdot T_{i:i+s-1}) \tag{12.18}$$

$$E_s = \text{maxpool}\{F_{s,1}, F_{s,2}, \cdots, F_{s,n-s+1}\} \tag{12.19}$$

$$T_0 = \text{Linear}(\text{Cat}(E_s)) \tag{12.20}$$

$$T_{\text{mul}} = \sigma(\text{Linear}(T_0)) * T_G \tag{12.21}$$

其中，t_i 表示 ALBERT 模型提取到的分词特征向量；T_G 表示获取的文本全局特征；W_s 表示卷积操作，s 代表不同卷积核的大小；T_{mul} 表示全局特征信息与局部上下文特征信息最终融合得到的中文文本多粒度特征表示，特征向量维度为 512。

3. 共同语义空间的构建

遥感图像特征提取过程与中文文本特征提取过程将两种模态信息映射到同一个特征空间中，使不同模态的特征表示转换为可比较的向量形式，解决了两种模态数据间的异构性问题。虽然各模态的特征提取阶段通过模型设计获取到多粒度的特征表示，能够较准确地表征相应模态包含的信息，但为了克服不同模态数据间的语义差异以充分挖掘利用不同模态间潜在的关联关系，将遥感图像和中文文本的特征表示约束到同一特征空间，并进一步增强两种模态特征表示高层语义信息的一致性。本节所提模型设计了 Cross-attention 模块来实现两种模态信息的交互,并通过图文之间的三元组损失函数对跨模态信息的关联关系进行约束,增强相互匹配的不同模态数据之间的相关性,实现共同语义空间的构建。

为充分挖掘遥感图像与中文文本特征表示潜在的关联关系,克服不同模态信息间的语义差异,受到文献[25]中注意力模块设计的启发,在得到多粒度的中文文本特征表示后,本节所提模型设计了 Cross-attention 模块在构建的共同语义空间中通过使用视觉特征信息来指导文本特征信息的输出,最终的文本特征表示 T 是视觉特征向量 I 经过线性层及非线性激活函数激活后与输出的文本特征向量 T_{mul} 相乘而得到的。经 Cross-attention 模块处理后能够使得模型更注重于捕获两种模态特征表示中共有的语义信息,以挖掘不同模态特征信息间的语义相关性,有助于遥感图像特征与中文文本特征在语义层次上的对齐,增强相匹配的不同模态数据特征表示高层语义信息的一致性,进一步提高模型的关联效果。

为提高匹配的图文对特征表示间的语义关联性,在获得遥感图像的多尺度特征表示和视觉特征信息引导下的中文文本多粒度特征表示后,首先采用余弦相似度在共同语义空间中度量两种模态特征的相似度,再进一步通过三元组损失对图文对特征表示进行约束。在多模态特征表示的共同语义空间中,图文对三元组损失通过增大样本与其对应的负样本之间的距离,同时使该样本与其对应的正样本之间的距离尽可能近,即拉近匹配的图文对特征表示之间的距离,使语义信息相似的不同模态数据特征相互靠近。边界参数阈值的设置可以使三元组损失更加关注难分样本,这样可以使模型关注到两种模态间更细微且更具辨别性的语义特征信息,有利于提高模型构建关联关系的准确性。图文对三元组损失的表达式为

$$L_{\text{triple}}(i,t) = \sum_{\hat{t}}\left[\alpha - s(i,t) + s(i,\hat{t})\right]_+ + \sum_{\hat{i}}\left[\alpha - s(i,t) + s(\hat{i},t)\right]_+ \quad (12.22)$$

其中,α 表示边界参数;$[x]_+ = \max(x,0)$;$s(i,t)$ 表示匹配的图文对之间的相似度;$\hat{i}$ 和 $\hat{t}$ 表示在给定查询样本时,图像或文本所对应的负样本;$s(i,\hat{t})$ 和 $s(\hat{i},t)$ 表示不匹配的图文对的相似度。这种约束下,在构建的共同语义空间中,相匹配的与不匹配的图文对之间的相似度差值要大于边界参数,进一步提高了模型构建关联关系的准确性。

12.3.3 实验对比及分析

为了验证本节所提方法的有效性,进行如下实验步骤。

1. 数据集构建

现有常用的遥感图像文本公开数据集主要包括 RSICD 数据集[11]、RSITMD 数据集[14]、Sydney-Captions 数据集和 UCM 数据集[12]。其中，UCM 数据集和 RSICD 数据集在 12.2 节中的实验部分已经进行了介绍。Sydney-Captions 数据集是在文献[12]中提出的，包含 613 幅遥感图像，每幅图像对应 5 个描述语句。RSITMD 数据集是最新公开的一个细粒度的遥感图像与文本描述匹配数据集。该数据集共包含 4743 幅遥感图像，也使用 5 个句子来描述每幅图像的内容，但描述更注重细节信息，各句子之间的相似性更低。对于遥感图像与文本跨模态关联任务来说，RSITMD 数据集中的文本描述更加细粒度，句子之间的相似性更低，是一个更具挑战性的数据集。上述数据集中的部分样例如图 12.10 所示。

1.There is a beige airplane in the airport .
2.An airplane is stopped at the airport with some luggage cars surrounded it .
3.It is a beige airplane stopped at the airport .
4.There is an airplane with beige fuselage stopped at the airport .
5.An airplane with beige fuselage is stopped at the airport .

（a）UCM数据集

1.This is an industrial area with many white buildings and some parking lots .
2.There are many cars parked neatly in the industrial area with some white buildings beside .
3.An industrial area with many white houses while many cars parked neatly in the parking lot .
4.An industrial area with lots of white houses while many cars parked neatly in the parking lots .
5.Many cars parked neatly in the industrial area .

（b）Sydney-Captions数据集

1.a football field with several buildings surrounded .
2.a rectangular playground and many tall buildings surrounded .
3.many buildings and green trees are around a playground .
4.many buildings are in different blocks with many green trees and a playground .
5.a playground is surrounded by many trees and buildings .

（c）RSICD数据集

1.Two large ships loaded with cargo were moored on both sides of the gray port.
2.Two large ships loaded with cargo docked on both sides of the grey port.
3.On both sides of the gray port are two large ships, full of red ships.
4.There were two large ships on both sides of the gray port, full of red boats.
5.On both sides of the gray port were two large ships, full of red boats.

（d）RSITMD数据集

图 12.10 遥感图像文本公开数据集的示例

由于目前对基于中文文本的图像字幕或图像文本关联任务的研究还很有限，因此大多公开的图像文本信息相匹配的数据集都是基于英文描述的。在计算机视觉领域，文献[26]构造了一个中文描述的数据集，该数据集是以

Flickr8k 数据集[27]为基础的。据我们所知,在遥感领域还没有类似的遥感图像中文描述数据集。因此,为了便于后续开展对遥感图像与中文文本之间关联学习研究,同时验证本节所提模型的有效性,我们构建了遥感图像与中文描述相匹配的数据集。我们基于 Sydney-Captions 数据集、UCM 数据集、RSICD 数据集及 RSITMD 数据集构建了对应的遥感图像中文描述数据集,分别表示为 Sydney-CN 数据集、UCM-CN 数据集、RSICD-CN 数据集、RSITMD-CN 数据集。鉴于机器翻译技术已日趋成熟,且遥感图像的英文描述内容相较简单,故机器翻译的准确性能够满足基本的需求。因此,我们通过调用百度翻译 API 来实现英汉翻译,通过在线翻译将上述公开数据集遥感图像对应的原始英文描述转换为中文描述。为了保证生成图像中文描述的质量,在中文描述生成过程中均按照统一的规则,并设置了统一的术语库,而且在翻译后进行了人工校正。把最终得到的中文描述与原遥感图像相匹配,每幅图像对应 5 句描述,获得遥感图像中文描述数据集,数据集的规模均与原英文描述数据集规模保持一致。构建的遥感图像中文描述数据集的示例如图 12.11 所示。

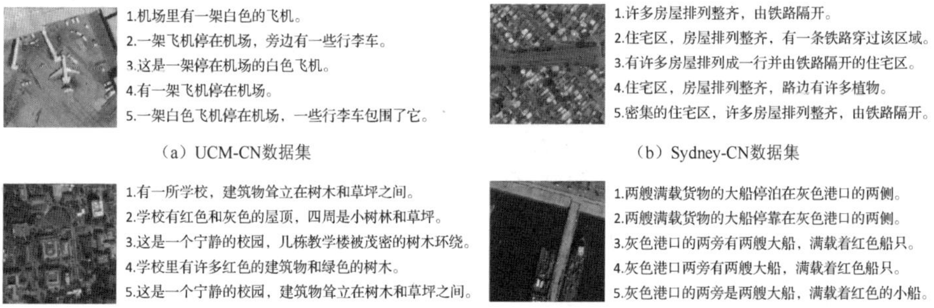

图 12.11 构建的遥感图像中文描述数据集的示例

2. 实验设置

本节在进行实验时,使用 UCM-CN 数据集、RSICD-CN 数据集、RSITMD-CN 数据集对模型的有效性进行验证,在每个数据集上均随机选取 80%的样本用于训练,10%的样本用于验证,其余的 10%用于测试。遥感图像特征提取使用预训练的 ResNet18,中文文本特征提取使用 ALBERT 模型并加载预训练的"ALBERT-Chinese-Small"模型权重。输入到模型前,遥感图像的尺寸大小统一调整为 256×256。整个模型使用 Adam 优化器进行训练,三元组损失的阈值设置为 0.2,训练时输入数据的批大小为 60,学习率设置为 0.0002,整个数据集训练迭代 50 个循环,在每迭代 15 个循环后学习率下降 50%。

关联检索任务分为遥感图像检索中文文本(I→T)及中文文本检索遥感图

像（T→I）两种类型。本节实验采用召回率（Recall）作为模型的性能衡量指标，R@K 表示针对某一模态的查询数据，返回的其他模态数据的前 K 个返回值中包含的真值的比例，K 通常设置为 1、5 和 10。另一个来评估模型性能的度量指标为 R_mean，用 R@K 中所有数据的平均值表示，能够更直观地反映模型的整体性能。以上度量指标的值越高，表示模型表现越好。

3. 与其他基准方法的对比及分析

为验证本节所提方法的有效性，我们在构建的遥感图像与中文文本相匹配的数据集上进行了实验验证，并与部分图文跨模态检索的基准方法进行了对比实验。基准方法分别为 SCAN[28]、AMBEF[14]、GaLR[16]，其中 SCAN 是计算机视觉领域图文跨模态检索的经典方法，AMBEF 和 GaLR 是在遥感领域提出的图文跨模态检索模型，在相同的条件下进行了对比实验。为使实验结果更具说服力，本节所提方法在每组实验都进行了 3 次相同的训练和验证，最后的实验结果为在测试集上的平均值。对比实验的结果如表 12.6～表 12.8 所示。

表 12.6　本节所提方法与其他基准方法在 RSITMD-CN 数据集上的对比

方法	I→T			T→I			R_mean
	R@1	R@5	R@10	R@1	R@5	R@10	
SCAN-t2i[28]	5.68%	17.47%	26.53%	6.36%	21.18%	33.47%	18.45%
SCAN-i2t[28]	6.74%	18.32%	28.21%	5.14%	17.89%	28.34%	17.44%
AMBEF-soft[14]	8.55%	23.79%	35.75%	7.29%	28.21%	45.06%	24.77%
AMBEF-fusion[14]	9.49%	23.37%	35.93%	7.21%	27.37%	43.64%	24.50%
AMBEF-sim[14]	8.77%	24.00%	35.79%	7.54%	27.45%	43.00%	24.43%
GaLR w/o MR[16]	9.12%	24.63%	36.70%	7.49%	28.35%	44.27%	25.09%
GaLR with MR[16]	8.35%	24.84%	37.12%	7.53%	27.77%	44.01%	24.94%
本节所提方法	**10.53%**	**26.74%**	**41.19%**	**8.34%**	**32.10%**	**50.01%**	**28.15%**

表 12.7　本节所提方法与其他基准方法在 RSICD-CN 数据集上的对比

方法	I→T			T→I			R_mean
	R@1	R@5	R@10	R@1	R@5	R@10	
SCAN-t2i[28]	4.30%	11.25%	19.30%	6.53%	22.16%	33.28%	16.14%
SCAN-i2t[28]	5.76%	10.25%	16.65%	5.42%	18.74%	29.48%	14.39%
AMBEF-soft[14]	8.23%	17.93%	28.45%	8.87%	28.47%	45.97%	22.99%
AMBEF-fusion[14]	7.68%	17.93%	28.17%	8.09%	29.24%	46.22%	22.89%
AMBEF-sim[14]	8.60%	18.21%	28.64%	8.78%	31.40%	46.86%	23.75%
GaLR w/o MR[16]	7.90%	17.81%	27.84%	8.36%	30.78%	47.42%	23.35%

续表

方法	I→T			T→I			R_mean
	R@1	R@5	R@10	R@1	R@5	R@10	
GaLR with MR[16]	8.11%	19.52%	29.33%	8.00%	30.75%	47.59%	23.88%
本节所提方法	**10.89%**	**21.41%**	**31.75%**	**9.52%**	**34.14%**	**50.52%**	**26.37%**

表 12.8 本节所提方法与其他基准方法在 UCM-CN 数据集上的对比

方法	I→T			T→I			R_mean
	R@1	R@5	R@10	R@1	R@5	R@10	
SCAN-t2i[28]	21.43%	53.33%	72.86%	23.71%	62.00%	81.05%	52.40%
SCAN-i2t[28]	22.86%	56.19%	70.95%	23.33%	59.90%	78.10%	51.89%
AMBEF-soft[14]	25.86%	62.86%	82.70%	28.41%	73.94%	92.32%	60.96%
AMBEF-fusion[14]	26.95%	62.86%	79.90%	26.08%	71.03%	**92.55%**	59.90%
AMBEF-sim[14]	27.23%	63.33%	80.83%	26.91%	71.54%	91.30%	60.12%
本节所提方法	**33.33%**	**71.59%**	**85.08%**	**29.84%**	**73.02%**	90.63%	**63.92%**

从表 12.6～表 12.8 中的对比实验结果可以看出，本节所提方法在三个数据集上的性能都优于其他方法。与自然领域中的经典方法 SCAN 相比，本节所提方法在三个数据集上的实验结果在反映模型整体性能的度量指标 R_mean 上均有近 10 个百分点的提升，在各任务 R@K 指标上都有大幅度的提高，这说明由于不同领域数据的差异性，用于自然场景图像的跨模态关联方法，直接迁移到遥感领域不能够达到较好的效果。而与遥感领域中的 AMBEF 方法相比，本节所提方法在三个数据集上的实验结果在 R_mean 指标上同样都有 2.9～4.1 个百分点的提升，且在 R@K 指标上也均有一定程度的提高。与遥感领域新提出的 GaLR 方法相比，本节所提方法在 RSICD-CN 和 RSITMD-CN 这两个更具挑战性的数据集上的实验结果，在 R_mean 指标上也有 3 个百分点左右的提升。AMBEF 和 GaLR 本身都是针对遥感领域图文跨模态问题提出的新模型，其效果相较 SCAN 有较大的提升，但由于这两个模型是基于英文文本描述数据集实现跨模态关联的，对中文文本表征能力不足，因此与本节所提方法相比，这两个模型在处理遥感图像与中文文本跨模态关联问题上仍有一定差距。这充分说明了本节所提方法能够较准确地实现遥感图像与中文文本之间的关联关系建立，通过模型设计挖掘各模态的多层次细粒度的特征，并进一步融合得到多粒度特征表示，有效提高了跨模态关联检索的精度。

4. 消融实验

通过进行消融实验来分析模型中不同模块的影响，主要有 SE-attention 模块、Text-CNN 模块、Cross-attention 模块，以及多尺度特征融合模块，在 UCM-CN 和 RSITMD-CN 两个数据集上进行了相关实验。消融实验结果如表 12.9 所示。实验中设置了以下 4 个比较基准。

①"w/o SE-attention"：提取遥感图像特征时不使用 SE-attention 模块处理，直接使用模型获得的原始特征图。②"w/o multi-scale"：最终遥感图像的特征表示不加入多尺度特征，仅使用获得的全局特征。③"w/o Cross-attention"：模型不使用视觉特征信息来指导中文文本特征信息的输出。④"w/o Text-CNN"：不使用 Text-CNN 获取文本的局部上下文的细粒度特征，最终得到的中文文本信息的特征表示仅包含文本的全局特征。

表 12.9 消融实验结果

数据集	模型	I→T			T→I			R_mean
		R@1	R@5	R@10	R@1	R@5	R@10	
UCM-CN	w/o SE-attention	30.32%	64.92%	80.95%	28.98%	71.52%	89.17%	60.98%
	w/o multi-scale	29.52%	63.17%	80.95%	28.73%	70.22%	89.65%	60.38%
	w/o Cross-attention	32.86%	68.41%	83.33%	30.48%	72.95%	89.90%	62.99%
	w/o Text-CNN	31.27%	66.83%	80.32%	28.48%	71.02%	89.94%	61.31%
	本节所提模型	33.33%	71.59%	85.08%	29.84%	73.02%	90.63%	63.92%
RSITMD-CN	w/o SE-attention	10.60%	24.91%	38.11%	8.15%	28.24%	46.53%	26.09%
	w/o multi-scale	8.84%	24.63%	39.37%	9.22%	30.99%	48.04%	26.85%
	w/o Cross-attention	8.98%	27.16%	41.12%	7.38%	30.12%	48.27%	27.17%
	w/o Text-CNN	10.04%	26.67%	39.37%	7.83%	29.81%	46.46%	26.69%
	本节所提方法	10.53%	26.74%	41.19%	8.34%	32.10%	50.01%	28.15%

通过比较表 12.9 中本节所提模型和设置的几个基准的实验结果可以发现，移除本节所提模型中设计的任一模块都会造成模型整体性能一定程度上的下降。"w/o Cross-attention"模型准确率与本节所提模型最接近，说明虽然设计的各模态特征提取网络在一定程度上能够获得较准确的特征表示，但 Cross-attention 模块能够在共同语义空间中进一步挖掘图文对间潜在的语义关联性，增强匹配的不同模态特征表示之间语义的一致性，提高关联的准确性。对比"w/o Text-CNN"模型和本节所提模型，可以看出缺少细粒度特征的模型性能较"w/o Cross-attention"模型还有一定下降，说明中文文本的细粒度特征信息与全局特征的结合能够使模型表现得到有效提升。"w/o multi-scale"和"w/o SE-attention"这两个模型的设计目的是使模型捕获遥感图像的多尺度特征信息并对各通道间的关系进行建模，使模型对输入图像信息有更准确的表征，以进一步提升模型性能。实验结果充分说明了模型中各模块的重要性，某

一模块的缺失都会造成模型效果的损失，说明各模态特征表示中的细粒度特征信息与全局特征信息的融合有助于模型关联效果的进一步提升，同时证明了本节所提模型中上述模块的设计是有效的。

12.4　小结

本章对遥感图像与英文文本信息和中文文本信息关联进行了研讨。

（1）针对遥感图像与英文文本跨模态关联方法在哈希学习过程中存在的语义信息损失、潜在关联关系难以得到充分挖掘的问题，研讨了一种基于深度哈希的相似度矩阵辅助遥感图像跨模态关联方法，通过构建相似度矩阵损失来对齐哈希特征与原始特征的语义信息，并与对比学习方法相结合，以增强最终哈希特征的语义相关性，减小哈希码转化过程的语义信息损失。通过相似度矩阵损失与对比损失的加权和，有效提高了无监督跨模态哈希关联模型的效果，更适用于大规模跨模态遥感图像关联检索任务，并且在遥感领域的两个基准数据集上验证了方法的优越性。但该方法仍存在一些不足，模型原始特征提取模块的设计对各模态的语义信息丰富性考虑不够充分，相似度矩阵的计算方式相对较简单，关联的准确性与基于实值表示的方法还有一定的差距，将来工作可以通过进一步改进以提高关联的准确性。

（2）针对遥感图像语义信息丰富的特点和中文在语法语义上的复杂性，以及当前对遥感图像与中文文本之间的关联方法研究有限且两者关联关系的建立更具挑战性等问题，研讨了一种基于多粒度特征的遥感图像跨模态关联方法，构建遥感图像与中文文本间跨模态关联关系。通过遥感图像多尺度特征融合模块及中文文本多粒度特征融合模块的设计，使得模型学习到的各模态表征信息更具判别性，并引入了注意力机制以充分挖掘不同模态的高层语义信息及潜在的相关关系，实现更准确的图文跨模态关联检索。在现有公开的数据集的基础上构建了遥感图像与中文文本相匹配的数据集，进行了消融实验及与现有基准方法的对比实验，实验结果充分展现了该方法的有效性。

参考文献

[1] JIANG Q Y, LI W J. Deep cross-modal hashing[C]//IEEE Conference on Computer Vision & Pattern Recognition, 2017: 3270-3278.

[2] XIE D, DENG C, LI C, et al. Multi-task consistency-preserving adversarial hashing for cross-modal retrieval[J]. IEEE Transactions on Image Processing, 2020, 29: 3626-3637.

[3] WU G, LIN Z, HAN J, et al. Unsupervised deep hashing via binary latent factor models for large-scale cross-modal retrieval[C]//Twenty-Seventh International Joint Conference on Artificial Intelligence (IJCAI-18), 2018: 2854-2860.

[4] SU S, ZHONG Z, ZHANG C. Deep joint-semantics reconstructing hashing for large-scale unsupervised cross-modal retrieval[C]//2019 IEEE/CVF International Conference on Computer Vision (ICCV), 2019: 3027-3035.

[5] LIU S, QIAN S, GUAN Y, et al. Joint-modal distribution-based similarity hashing for large-scale unsupervised deep cross-modal retrieval[C]//SIGIR '20: Proceedings of the 43rd International ACM SIGIR Conference on Research and Development in Information Retrieval, 2020: 1379-1388.

[6] ZHANG J, PENG Y. Multi-pathway generative adversarial hashing for unsupervised cross-modal retrieval[J]. IEEE Transactions on Multimedia, 2020, 22(1): 174-187.

[7] REATO T, DEMIR B, BRUZZONE L. An unsupervised multicode hashing method for accurate and scalable remote sensing image retrieval[J]. IEEE Geoscience and Remote Sensing Letters, 2018, 16(2): 276-280.

[8] XIONG W, LV Y, ZHANG X, et al. Learning to translate for cross-source remote sensing image retrieval[J]. IEEE Transactions on Geoscience and Remote Sensing, 2020, 58(7): 4860-4874.

[9] MIKRIUKOV G, RAVANBAKHSH M, DEMIR B. Unsupervised contrastive hashing for cross-modal retrieval in remote sensing[C]//2022 IEEE International Conference on Acoustics, Speech and Signal Processing (ICASSP), 2022: 4463-4467.

[10] SHEN F, XU Y, LIU L, et al. Unsupervised deep hashing with similarity-adaptive and discrete optimization[J]. IEEE Transactions on Pattern Analysis and Machine Intelligence, 2018, 40(12): 3034-3044.

[11] LU X, WANG B, ZHENG X, et al. Exploring models and data for remote sensing image caption generation[J]. IEEE Transactions on Geoscience and Remote Sensing, 2017, 56(4): 2183-2195.

[12] QU B, LI X, TAO D, et al. Deep semantic understanding of high resolution remote sensing image[C]//2016 International Conference on Computer, Information and Telecommunication Systems (CITS), 2016: 1-5.

[13] MIKRIUKOV G, RAVANBAKHSH M, DEMIR B. Deep unsupervised contrastive hashing for large-scale cross-modal text-image retrieval in remote sensing[C]//2022 IEEE International Conference on Acoustics, Speech and Signal Processing (ICASSP), 2022: 4463-4467.

[14] YUAN Z, ZHANG W, FU K, et al. Exploring a fine-grained multiscale method for cross-modal remote sensing image retrieval[J]. IEEE Transactions on Geoscience and Remote Sensing, 2022, 60: 1-19.

[15] LV Y, XIONG W, ZHANG X, et al. Fusion-based correlation learning model for cross-modal remote sensing image retrieval[J]. IEEE Geoscience and Remote Sensing Letters, 2021, 19: 1-5.

[16] YUAN Z, ZHANG W, TIAN C, et al. Remote sensing cross-modal text-image retrieval based on global and local information[J]. IEEE Transactions on Geoscience and Remote Sensing, 2022, 60: 1-16.

[17] LECUN Y, BOTTOU L. Gradient-based learning applied to document recognition[J]. Proceedings of the IEEE, 1998, 86(11): 2278-2324.

[18] KRIZHEVSKY A, SUTSKEVER I, HINTON G E. ImageNet classification with deep convolutional neural networks[J]. Communications of the ACM, 2017, 60(6): 84-90.

[19] HU J, SHEN L, SUN G. Squeeze-and-excitation networks[C]//Proceedings of the IEEE Conference on Computer Vision and Pattern Recognition, 2018: 7132-7141.

[20] DENG Z, HU X, ZHU L, et al. R3NET: recurrent residual refinement network for saliency detection[C]//Proceedings of the 27th International Joint Conference on Artificial Intelligence, 2018: 684-690.

[21] GUO C, WU D. Canonical correlation analysis based multi-view learning: an overview[DB/OL]. arxiv preprint arxiv. [2023-05-18].

[22] HE K, ZHANG X, REN S, et al. Delving deep into rectifiers: surpassing human-level performance on ImageNet classification[C]//Proceedings of the IEEE International Conference on Computer Vision, 2015: 1026-1034.

[23] LAN Z, CHEN M, GOODMAN S, et al. ALBERT: a lite BERT for self-supervised learning of language representations[C]//International Conference on Learning Representations, 2019: 1-17.

[24] CHEN Y. Convolutional neural network for sentence classification[D]. Waterloo: University of Waterloo, 2015.

[25] XU K, BA J, KIROS R, et al. Show, attend and tell: neural image caption generation with visual attention[C]//International Conference on Machine Learning, 2015: 2048-2057.

[26] LI X, LAN W, DONG J, et al. Adding Chinese captions to images[C]//Proceedings of the 2016 ACM on International Conference on Multimedia Retrieval, 2016: 271-275.

[27] HODOSH M, YOUNG P, HOCKENMAIER J. Framing image description as a ranking task: data, models and evaluation metrics[J]. Journal of Artificial Intelligence Research, 2013, 47: 853-899.

[28] LEE K H, CHEN X, HUA G, et al. Stacked cross attention for image-text matching[C]//Proceedings of the European Conference on Computer Vision (ECCV), 2018: 201-216.

第 13 章　遥感 SAR 图像与 AIS 信息关联

13.1　引言

第 12 章主要讨论了遥感图像与文本信息的跨模态关联问题，而多源情报信息类型多样，船舶自动识别系统（Automatic Identification System，AIS）能够直接获得海上舰船目标的位置和属性等相关信息[1]，具有更新频率快、定位精度高的优点，与检测范围广、更新周期慢的遥感图像可以很好地实现优势互补，通过遥感图像与 AIS 信息间的关联融合，有利于更好地实现海上跟踪监视：AIS 信息中舰船的具体特征信息可作为对应区域遥感图像中目标信息的补充，而遥感图像又是 AIS 信息中对应目标更直观的表示；建立遥感图像与 AIS 信息的关联关系，由 AIS 信息关联检索到对应遥感图像，可以快速锁定目标所在的大致区域，有助于对周围环境态势的判定；而遥感图像关联检索到对应 AIS 数据，能够进一步获得相关目标的具体信息，有利于掌握目标的基本情况。

深度学习技术在解决遥感图像与普通文本语句的跨模态关联问题上已取得了部分研究成果，但 AIS 信息并不同于一般的文本语句或音频等信息，AIS 信息中包含时空信息及目标属性等信息，其与通常句子的内容结构不同，文本信息中不再仅仅是单词的有序组合，而是名称词语和对应数值的组合，相对来说结构更加复杂，而且数据本身上下文间没有明显的逻辑性，特征信息挖掘难度大。通常用于解决跨模态问题的模型对文本语句信息这一模态特征的获取是立足于语言模型建模，获得文本数据的语法结构及深层语义信息，但这种结构不能完全适用于 AIS 信息，因此难以达到满意关联的效果，使得遥感图像与 AIS 信息间关联模型的建立更具挑战性。

为了更好地解决遥感图像与 AIS 信息的关联问题，跨越多源数据类型之间存在的异构鸿沟，实现高效准确的关联检索，本章研讨了一种基于深度特征融合的遥感图像与 AIS 信息关联方法。以合成孔径雷达（Synthetic Aperture Radar，SAR）图像为例，根据 SAR 图像和 AIS 数据所含信息丰富且难获取的特点分别设计了相应模态的特征提取网络模型，将网络学习到的两种模态数据的特征表示映射到同一特征空间并进行特征融合，最后在共同特征空间中通过关联学习目标函数实现跨模态数据之间关联关系的学习，构建跨模态信息间的关联关系。由于目前还没有相关的公开数据集，本章构建了一个包含 SAR 图像和 AIS 信息的数据集，并在数据集上验证了所提方法的有效性。本章的主要内容安排如下：13.2 节介绍了研究基础，包括 SAR 图像与 AIS 信息关联方法及特征融合的相关介绍；13.3 节介绍了具体的实现方法，包括 SAR 图像特征表示、AIS 信息特征表示、特征融合设计；13.4 节详述了实验对比及分析，包括数据集构建、实验设置、对比实验结果与分析、模型简化实验；13.5 节对本章内容进行了总结。

13.2 研究基础

13.2.1 SAR 图像与 AIS 信息关联方法

数据关联用于判别来自不同传感器的信息是否源于同一目标[2]，是实现多源情报信息有效互补的基础和前提。SAR 图像和 AIS 信息的关联属于典型的跨模态数据关联问题。文献[3]提出了一种对 SAR 图像和 AIS 信息进行数据融合的新方法，即在决策层采用算数平均函数对数据进行融合，并在模拟数据集上进行了检验。文献[4]通过一种改进的自适应支持向量机对 AIS 信息中的知识进行迁移来提高 SAR 舰船分类性能，实验证明传统方法的效果可以得到明显改进。文献[5]提出了一种利用 SAR 图像中目标的航速估计来提高 SAR 图像与 AIS 信息匹配精度的方法，SAR 图像中获得的速度信息以补偿方位角偏移的方式辅助关联，具有较广泛的适应性。文献[6]提出了一种在密集场景下辅助分类的 SAR 图像与 AIS 信息关联技术，利用基于 AIS 信息迁移学习的 SAR 分类模型并采用排序分配的方法，提高了数据关联的置信度。然而，以上 SAR 图像与 AIS 信息关联方法，通常提取两种数据中目标的位置及属性特征信息，转换为同一类特征后再通过融合决策实现关联匹配。上述方法很大程度上依赖于 SAR 图像中的位置信息，辅助以目标的尺寸等信息实现关联，未能充分利用遥感图像丰富的语义信息，若缺失准确位置信息，则难以实现两者的关联。此外，此类方法多依赖于人工设计特征且关联步骤烦琐，关联效率低。

13.2.2 特征融合

特征融合[7]方法在模式识别领域受到广泛关注,其可以实现不同类型、不同层级的特征优势互补,使模型的表现更稳健。特征融合方法已在多种图像处理任务[8-9]中获得了比较好的效果,但多用于自然场景图像,在遥感领域还停留在比较传统的融合方法[10-11]。近年来,特征融合在多模态领域[12-13]表现出更大的优势,通过特征融合平衡多模态特征的贡献有助于提高模型的应用性能,文献[14]提出了基于注意力的多模态融合视频描述生成方法,模型除关注特定区域和时间步长外,还关注特定模态的信息,通过注意力来生成权重。在多模态关联领域,文献[15]采用了类似的策略,在自适应地融合多模态信息的同时过滤冗余的特征信息。在计算机视觉领域,结合注意力机制的特征融合方法在多模态相关任务中显示出巨大应用前景[16-18]。

13.3 基于深度特征融合的遥感图像与AIS信息关联方法

遥感图像与 AIS 信息之间存在异构鸿沟,难以直接进行数据间的关联。首先需要将两种不同传感器获取的数据信息映射到同一个特征空间,使得不同类型的信息有统一的特征表示形式。进一步,通过对关联学习目标函数的设计挖掘两种数据间潜在的关联关系,实现遥感图像与 AIS 信息之间的关联检索。本节提出的用于遥感图像与 AIS 信息关联的模型结构如图 13.1 所示,以 SAR 图像为例,分别通过两个子网络模型对 SAR 和 AIS 数据特征进行充分的学习,再将学得的两种模态特征表示分别映射到同一特征空间中,在共同的特征空间中进行关联关系的建模。

这个过程可以表示为

$$i = W_I I \tag{13.1}$$

$$t = W_T T \tag{13.2}$$

$$S = \cos(i, t) \tag{13.3}$$

其中,W_I 和 W_T 分别为 SAR 图像和 AIS 信息的权重矩阵;i 和 t 分别为 SAR 图像和 AIS 信息的特征表示;$\cos(x, y)$ 表示 x 和 y 两个向量之间的余弦相似度。

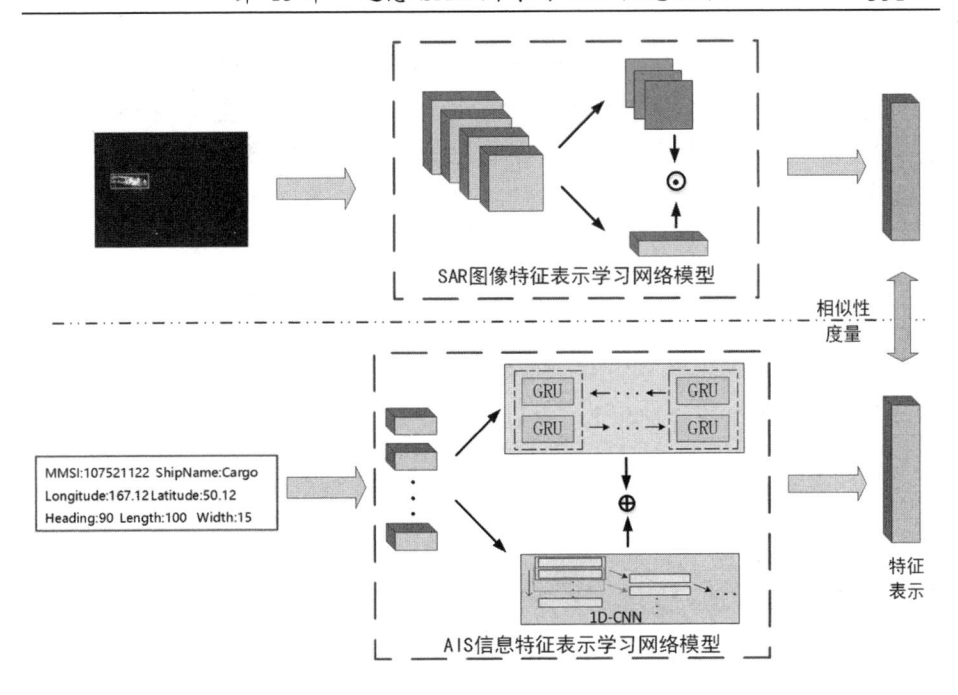

第 13 章 遥感 SAR 图像与 AIS 信息关联 ·351·

图 13.1 本节提出的用于遥感图像与 AIS 信息关联的模型结构

13.3.1 SAR 图像特征表示

SAR 图像特征提取网络如图 13.2 所示，为了更好地学习到图像中的目标信息，输入的 SAR 图像首先会通过一个目标检测模型，保存得到检测图像中目标的边界框并将其标注在图像上。进一步，将带有边界框的 SAR 图像输入到卷积神经网络中，使用的图像特征提取模型为在 ImageNet 数据集上预训练的 ResNet18，每幅输入的 SAR 图像大小都调整为 256×256 后，再输入到网络模型中以获取对应的特征表示。

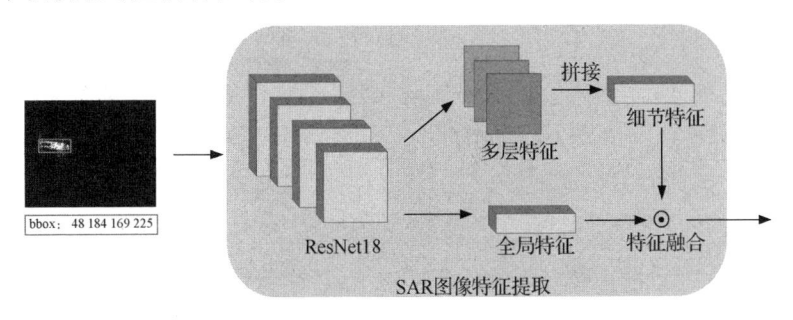

图 13.2 SAR 图像特征提取网络

本节设计的网络结构在获得 SAR 图像特征表示时，在提取图像全局特征的同时得到各层的特征图，获得一组多尺度特征图。对不同层输出的特征图进行上采样，进而对特征图进行拼接分别获得底层特征和高层特征，然后使用卷积层对底层特征采样使其大小与高层特征相匹配，高层特征则通过卷积进行等尺度变化。这样的设计有助于提取到图像的精细化特征，较大尺度的深层特征图有利于获取显著目标的高级语义信息，而较小尺度的浅层特征图可以提取精细特征信息。最后得到的 SAR 图像特征表示是将提取的不同层次特征图融合后的结果，以此得到 SAR 图像的更细粒度表示，在一定程度上使目标特征更突出，并与全局特征相融合得到最终的特征表示。SAR 图像特征融合示意图如图 13.3 所示。

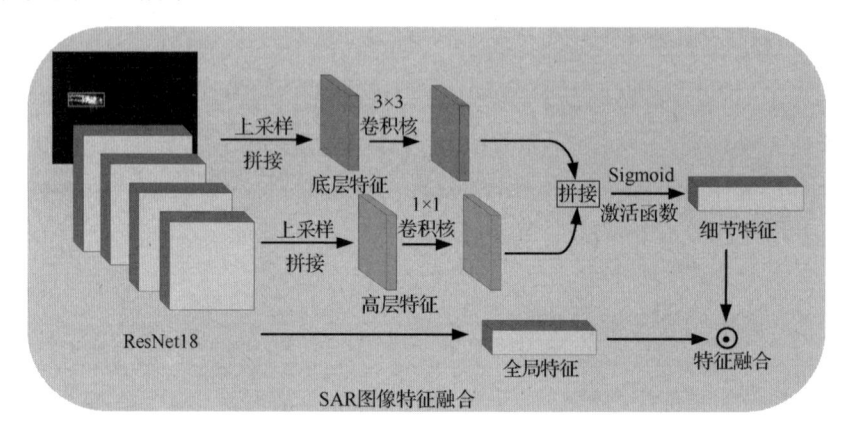

图 13.3　SAR 图像特征融合示意图

上述过程可以表示为

$$L = \text{conv}_{3\times 3}\left(\text{Cat}\left(F_2, \text{Upsample}(F_3)\right)\right) \tag{13.4}$$

$$H = \text{conv}_{1\times 1}\left(\text{Cat}\left(F_4, \text{Upsample}(F_5)\right)\right) \tag{13.5}$$

$$i = \left(\sigma\left(\text{Linear}\left(\text{Cat}(L, H)\right)\right)\right) \times G \tag{13.6}$$

其中，F_i 代表第 i 层网络的输出特征，SAR 图像特征提取网络的基本结构参数如表 13.1 所示；conv(·) 代表卷积操作，右下角标为卷积核大小；Cat(·) 代表维数一致的特征向量在通道数维度上进行拼接；Upsample(·) 代表上采样操作；Linear(·) 代表线性变换；$\sigma(\cdot)$ 代表 Sigmoid 激活函数；G 为网络获取的全局特征；i 为各层级图像特征融合后得到的 SAR 图像特征表示。

表 13.1　SAR 图像特征提取网络的基本结构参数

网络层	输入尺寸	输出尺寸	网络参数
Layer1	256×256	128×128	7×7, 64, stride2
Layer2	128×128	64×64	3×3maxpool, stride2 $\begin{bmatrix}3\times3,64\\3\times3,64\end{bmatrix}\times2$
Layer3	64×64	32×32	$\begin{bmatrix}3\times3,128\\3\times3,128\end{bmatrix}\times2$
Layer4	32×32	16×16	$\begin{bmatrix}3\times3,256\\3\times3,256\end{bmatrix}\times2$
Layer5	16×16	8×8	$\begin{bmatrix}3\times3,512\\3\times3,512\end{bmatrix}\times2$

13.3.2　AIS 信息特征表示

AIS 信息的输入形式为序列文本格式，其中包含水上移动业务标识码（Maritime Mobile Service Identity，MMSI）、经纬度、船的尺寸、航向等具有代表性的目标基本信息。AIS 信息输入后，首先对 AIS 信息进行分词并编码，由于 AIS 信息不同于一般的语句，所以模型对分词器进行了特定的设计，使分词得到的目标信息的名称和真值结合在一起，如 "MMSI:107521122" 的形式，这样的设计更利于体现 AIS 信息所包含的目标特征信息，保证了信息的整体一致性，利于后续的特征提取。将分词后的每个单词编码嵌入 300 维向量后再输入网络模型中进一步挖掘数据中的特征信息。由于 AIS 信息与一般文本语句有较大差异，以及分词后词间并无明显的逻辑性，为了提高对 AIS 信息的表示能力，充分挖掘数据中的表征信息，AIS 信息特征提取过程如图 13.4 中所示，构建了以门控循环单元（Gated Recurrent Unit，GRU）为基本节点的循环神经网络，以及以一维卷积为基本过滤器的卷积神经网络模型处理 AIS 信息，以获取数据整体及细节的语义信息，最终将两个网络分支获取的特征融合构成 AIS 信息特征表示。

图 13.4　AIS 信息特征提取过程

假设输入的 AIS 信息经过分词处理后得到 n 个字符串，经过编码后，AIS 信息的输入可以表示为 $\{s_1, s_2, \cdots, s_n\}, s_i \in \mathbb{R}^{300}$，$s_i$ 为对字符串编码后的向量。把编码后的字符串向量分别输入门控循环神经网络及一维卷积神经网络中进行特征提取，以得到 AIS 信息的特征表示。

GRU 主要包含更新门 z_t 和重置门 r_t，通过这两个门来控制输入和遗忘信息之间的平衡，其网络结构计算过程可表示为

$$r_t = \sigma\left(W_r \cdot [h_{t-1}, x_t]\right) \tag{13.7}$$

$$z_t = \sigma\left(W_z \cdot [h_{t-1}, x_t]\right) \tag{13.8}$$

$$\tilde{h}_t = \text{Tanh}\left(W_{\tilde{h}} \cdot [r_t \cdot h_{t-1}, x_t]\right) \tag{13.9}$$

$$h_t = (1-z_t) \cdot h_{t-1} + z_t \cdot \tilde{h}_t \tag{13.10}$$

$$y_t = \sigma\left(W_o \cdot h_t\right) \tag{13.11}$$

其中，h_t 为当前状态；h_{t-1} 为上一时刻状态；$\tilde{h}_t$ 为候选状态；x_t 为当前时刻输入；y_t 为当前时刻输出。AIS 信息特征提取网络的相关参数如表 13.2 所示，其中一维卷积神经网络的卷积核大小为 1×3，采用最大池化及 ReLU 激活函数。

AIS 信息的最终特征表示是由 GRU 和一维卷积神经网络获取的两部分特征表示相结合得到的，即

$$s = \text{GRU}(T) + \text{CNN}_{1D}(T) \tag{13.12}$$

表 13.2　AIS 信息特征提取网络的相关参数

网络模型	输入维度	输出维度	网络参数
GRU	300	512	6 层
1D-CNN	300	512	2 层

13.3.3　特征融合设计

在 SAR 图像与 AIS 信息特征提取的网络模型中，通过特征融合能够得到网络模型对单模态信息更准确的特征表示，但两种模态特征信息之间并没有交互，容易造成模型过于依赖于单一模态的表征，不利于增强跨模态信息之间的关联性。单一模态的 AIS 信息虽然在一定程度上能够反映遥感图像中目标的部分特征，但通常不能包含图像中更全面的目标信息。视觉特征可指导描述的生成[19]，而在本节所提模型中可以利用图像特征信息来指导 AIS 信息的特征表示输出，实现两种模态特征信息的交互。通过利用已经获取的遥感图像特征对 AIS 信息特征表示进行引导，特征融合后得到含有引导信息的特征表示输出，使模型不仅仅局限于关注单模态特征表示，还引入了不同模态间的交互

信息,使获得的目标的特征表示信息更全面且能够增强模态间信息的语义相关性,有助于提高 SAR 图像与 AIS 信息的关联效果。图像特征向量经过线性层及激活函数后,与文本特征结合来指导其特征表示输出,可以表示为

$$t=\sigma(\text{Linear}(i))\odot s \tag{13.13}$$

其中,$\sigma(\cdot)$ 为激活函数;i 和 s 分别为获取的 SAR 图像特征表示和 AIS 信息特征表示;Linear(i)表示对 i 进行线性变换;t 代表带有视觉信息指导下的 AIS 信息表示。

为了构建 SAR 图像与 AIS 信息之间准确的关联关系,通过目标函数在共同特征空间的约束,使得两种模态相匹配数据的特征表示在高层语义保持一致。网络模型用于关联学习的目标函数由两部分组成,目标函数的设计可以加快模型的收敛同时使模型学习到更具判别性的特征表示,其表达式为

$$L=L_{\text{sim}}+L_{\text{triple}} \tag{13.14}$$

其中,L_{sim} 表示相似性约束损失;L_{triple} 表示三元组损失。

1. 相似性约束损失

针对不同模态数据之间的异构性,相似性约束使匹配的 SAR 图像与 AIS 信息的特征表示在共同特征空间中相互靠近,跨越了由于数据异构性而产生的数据间的语义鸿沟,增强了不同模态特征表示间的语义关联性,拉近了匹配的 SAR 图像与 AIS 信息的特征表示在共同特征空间中的距离。相似性约束损失表达式为

$$L_{\text{sim}} = \frac{1}{N}\sum_{k=1}^{N}|i_k - t_k| \tag{13.15}$$

其中,N 为一个批次中所含的成对样本数;i 和 t 分别为 SAR 图像特征表示和 AIS 信息特征表示。

2. 三元组损失

随着多模态特征匹配的发展,三元组损失已经是多模态特征匹配领域常用的损失函数之一。本节用于关联学习的目标函数沿用了用于图文跨模态的三元组损失[20],在共同空间中,三元组损失通过增大样本与其对应的负样本之间的距离,同时使该样本与其对应的正样本之间的距离尽可能近,这样可以使模型学习到更细微的特征,增强提取到特征的判别性,进一步提高关联的准确性。三元组损失表达式为

$$L_{\text{triple}}(i,t) = \sum_{\hat{t}}\left[\alpha - s(i,t) + s(i,\hat{t})\right]_{+} + \sum_{\hat{i}}\left[\alpha - s(i,t) + s(\hat{i},t)\right]_{+} \tag{13.16}$$

模型得到的 SAR 图像特征表示及 AIS 信息特征表示通过三元组损失,使得相互匹配的 SAR 图像与 AIS 信息对 (i,t) 的特征表示在共同特征空间中距离

更近,而负样本(非匹配)对 $(i,\hat{t})$、$(\hat{i},t)$ 的特征表示在共同特征空间中距离更远。以此不断拉大正负样本对的差距,有助于模型挖掘更具判别性的特征,以提高 SAR 图像与 AIS 信息对表征之间的语义相关性。

13.4 实验对比及分析

为了验证本章所提方法的有效性,构建了 SAR 图像和 AIS 信息相匹配的数据集,并进行了实验验证及分析。

13.4.1 数据集构建

由于获取相匹配的 SAR 图像与 AIS 信息难度大,目前还没有 SAR 图像与 AIS 信息相互匹配的公开数据集。为了验证本章所提方法的有效性,解决 SAR 图像与 AIS 信息之间的关联问题,本节构建了一个包含 SAR 图像和对应 AIS 信息的数据集,图 13.5 展示了数据集中的部分样例。对应文本信息选取了 AIS 中具有代表性的目标特征信息,包含 MMSI、经纬度、船的长宽、航向等基本信息。数据集的构建以 SAR 图像舰船目标检测数据集(SAR Ship Detection Dataset,SSDD)[21]为基础,从中选取了 650 幅只包含单目标的 SAR 图像,每幅 SAR 图像对应的 AIS 信息根据目标特点进行标注。其中,依据舰船目标的特点,"ShipName"主要包含"Cargo"、"FishingShip"、"Tanker"和"AircraftCarrier"四类。MMSI 及经纬度信息按照约束范围随机生成,并且对同一目标的标注信息保持一致。

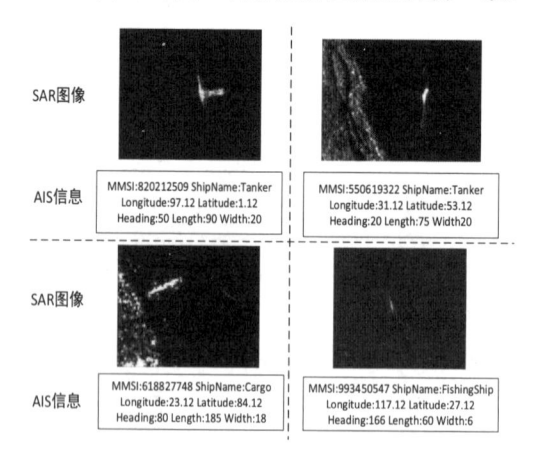

图 13.5 数据集样例

13.4.2 实验设置

在本节的实验中,随机挑选数据集中80%的数据作为训练集,10%作为验证集,剩余的10%作为测试集。我们以ResNet18为基本网络构架提取SAR图像的特征表示,训练过程中随机读取匹配的SAR图像与AIS信息,同时输入网络模型中。使用Adam优化器来训练整个网络,三元组损失门限值设置为0.3,批次大小设置为16,训练迭代20个循环,学习率设置为0.0002。

此外,实验中的关联任务分为SAR图像到AIS信息(S2A)和AIS信息到SAR图像(A2S)两种类型。模型实验结果采用基于实值表示学习跨模态关联任务[8]中常用的性能评价指标召回率(Recall)作为模型的评价指标,召回率是指给定查询样本时模型返回的相关样本与数据集中所有与其相匹配的样本数之比。在跨模态领域,R@K(K=1,5,10)表示针对一种模态信息的查询,返回另一种模态数据的前K个结果中包含正确匹配样本的百分比。R_mean是R@K所有数据的平均值,用于评估模型的整体性能。

13.4.3 对比实验结果与分析

为了验证本章所提方法的有效性,在构建的SAR图像与AIS信息相匹配的数据集上进行了实验验证,分别进行了SAR图像检索及AIS信息的关联检索。为确保模型有效性验证的可靠性,本章所提方法的实验结果取五折交叉验证后的平均值。在相同的实验条件下将本章所提方法与其他跨模态关联方法进行了对比,实验结果如表13.3所示。

表13.3 本章所提方法的对比实验结果

方法	(SAR->AIS)			(AIS->SAR)			R_mean
	R@1	R@5	R@10	R@1	R@5	R@10	
SCAN[22]	55.38%	61.54%	70.77%	58.46%	84.62%	89.23%	70.00%
AMFMN-soft[23]	51.69%	61.23%	77.23%	56.92%	85.54%	88.92%	70.26%
AMFMN-fusion[23]	50.77%	56.92%	77.23%	53.54%	85.54%	89.52%	68.82%
AMFMN-sim[23]	53.86%	60.00%	76.92%	58.46%	87.69%	89.23%	71.03%
本章所提方法	**68.31%**	**74.15%**	**84.92%**	**67.69%**	**89.85%**	**91.69%**	**79.44%**

表13.3中分别展示了本章所提方法在SAR图像检索AIS信息(SAR->AIS)、AIS信息检索SAR图像(AIS->SAR)的实验结果,以及其与SCAN[22]和AMFMN[23]方法的对比。从表13.3中可以看出,本章所提方法在所构建的数据集上可以达到较好的效果,尤其是在返回的前几个结果中检索到匹配信

息的准确率较高，表明模型能够较好地学习到两种异构数据潜在的关联关系，能够较准确地实现这两种模态数据的相互检索。SCAN 方法使用堆叠交叉注意力模型实现图文匹配，是自然场景图像进行图文跨模态检索任务中的经典方法，后续的很多相关研究都将其作为基准进行算法对比；而 AMFMN 方法是在遥感领域新提出的用于图文跨模态的关联学习方法，其能适应多尺度输入并能够过滤冗余特征，在更细粒度的数据集上表现出较好的性能。从实验结果可以进一步看出，本章所提方法较 SCAN、AMFMN 方法表现更好，尤其是在 R@1 和 R@5 这两个指标上有较大提升，说明本章所提方法关联匹配的精确度更高，证明了本章所提方法用于 SAR 图像与 AIS 信息关联检索任务的有效性。

为了更直观地展示并分析模型效果，我们从测试集中挑选出具有代表性的结果，以及模型对应检索到的最相似的前三个对象。如图 13.6 和图 13.7 所示，其中虚线框标出的图像或文本为对应查询样本的真值。

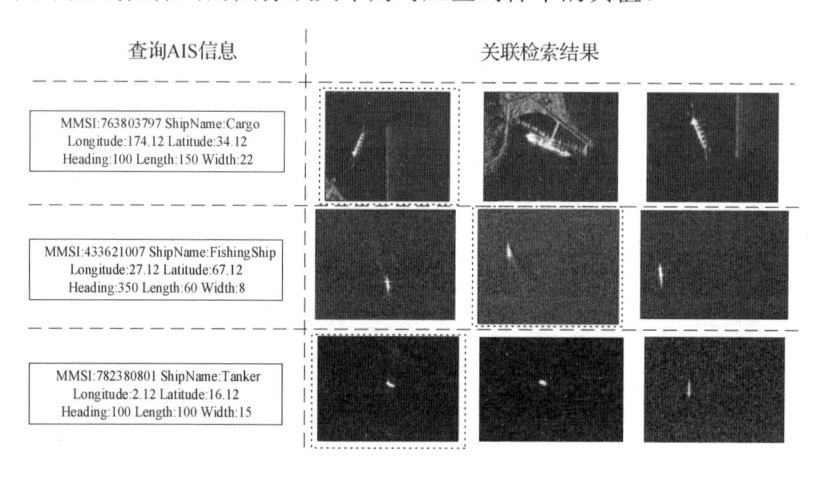

图 13.6　AIS->SAR 检索结果

图 13.6 和图 13.7 分别展示了 SAR 图像检索 AIS 信息和 AIS 信息检索 SAR 图像的结果，我们可以看出，查询对象所对应的真值大多都能出现在排序靠前的检索结果中，这说明本章所提出的 SAR 图像和 AIS 信息关联关系学习方法是有效的。此外，对于查询对象返回的相似度较高但不是真值的那些样本，其特征信息与真值非常相似，只是在细节上有所差异。通过这种将结果可视化的方式可以看出，本章设计的网络模型在提取 SAR 图像与 AIS 信息细粒度特征，以及挖掘两者之间潜在关联关系的强大能力，进一步说明了本章所提方法的有效性。

查询SAR图像 | 关联检索结果

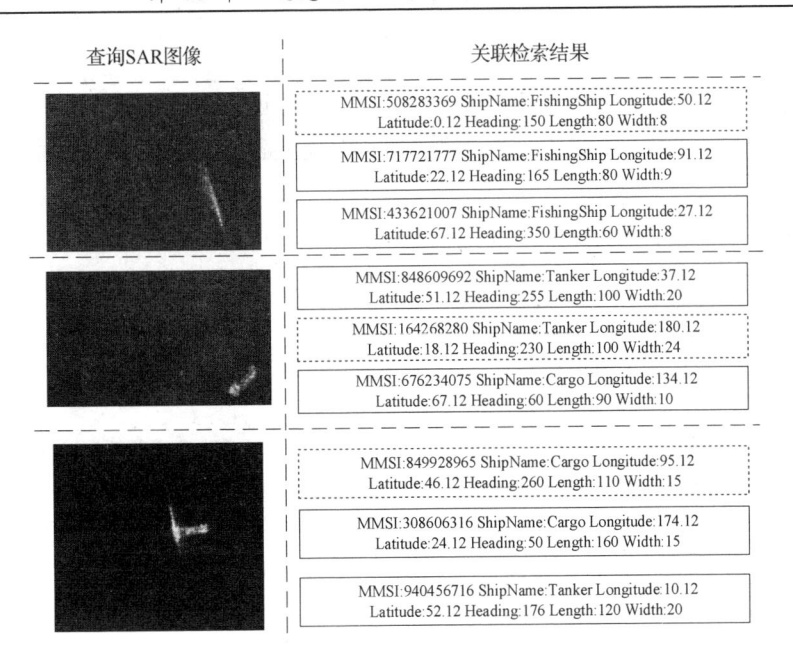

MMSI:508283369 ShipName:FishingShip Longitude:50.12
Latitude:0.12 Heading:150 Length:80 Width:8

MMSI:717721777 ShipName:FishingShip Longitude:91.12
Latitude:22.12 Heading:165 Length:80 Width:9

MMSI:433621007 ShipName:FishingShip Longitude:27.12
Latitude:67.12 Heading:350 Length:60 Width:8

MMSI:848609692 ShipName:Tanker Longitude:37.12
Latitude:51.12 Heading:255 Length:100 Width:20

MMSI:164268280 ShipName:Tanker Longitude:180.12
Latitude:18.12 Heading:230 Length:100 Width:24

MMSI:676234075 ShipName:Cargo Longitude:134.12
Latitude:67.12 Heading:60 Length:90 Width:10

MMSI:849928965 ShipName:Cargo Longitude:95.12
Latitude:46.12 Heading:260 Length:110 Width:15

MMSI:308606316 ShipName:Cargo Longitude:174.12
Latitude:24.12 Heading:50 Length:160 Width:15

MMSI:940456716 ShipName:Tanker Longitude:10.12
Latitude:52.12 Heading:176 Length:120 Width:20

图 13.7 SAR-> AIS 检索结果

13.4.4 模型简化实验

为了验证本章所提模型中各部分的作用，进一步检验本章所提方法的有效性，下面通过设计不同模块组合的模型，进行了模型简化实验对比及分析。为简化表示，分别用 M、M1、M2、M3、M4、M5、M6、M7、M8 代表本章所提方法的完整模型、SAR 图像细节特征模块与 AIS 信息的 GRU 特征模块组合、SAR 图像细节特征模块与 AIS 信息的一维卷积特征模块组合、SAR 图像全局特征模块与 AIS 信息的 GRU 特征模块组合、SAR 图像全局特征模块与 AIS 信息的一维卷积特征模块组合、SAR 图像细节特征模块与 AIS 信息的完整特征模块组合、SAR 图像的完整特征模块与 AIS 信息的 GRU 特征模块组合、SAR 图像的完整特征模块与 AIS 信息的一维卷积特征模块组合、SAR 图像全局特征模块与 AIS 信息的完整特征模块组合，这些组合的模型在两类任务上的实验结果如表 13.4 所示。

表 13.4 模型简化实验对比结果

模型	(SAR-> AIS)			(AIS->SAR)			R_mean
	R@1	R@5	R@10	R@1	R@5	R@10	
M1	32.92%	36.92%	53.54%	32.00%	77.85%	86.46%	53.28%
M2	51.38%	58.75%	73.23%	54.46%	85.23%	89.54%	68.67%

续表

模型	(SAR-> AIS)			(AIS->SAR)			R_mean
	R@1	R@5	R@10	R@1	R@5	R@10	
M3	57.85%	65.23%	79.08%	60.62%	89.85%	92.62%	74.21%
M4	62.46%	70.46%	81.85%	67.08%	87.69%	91.08%	76.77%
M5	56.62%	63.69%	79.38%	60.92%	85.54%	89.23%	72.56%
M6	60.13%	65.54%	81.54%	63.08%	88.92%	90.77%	75.03%
M7	64.62%	71.38%	83.38%	66.46%	87.69%	90.15%	77.28%
M8	67.08%	72.92%	83.08%	66.77%	89.23%	90.77%	78.31%
M	68.31%	74.15%	84.92%	67.69%	89.85%	91.69%	79.44%

从表 13.4 中可以看出，M1～M4 表示从完整模型的 SAR 图像特征提取模块和 AIS 信息特征提取模块中各移除一个模块，则剩余部分的组合模型整体关联效果会有较明显的下降；M5～M6 表示从完整模型中仅任意移除某一个模块，但仍然会导致模型的整体表现有一定程度的下降，只有当模型保持完整时才能达到最佳效果，模型简化实验对比结果充分说明了本章所提方法中各模块的有效性。

13.5 小结

针对遥感图像与 AIS 信息的数据结构差异大、关联关系难构建的问题，本章研讨了一种基于深度特征融合的遥感图像与 AIS 信息关联方法：以 SAR 图像为例，根据 AIS 信息和 SAR 图像的特点设计了对应模态的特征提取模块，提高模型的表征能力；将不同模态特征表示映射到同一特征空间并通过特征融合增强跨模态信息间的关联性，使得模型能够实现更加高效准确的关联检索。与传统方法相比，该方法无须过多的人工干预，能够直接对两种模态信息的关联关系进行建模。为了验证方法的有效性，构建了一个包含 SAR 图像及匹配 AIS 信息的数据集，并进行了充分的实验验证。但受限于匹配的遥感图像与对应 AIS 信息难获得性，数据集中的 AIS 信息多参照实际的数据内容形式进行标注获得，且数据集的规模相对较小，下步工作需要构建实测的且包含更多复杂场景大规模的数据集来进行深入实验验证。

参考文献

[1] SERIES M. Technical characteristics for an automatic identification system using time division multiple access in the VHF maritime mobile frequency band[R]. International Telecommunication Union, 2010.

[2] BAR-SHALOM Y, FORTMANN T E, CABLE P G. Tracking and data association[J]. Acoustical Society of America Journal, 1990, 87(2): 918-919.

[3] ACHIRI L, GUIDA R, IERVOLINO P. SAR and AIS fusion for maritime surveillance[C]//2018 IEEE 4th International Forum on Research and Technology for Society and Industry (RTSI), 2018: 1-4.

[4] LANG H T, WU S W, XU Y J. Ship classification in SAR images improved by AIS knowledge transfer[J]. IEEE Geoscience and Remote Sensing Letters, 2018, 15(3): 439-443.

[5] RAZIANO M D, RENGA A, MOCCIA A. Integration of automatic identification system (AIS) data and single-channel synthetic aperture radar images by SAR-based ship velocity estimation for maritime situational awareness[J]. Remote Sensing, 2019, 11(19): 2196.

[6] RODGER M, GUIDA R. Classification-aided SAR and AIS data fusion for space-based maritime surveillance[J]. Remote Sensing, 2020, 13(1): 1-26.

[7] SUN Q S, ZENG S G, LIU Y, et al. A new method of feature fusion and its application in image recognition[J]. Pattern Recognition, 2005, 38(12): 2437-2448.

[8] FEICHTENHOFER C, PINZ A, ZISSERMAN A. Convolutional two-stream network fusion for video action recognition[C]//Proceedings of the IEEE Conference on Computer Vision and Pattern Recognition, 2016: 1933-1941.

[9] SIMONYAN K, ZISSERMAN A. Two-stream convolutional networks for action recognition in videos[C]//Proceedings of the 27th International Conference on Neural Information Processing Systems, 2014, 1: 568-576.

[10] SHENG G, YANG W, XU T, et al. High-resolution satellite scene classification using a sparse coding based multiple feature combination[J]. International Journal of Remote Sensing, 2012, 33(8): 2395-2412.

[11] ZHENG X, SUN X, FU K, et al. Automatic annotation of satellite images via multifeature joint sparse coding with spatial relation constraint[J]. IEEE Geoscience and Remote Sensing Letters, 2012, 10(4): 652-656.

[12] WANG Y, HUANG W, SUN F, et al. Deep multimodal fusion by channel exchanging[J]. Advances in Neural Information Processing Systems, 2020, 33: 4835-4845.

[13] GUO W, WANG J, WANG S. Deep multimodal representation learning: a survey[J]. IEEE Access, 2019, 7: 63373-63394.

[14] HORI C, HORI T, LEE T Y, et al. Attention-based multimodal fusion for video

description[C]// Proceedings of the IEEE International Conference on Computer Vision, 2017: 4193-4202.

[15] CHEN K, BUI T, FANG C, et al. AMC: attention guided multi-modal correlation learning for image search[C]//Proceedings of the IEEE Conference on Computer Vision and Pattern Recognition, 2017: 2644-2652.

[16] LONG X, GAN C, MELO G, et al. Multimodal keyless attention fusion for video classification[C]// Proceedings of the AAAI Conference on Artificial Intelligence, 2018, 32(1): 7202-7209.

[17] ZADEH A, LIANG P P, MAZUMDER N, et al. Memory fusion network for multi-view sequential learning[C]//Proceedings of the AAAI Conference on Artificial Intelligence, 2018, 32(1): 5634-5641.

[18] ZHOU C, BAI J, SONG J, et al. Atrank: an attention-based user behavior modeling framework for recommendation[C]//Thirty-Second AAAI Conference on Artificial Intelligence, 2018: 4564-4571.

[19] XU K, BA J, KIROS R, et al. Show, attend and tell: neural image caption generation with visual attention[C]//International Conference on Machine Learning, 2015: 2048-2057.

[20] FAGHRI F, FLEET D J, KIROS J R, et al. VSE++: improving visual-semantic embeddings with hard negatives[C]/British Machine Vision Conference, 2017: 1-13

[21] ZHANG T, ZHANG X, LI J, et al. SAR ship detection dataset: official release and comprehensive data analysis[J]. Remote Sensing, 2021, 13(18): 1-41.

[22] LEE K H, CHEN X, HUA G, et al. Stacked cross attention for image-text matching[C]// Proceedings of the European Conference on Computer Vision (ECCV), 2018: 201-216.

[23] YUAN Z, ZHANG W, FU K, et al. Exploring a fine-grained multiscale method for cross-modal remote sensing image retrieval[J]. IEEE Transactions on Geoscience and Remote Sensing, 2022, 60: 1-19.

第14章　遥感图像与文本间通用跨模态关联

14.1　引言

特征学习表示和相似性度量[1]是实现跨模态信息关联的两个关键模块。前面章节主要通过对关联学习网络进行针对性设计和训练，来实现特定模态数据的关联，而实际应用中数据类型和关联需求多样，若对每一种数据都进行特定的设计，则会消耗大量的人力物力，整个系统也会变得烦琐庞大。因此，需要构建通用的跨模态信息关联学习模型，以提高跨模态关联模型的适用范围。

考虑到遥感图像类信息和序列文本类信息是目标最为常见的两种信息模态，本章主要对遥感图像与文本间通用跨模态关联方法进行研讨。现有文献主要围绕自然场景图像开展研究，缺乏目标场景图像研究，比如文献[2]提出了一种用于跨语言跨模态表示学习的框架，通过利用两个新的预训练任务，挖掘图像和不同语言间的语义一致性，实现跨语言跨模态关联关系的建模。文献[3]将跨语言和跨模态的预训练目标统一到同一个框架中，在联合嵌入空间中学习图像和文本的关联性，可用于多语言中图像和相关描述的关联匹配。基于现有研究成果，结合目标跟踪识别需求，本章研讨了一种基于融合的对比学习模型（Fusion-Based Contrastive Learning Model，FBCLM），该模型主要由单模态特征提取部分和跨模态信息融合部分组成，单模态特征提取部分用于获取各模态信息准确的特征表示，跨模态信息融合部分用于进一步挖掘不同模态之间潜在的关联关系，实现跨模态特征信息的交互。通过对比损失和匹配损失对不同模态的特征信息进行约束，增强跨模态信息间语义的一致性，以构建准确的关联关系。具体内容安排如下：14.2 节详述了研究基础，包括对 Transformer 和对比学习方法的介绍；14.3 节详述了基于融合对比的遥感图像跨模态关联方法；14.4 节进行了实验验证及结果分析；14.5 节进行了总结。

14.2 研究基础

14.2.1 Transformer 相关介绍

随着深度学习的飞速发展，卷积神经网络已在计算机视觉领域得到了广泛应用，循环神经网络及其变体在序列建模等方面也取得了很大的成功。近年来，随着 Transformer 在多个领域取得了优异的表现[4]，吸引了大量国内外学者进行研究。在计算机视觉领域，视觉语言表示学习中涌现出大量基于 Transformer 的多模态方法[5-6]，并显示出其模型的巨大优越性。视觉语言预训练（Vision-Language Pre-training，VLP）侧重于从大规模数据的预训练中学习不同模态数据的表征信息及有关知识，在解决一系列下游视觉语言任务方面显示出很大的优势。文献[5]中提出了一种基于目标语义对齐的方法，该方法通过利用目标检测模型获得的物体标签与对应词之间建立关联，从而对齐图像和文本模态的数据语义信息。然而，该方法比较依赖检测器的性能。文献[7]提出了一种新的视觉语言 Transformer 模型（Vision-and-Language Transformer，ViLT），通过统一的方式处理两种模态，与之前的 VLP 架构相比，最大的区别是该模型中卷积神经网络被完全移除，而且该模型能够表现出较好的性能。大量研究表明，基于 Transformer 的模型具有从遥感图像类信息和序列文本类信息中提取准确特征表示的强大能力，能够胜任大多计算机视觉领域的多模态任务。

14.2.2 对比学习方法

近几年，对比学习方法[8]因其学习数据底层表征的强大能力而受到越来越多的关注，并且在自监督学习中显示出了有效性[9]。对比学习的目的是学习相似样本中的共同特征，以区分不同样本实例级的差异，并且模型的泛化能力较强。文献[10]提出了用于无监督视觉表示学习的动量对比（Momentum Contrast，MoCo）学习方法，通过建立一个带有队列和移动平均编码器的动态字典，在队列中存储负样本，有效提高了模型的学习能力。文献[11]通过在特征表示和对比损失之间引入可学习的非线性转换，极大地提高了对比学习的特征表示水平，模型的性能与监督方法相当。文献[12]对上述两篇文献中的方法进一步优化改进，使用强大的数据增强策略，在不需要很大训练批量的情况下就可以使模型达到较好的性能，建立了比文献[11]更好的基线模型。文献[13]提出了一种跨模态对比生成对抗网络，该网络通过使用对比损失来最大化不同模态间的相互信息，以捕获模态内及模态间的相关关系。尽管对比学习方法在计算机视觉领域取得了丰硕成果，但在遥感领域还很少见到对比学习的研究应用。

14.3 基于融合对比的遥感图像跨模态关联方法

为提高遥感图像跨模态关联学习方法的普适性，构建通用的跨模态信息关联学习模型，本章提出了一种基于融合的对比学习模型（FBCLM）。按照数据结构类型可将情报信息大致分为两类：遥感图像类信息和序列文本类信息。FBCLM模型对不同模态数据分别设计了相应的特征提取模块，输入的遥感图像通过视觉Transformer（Vision Transformer, ViT）[14]来学习其特征表示，图像输入后首先被切分为一个个小块，再由Transformer编码器进行处理。对于序列文本类信息，采用基于BERT[15]的模型架构。BERT是一种基于注意力的双向语言模型，而且其有效性在多种自然语言处理任务中已得到证明。FBCLM模型的基本结构如图14.1所示。

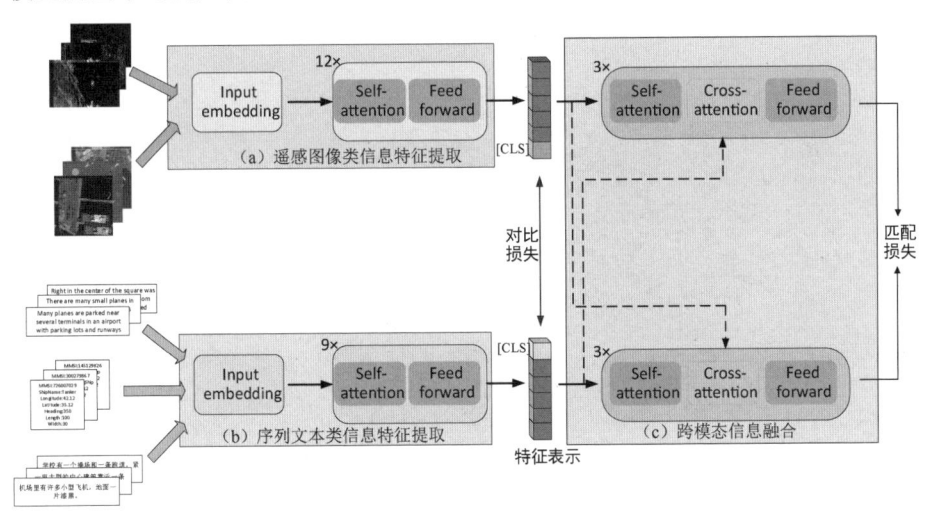

图 14.1 FBCLM模型的基本结构

在FBCLM模型中，用于遥感图像和序列文本的特征提取编码器都是基于Transformer架构的，对应的单模态特征Transformer编码器主要由自注意力模块和前馈模块组成，用于提取各模态精细特征表示及潜在的语义信息。其组成关键部分是自注意力模块，在自注意力模块的训练时可以使模型看到整个输入数据，让单模态特征编码器能够注意到输入信息的关键特征，使学习的特征更具判别性。由于仅使用单个自注意力模块不足以获取输入序列的多方面信息，因此编码器采用多头自注意力机制。通过多头注意力，编码器可以同时关注到来自不同表示子空间不同位置的信息，使获得的单模态特征表示更加全面有效。自注意力模块的主要结构如图14.2所示，该注意力机制的表述如下：

$$Q_i = ZW^{Q_i},\ K_i = ZW^{K_i},\ V_i = ZW^{V_i},\ i=1,2,\cdots,H \quad (14.1)$$

$$\text{Head}_i = \text{Att}(Q_i, K_i, V_i) \quad (14.2)$$

$$\text{Att}(Q, K, V) = \text{softmax}\left(\frac{QK^{\text{T}}}{\sqrt{D}}\right)V \quad (14.3)$$

$$\text{MultiHeadAtt}(Q, K, V) = \text{Concat}(\text{Head}_1, \text{Head}_2, \cdots, \text{Head}_H)W^O \quad (14.4)$$

其中，$Z \in \mathbb{R}^{n \times d}$ 为输入向量，n 为输入向量长度，d 为维度；$W^{Q_i} \in \mathbb{R}^{d_m \times D}$，$W^{K_i} \in \mathbb{R}^{d_m \times D}$，$W^{V_i} \in \mathbb{R}^{d_m \times D}$ 和 $W^O \in \mathbb{R}^{HD \times d_m}$ 是参数矩阵；d_m 为模型的维数，通常 $d_m = d$；H 为多头注意力的头数；D 通过 $D = d_m / H$ 计算。

在自注意力模块处理后，其输出结果会进一步输入前馈模块，经前馈神经网络和GeLU激活函数处理后输出。

$$\text{FFN}(H) = \text{GeLU}(HW^1 + b^1)W^2 + b^2 \quad (14.5)$$

其中，H 为自注意力模块输出，由式（14.4）得到；W^1、W^2、b^1、b^2 是参数矩阵。

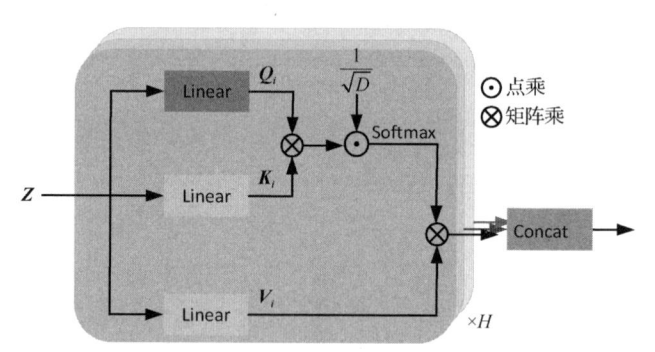

图14.2 自注意力模块的主要结构

14.3.1 遥感图像视觉特征表示

输入遥感图像的处理过程如图14.3所示，在提取遥感图像的特征表示时，视觉特征提取模块首先会将输入图像分割为不重叠的小块：

$$\boldsymbol{I}_0 \in \mathbb{R}^{H \times W \times C} \to \boldsymbol{I}_p \in \mathbb{R}^{N \times (P^2 \times C)} \tag{14.6}$$

其中，(H,W) 为原始图像的分辨率；C 为通道数；(P,P) 为每个图像块的分辨率；图像块的数量 $N = HW/P^2$，N 同时是 Transformer 编码器的输入序列长度。

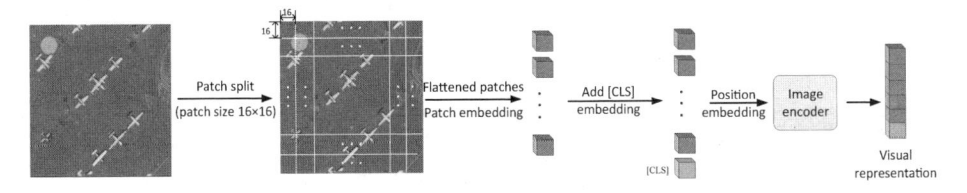

图 14.3 输入遥感图像的处理过程

在图像被分割成小块后，首先通过一个可训练的线性投影将图像块展平并映射成维度为 D_m 的向量，这个投影的输出称为图像块编码，再加以表示整个图像的[CLS]编码，输入遥感图像被表示成一系列的编码向量：

$$\boldsymbol{i} = \{\boldsymbol{x}_{\text{CSL}}, \boldsymbol{x}_1, \boldsymbol{x}_2, \cdots, \boldsymbol{x}_N\} \tag{14.7}$$

在图像块编码中还加入了位置编码，以使模型能够保留输入图像块的有关位置信息，有助于模型获得更准确的特征表示。将所得到的向量序列输入图像特征编码器中，获得最终的图像特征表示向量序列，进而将输入遥感图像的编码向量映射到模型统一的特征空间中，得到遥感图像视觉特征表示。

$$\boldsymbol{I} = \{\boldsymbol{X}_{\text{CSL}}, \boldsymbol{X}_1, \boldsymbol{X}_2, \cdots, \boldsymbol{X}_N\} \quad \boldsymbol{X}_{\text{CSL}}, \boldsymbol{X}_i \in \mathbb{R}^{D_m} \tag{14.8}$$

14.3.2 序列文本特征表示

对于序列文本类信息，使用 9 层 Transformer 编码器作为其特征提取模块。序列文本类信息输入后，首先由 WordPieces[16]将输入数据转化成一个标记序列，然后将序列分割成单词块的形式。

$$\boldsymbol{t} = \{\boldsymbol{y}_{\text{CLS}}, \boldsymbol{y}_1, \boldsymbol{y}_2, \cdots, \boldsymbol{y}_M, \boldsymbol{y}_{\text{SEP}}\} \tag{14.9}$$

其中，$\boldsymbol{y}_{\text{CLS}}$ 为整个句子的向量表示；$\boldsymbol{y}_{\text{SEP}}$ 为句子结尾标识符向量；M 为分割后单词块的数量。

单词块在文本特征编码器初步处理后得到对应词块的编码向量，再与输入序列文本的位置编码向量相结合，得到最终的序列文本输入的向量形式。进一步，在文本特征编码器中进行特征表示学习，最后将学习到的特征向量映射到模型统一的特征空间中，获得输入序列文本类信息的特征表示。

$$\boldsymbol{T} = \{\boldsymbol{Y}_{\text{CLS}}, \boldsymbol{Y}_1, \boldsymbol{Y}_2 \cdots, \boldsymbol{Y}_M, \boldsymbol{Y}_{\text{SEP}}\} \quad \boldsymbol{Y}_{\text{CLS}}, \boldsymbol{Y}_{\text{SEP}}, \boldsymbol{Y}_i \in \mathbb{R}^{D_m} \tag{14.10}$$

图 14.4 展示了输入序列文本类信息处理过程。对于英文文本或 AIS 信息，在输入文本特征编码器前会先按单词进行拆分，而对于中文文本，则是按字符对序列进行分割的。本节所提模型结构的一个优点是文本特征编码器可以在保持整体架构不变的情况下，对不同类型的输入序列文本类信息进行相应的处理，提取输入数据所包含的丰富浅层特征和深层语义特征信息。

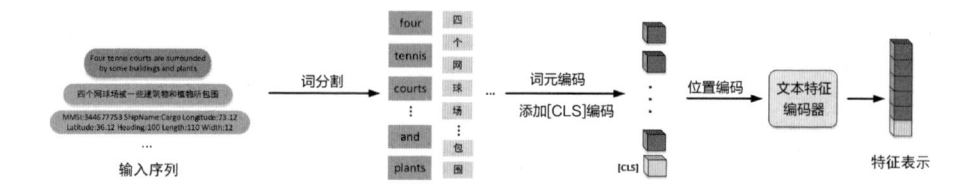

图 14.4　输入序列文本类信息处理过程

14.3.3　跨模态信息融合

为了实现遥感图像与序列文本之间的跨模态信息交互，本章所提模型中构建了跨模态信息融合模块。该模块通过使用交叉注意力机制进一步挖掘跨模态信息间潜在的相关关系，提高关联的准确性。这种注意力机制与自注意力模块结构类似，但存在一定的区别，跨模态信息融合模块中的注意力机制如图 14.5 所示，其中 X 和 Y 是来自不同模态的特征信息。

交叉注意力机制的整体计算过程与自注意力模块大致相同，同样使用了多头自注意力机制。设计的跨模态信息融合模块，通过融合单模态的特征表示来获取融合特征信息，以进一步挖掘不同模态信息间的关联关系，提高特征表示的判别性。在融合之前，单模态编码器已分别学习得到了遥感图像视觉特征表示和序列文本特征表示，然后该模块在单模态获得特征信息的基础上，通过模态间信息的交互进一步挖掘有助于构建跨模态关联关系的潜在语义信息。

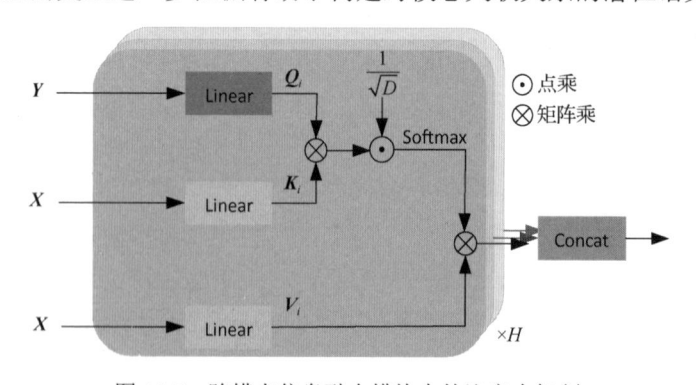

图 14.5　跨模态信息融合模块中的注意力机制

14.3.4 目标函数

为了在共同的特征空间中对不同模态信息进行约束,构建准确的跨模态关联关系,本章所提模型设计的目标函数是对比损失和匹配损失的组合。对比损失通过最大化遥感图像和序列文本间的相互信息,使得不同模态的语义信息保持一致性。而匹配损失有助于提高本章所提模型对输入的图像和序列信息是否匹配的判别能力,以建立更准确的关联关系。本章所提模型整体的目标函数可表示为

$$\text{Loss} = \text{Loss}_c + \text{Loss}_m \tag{14.11}$$

1. 对比损失

实现跨模态关联的关键问题是要解决不同类型数据的统一表示及高层语义信息的对齐。近几年,对比学习方法在表征学习方面取得了显著的成果。通过使用对比学习使模型在各模态特征融合前获得更具判别性的单模态表征信息。其主要思想是使不同模态特征表示间的相互信息最大化,让相关的图像和序列文本的表征信息在共同特征空间中距离更近,而不相关的图像和序列文本的表征信息在共同特征空间中距离更远。采用与 MoCo[10]类似的方式,使用动态字典作为存储负样本的队列,其中的样本在训练过程中会依次被替换,该过程由与对应的模态特征编码器共享参数的动量编码器实现。由于本章所提模型需要处理两种不同模态的数据,故在本章所提模型中使用两个队列存储来自动量编码器的视觉和文本表示。不同模态信息间的相似度计算公式如下:

$$\text{sim}(\boldsymbol{I},\boldsymbol{T}) = g_x(\boldsymbol{X}_{\text{CLS}})^\text{T} g_y(\boldsymbol{Y}_{\text{CLS}}) \tag{14.12}$$

$$s_j^{it}(\boldsymbol{I}) = \frac{\exp(\text{sim}(\boldsymbol{I},\boldsymbol{T}_j)/\tau)}{\sum_{j=1}^{J}\exp(\text{sim}(\boldsymbol{I},\boldsymbol{T}_j)/\tau)} \tag{14.13}$$

$$s_j^{ti}(\boldsymbol{T}) = \frac{\exp(\text{sim}(\boldsymbol{T},\boldsymbol{I}_j)/\tau)}{\sum_{j=1}^{J}\exp(\text{sim}(\boldsymbol{T},\boldsymbol{I}_j)/\tau)} \tag{14.14}$$

其中,$\boldsymbol{X}_{\text{CLS}}$ 和 $\boldsymbol{Y}_{\text{CLS}}$ 分别是图像编码器和文本特征编码器最终输出中表示样本整体信息的[CLS]编码;g_x 和 g_y 将[CLS]编码向量映射为归一化的低维特征表示;τ 为可学习的温度参数;$\boldsymbol{I}$ 和 $\boldsymbol{T}$ 分别为输入图像和文本的特征表示;sim 表示余弦相似度;$\boldsymbol{I}_j$ 和 $\boldsymbol{T}_j$ 分别表示队列中第 j 个图像和第 j 个文本的特征表示。

通过对遥感图像视觉特征表示和序列文本特征表示的对比学习,本章所提模型可以更好地挖掘跨模态信息中潜在的语义信息,对比损失能够使得相

匹配的遥感图像和序列文本的语义信息保持一致性，挖掘不同模态信息间的潜在相关性，使单模态特征编码器学习到的特征表示更具判别性。跨模态信息的对比损失有如下定义：

$$\text{Loss}_c = \frac{1}{2}\left(H\left(s^{it}(I), L^{it}(I)\right) + H\left(s^{ti}(T), L^{ti}(T)\right)\right) \quad (14.15)$$

其中，$H(\cdot)$ 表示交叉熵函数；$L^{ti}(T)$ 和 $L^{it}(I)$ 表示跨模态信息间真实的相似度标签。

2. 匹配损失

以遥感图像为例，部分图像可能看起来很相似，但图像的具体细节特征并不相同，所以对应的文本描述等信息也不一致。序列文本类信息同样也存在类似情况，所以可能导致部分遥感图像类信息和序列文本类信息的误匹配，影响模型的关联效果。而且，在相似度高的样本对之间实现准确跨模态关联是一项具有一定挑战性的任务。

为了进一步提高本章所提模型的关联性能，在模型中引入匹配损失来预测遥感图像类信息与序列文本类信息是否相匹配。针对部分数据信息间具有很强的相似性，容易造成混淆的问题，模型通过不同模态间的相似度找出硬负对来进一步提高判别性能。硬负对是指其中的部分样本和真值具有较高的相似度，但在具体细节存在差异，会影响关联的精确性。图14.6展示了硬负对示例。在计算跨模态信息间的匹配损失时，本章所提模型采用了硬负对的训练策略。匹配损失的计算公式为

$$\text{Loss}_m = \frac{1}{2}\left(H\left(p^m(I,T), y^m\right) + H\left(p^m(T,I), y^m\right)\right) \quad (14.16)$$

其中，y^m 表示对应真值的二维独热编码向量；p^m 表示跨模态信息相互匹配的概率，由跨模态信息融合模块输出的[CLS]编码向量进行计算。

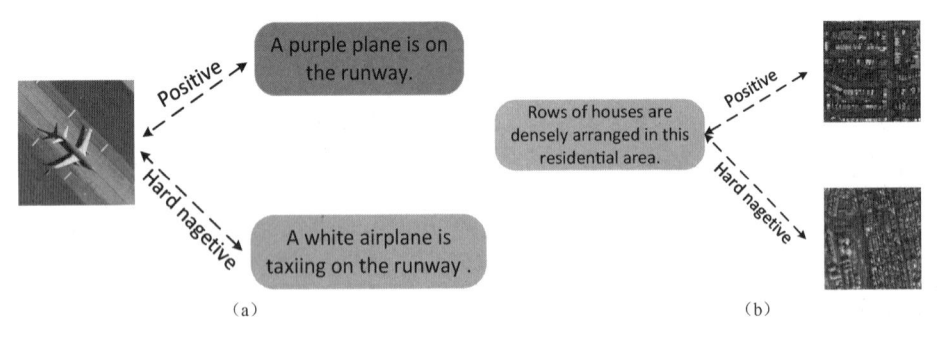

图14.6 硬负对示例

14.4 实验对比及分析

为了验证本章所提方法的有效性,在遥感领域相关数据集上进行实验验证。

14.4.1 实验设置及评价指标

为了充分验证本章所提方法的有效性,在本节进行的对比实验中采用了多个目前公开的遥感图像文本跨模态关联数据集,包括 RSICD 数据集[17]、RSITMD 数据集[18]、UCM 数据集和 Sydney 数据集[19],以及前面所构建的遥感图像与中文文本、遥感图像与 AIS 信息跨模态关联数据集,在上述数据集上进行了大量实验。

对于每个数据集,实验时将 80%的数据用于训练,10%的数据用于验证,剩下的 10%的数据用于测试。对于每一幅输入的遥感图像,在提取图像特征前,将图像大小统一调整为 224×224。在训练时,通过随机裁剪和旋转图像来增强训练样本。

所有实验都在搭载一块 NVIDIA GTX 2080ti GPU 的工作站上进行。在实验中,学习率设置为 0.00003,迭代次数为 30。在训练过程中使用余弦退火策略来衰减学习率,图像特征提取模块通过预先训练的 ViT 权值[20]进行初始化,序列文本特征提取模块由 BERT 基础模型进行初始化,将预训练的"BERT-Base-Uncased"用于基于英文描述的序列文本数据,而将预训练的"BERT-Base-Chinese"用于基于中文描述的序列文本数据,两种模态数据输出特征向量的维度均设置为 768,在对比损失中可学习的温度参数设置为 0.07。使用 AdamW 优化器[21]进行网络学习,动量编码器的动量参数设置为 0.999,用于对比学习的队列大小设置为 65536[10]。

在本节实验中,模型实验结果同样采用召回率(Recall)作为模型的评价指标,用 R@K(K=1,5,10)和 R_mean 来评估模型的性能表现。

14.4.2 对比实验结果与分析

为了证明本章所提方法的有效性,我们在前面介绍的遥感图像文本跨模态关联数据集中将本章所提方法与多个基准方法进行对比实验。

在现有公开的遥感图像英文描述数据集上,我们将本章所提方法的实验结果与 AMFMN[18]及其他基准方法的实验结果进行对比，实验结果很好地证明了本章所提方法与其他方法相比具有较大的优越性。对比实验在与文献[18]相同的实验条件下进行，AMFMN 方法后面的函数代表其所采用的具体注意力计算方法。不同方法在遥感领域现有公开数据集上的结果对比如表 14.1～表 14.4 所示。

表 14.1 不同方法在 UCM 数据集上的结果对比

模型方法	I→T			T→I			R_mean
	R@1	R@5	R@10	R@1	R@5	R@10	
VSE++[22]	12.38%	44.76%	65.71%	10.10%	31.80%	56.85%	36.93%
SCAN[23]	12.85%	47.14%	69.52%	12.48%	46.86%	71.71%	43.43%
CAMP[24]	14.76%	46.19%	67.62%	11.71%	47.24%	76.00%	43.92%
MTFN[25]	10.47%	47.62%	64.29%	14.19%	52.38%	78.95%	44.65%
AMFMN-soft[18]	12.86%	51.90%	66.67%	14.19%	51.71%	78.48%	45.97%
AMFMN-fusion[18]	16.67%	45.71%	68.57%	12.86%	53.24%	79.43%	46.08%
AMFMN-sim[18]	14.76%	49.52%	68.10%	13.43%	51.81%	76.48%	45.68%
本章所提方法	**28.57%**	**63.81%**	**82.86%**	**27.33%**	**72.67%**	**94.38%**	**61.60%**

表 14.2 不同方法在 Sydney 数据集上的结果对比

模型方法	I→T			T→I			R_mean
	R@1	R@5	R@10	R@1	R@5	R@10	
VSE++[22]	24.14%	53.45%	67.24%	6.21%	33.56%	51.03%	39.27%
SCAN[23]	20.69%	55.17%	67.24%	15.52%	57.59%	76.21%	48.74%
CAMP[24]	15.52%	51.72%	72.41%	11.38%	51.72%	76.21%	46.49%
MTFN[25]	20.69%	51.72%	68.97%	13.79%	55.51%	77.59%	48.05%
AMFMN-soft[18]	20.69%	51.72%	74.14%	15.17%	58.62%	80.00%	50.06%
AMFMN-fusion[18]	24.14%	51.72%	**75.86%**	14.83%	56.55%	77.89%	50.17%
AMFMN-sim[18]	**29.31%**	**58.62%**	67.24%	13.45%	60.00%	81.72%	51.72%
本章所提方法	25.81%	56.45%	75.81%	**27.10%**	**70.32%**	**89.68%**	**57.53%**

表 14.3 不同方法在 RSICD 数据集上的结果对比

模型方法	I→T			T→I			R_mean
	R@1	R@5	R@10	R@1	R@5	R@10	
VSE++[22]	3.38%	9.51%	17.46%	2.82%	11.32%	18.10%	10.43%
SCAN[23]	5.85%	12.89%	19.84%	3.71%	16.40%	26.73%	14.23%
CAMP[24]	4.20%	10.24%	15.45%	2.72%	12.76%	22.89%	11.38%
MTFN[25]	5.02%	12.52%	19.74%	4.90%	17.17%	29.49%	14.81%

续表

模型方法	I→T			T→I			R_mean
	R@1	R@5	R@10	R@1	R@5	R@10	
AMFMN-soft[18]	5.05%	14.53%	21.57%	5.05%	19.74%	31.04%	16.02%
AMFMN-fusion[18]	5.39%	15.08%	23.04%	4.90%	18.28%	31.44%	16.42%
AMFMN-sim[18]	5.21%	14.72%	21.57%	4.08%	17.00%	30.60%	15.53%
本章所提方法	**13.27%**	**27.17%**	**37.60%**	**13.54%**	**38.74%**	**56.94%**	**31.21%**

表 14.4 不同方法在 RSITMD 数据集上的结果对比

模型方法	I→T			T→I			R_mean
	R@1	R@5	R@10	R@1	R@5	R@10	
VSE++[22]	10.38%	27.65%	39.60%	7.79%	24.87%	38.67%	24.83%
SCAN[23]	11.06%	25.88%	39.38%	9.82%	29.38%	42.12%	26.28%
CAMP[24]	9.07%	23.01%	33.19%	5.22%	23.32%	38.36%	22.03%
MTFN[25]	10.40%	27.65%	36.28%	9.96%	31.37%	45.84%	26.92%
AMFMN-soft[18]	11.06%	25.88%	39.82%	9.82%	33.94%	51.90%	28.74%
AMFMN-fusion[18]	11.06%	29.20%	38.72%	9.96%	34.03%	52.96%	29.32%
AMFMN-sim[18]	10.63%	24.78%	41.81%	11.51%	34.69%	54.87%	29.72%
本章所提方法	**12.84%**	**30.53%**	**45.89%**	10.44%	**37.01%**	**57.94%**	**32.44%**

VSE++、SCAN、CAMP、MTFN 是计算机视觉领域用于解决自然场景图像跨模态关联检索问题的模型，在用于遥感领域时，由于遥感图像的语义信息相对更丰富，这些模型的效果并不理想，难以获得数据中的准确表征信息来构建关联关系。AMFMN 是遥感领域新提出的用于图像文本跨模态关联的非对称多模态特征匹配网络，可用于多尺度输入并能动态过滤冗余特征，与上述几种方法相比具有更好的性能。而本章所提方法的表现更为出色，在各个数据集的模型整体评价指标 R_mean 上均达到了最佳的表现，而且在两个子任务的评价指标上的表现也大多为最好，明显超越了其他基准方法。在多个公开数据集上与其他基准方法的对比实验结果，有力说明了本章所提方法在实现跨模态关联任务上的有效性。

为了有效验证本章所提模型的通用性，在构建的中文描述数据集和对应的英文描述数据集上对模型的有效性进行了检验，将本章所提方法与几种跨模态关联学习的基准方法进行了比较。在与其他基准方法对比时，均在与文献[26]相同的实验条件下进行对比实验，其他参数均根据原论文中提供的建议设置，而且这些比较方法都使用卷积神经网络来获取图像的特征表示，模型中也都使用了注意力机制。

从表 14.5 中的结果可以看出，虽然中文在语法语义上更具复杂性，但本章所提模型在进行遥感图像与中文文本的跨模态关联时，可以达到与其在英文描述数据集上相近的性能，而且这是在整体模型架构基本不变的情况下实现的，更好地说明了本章所提模型的有效性和通用性。从表 14.6 中的结果可以看出，虽然 12.3 节的模型相较于其他对比模型已经取得了良好的效果，但本章所提模型在性能上仍有进一步提升。这有效地展现了本章所提模型的显著优势，同时有力地证明了本章所提模型在实现遥感图像中文文本跨模态关联任务中的有效性及通用性。

表 14.5 本章所提方法在中文描述数据集和对应英文描述数据集上的结果对比

数据集	I→T			T→I			R_mean
	R@1	R@5	R@10	R@1	R@5	R@10	
UCM-CN	24.29%	62.38%	81.90%	25.71%	73.62%	96.67%	60.76%
UCM	28.57%	63.81%	82.86%	27.33%	72.67%	94.38%	61.60%
Sydney-CN	27.42%	53.23%	70.97%	26.77%	72.58%	88.39%	56.56%
Sydney	25.81%	56.45%	75.81%	27.10%	70.32%	89.68%	57.53%
RSICD-CN	10.43%	20.21%	32.94%	10.69%	35.37%	54.38%	27.34%
RSICD	13.27%	27.17%	37.60%	13.54%	38.74%	56.94%	31.21%
RSITMD-CN	12.21%	29.05%	44.00%	10.06%	38.23%	58.06%	31.94%
RSITMD	12.84%	30.53%	45.89%	10.44%	37.01%	57.94%	32.44%

表 14.6 不同方法在 RSITMD-CN 数据集和 RSICD-CN 数据集上的结果对比

数据集	模型方法	I→T			T→I			R_mean
		R@1	R@5	R@10	R@1	R@5	R@10	
RSITMD-CN	SCAN[23]	6.32%	20.42%	29.68%	6.95%	22.32%	35.75%	20.24%
	AMFMN-soft[18]	8.55%	23.79%	35.75%	7.29%	28.21%	45.06%	24.77%
	AMFMN-fusion[18]	9.49%	23.37%	35.93%	7.21%	27.37%	43.64%	24.50%
	AMFMN-sim[18]	8.77%	24.00%	35.79%	7.54%	27.45%	43.00%	24.43%
	GaLR w/o MR[26]	9.12%	24.63%	36.70%	7.49%	28.35%	44.27%	25.09%
	GaLR with MR[26]	8.35%	24.84%	37.12%	7.53%	27.77%	44.01%	24.94%
	12.3 节所提方法	10.53%	26.74%	41.19%	8.34%	32.10%	50.01%	28.15%
	本章所提方法	12.21%	29.05%	44.00%	10.06%	38.23%	58.06%	31.94%
RSICD-CN	SCAN[23]	4.21%	10.98%	16.19%	4.98%	18.81%	31.97%	14.52%
	AMFMN-soft[18]	8.23%	17.93%	28.45%	8.87%	28.47%	45.97%	22.99%
	AMFMN-fusion[18]	7.68%	17.93%	28.17%	8.09%	29.24%	46.22%	22.89%
	AMFMN-sim[18]	8.60%	18.21%	28.64%	8.78%	31.40%	46.86%	23.75%
	GaLR w/o MR[26]	7.90%	17.81%	27.84%	8.36%	30.78%	47.42%	23.35%

续表

数据集	模型方法	I→T			T→I			R_mean
		R@1	R@5	R@10	R@1	R@5	R@10	
RSICD-CN	GaLR with MR[26]	8.11%	19.52%	29.33%	8.00%	30.75%	47.59%	23.88%
	12.3 节所提方法	10.89%	21.41%	31.75%	9.52%	34.14%	50.52%	26.37%
	本章所提方法	10.43%	20.21%	32.94%	10.69%	35.37%	54.38%	27.34%

同样地,我们将本章所提模型在 SAR 图像与 AIS 信息相互匹配的跨模态关联数据集上进行了对比实验,将本章所提模型与 13.3 节中的模型及部分基准模型进行了对比。如表 14.7 所示,本章所提模型的性能与基准模型相比有了较大提升,而且优于 13.3 节中的模型,有效验证了本章所提模型在构建 SAR 图像与 AIS 信息间关联关系上的有效性,说明本章所提模型具有较好的通用性。

表 14.7 不同方法在 SAR-AIS 数据集上的结果对比

模型方法	(SAR-> AIS)			(AIS->SAR)			R_mean
	R@1	R@5	R@10	R@1	R@5	R@10	
SCAN[23]	55.38%	61.54%	70.77%	58.46	84.62%	89.23%	70.00%
AMFMN-soft[18]	51.69%	61.23%	77.23%	56.92%	85.54%	88.92%	70.26%
AMFMN-fusion[18]	50.77%	56.92%	77.23%	53.54%	85.54%	89.52%	68.82%
AMFMN-sim[18]	53.86%	60.00%	76.92%	58.46%	87.69%	89.23%	71.03%
13.3 节所提方法	68.31%	74.15%	84.92%	67.69%	89.85%	91.69%	79.44%
本章所提方法	60.00%	89.23%	92.31%	66.15%	89.23%	92.31%	81.54%

从上面对比实验验证及实验结果可以看出,本章所提方法在遥感领域的多个数据集上均可以得到较好的表现,模型的通用性也得到了有效验证。而且模型性能表现超过其他基准模型,甚至优于之前内容中提出的模型,这是由于本章所提模型采用基于 Transformer 的整体架构,复杂程度较高,同时还引入了对比学习的方法来使不同模态特征表示间的相互信息最大化,使得模型能够学习到更准确的各模态特征表示,再通过跨模态信息融合模块进一步增强不同模态信息表征间的语义一致性及相关性,有利于模型构建更准确的关联关系,因此本章所提模型在具备通用性的同时能够保持较好的性能表现。

14.4.3 模型有效性验证实验

为了评估本章所提模型 FBCLM 中各目标函数的作用,下面通过模型简化实验对各模块的有效性进行验证:①FBCLM-C 模型仅保留对比损失部分;②FBCLM-M 模型只采用匹配损失;③FBCLM 模型是本章提出的完整模型。

表 14.8～表 14.11 展示了上述模型在各类数据集上的性能，可以看出，本章所提模型的性能表现要比简化模型好很多。仅在对比损失的约束下，模型注重于获得各模态准确的特征表示而忽略了模态间的相关性；仅在匹配损失的约束下，模型更加关注跨模态信息间的语义一致性，但缺少各模态准确的表征信息为其支撑，因此仅使用其中一种损失函数对模型进行约束并不能得到令人满意的关联结果，两种损失函数是互为补充相互依赖的。实验结果很好地说明了 FBCLM 模型的两个损失中的任何一个都是必不可少的，而且两者的有机结合能够使模型展现出最佳的性能表现，验证了各部分的有效性。

表 14.8 在 Sydney 数据集和 Sydney-CN 数据集上本章所提模型不同损失函数的结果对比

数据集	模型	I→T			T→I			R_mean
		R@1	R@5	R@10	R@1	R@5	R@10	
Sydney	FBCLM-C	16.13%	43.55%	70.96%	2.90%	13.55%	29.03%	29.35%
	FBCLM-M	4.84%	8.06%	9.68%	10.97%	29.35%	39.03%	16.99%
	FBCLM	25.81%	56.45%	75.81%	27.10%	70.32%	89.68%	57.53%
Sydney-CN	FBCLM-C	14.52%	38.71%	64.52%	2.58%	12.58%	27.74%	26.77%
	FBCLM-M	4.84%	14.52%	20.97%	9.68%	36.13%	54.19%	23.39%
	FBCLM	27.42%	53.23%	70.97%	26.77%	72.58%	88.39%	56.56%

表 14.9 在 UCM 数据集和 UCM-CN 数据集上本章所提模型不同损失函数的结果对比

数据集	模型	I→T			T→I			R_mean
		R@1	R@5	R@10	R@1	R@5	R@10	
UCM	FBCLM-C	3.81%	13.81%	23.33%	0.86%	4.00%	8.29%	9.02%
	FBCLM-M	1.90%	6.19%	10.95%	7.33%	31.9%	50.76%	18.17%
	FBCLM	28.57%	63.81%	82.86%	27.33%	72.67%	94.38%	61.60%
UCM-CN	FBCLM-C	3.81%	13.33%	25.24%	0.57%	3.71%	6.48%	8.86%
	FBCLM-M	4.76%	13.81%	18.10%	9.24%	36.00%	59.14%	23.51%
	FBCLM	24.29%	62.38%	81.90%	25.71%	73.62%	96.67%	60.76%

表 14.10 在 RSITMD 数据集和 RSITMD-CN 数据集上本章所提模型
不同损失函数的结果对比

数据集	模型	I→T			T→I			R_mean
		R@1	R@5	R@10	R@1	R@5	R@10	
RSITMD	FBCLM-C	2.11%	10.32%	17.05%	0.84%	3.54%	7.41%	6.88%
	FBCLM-M	0.63%	2.53%	5.47%	2.32%	8.25%	12.63%	5.31%
	FBCLM	12.84%	30.53%	45.89%	10.44%	37.01%	57.94%	32.44%

数据集	模型	I→T			T→I			R_mean
		R@1	R@5	R@10	R@1	R@5	R@10	
RSITMD-CN	FBCLM-C	3.79%	12.00%	18.95%	0.59%	3.12%	6.48%	7.49%
	FBCLM-M	2.74%	6.74%	10.32%	4.25%	13.01%	20.29%	9.56%
	FBCLM	12.21%	29.05%	44.00%	10.06%	38.23%	58.06%	31.94%

表 14.11 在 SAR-AIS 数据集上本章所提模型不同损失函数的结果对比

数据集	模型	(SAR→AIS)			(AIS→SAR)			R_mean
		R@1	R@5	R@10	R@1	R@5	R@10	
SAR-AIS	FBCLM-C	1.54%	10.77%	30.77%	1.54%	18.46%	38.46%	16.92%
	FBCLM-M	3.08%	10.77%	20.00%	3.08%	15.38%	24.62%	12.82%
	FBCLM	60.00%	89.23%	92.31%	66.15%	89.23%	92.31%	81.54%

为了进一步探究跨模态信息融合模块的效果，我们对融合层数进行了定量实验，以探究不同融合层数对模型性能的影响，实验结果如表 14.12～表 14.14 所示。图 14.7 根据 R_mean 指标绘制，能够更直观地展示不同融合层数下的模型性能表现。

表 14.12 在 Sydney 数据集上的融合层定量实验结果

融合层数	I→T			T→I			R_mean
	R@1	R@5	R@10	R@1	R@5	R@10	
1	17.74%	58.06%	77.41%	21.29%	65.48%	87.42%	54.57%
2	22.58%	48.39%	69.35%	18.71%	62.26%	88.39%	51.61%
3	25.81%	56.45%	75.81%	27.10%	70.32%	89.68%	57.53%
4	25.81%	53.23%	72.58%	23.55%	69.03%	89.68%	55.65%
5	16.13%	54.84%	75.81%	13.55%	61.94%	88.06%	51.72%

表 14.13 在 UCM 数据集上的融合层定量实验结果

融合层数	I→T			T→I			R_mean
	R@1	R@5	R@10	R@1	R@5	R@10	
1	24.76%	62.38%	79.52%	26.86%	74.38%	94.57%	60.41%
2	24.29%	61.43%	82.38%	27.90%	72.48%	95.05%	60.59%
3	28.57%	63.81%	82.86%	27.33%	72.67%	94.38%	61.60%
4	27.62%	65.24%	80.00%	22.67%	69.90%	93.62%	59.84%
5	19.05%	50.95%	75.24%	20.10%	65.81%	92.95%	54.02%

表 14.14　在 RSITMD 数据集上的融合层定量实验结果

融合层数	I→T			T→I			R_mean
	R@1	R@5	R@10	R@1	R@5	R@10	
1	8.00%	29.68%	44.63%	9.47%	37.31%	56.42%	30.92%
2	10.74%	29.26%	43.37%	11.20%	37.43%	56.72%	31.45%
3	12.84%	30.53%	45.89%	10.44%	37.01%	57.94%	32.44%
4	12.00%	27.58%	43.37%	10.23%	36.08%	55.33%	30.76%
5	7.79%	28.84%	44.21%	10.32%	36.29%	57.26%	30.79%

（a）Sydney 数据集

（b）UCM 数据集

（c）RSITMD 数据集

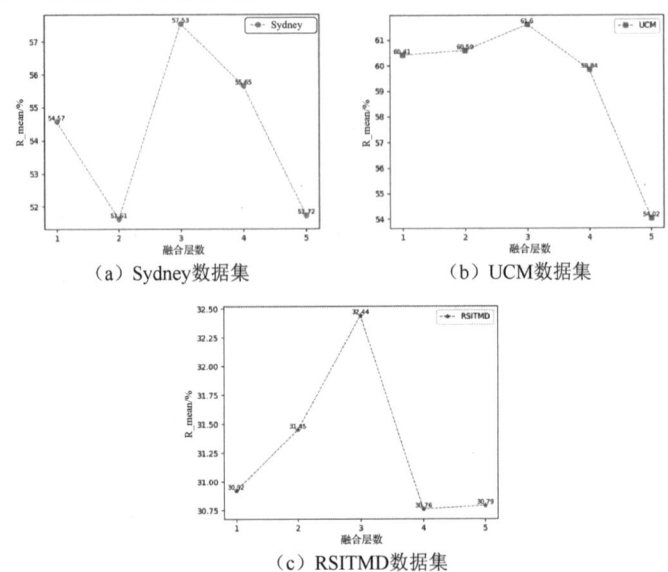

图 14.7　跨模态信息融合模块融合层定量实验结果

模型通过合适的跨模态信息融合层的组合，可以在最佳模型规模的情况下更好地捕获跨模态信息的语义相关关系。从图 14.7 中我们可以看出，R_mean 指标在跨模态融合层数达到 3 之前增大，而后减小。而且随着融合层数的增加，模型规模也在增大，因此当融合层数为 3 时，模型的性能表现最好。这主要是因为此时模型达到了最佳拟合状态，能够最大限度地挖掘视觉信息和文本之间潜在的关联关系，可以更好地学习遥感图像与序列文本之间的跨模态交互信息，增强不同模态信息之间的语义一致性，实现更准确的关联检索。

14.4.4　关联检索结果展示与分析

为更好地说明模型的关联效果，在本节中，对在部分数据集上的序列文本检索结果和图像检索结果进行了展示。我们选择了一些具有代表性的关联结果作为样例进行了分析,并根据样本得分对结果进行排序,如图 14.8～图 14.10 所示。其中,标记虚线框的结果是对应的真值。

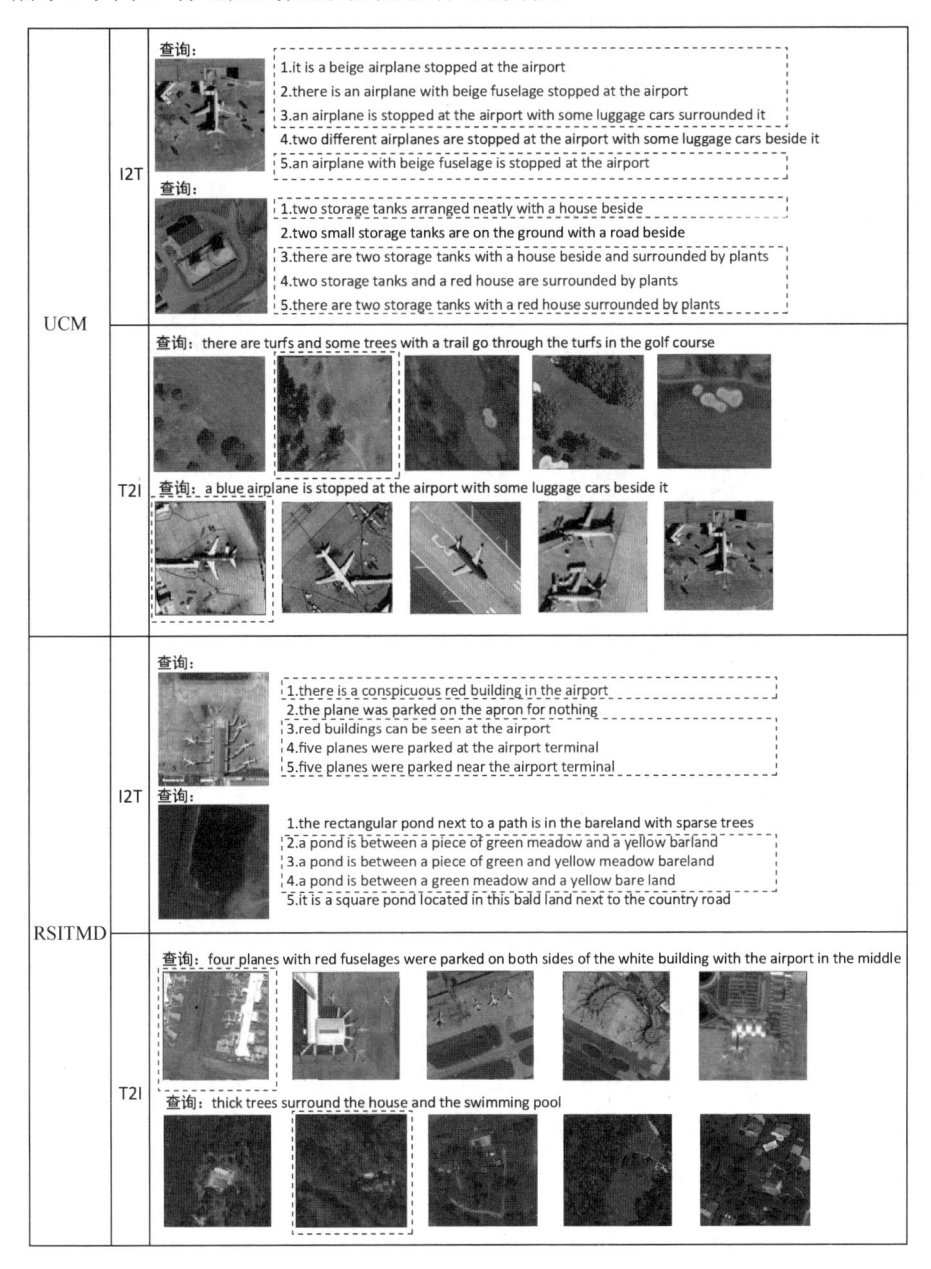

图 14.8 在 UCM 数据集和 RSITMD 数据集上的检索结果展示(标记虚线框的结果为真值,结果按照得分从上到下、从左到右排列)

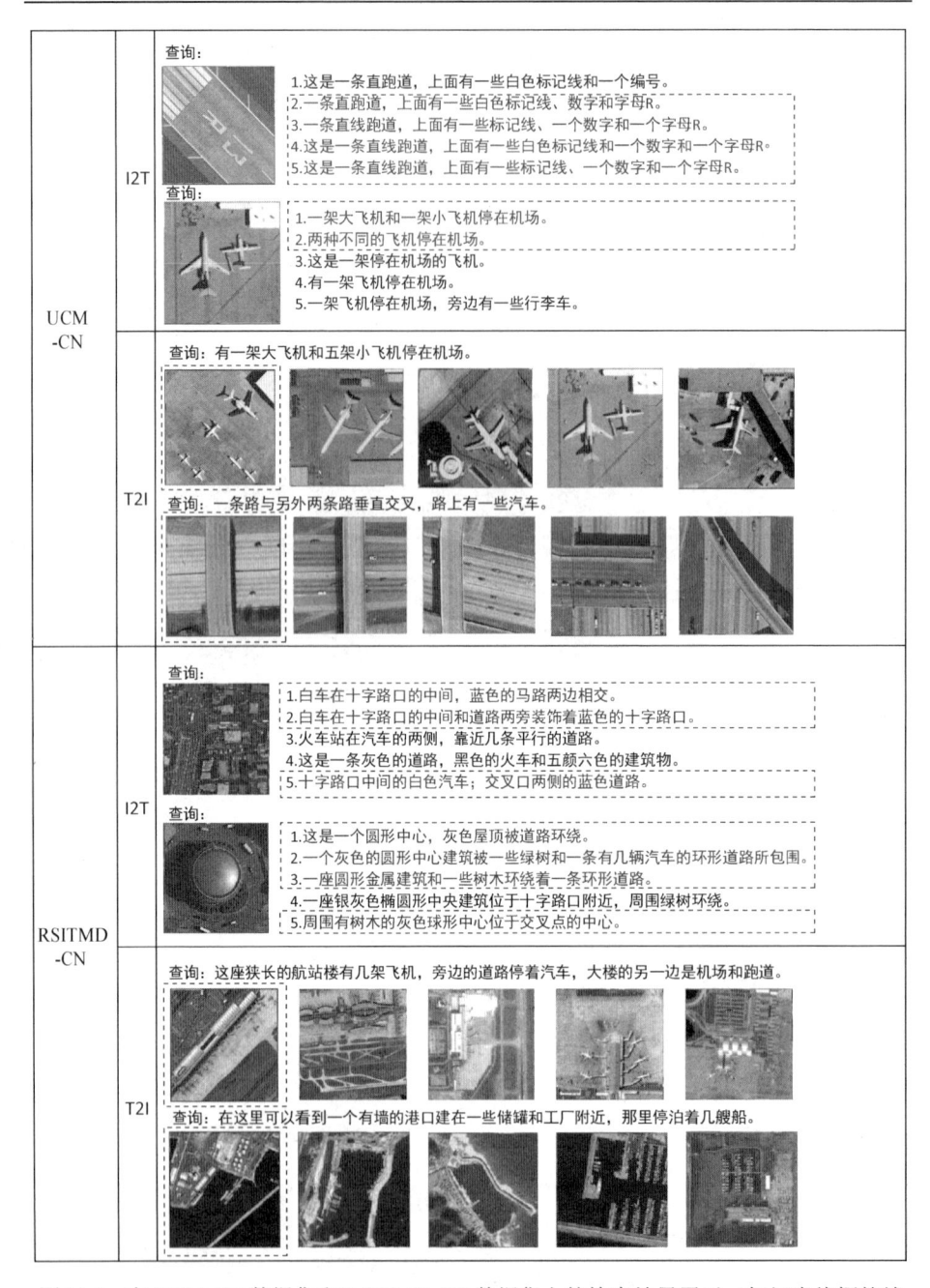

UCM -CN	I2T	查询： 1. 这是一条直跑道，上面有一些白色标记线和一个编号。 2. 一条直跑道，上面有一些白色标记线、数字和字母R。 3. 一条直线跑道，上面有一些标记线、一个数字和一个字母R。 4. 这是一条直线跑道，上面有一些白色标记线和一个数字和一个字母R。 5. 这是一条直线跑道，上面有一些标记线、一个数字和一个字母R。 查询： 1. 一架大飞机和一架小飞机停在机场。 2. 两种不同的飞机停在机场。 3. 这是一架停在机场的飞机。 4. 有一架飞机停在机场。 5. 一架飞机停在机场，旁边有一些行李车。
	T2I	查询：有一架大飞机和五架小飞机停在机场。 查询：一条路与另外两条路垂直交叉，路上有一些汽车。
RSITMD -CN	I2T	查询： 1. 白车在十字路口的中间，蓝色的马路两边相交。 2. 白车在十字路口的中间和道路两旁装饰着蓝色的十字路口。 3. 火车站在汽车的两侧，靠近几条平行的道路。 4. 这是一条灰色的道路，黑色的火车和五颜六色的建筑物。 5. 十字路口中间的白色汽车；交叉口两侧的蓝色道路。 查询： 1. 这是一个圆形中心，灰色屋顶被道路环绕。 2. 一个灰色的圆形中心建筑被一些绿树和一条有几辆汽车的环形道路所包围。 3. 一座圆形金属建筑和一些树木环绕着一条环形道路。 4. 一座银灰色椭圆形中央建筑位于十字路口附近，周围绿树环绕。 5. 周围有树木的灰色球形中心位于交叉点的中心。
	T2I	查询：这座狭长的航站楼有几架飞机，旁边的道路停着汽车，大楼的另一边是机场和跑道。 查询：在这里可以看到一个有墙的港口建在一些储罐和工厂附近，那里停泊着几艘船。

图 14.9　在 UCM-CN 数据集和 RSITMD-CN 数据集上的检索结果展示（标记虚线框的结果为真值，结果按照得分从上到下、从左到右排列）

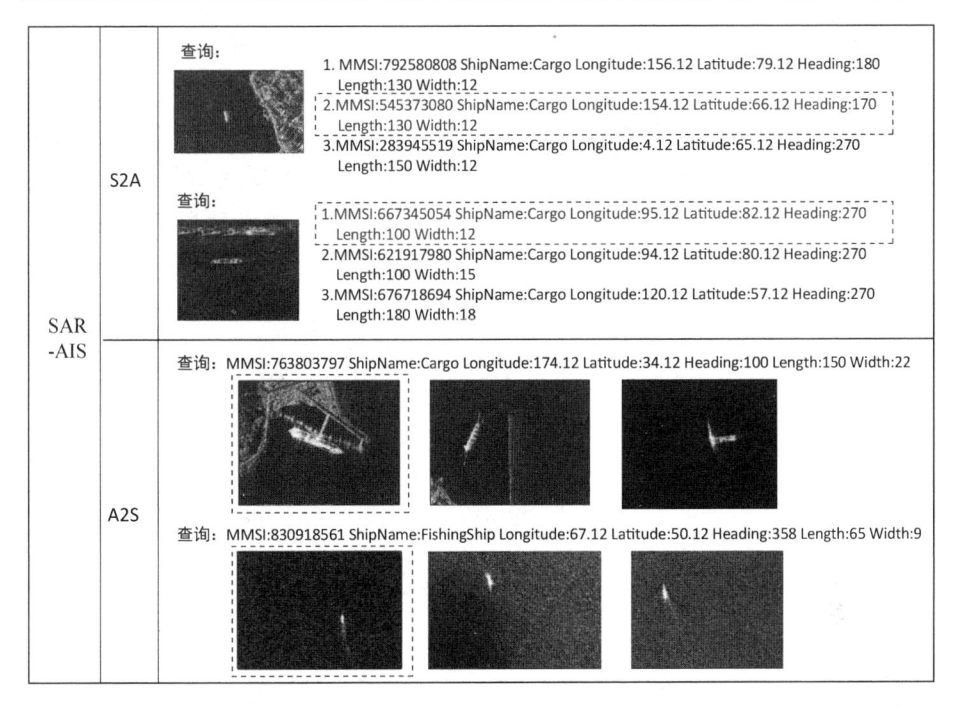

SAR-AIS	S2A	查询： 1. MMSI:792580808 ShipName:Cargo Longitude:156.12 Latitude:79.12 Heading:180 Length:130 Width:12 2. MMSI:545373080 ShipName:Cargo Longitude:154.12 Latitude:66.12 Heading:170 Length:130 Width:12 3. MMSI:283945519 ShipName:Cargo Longitude:4.12 Latitude:65.12 Heading:270 Length:150 Width:12 查询： 1. MMSI:667345054 ShipName:Cargo Longitude:95.12 Latitude:82.12 Heading:270 Length:100 Width:12 2. MMSI:621917980 ShipName:Cargo Longitude:94.12 Latitude:80.12 Heading:270 Length:100 Width:15 3. MMSI:676718694 ShipName:Cargo Longitude:120.12 Latitude:57.12 Heading:270 Length:180 Width:18
	A2S	查询：MMSI:763803797 ShipName:Cargo Longitude:174.12 Latitude:34.12 Heading:100 Length:150 Width:22 查询：MMSI:830918561 ShipName:FishingShip Longitude:67.12 Latitude:50.12 Heading:358 Length:65 Width:9

图 14.10　在 SAR-AIS 数据集上的检索结果展示（标记虚线框的结果为真值，结果按照得分从上到下、从左到右排列）

图 14.8 展示了在 UCM 数据集和 RSITMD 数据集上跨模态关联检索任务的部分结果，图 14.9 展示了在相应中文描述数据集上跨模态关联检索任务的部分结果。对于文本检索，给定的查询图像具有 5 个相应的描述，图中展示检索到得分最高的前 5 个描述。对于遥感图像检索，每句话有一幅对应的真值图像，对于每个查询文本，同样也会列出检索到的得分前 5 的遥感图像。类似地，为了更好地说明本章所提模型的通用性，在图 14.10 中展示了 SAR-AIS 数据集上模型的检索结果，对于给定查询列出得分前 3 的返回结果。

通过关联检索结果可以看出，无论在序列文本检索还是图像检索中，本章所提模型能够在得分靠前的样本中返回正确的结果。虽然排名靠前的结果中也会出现一些错误的样本，但错误样本的类别与真值是一致的，内容具有高度相似性。例如，在图 14.8 展示的最后一组文本检索结果中，虽然返回的第一幅图像不是查询句子的真值，但该图像所包含的语义信息与真实图像高度一致，从而造成了模型的混淆。第一幅遥感图像同样也包含了树、房子和游泳池这些特征信息，但其对应的文本语句在描述中有所不同，没有使用这些词语来描述。同样在文本检索中，一些返回的句子虽并不是真值，但也是与查询图像内容相关的句子，这说明本章所提模型获取输入信息判别性特征表示的能力较强。对于遥感图像和 AIS 信息之间的跨模态检索任务也有同样的结论，返回得分靠前的结果都是与真值十分相似的，具有部分类似的特征信息。通过分析上述结果能够看出，本章所提模型能够捕获遥感图像类信息和序列文本类信息的关键特征，建立较准确的跨模态关联关系，但由于遥感图像类信息和序列文本类信息的多样性、语义复杂性及部分样本特征的强相似性，在细节上模型难免会出现一些错误关联的结果。但总的来说，本章所提方法具有较出色的各模态特征信息提取能力，以及挖掘遥感图像类信息与序列文本类信息之间潜在关联关系的能力，具有较好的通用性。

14.5　小结

为提高遥感图像跨模态关联学习方法的普适性，本章研讨了一种基于融合对比的遥感图像跨模态关联方法：针对遥感图像和文本两种不同模态信息，分别设计了相应特征提取模块，通过基于注意力的融合模块实现跨模态信息间的交互，以深入挖掘不同模态信息间潜在的相关关系，增强语义相关性；进一步，通过对比损失函数及不同模态数据间匹配损失函数的设计，使不同模态间的相互信息最大化，增强跨模态信息间的语义相关性及一致性，以构建准确的关联关系；在多个公开数据集及构建的数据集上，通过与其他基准方法的对比及模型有效性验证实验，对本章所提方法的适应性及有效性进行了充分验证。本章所提方法是在前面章节基础上研究的一个通用跨模态信息关联学习方法，是对前文研究内容的进一步总结泛化，具有较好的普适性。由于多模态信息难获取、多模态数据集难构建，本章主要对遥感图像与文本间的两种模态关联问题进行了研讨，后续将开展两种以上跨模态关联问题研究。

参考文献

[1] ABDULLAH T, RANGARAJAN L. Towards multimodal data retrieval in remote sensing[J]. SSRN Electronic Journal, 2021, 1: 1-15.

[2] ZHOU M, ZHOU L, WANG S, et al. UC2: universal cross-lingual cross-modal vision-and-language pre-training[C]//2021 IEEE/CVF Conference on Computer Vision and Pattern Recognition (CVPR), 2021: 4155-4165.

[3] FEI H, YU T, LI P, et al. Cross-lingual cross-modal pretraining for multimodal retrieval[C]//Proceedings of the 2021 Conference of the North American Chapter of the Association for Computational Linguistics: Human Language Technologies, 2021: 3644-3650.

[4] KHAN S, NASEER M, HAYAT M, et al. Transformers in vision: a survey[J]. ACM Computing Surveys (CSUR), 2021, 54(10): 1-41.

[5] LI X, YIN X, LI C, et al. Oscar: object-semantics aligned pre-training for vision-language tasks[C]//European Conference on Computer Vision, 2020: 121-137.

[6] HUANG Z, ZENG Z, HUANG Y, et al. Seeing out of the box: end-to-end pre-training for vision-language representation learning[C]//Proceedings of the IEEE/CVF Conference on Computer Vision and Pattern Recognition, 2021: 12976-12985.

[7] KIM W, SON B, KIM I. ViLT: Vision-and-Language Transformer without convolution or region supervision[C]//International Conference on Machine Learning, 2021: 5583-5594.

[8] HADSELL R, CHOPRA S, LECUN Y. Dimensionality reduction by learning an invariant mapping[C]//2006 IEEE Computer Society Conference on Computer Vision and Pattern Recognition (CVPR'06), 2006, 2: 1735-1742.

[9] JAISWAL A, BABU A R, ZADEH M Z, et al. A survey on contrastive self-supervised learning[J]. Technologies, 2020, 9(1): 1-22.

[10] HE K, FAN H, WU Y, et al. Momentum contrast for unsupervised visual representation learning[C]//Proceedings of the IEEE/CVF Conference on Computer Vision and Pattern Recognition, 2020: 9729-9738.

[11] CHEN T, KORNBLITH S, NOROUZI M, et al. A simple framework for contrastive learning of visual representations[C]//International Conference on Machine Learning, 2020: 1597-1607.

[12] CHEN X, FAN H, GIRSHICK R, et al. Improved baselines with momentum contrastive learning[DB/OL]. arxiv preprint arxiv. [2021-12-27].

[13] ZHANG H, KOH J Y, BALDRIDGE J, et al. Cross-modal contrastive learning for text-to-image generation[C]//Proceedings of the IEEE/CVF Conference on Computer Vision and Pattern Recognition, 2021: 833-842.

[14] DOSOVITSKIY A, BEYER L, KOLESNIKOV A, et al. An image is worth 16x16 words: Transformers for image recognition at scale[C]//International Conference on Learning Representations, 2021: 1-22.

[15] DEVLIN J, CHANG M W, LEE K, et al. BERT: pre-training of deep bidirectional Transformers for language understanding[C]//Proceedings of the 2019 Conference of the North American Chapter of the Association for Computational Linguistics: Human Language Technologies, 2019: 4171-4186.

[16] WU Y, SCHUSTER M, CHEN Z, et al. Google's neural machine translation system: bridging the gap between human and machine translation[DB/OL]. arxiv preprint arxiv. [2021-12-27].

[17] LU X, WANG B, ZHENG X, et al. Exploring models and data for remote sensing image

caption generation[J]. IEEE Transactions on Geoscience and Remote Sensing, 2017, 56(4): 2183-2195.

[18] YUAN Z, ZHANG W, FU K, et al. Exploring a fine-grained multiscale method for cross-modal remote sensing image retrieval[J]. IEEE Transactions on Geoscience and Remote Sensing, 2022, 60: 1-19.

[19] QU B, LI X, TAO D, et al. Deep semantic understanding of high resolution remote sensing image[C]//2016 International Conference on Computer, Information and Telecommunication Systems (CITS), 2016: 1-5.

[20] TOUVRON H, CORD M, DOUZE M, et al. Training data-efficient image transformers & distillation through attention[C]//International Conference on Machine Learning, 2021: 13-16.

[21] LOSHCHILOV I, HUTTER F. Decoupled weight decay regularization[C]//International Conference on Learning Representations, 2017: 1-19.

[22] FAGHRI F, FLEET D J, KIROS J R, et al. VSE++: improving visual-semantic embeddings with hard negatives[C]//British Machine Vision Conference, 2017: 1-13.

[23] LEE K H, CHEN X, HUA G, et al. Stacked cross attention for image-text matching[C]//Proceedings of the European Conference on Computer Vision (ECCV), 2018: 201-216.

[24] WANG Z, LIU X, LI H, et al. CAMP: cross-modal adaptive message passing for text-image retrieval[C]//2019 IEEE/CVF International Conference on Computer Vision (ICCV), 2019: 5763-5772.

[25] WANG T, XU X, YANG Y, et al. Matching images and text with multi-modal tensor fusion and re-ranking[C]//The 27th ACM International Conference, 2019: 12-20.

[26] YUAN Z, ZHANG W, TIAN C, et al. Remote sensing cross-modal text-image retrieval based on global and local information[J]. IEEE Transactions on Geoscience and Remote Sensing, 2022, 60: 1-16.

第15章 航迹光电相关开源数据集

15.1 引言

数据、算法和算力是当前人工智能技术发展的 3 大推力，其中数据是原料，在当前人工智能研究范式中具有不可替代的作用，没有高质量数据支撑的人工智能研究，犹如无本之木，难以触及真正的智能本质。本章介绍作者团队所构建的两个典型数据集，将优质数据资源和数据集构建经验分享给读者，便于读者根据自身需要，构建自有领域的数据集。

15.2 基于全球 AIS 的多源航迹关联数据集

针对航迹关联、航迹滤波、航迹识别数据集缺失问题，作者团队在科学数据银行（Science-DB）公开了多源航迹关联数据集（MTAD），其由全球 AIS 航迹数据经栅格划分、自动中断和噪声添加处理步骤构建。该数据集包括训练集和测试集两大部分，共有航迹百万余条，其中训练集包含 5000 个场景样本，测试集包含 1000 个场景样本，每一个场景样本由几个到几百条数量不等的航迹构成，涵盖多种运动模式、多种目标类型和长度不等的持续时间。该数据集可直接支持航迹接续、多源航迹关联、多目标跟踪技术研究，也可经简单修改后，支持航迹滤波、航迹识别等技术研究。

15.2.1 数据集构建

与雷达航迹数据相比，船舶自动识别系统（Automatic Identification System, AIS）航迹数据具有分布广泛、获取难度低和时效性好的优点，因此这里采用全球 AIS 数据，构建多源航迹关联数据集。

1. AIS 数据特征信息

MTAD 数据集采用的基础 AIS 数据特征包括目标的用户识别码（MMSI 码）、时间（Unix 时间戳，单位：s）、纬度（1/10000 度，±90，北为+，南为-）、经度（1/10000 度，±180°，东为+，西为-）、航速（单位：节）、航向（单位：度）。利用以上基础特征通过添加中断和多源误差构造 MTAD 数据集。

2. 整体思路

航迹关联数据集包括多个关联场景样本，每个关联场景样本包括信源航迹 CSV 文件和关联映射表 CSV 文件，信源航迹 CSV 文件包括两个信源的多条航迹，两个信源可设置为舰载雷达、机载雷达或岸基雷达等不同类型。

关联场景样本生成流程如图 15.1 示，包括参数设置、基于空间栅格的真值航迹抽取和信源航迹生成等 3 个步骤。

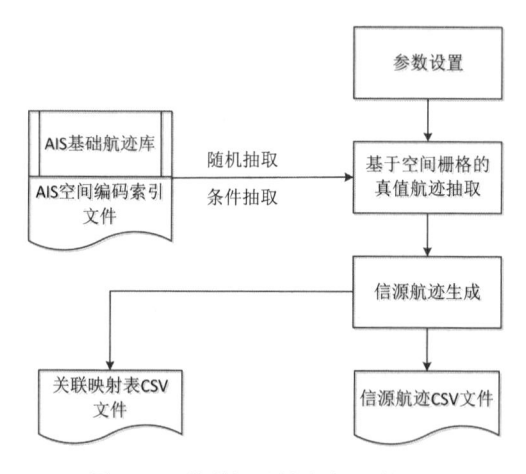

图 15.1 关联场景样本生成流程图

3. 参数设置

参数设置包括场景设置、目标设置和信源设置。

（1）场景设置

场景设置主要对栅格精度和场景中心经纬度进行设置。其中栅格精度 α，用于全球栅格划分，表示对全球经纬度划分的最小间隔；场景中心经纬度 W_0，用于后续空间栅格的平移。

（2）目标设置

目标设置主要对目标密集程度和目标机动程度进行设置。其中目标密集程度 φ_N^j 反映栅格区域 j 内目标数量情况，取值范围 $[0,1]$；目标机动程度 φ_M^j 反

映栅格区域 j 内目标运动变化程度，取值范围$[0,1]$，计算方法为：

$$\varphi_N^j = \frac{n_j - \min\limits_i n_i}{\max\limits_i n_i - \min\limits_i n_i} \tag{15.1}$$

$$\varphi_M^j = 0.5 \frac{\sigma_v^j - \min\limits_i \sigma_v^i}{\max\limits_i \sigma_v^i - \min\limits_i \sigma_v^i} + 0.5 \frac{\sigma_c^j - \min\limits_i \sigma_c^i}{\max\limits_i \sigma_c^i - \min\limits_i \sigma_c^i} \tag{15.2}$$

其中，n_j 表示栅格区域 j 内目标数量；σ_v^j 表示栅格区域 j 内目标航速标准差的平均值；σ_c^j 表示栅格区域 j 内目标航向标准差的平均值。

（3）信源设置

信源设置主要对信源 1 和信源 2 的探测特性进行设置。主要参数包括更新周期、目标发现概率、航迹开始时间范围、航迹结束时间范围、最小持续时间、中断频率、中断时间范围、位置系统偏差、航迹质量噪声（高斯噪声或瑞利噪声）。

4．基于空间栅格的真值航迹抽取

基于空间栅格的真值航迹抽取包括 AIS 基础航迹库构建和真值航迹抽取两个步骤。

（1）AIS 基础航迹库构建

AIS 基础航迹库的构建步骤为：

1）从 AIS 数据文件中，按照 MMSI 号对单个目标航迹进行抽取，存为 CSV 文件，文件名为 MMSI 号。

2）对单个目标航迹进行预处理，包括拆分长时间未更新航迹，删除静止、速度过低航迹，删除采样点跳变航迹，删除过短航迹。

① 拆分长时间未更新航迹。航迹的更新时间每大于 600s 就将航迹截断一次，直至航迹结束。

② 删除静止、速度过低航迹。对①中保存的航迹进行处理，若平均航速小于等于 1，且经度最大值减经度最小值小于等于 0.5，纬度最大值减纬度最小值小于等于 0.5，该航迹不保存。

③ 删除采样点跳变航迹。对②中保存的航迹进行处理，遍历航迹中的每个采样点，若前后两点之间经度差的绝对值大于 0.5，或纬度差的绝对值大于 0.5，该航迹不保存。

④ 删除过短航迹。对③中保存的航迹进行处理，只保存航迹采样点数大于 30 且持续时间大于 300s 的航迹，分别命名为 MMSI_0、MMSI_1……）。

3）对一天的 AIS 数据，按照空间栅格进行编码，按照栅格精度 α 对经纬度进行划分,栅格精度 α 的单位为度(°),即每 α 个经度和 α 个纬度构成一个栅格。

4)统计每个栅格内的 MMSI 号、航迹数量、目标数量、航向方差均值、航速方差均值、目标密集程度、目标机动程度,并以 CSV 格式,存为 AIS 空间编码索引文件,每个空间栅格一行,具体格式为{空间栅格纬度索引、空间栅格经度索引、航迹数量、目标数量、航向方差均值、航速方差均值、目标密集程度、目标机动程度、MMSI 号序列}。

(2) 真值航迹抽取

真值航迹抽取包括两种模式:随机抽取模式和条件抽取模式。随机抽取模式为对空间编码进行随机抽取,然后根据 AIS 空间编码索引文件,得到栅格内所有的 MMSI 号,最后得到真值航迹。

条件抽取模式为根据设定的目标密集程度和目标机动程度,选取与设定目标密集程度和目标机动程度最相似的空间栅格,或者从多个相似的空间栅格中进行抽取。

5. 信源航迹生成

1)首先以抽取的栅格内 AIS 航迹 Z_0 为真值,根据场景中心经纬度 W_0 和信源参数,依次生成信源 1 和信源 2 两个信源航迹,具体步骤如下:

① 根据场景中心经纬度 W_0,对栅格内 AIS 航迹进行平移,并设定航迹的真值批号。

② 航迹共存时间处理。找到当前场景中航迹持续时间最小值 $\tau_{\min}$,将该航迹的起始时刻设置为 0,之后的每条航迹从 $U\left(0,\dfrac{\tau_{\min}}{2}\right)$ 随机选取一个时刻作为新的起始时刻,并将航迹中每个点都移动原起始时刻与新起始时刻差的绝对值,当新的起始时刻大于原起始时刻,整体时刻增加差值;当新的起始时刻小于原起始时刻,整体时刻减小差值。

③ 航迹起始与终结时刻处理。遍历抽取的栅格内 AIS 航迹 Z_0,从 $U(0,60)$ 内随机抽取一个随机数 Δt,对于每条航迹,Δt 应重新抽样,对 Z_0 内每个航迹的起始时刻和终结时刻进行随机设置,分别得到每条航迹的开始时刻 T_0' 和终结时刻 T_E'。其中新的开始时刻为原开始时刻加随机数 Δt,新的终结时刻为原终结时刻减随机数 Δt。

$$\begin{cases} T_0' = T_0 + \Delta t \\ T_E' = T_E - \Delta t \end{cases} \quad (15.4)$$

④ 目标发现概率处理。根据设置的目标发现概率(可设置为 0.8 或 0.9),对栅格内全部 AIS 航迹进行随机抽取,得到信源的探测航迹索引 I_1。如果抽取后信源的航迹个数为 0,则重新抽取。

⑤ 航迹插值处理。根据栅格内 AIS 真值航迹 Z_0 和信源的探测航迹索引 I_1，对索引内的每条航迹，除第一个时间点和最后一个时间点外，将航迹的持续时间以信源的更新周期 T_s 为断点进行分割，在每个时间点添加随机误差，然后进行插值（插值方法可以选择最近邻插值、阶梯插值、线性插值、B 样条曲线插值等），得到信源的探测航迹 Z_1。

⑥ 航迹中断处理。根据中断频率、中断时间范围，随机采样得到中断次数和中断时间，在满足最小持续时间条件下，对 Z_1 的每个航迹进行中断，分解得到多个航迹段，得到信源探测航迹 Z_2。对于中断次数为 2 的场景，当航迹的持续时间大于 300 s 时进行中断，中断起始时间 T_b 的分布为 $U(0, T_m)$，中断间隔时间 T_I 的分布为 $U\left(10, \dfrac{T_E' - T_0'}{3}\right)$，中断剩余时间 $T_r = T_E' - (T_b + T_I)$，当且仅当

$$\begin{cases} T_r \geqslant 300 \\ T_b - T_0' \geqslant 300 \end{cases} \quad (15.5)$$

保存中断的航迹，否则不中断。

⑦ 设置批号。记录信源航迹与真值航迹的对应关系，然后对信源的所有航迹进行随机编号，得到其航迹批号。

⑧ 添加系统误差。根据设置的系统偏差（$e_{s1} \sim e_{s2}$，单位为度（°）），采用均匀分布的形式，对每个航迹的经度、纬度位置添加系统误差。信源 1 不添加系统误差，信源 2 的系统误差以 50%的概率服从分布 $U(-0.03, -0.01)$ 或 $U(0.01, 0.03)$，单位为度（°）。

⑨ 添加随机误差。根据设置的航迹质量（1~15），按照高斯分布（或瑞利分布），对每个航迹经度、纬度位置添加随机误差。其中，航迹质量表示航迹的随机误差，分为 1~15 个级别，级别越高，误差越小。每个级别对应航迹随机误差的标准差，是基于直角坐标系计算的，单位为 m。由于该数据集是基于经纬度添加误差的，而直角坐标系和地理坐标系之间的转换是非线性的，因此需要对航迹质量进行变换，将原有的直角坐标系标准差转换为场景中心附近的经纬度标准差，再添加到数据当中。

⑩ 根据每个航迹的经度和纬度，计算得到航速和航向，进而得到每个航迹的信息 Z_3，包括{航迹批号、信源号（9001、9002，随机设置）、时间（一天内的绝对秒）、经度（°）、纬度（°）、航速（m/s）、航向（°）}。

⑪ 同时生成关联映射表，由多个列{开始时间-结束时间-真值批号-信源号-航迹批号}构成。

2）对两信源的关联映射表进行混合，按开始时间进行排序，设置新的航迹批号，经过重新编批，存为关联映射表 CSV 文件。

3）对两信源的航迹信息进行混合，并按时间进行排序，再根据关联映射表重新编批，最后存为信源航迹 CSV 文件。

综上，在生成信源航迹时所需的参数有信源 1 的更新周期 T_{s1}、信源 2 的更新周期 T_{s2}、场景中心 W_0、目标发现概率 P_d、航迹质量 Q。

15.2.2 数据集展示

典型场景如图 15.2 所示，从上至下依次为航迹图像、时间-经度图像、时间-纬度图像，其中实线航迹为信源 1 观测到的航迹，信源号为 9001；虚线航迹为信源 2 观测到的航迹，信源号为 9002。

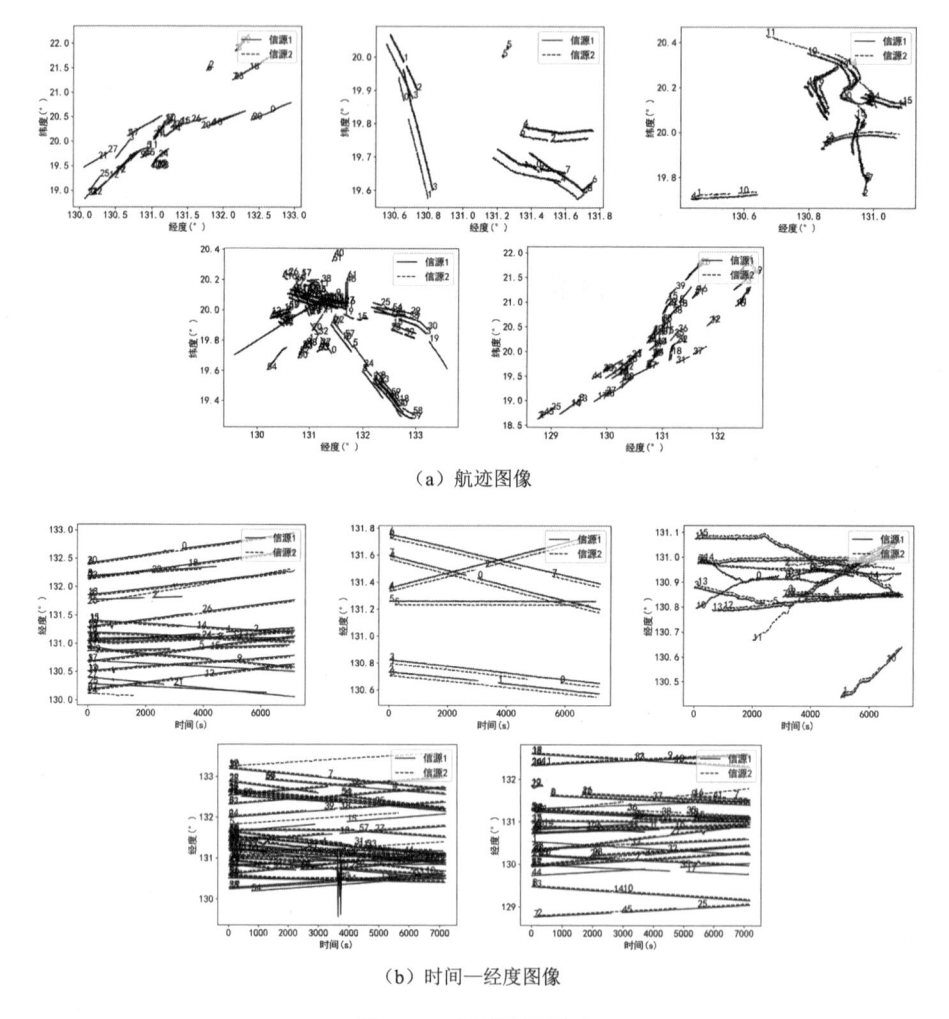

（a）航迹图像

（b）时间—经度图像

图 15.2　典型场景展示

(c) 时间—纬度图像

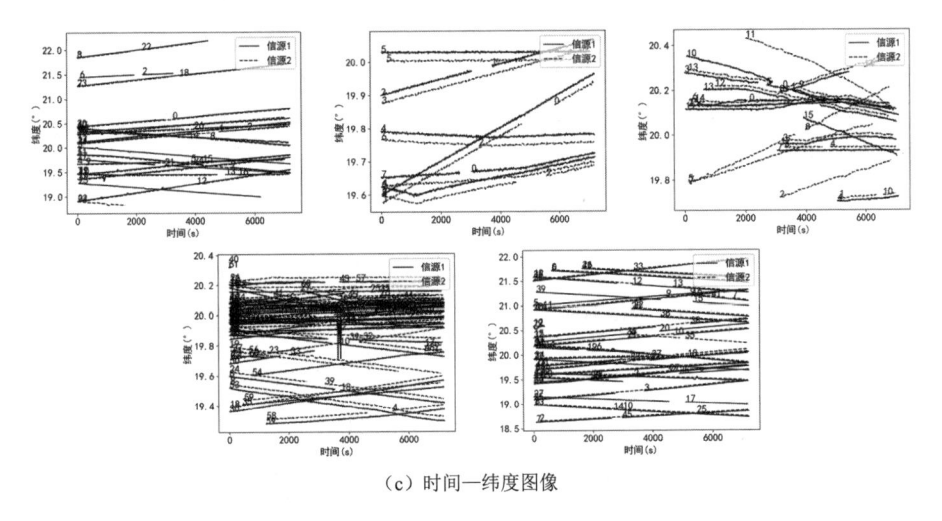

图 15.2 典型场景展示（续）

从图 15.2 中可以看出：

（1）整体上，航迹运动类型丰富，包括各种机动状态以及各种密度场景，没有静止航迹、速度低航迹、过短航迹、跳变航迹。所有场景中心经纬度均为（20°，30°），符合预期设置要求。比较时间—纬度图像和时间—经度图像可知，每个场景中均存在同时空航迹交叉现象，与实际情况相符，证明了"航迹共存时间处理"的有效性。

（2）中断航迹方面，每个场景中均至少存在一条中断的航迹，且两个信源之间航迹的中断位置、中断时刻、中断间隔、中断目标数量不一致，证明了航迹中断设置的合理性，符合实际要求。

（3）多源航迹方面，比较图 15.2 中 9001 信源（实线）和 9002 信源（虚线）的航迹，可以发现存在明显的多源观测现象。由于设置了目标发现概率，所以两个信源观测到的航迹数量不一致，符合实际要求。两信源观测得到的航迹起始点和终止点不一致证明了"航迹起始时刻与终结时刻处理"的有效性。

15.3 海上船舶目标多源数据集可见光图像部分

为适应海上船舶目标智能感知发展趋势，针对现有海上船舶目标感知数据集信源单一、船舶目标类别少、场景简单等问题，作者团队构建了海上船舶目标多源数据集的可见光图像部分（MSMS-VF）。该数据集涵盖客船、货船、快艇、帆船、渔船、浮标、漂浮物、海上平台及其他等 9 种目标类别，包含 265233 张图像，1097268 个边界标注框，小目标占比达到 55.88%，覆盖了多样化的海洋目标环境，可为目标检测、目标识别、目标跟踪等智能算法研究提供训练测试数据原料。

15.3.1 数据集构建

1. 海上多源数据采集

作者团队利用海上目标集成采集设备采集多源数据总量达 90TB，采集数据类型主要包括：可见光视频数据、红外视频数据、附近临近船舶 AIS 信息、实验船 GPS 与姿态信息、X 波段雷达数据、三维点云数据等。数据覆盖了早、中、晚不同时间段，同时涵盖了晴天、雨天、大雾等多种天气条件，以及外海、逆光、港池等不同场景，确保样本数据具有时空连续性和场景多样性。

图 15.3 展示了同一时刻采集到的数据可视化结果。图 15.3（a）为 GPS 数据与 AIS 信息在卫星地图上的叠加，其中 GPS 提供了实验船的实时位置坐标和姿态四元数，AIS 提供了附近船舶的位置、航向等关键信息。图中，白色三角形表示实验船，三角形的尖端指示其航行方向。深灰色三角形代表附近海域船舶的 AIS 信息，尖端指示其航行方向，旁边标注了船舶的 MMIS 编号。由于 AIS 信息上传存在几秒至几分钟的时间延迟，因此图中也显示了船舶最后一次上传 AIS 信息的时刻与当前时刻的差值。

图 15.3（b）展示了安置在实验船尾部的摄像头拍摄的视频图像，共检测到五艘船舶，但 AIS 仅显示了其中四艘船舶的信息。由于 ID 为 4 的船舶未能实时上传 AIS 信息，导致其 AIS 位置信息缺失。图 15.3（c）与图 15.3（d）分别为安装在实验船行驶方向右侧与左侧的双目广角相机拍摄的视频画面。

图 15.3（e）展示了由 X 波段雷达采集的雷达 P 显图，量程设定为 1km。方框内圆圈表示雷达探测到的目标，深灰色三角形则表示 AIS 位置信息在雷达图中的对应位置。图中 0° 表示船尾方向，180° 表示船头方向。灰色与黑色圆圈分别表示船行驶方向左右两侧的摄像头拍摄角度范围，灰色阴影表示船尾部摄像头拍摄角度范围，尾部摄像头与侧边摄像头拍摄范围会有一定重叠。由于 AIS 信息的非实时性，部分船舶的 AIS 位置与雷达实时采集的位置信息存在偏差。并且，X 波段雷达对近距离目标的检测效果较差，未能有效探测 ID 为 7 的船舶回波数据，由 AIS 数据可知，距目标船舶不足 200m。

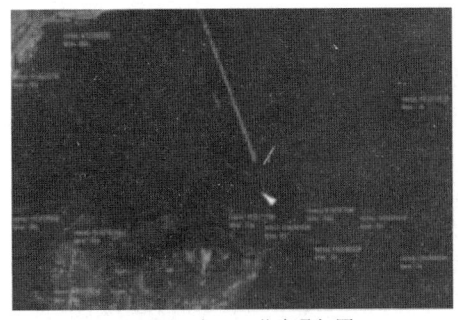

第 15 章 航迹光电相关开源数据集 · 393 ·

(a) GPS 与 AIS 信息叠加图

(b) 尾部摄像头拍摄视频画面

(c) 右侧双目广角相机图像

(d) 左侧双目广角相机图像

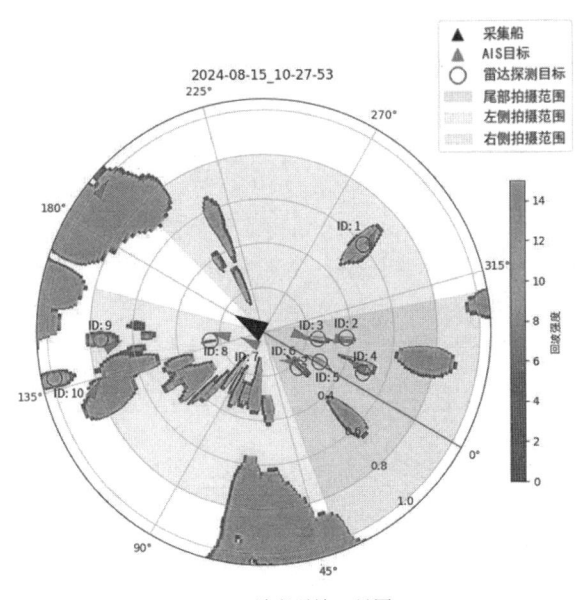

(e) X 波段雷达 P 显图

图 15.3 采集数据可视化图

2. 数据集可见光图像部分构建

在采集的原始视频中，海上目标稀疏，大部分片段未包含船舶目标，因此需要剔除这些无关片段。考虑到采集的视频时长较长，剪辑包含船舶目标的有效片段工作量庞大。此外，针对有效片段中的目标，仍然需要精确的人工标注，这一过程会消耗大量的人力。为有效降低视频剪辑与数据标注的工作负担，本数据集采用了人工标注与自动标注相结合的策略。具体的数据集构建流程如图15.4所示。

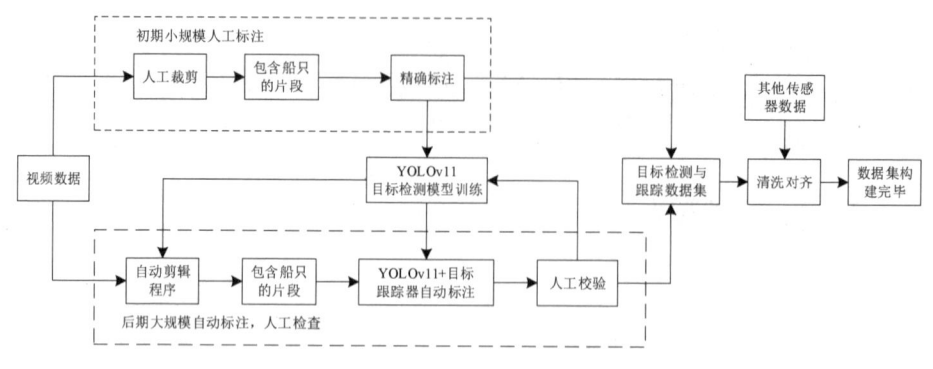

图15.4 数据集构建流程图

在数据集构建的初期阶段，首先对视频进行初期小规模的人工裁剪和精确标注，得到约 1 万帧图片的小型数据集。基于该数据集，训练了 YOLOv11 目标检测模型，并利用该模型编写了剪辑程序以自动剪辑包含海上目标的片段。随后，将 YOLOv11 模型与目标跟踪器结合，实现了对海上目标的自动标注。接着，人工校验自动标注的结果，修正标注框，手动标注漏检的目标，从而进一步扩充了数据集。经过几轮训练与优化，目标检测模型和自动剪辑、标注脚本的精度得到提高，进一步减少了人工干预。最后，根据视频帧时间戳，清洗并同步其他传感器数据，确保视频帧与 GPS、AIS 及 X 波段雷达数据的准确对应。

15.3.2 数据集展示

1. 船舶分类

根据烟台附近海洋环境的实际情况，本文将海上的船舶分为五类：客船、货船、快艇、帆船和渔船。同时，还标注了海面上的其他目标，如浮标、漂浮物和海上平台。这些漂浮物可能影响船舶航行，因此也需要进行检测。这八种类别涵盖了视频画面中所有船舶和漂浮物体，能够全面反映海面航行状况。图15.5 展示了各目标类别图例，表 15.1 列出了海上目标分类及标注框数量。

在烟台附近海域，货船是出现频率最高的目标，在数据集中，对应的标注框数量为 335687 个，占总标注框数量的比例较大。其次，出现频率较高的目标包括客船、帆船和快艇等用于观光和旅游的船舶。此外，作为非船舶类目标，浮标和漂浮物分别拥有 65349 个和 118110 个标注框，这些目标通常具有较小的像素尺寸，给目标检测带来了较大的挑战。图 15.6 展示了标注框的空间分布情况。由于目标船舶与实验船的距离通常较远，因此目标船主要集中在水天线附近，而水天线下方的标注框则主要对应快艇、浮标以及一些近距离的船舶。

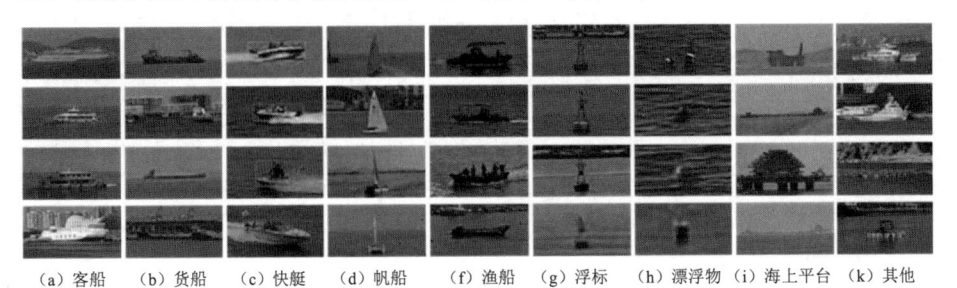

(a) 客船　(b) 货船　(c) 快艇　(d) 帆船　(f) 渔船　(g) 浮标　(h) 漂浮物　(i) 海上平台　(k) 其他

图 15.5　各目标类别图例

表 15.1　海上目标分类及标注框数量

目标类别	数量	描述
客船	95109	客船、游船、渡轮等中大型船舶
货船	335687	货船、工程船、拖船等多种大型船舶
快艇	212413	快艇、摩托艇、皮划艇等小型船舶
渔船	22230	渔船、钓鱼船等中小型船舶
帆船	224511	帆船等利用风力航行的船舶
浮标	65349	航标等航道标志物
漂浮物	118,110	浮球等海面漂浮物
海上平台	19561	光伏平台、海洋牧场等海上作业平台
其他	4298	管道型浮排、海警船、养殖区等其他目标

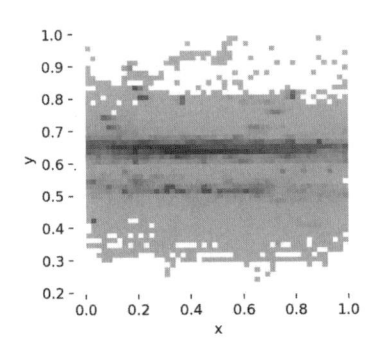

图 15.6　标注框的空间分布情况

2. 标签属性

海洋环境具有高度复杂性，因此在设计数据集时需要考虑多个因素，以准确地表征船舶在海洋环境中的行为和特征。本数据在标注目标类别的同时，还添加了标注目标的属性，具体包含以下六个属性，如表 15.2 所示。

表 15.2 标注属性

目标像素尺寸	天气情况	目标显示比例	是否被遮挡	光照情况	目标背景属性
小尺寸	晴天	全部	无遮挡	良好	海面背景
中尺寸	雨天	部分	遮挡	逆光	复杂背景
大尺寸	雾霾	—	—	—	—

（1）光照情况

依据太阳与船舶目标的空间方位关系，将光照条件划分为逆光与良好两类。逆光场景是指太阳位于海上船舶目标后方形成的强背光成像条件，会导致船舶轮廓模糊与纹理细节丢失，显著降低检测模型的特征提取能力。良好光照场景是指太阳方位满足非背光条件时，海面光照分布均匀，目标表面光照充足，形成高对比度且细节保留完整的视觉表征，易于检测模型提取特征。

（2）天气情况

本数据集将天气情况划分为晴天、雨天、雾霾三类。在雾霾天气下，能见度较低，光线被大气中的水汽或颗粒物散射，导致图像模糊，目标边缘不清晰。在雨天等天气恶劣的情况下，船体的晃动会导致相机拍摄不稳定，从而使相机产生模糊或失焦的情况。

（3）目标尺寸

现有的目标检测模型在处理大尺寸目标时通常表现良好，但在检测中小尺寸目标时，检测精度显著下降。这是由于小目标在图像中的尺寸较小，细节信息稀缺，且易受背景噪声干扰，从而影响特征提取与目标识别的准确性，小目标检测成为当前目标检测技术的一个难点。

基于上述情况，本数据集根据标注框的像素面积，将标注框的大小划分为大、中、小三个尺度。考虑到本数据集中小目标的数量较为丰富，不同像素尺寸的小目标分布较为广泛，目标检测模型在处理这些小目标时的表现存在差异。为了进一步探讨目标检测模型在小目标检测方面的能力，本数据集将小目标再细分为三个等级：极小尺寸、相对小尺寸和一般小尺寸。目标尺寸各等级分布如表 15.3 所示，表中详细列出了对应的像素面积范围和在数据集中的标准框数量。每个目标类别的尺寸分布如图 15.7 所示。可见在本数据中小目标的占比高达 55.88%，通过对这些小目标的标注与分析，可以深入探讨目标检测模型在小目标识别上的能力，为优化海面小目标检测算法提供了充足的数据支撑。

表 15.3 目标尺寸等级分布

尺寸等级	小尺寸			中尺寸	大尺寸
	极小尺寸	相对小尺寸	一般小尺寸		
像素面积范围	0~144	144~400	400~1024	1024~2048	>2048
标注框数量	195,753	201,569	215,805	153,354	330,787
占比	17.84%	18.37%	19.67%	13.98%	30.14%

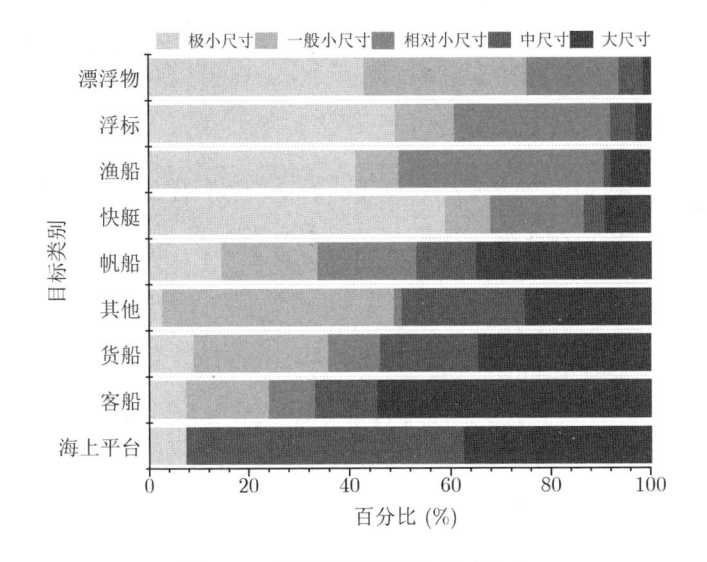

图 15.7 每个目标类别的尺寸分布

（4）背景选择

本数据集将船舶背景属性划分为简单背景与复杂背景两类。简单背景定义为外海等开放水域，其特征为低纹理变化的单一海面背景，主要干扰源为海面波浪；复杂背景则涵盖港口、码头等近岸区域，其中存在多种干扰源，如密集停泊船舶、岸桥设备及陆地建筑遮挡等，这些因素使得检测器难以从背景中有效区分船舶目标。数据集中不同天气、光照与环境背景如图 15.8 所示。

（5）显示比例

由于摄像范围会随着实验船的移动而变化，并且拍摄范围内的大多数船舶为动态目标，导致船舶在进入和离开图像时仅呈现部分船体，船舶显示比例变化如图 15.9 所示，从而使得目标的外观和可见面积在不同帧之间存在显著变化。本数据集为此类目标添加了显示比例属性，以便分析目标相对大小及其显示比例变化对检测精度的影响。

图 15.8 数据集中不同天气、光照与环境背景

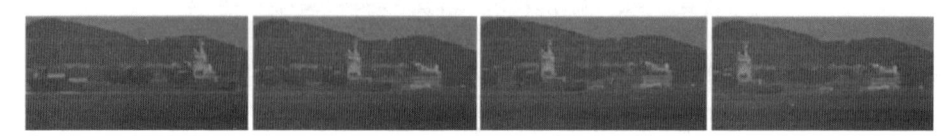

图 15.9 船舶显示比例变化

（6）是否遮挡

船舶之间的接近或交会可能导致部分船舶被遮挡，导致目标表观特征不完整，显著降低识别置信度，如图 15.10 所示。连续遮挡会破坏跟踪连续性，导致出现身份切换、轨迹碎片化的情况。因此，增加遮挡属性来区别于正常情况，以便改进后续检测模型和跟踪算法针对此场景的处理方法。

图 15.10 遮挡变化

3. 标签格式

本数据集采用 CVAT（Computer Vision Annotation Tool）作为标注工具，为本数据集的目标检测和跟踪任务提供了两种不同的标注格式。CVAT for Images 格式用于目标检测任务，该格式采用可扩展标记语言（Extensible Markup Language，XML）结构来描述标注信息，以图片为单位记录了每张图

片的标注数据和每个检测框的属性。CVAT for Video 格式用于目标跟踪任务，除了支持图像标注形式外，还可以处理物体跨帧的跟踪任务，其以目标轨迹号为单位，描述了同一个目标在不同帧之间的运动。基于 XML 的图像标注格式具有良好的可读性和可扩展性，支持转换为 YOLO、COCO、VOC、MOT 等常见的标注格式，同时包含标注框属性的结构体，便于后续分析模型输出结果。

15.4 小结

在人工智能研究中，特别是在具体应用领域人工智能技术研究中，数据集的构建是第一位的，需要优先完成。作者团队近年在相关项目资助下，依靠烟台依山傍海的地理优势，重点构建并公开了基于全球 AIS 的多源航迹关联数据集和海上船舶目标多源数据集（目前仅发布可见光图像部分），以期为目标智能跟踪与识别技术研究提供基本的数据资源。后续，作者团队将重点对海上船舶目标多源数据集进行更新扩建，陆续发布数据集的其他部分，同时计划在更多海域进行数据采集，扩大海上多源数据的收集范围。